Georg Andreas Agricola

Versuch einer allgemeinen Vermehrung aller Bäume, Stauden und Blumengewächse

Erster Teil

Georg Andreas Agricola

Versuch einer allgemeinen Vermehrung aller Bäume, Stauden und Blumengewächse
Erster Teil

ISBN/EAN: 9783743610392

Hergestellt in Europa, USA, Kanada, Australien, Japan

Cover: Foto ©berggeist007 / pixelio.de

Weitere Bücher finden Sie auf **www.hansebooks.com**

Georg Andreä Agricolä

Versuch

einer allgemeinen

Vermehrung

aller

Bäume, Stauden und Blumengewächse.

Erster Theil.

Sehet an den Feigen
wenn sie jezt
Baüm
ünd alle Baüm
aüsschlagen
Evang.
Lucæ
v. 29

Georg Andreä Agricolä,

Philosophiæ & Medicinæ Doctoris und Physici Ordinarii in Regensburg,

einer

allgemeinen

aller Bäume, Stauden und Blumengewächse,

theoretisch und practisch
vorgetragen,

Zwei Theile,

mit vielen Kupfern erläutert.

Anjetzo
auf ein neues übersehen, mit Anmerkungen und einer Vorrede
begleitet
durch

Christoph Gottlieb Brausern,
Med. Doct. und Pract. eben daselbst.

Regensburg,
verlegts Johann Leopold Montag und Johann Heinrich Gruner.
1772.

Erklärung
des
Titulkupferblates,

so nachfolgende Ueberschrift führet:

Sehet an den Feigenbaum und alle Bäume, wenn sie jezt ausschlagen. Luc. 21, v. 29. 30.

Seht an den Feigenbaum, zu welchem nach dem Falle
Der erste Mensch beschämt zuerst die Zuflucht nahm.
Bedenket, daß dieß Wort: Wo bist du? noch erschalle.
Wie Adam nun bedekt mit Feigenblättern kam:
So kennt ihr schon den Baum, der eure Blöße deket,
Und euch, wenn GOttes Zorn zur Rache kommt, verstekket.

Besehet

Besehet alle Bäum' in ihrem schönen Wesen:
  Denn aus der Bäume Schmuk und seegensreicher Frucht
Könnt ihr die Gütigkeit des reichen Schöpfers lesen,
  Wie aber? Wann man oft umsonst die Bäume sucht;
Wenn manches grosse Land kein reicher Baumwachs zieret,
Das sonst im Ueberfluß der Güter Fülle spühret.

Die Arbeit, Müh und Kunst muß, was uns fehlt, ersezen;
  Was die Natur versagt, befördert Kunst und Fleiß,
Und kan in kurzer Zeit durch Bäum' ein Land ergözen,
  Das jezo nichts davon in seinen Gränzen weiß.
Durch die Geschiklichkeit im Pflanzen und Vermehren
Pflegt GOTT den Sterblichen viel Bäume zu beschehren.

Der Anfang ist gemacht: hier sehet ihr die Proben,
  Die GOttes Gütigkeit in die Natur gelegt.
Wer wolte nicht davor des Höchsten Weisheit loben,
  Der so viel Lieb und Gunst vor sein Geschöpfe trägt?
Kan aber hier ein Baum euch grosse Lust erweken;
Was wird das Paradieß euch erst vor Freud' entdeken?

Vorrede.

Geehrtester Leser.

Ist jemals ein Buch mancherlei Urtheilen unterworfen gewesen, so ist es gewiß gegenwärtiger Versuch einer allgemeinen Vermehrung aller Bäume, Stauden und Blumengewächse ꝛc. oder, wie er von dem sel. Herrn Verfasser selbst betitelt worden: Neu und nie erhörter, doch in der Natur und Vernunft wohlgegründeter Versuch einer Universalvermehrung aller Bäume, Stauden und Blumengewächse. Die dem damaligen Zeitalter gewöhnlichen zweideutigen und räthselhaften Ausdrücke, deren sich der sel. Herr Verfasser bei verschiedenen Gelegenheiten sowohl mündlich als auch in seinen ersten davon herausgegebenen Schriften bedienet hatte, machten anfänglich verschiedene Liebhaber glauben, D. Agrikola wolle in ganz kurzer Zeit einen Baum oder Staude in völlig ausgewachsener Grösse durch seine Universalvermehrung mittelst eines besondern chymischen Kunststückes aus einem Auge, Zweige oder Wurzel darstellen. Es ist aber dieses, wie Er dawider öffentlich protestiret,

ret, niemalen seine Meinung gewesen, wie davon im ersten Theile die 13de, 72ste und 151ste und im andern die 15de Seite hinlänglich bezeuget. Seine Absicht gieng blos dahin, durch ordentliche Handgriffe einen Weg und Mittel ausfindig zu machen, wodurch, wo nicht alle, doch die meisten Bäume und Stauden hauptsächlich zum Nuzen, und dann zweitens zum Vergnügen auch die Blumengewächse könnten ansehnlich vermehret, auch allerhand sonderbare Verbindungen verschiedener Arten vorgenommen werden. Deswegen gehet Er, nachdem Er im ersten Abschnitte des ersten Theils eine Physiologie oder Erklärung der Theile der Gewächse und ihres Nuzens nach damaliger Art voraus geschikt, im zweiten Abschnitt die ältern und bekantern Arten die Gewächse fortzupflanzen und zu vermehren nach einander durch. Im dritten Abschnitt des gemeldten ersten Theils kömmt Er sodann seinem Zweck näher und zeigt seine eigenen Gedanken ausdrüklicher an, wie durch Zertheilung der Wurzeln und Auffezung oder Impfung der Aeste auf selbige aus einem Baum oder Stauden mehrere, zwar wohl nicht, wie die Philosophen zu reden pflegen in actu, in ihrer gänzlichen Vollkommenheit, daß sie sogleich ihre völlige Grösse, Blüthe und Frucht erhalten, sondern in potentia, d. i. dem Vermögen nach, jedoch mit einigem wirklichen Gewinst der Zeit und unter gehöriger Besorgung und Wartung könten gemacht werden. Und ist es wohl gewiß und unläugbar, daß durch dergleichen Vortheile, wann man sich sonsten die Mühe recht nehmen will, in kürzerer Zeit und mit mehrerm Nuzen, als durch die aus dem Saamen und Kernen gezielte Wildlinge und deren Pfropfung eine Menge allerhand Bäume und Stauden können gezogen werden. Nür ist dabei wohl in Acht zu nehmen, daß auf die natürliche Verwandschaft der Gewächse gegen und unter einander gehörig gesehen, auch Zweige und Wurzeln zum Zusammensezen von einerlei Art, zum wenigsten von einerlei Geschlecht oder zum mindesten aus einerlei natürlicher Classe und Ordnung genommen werden.

So ist z. B. aus dem gemeinen Pfropfen zur Genüge bekant, daß sich Aepfeln von verschiedenen Sorten aufeinander, Birnen von verschiedenen Gattungen desgleichen, auch Aepfeln auf Birnen und auf Quitten, auch wechselsweise, ja auch allerlei dieser verschiedenen Sorten sich auf einander pfropfen, impfen und okuliren lassen. Ein gleiches gilt auch beim Steinobst untereinander, als Kirschen, Weichseln und Amarellen, verschiedenen Sorten Zwetschgen, Pflaumen, Spillinge und Schlehen, Pfersigen und Mandeln, die alle nach ihrer natürlichen Verwandschaft mit einander können verbunden werden und immer leichter auch mit geringerer Mühe gedeihen und fortkommen, je näher ihre natürliche Verwandschaft untereinander ist. Denn da die von der Wurzel herauf steigenden Säfte mit denen oben in den darauf gesezten Augen oder Zweiglein befindlichen schon eine Aehnlichkeit haben, auch die zarten Röhrlein, wodurch diese Nahrungssäfte laufen müssen, schon einigermassen mit einander übereinstimmen, so verheilen sich beide Theile desto leichter miteinander und machen in der Folge nur ein Ganzes aus. Gilt nun dieses bei einigen Arten, so ist leicht zu erachten, daß es unter der gehörigen, einer jeden Sorte eigenen Wahl und Vorsicht auch bei den übrigen, auch sogar bei wilden Bäumen und Stauden gelten könne und müsse. So lange also der Saz des Seeligen Herrn Verfassers richtig und mit der gehörigen Einschränkung und Vorsicht verstanden und die dabei angezeigten Handgriffe ordentlich befolget werden, so lange bleibet selbiger auch wahr und zu einer allgemeinen Vermehrung der Bäume und Staudengewächse dienlich und bewährt. Ein anderes ist es nun aber freilich mit den Blumengewächsen. Denn da selbige ein viel zärteres Gewebe ihrer Theile besizen, so daß auch gar viele darunter nur einen Sommer dauern: so findet dergleichen Auffsezen bei den wenigsten derselben statt, ist auch um so weniger nöthig, je zahlreicher sich die meisten derselben durch den Saamen vermehren lassen. Hierbei ist nun wohl freilich dem seeligen Herrn Verfasser viel menschliches begegnet und hat sich selbiger darinnen etwas übereilet,

eilet, daß Er seinen Saz sogleich gar zu allgemein ausgedehnet, auch ein und andere seiner Gedanken zu schnell bekannt gemacht, ehe Er durch würklich gemachte auch wiederholte Versuche und Erfahrungen von dem Erfolg derselben eben so überzeugt war, als er durch theoretische Gründe davon versichert zu seyn glaubte. Doch mus man auch hier der damaligen Känntniß der Kräuterlehre etwas zu Gute halten, da selbiges Zeitalter in das Innere der botanischen Anatomie oder Pflanzenzergliederung, der natürlichen Verwandschaften der Gewächse und der Entwikelung der besondern Theile derselben noch nicht so tief eingedrungen war, als unser jeziges. Wie vieles ist auch noch jezt den grösten Kräuterkennern und Naturkundigern verborgen, das einst eine nachkommende forschende Welt erst in sein völliges Licht durch wiederholte Versuche und langwierige Erfahrung sezen wird. Als die verkehrte Pflanzung der Bäume durch Einsezung der Krone in die Erde und Erhebung der Wurzel in die Luft zuerst bekannt wurde, lachten viele darüber und hielten des Herrn Verfassers aus der Alchymie des Hermes Trismegistus entlehnten Saz: Quod est superius, est sicut id, quod est inferius. Was oben ist, ist wie das, was unten ist, so wie im Mineralreich, also auch hier beim Gewächsreich für eine unnütze Grille und verglichen die umgestürzten Bäume lächerlicher Weise mit Menschen, die auf ihren Köpfen giengen, oder die die Handschuhe an den Füssen und den Stiefel auf dem Kopf trügen. Jeziger Zeit hingegen ist man durch die Erfahrung von der Möglichkeit und Richtigkeit dieses Versuchs genugsam überzeugt worden. Man hat eingesehen, daß die Wurzeln eben sowohl Augen haben, die, wann sie in die freie Luft kommen, Blätter, Blumen und Früchte tragen, als daß aus den Augen der Zweige, die sonst Blätter hervorgebracht, geblühet und Früchte gezeuget hätten, wann sie in die Erde kommen, Wurzeln hervorsprossen. Unser Seel. Herr Verfasser ist durch das gegebene Gleichniß eines Menschen, dem man Kopf, Hände, und Füsse abhauet, von einem seiner bittern und spöttischen Gegner lächerlich gemacht worden, wie Er auf der 134sten Seite des ersten und auf der sechsten des zweyten Theils klaget. Gleichwol hat in unserm Zeitalter der lebhafte Fleis eines unermüdeten Trembleys, Rösels, Schäffers und anderer an den Polypen oder Vielfüßen, ja auch eines Spalanzani, und eben belobten Tit. Herrn Raths und D. Schäffers allhier an den Schnecken durch Ergänzung des abgeschnittenen Kopfes in dem Thierreiche ein Beispiel von dergleichen möglichen Zerstückung und Ergänzung gegeben. Als die Zierde seiner Nation, der scharfsinnige schwedische Naturforscher Ritter von Linne zuerst seine Sätze von dem Geschlechte der Pflanzen bekannt machte, fanden selbige so viele Gegner und Widersprüche, wurden auch von Siegesbecken und andern auf das härteste beurtheilet, da sie doch in unsern Tagen durch Dessen eigene wiederholte, besonders aber durch die Kolreuterischen Versuche von dem Geschlechte der Pflanzen ausser allen Zweifel gesezt sind. So gehet es insgemein allen neuen Entdekungen, besonders wenn sie den bereits angenommenen Sätzen zuwider zu seyn scheinen und etwa mit dunkeln und räthelhaften Ausdrüken beschrieben werden. Als die verkehrte Pflanzung zuerst bekannt wurde, machte sich unser seeliger Herr Verfasser, als ein grosser Liebhaber der Gartenkünste auch daran, wie Er solches sowohl in seinem kurzen Berichte von dem Ursprung der neu und höchstnuzbaren Universalvermehrung 2c. 2c. als auch im ersten Theil gegenwärtigen Werks im 2ten Kapitel des 3ten Abschnittes §. 1. und 7. erzählet. Dabei gerieth Er denn auf die Gedanken, daß es wohl Wege geben möchte, alle Bäume, Stauden und Blumengewächse allgemein zu vermehren und zwar auf eine geschwindere Art, als durch den Saamen, wo man erstlich gar zu lang warten muß, bis ein Baum groß wird, und sodann doch nur einen Wildling hat, von dem man nicht allemal die nämliche gute Frucht erwarten kann, wie diejenige gewesen, von welcher der Saamen genommen worden. Die Betrachtung des Baums der Gewächse besonders der Augen, die bei dem Versuch der

Verstürzung zu Wurzeln werden müssen, nebst dem Versuch des Anhängens oder Abhäferlns und Einsenkens, wo aus dem Stamm und Aesten Wurzeln hervor brechen, wenn sie Erde bekommen, nebst der Begierde etwas neues und gemeinnüziges zu erfinden, brachte ihn also darauf, daß Er in seinem Garten bereits im Jahr 1712. allerlei Versuche zu machen anfieng, und eine ziemliche Zahl junger Bäume durch verschiedene Wege verfertigte. Im Jahr 1713. sezte Er seine Versuche fort, wurde aber in diesen seinen Belustigungen durch die von GOtt über hiesige Stadt verhängte Pestseuche unterbrochen, wo Er als Stadt-Physicus sowohl in der Stadt, als im Lazareth sich ganzer 5 Monath brauchen ließ, auch endlich selbst mit diesem Uebel behaftet wurde. Er überstand solches aber glücklich, und da die Seuche im Jahr 1714. aufgehöret hatte, so sezte Er neben seinen Amtsverrichtungen auch diese seine Lieblingsbeschäftigungen fort. Im Jahr 1715. ließ Er sodann das im 2ten Theile gegenwärtigen Werks Seite 13 eingerükte vom 9. Febr. datirte und mit seiner eigenen Hand und in Kupfer gestochenen Pettschaft bezeichnete Einladungsschreiben auf einem halben Bogen in Quart in Druck ausgehen. In diesem sind nun die Ausdrücke,

> alle und jede Augen, Zweige, Stämme und Aeste, deren soviel hunderttausend an Bäumen und Stauden anzutreffen, innerhalb zwey, drey, oder bey einigen auf das längste in vier Monat-Frist in soviel hunderttausend besondere Bäume und Stauden, zu allen Zeiten, biß in den späten Herbst, mit geringen Unkosten und wenig Mühe zu verwandeln 2c. 2c.

Diese viel versprechende aber zweideutige Worte machten nun vieles Aufsehen und wurden von den meisten so verstanden, ob die, auf solche Art erzielte Bäume und Stauden gleich ihre völlig ausgewachsene Grösse erhalten würden. Andern hingegen, die noch mehr Wunderbares von dem Verfasser verlangten, war die viermonathliche Frist zu lang. Es meldeten sich indessen doch verschiedene Liebhaber, die diese Kunst von dem Urheber zu erlernen und eine Probe davon zu sehen verlangten. Da nun solches unter dem Versprechen, verschwiegen zu seyn, vor einigen

gen verrichtet und ihnen die Möglichkeit und Würklichkeit des Versuches gezeiget und erkläret wurde, auch solche wieder gegen andere die Sache bekräftigten, die Art aber, wie es zugienge, nach ihrem Versprechen verschwiegen, so wurden dadurch nur noch mehrere begierig. Ein mit eigener Hand und in Kupfer gestochenem Pettschaft des Verfassers bezeichnetes

Zweites Avertissement in Folio vom 7. Jenner 1716.

gab sodenn von einigen den 4. December 1715. in Gegenwart des damaligen Churböhmischen Herrn Abgesandtens Grafens von Wratislaw Excellenz errichteten Operationen Nachricht und erbote sich zugleich der Herr Verfasser in selbigem, gegen billige Belohnung den Liebhabern seine Künste zu offenbaren. Diesem folgte in wenig Tagen ein drittes Blat unter dem Titel:

Unaussprechlicher Nuzen, welcher aus der neu-erfundenen und nie erhörten Vermehrung aller Bäume und Staudengewächse erfolgen kan,

worinnen so wie auch in einem

vierten Avertissement in Folio vom 13 Jenner

dessen Vorhaben ferner angezeigt wurde. Alle diese einzelne Stücke wurden sodann kurz darauf nebst den dawider gemachten Zweifeln und deren Beantwortung in Quart auf $3\frac{1}{2}$ Bogen zusammen gedrukt unter dem Titel:

Kurzer Bericht von dem Ursprunge der neu- und höchstnüzbaren Universalvermehrung aller Bäume und Staudengewächse rc. rc.

Auf dieses folgte auf einem Quartblat:

Oeffentliche Declaration, wie es der Inventor mit der Publication der neu- und nie-erhörten Universalvermehrung aller Bäume und Staudengewächse will beständig gehalten haben,

worinnen sich der Herr Verfasser erbietet einer Anzahl von 160 Personen gegen Erlegung 25 fl. und eidlichen Versprechen der Verschwiegenheit das Geheimniß schriftlich mitzutheilen. Ferner kam auf einem halben Bogen in Quart zum Vorschein:

Wahre Assecuration und Versicherung des Erfinders der neu- und höchstnuzbaren Universalvermehrung aller Bäume und Staudengewächse an die hochgeschäzten Gartenliebhaber, welche in des Inventoris Albo befindlich.

Auf dieses kam weiter den 29 April 1716. auf einem halben Bogen in Quart heraus:

Gründliches Avertissement und Ersuchen an alle diejenigen, welche die Communication des so betitulten Secreti der Universalvermehrung aller Bäume und Staudengewächse empfangen und ihr Geld davor deponiret haben.

in welchem versprochen wird, das ganze Werk in Druck zu geben. Auf dieses folgte:

Entdeckte neu-erfundene Kunst von der Universal-Vermehrung aller Baum- und Staudengewächs 2c. 2c. Frankfurt und Leipzig 4. 1½ Bogen,

so im 2ten Theil gegenwärtigen Werks Seite 19. befindlich. Sodann ferner

Kurze doch treuherzige Vermahnung an alle diejenigen, so das Exemplar so fälschlich nachgedruckt. Regenspurg auf ½ Bogen in 4to,

und

Gespräch eines guten Freundes mit einem undankbaren Schüler in der Schweiz, die Publication der unvollkommenen Copie des eröfneten Geheimnißes betreffend. Baaden. 1716. 4to 1 Bogen.

Ferner

Kurzgefaßtes Sendschreiben an alle hohe und niedrige Gartenpatronen, die im Albo befindlich, den elaborirten und mit vielen 2c. 2c. Kupfern gezierten ersten Theil 2c. 2c. betreffend. Regenspurg, 1 Bogen in Folio.

Und endlich erfolgte das gegenwärtige Werk selbst, so den Titul geführet:

Neu und nie erhörter doch in der Natur und Vernunft wohlgegründeter Versuch einer Universalvermehrung aller Bäume, Stauden und Blumengewächse das erstemal theoretice als practice vorgetragen und mit vielen raren Kupfern ausgezieret, 2 Theile, Regenspurg 1716. in Folio. über 3 Alphabet stark.

In eben diesem Jahr gab Herr Friedrich Küffner, Pfarrer zu Lichtenberg in Brandenburg-Bayreuthischen Vogtlande ebenfalls ein Buch von allerhand seltsamen Gartenkünsten Bogenweise unter dem ebenfalls seltsamen Titel heraus:

Architectura viv-arboreo-neo-synemphyteutica, pomonea, horologica, floralis, hydraulica, sylvestris, fortificatoria, henotica & hypomnematica, oder neu erfundene Baumkunst zu lebendigen Baumgebäuden, durch auch neu-erfundene Pfropf- und Pelzkunst, zu vielerlei Frucht-tragenden, Stunden-zeigenden, mit Rosen und andern Baum-Blumen gezierten, Wasser-giessenden, auch Wald-grünenden, Bevestigungs- aus diesem vermischten Zier- und mehr noch ersonnenen Lust- Nuz- Frucht- und Garten-Gebäuden, grünen und Frucht-reichen hohen Mauren, Alleen, Laub-Garten und Lust-Häusern, vestesten Hegen, Bekleidungen, Fenstern, Säulen, Pyramiden, Portalen; dergleichen von Rosen und andern Baum-Blumen, (welche alle in drey Jahren in vollkommenen Stande stehen, und von unten- bis oben-aus zu tragen anfangen) so auch lebendigen Baum-Fontainen und andern grünenden Wasser-Gebäuden, nichts minder von Tannen- Fichten 2c 2c. Wildzäunen und anderen obigen Werken. Dann Bevestigungs- aus obigen vermischten Gebäuden und Pallästen, Wohn-Häuslein und viel anderen mehr. Bey schlaflosen Nächten meistens ersonnen, und Tags in nebenstündlichen Uebungen ins Werk, auch meistens in seinem Gärtlein vor Augen, nun aber nebst vielen Kupfern zu leichter Nachahmung Monat-weiß ans Licht gestellet. Hof in 4to.

Unser seeliger Herr Verfasser hatte in den ersten Bogen dieses Buchs ein und anders bemerkt, so ihm nicht gefiele und unter andern, daß Herr Küffner im Okuliren gegen die Ordnung der Natur in seiner verkehrten Manier zu Okuliren die Augen nicht wechsels oder schneckenweise, sondern gegen einander über aufgesezt, wie in der Figur Num. 6. des Küffnerischen Werks zu sehen, im ersten Theile Seite 121. der neuen Auflage angezeigt. Dieses verdroß nun Herrn Küffner und antwortete im 8ten Theile seines Auctarii Tit. I. darauf, und wollte mit seinen Baum- und Pelzkünsten vor Herrn Agricola den Vorzug behaupten. Die Sache gerieth denn nach und nach zu einem ziemlich heftigen Schriftwechsel. Denn unser seel. Herr Verfasser antwortete ihm wieder ganz kurz auf einem Bogen in Quart, so den Titel führet:

> Kurze Einleitung, wie man nach dem Versuch der neu-erfundenen Universal-Vermehrung, vermittelst der verkürzten Plantage ausgehauene Wälder mit grossen Zweigen ersezen soll. Regenspurg den 10. May 1771.

und diesem folgte in einem so betitelten

> Anhang, welcher zeiget, wie Herr D. Agricola noch den Versuch der neu-erfundenen Universal-Vermehrung rc. rc. vermittelst der verkürzten Plantage eine leere Stätte zu Hönighausen im Nordgau zu einem Wäldlein angeleget: nebst einer Kupfertafel. Regenspurg den 10den Junii 1717.

die Anzeige einer wirklich gemachten Probe mit 478. grossen, langen und dicken Aesten, von welcher Prob noch wirklich einige Bäume dermalen vorhanden, da die andern theils durch den Inhaber, theils von Herrn D. Agricola selbst ausgerottet worden. In eben diesem Jahre gab auch unser Herr Verfasser ein

> Verzeichniß derer Capitul seines dritten Theils, handelnd von der Wahrheit und Beständigkeit der Universal-Vermehrung aller Bäume, Stauden und Blumen-Gewächse.

zu Leipzig auf einem Bogen in Quart heraus.

Auf dieses Verzeichniß folgte ferner ein sogenannter

> Catalogus experimentorum physicorum hortensium, das ist: Physicalische Garten-Proben, welche nach den Versuchen der Universal-Vermehrung gemachet werden. Regensburg 1717. 8vo ½ Bogen.

so in Leipzig auf einem ganzen Bogen in 4to mit einer Vorrede und dem Kupfer des zu Hönighausen in dem Nordgau angelegten Wäldleins begleitet, unter dem Titel:

Verzeichniß der vermehrten physicalischen Garten-Proben

nachgedrucket worden, wo von einem dortigen Liebhaber auf dem Lande das Zeugniß in der Vorrede gegeben wird, daß ihm des D. Agricola Versuche mit vielem Nuzen gelungen. Im folgenden 1718. Jahre zog Herr Pfarrer Küffner abermals mit einer Streitschrift wider den Herrn Verfasser zu Felde, so den Titel führete:

Gemüßigte Wieder-Antwort auf die mit vielen Verfälschungen, Verdrehungen, Injurien und Voreiligkeiten angefüllte Gegen-Antwort des Tit. Herrn G. A. D. Agricolæ &c. &c. nebst einigen Erinnerungen 4to,

worauf Herr D. Agricola die so betitelte

Gründliche Widerlegung anstatt der Duplic, betreffend die boßhafte Wieder-Antwort des Tit. Herrn Friedrich Küffners Pfarrers in Lichtenberg sammt einer nachdrücklichen Vermahnung, Regensburg in 4to

mit Nachdruck antwortete und so viel mir wissend, zum Schweigen brachte.

Unser gegenwärtiges Werk hatte inzwischen die Ehre, sowohl in die Holländische als auch in die Französische Sprache übersezt zu werden. Die Holländische Uebersezung habe zwar nicht selbst zu Gesichte bekommen. Ich ersehe aber aus der Vorrede der Französischen in Amsterdam im Jahr 1720. in 8vo herausgekommenen Uebersezung, daß selbige mit vielem Beifall aufgenommen und sehr gesucht worden. Gedachte Französische Uebersezung führet den Titel:

L'agriculture parfaite ou nouvelle decouverte, touchant la culture & la multiplication des arbres, des arbustes & des fleurs; Ouvrage fort curieux, qui renferme les plus beaux secrets de la nature, pour aider la vegetation de toutes sortes d'arbres & de plantes, & pour rendre fertile le terroir le plus ingrat. Par Mr. G. A. Agricola Docteur en Medecine & en Philosophie a Ratisbone. Traduit de l'Allemand avec des remarques. Le tout enrichi de tres-belles figures, a Amsterdam, chez Pierre le Coup Libraire MDCCXX. In der Vorrede wird folgendes zum Lobe unsers seeligen Herrn Verfassers gesagt: Le Docteur Agricola, dont on donne ici *l'Agriculture parfaite* est un de ces Philosophes, qui ne se bornent pas a des speculations frivoles sur des matieres arides & infructueuses. Son but est de supléer a ce qui manque aux Iardiniers

niers & aux Laboureurs du coté du raisonnement. Ses meditations sont appuiées d'experiences, qu'il a faites lui meme, & qu'il decrit si au long, qu'on croit les voir executer devant soi. Son dessein qui tend a rendre les terres fertiles, a multiplier les arbres & les plantes, a en aider la vegetation, ne peut être que trés agreable au public. Herr D. Agricola, dessen vollkommenen Feldbau man hier liefert ist einer derer Philosophen, die sich nicht mit unnüzen Grübeleien über trokene und unnüze Materien begnügen lassen. Sein Zweck ist dasjenige zu ersezen, was den Gärtnern und Akersleuten von der Seite der Vernunftgründe abgehet. Seine Gedanken sind durch Erfahrungen unterstüzet, die er selbst gemacht hat und die er so weitläufig beschreibet, daß man glaubt, ihn vor seinen Augen selbige machen zu sehen. Seine Absicht, die dahin gehet, das Erdreich fruchtbar zu machen, die Bäume und Pflanzen zu vermehren, ihren Wachsthum zu befördern, kan dem gemeinen Wesen nicht anders als angenehm seyn.

Die beigefügten Anmerkungen betragen 3. Blätter in 8vo und dienen hauptsächlich, einige der gebrauchten Kunstwörter zu erklären. Weder der Verfasser der Vorrede und der Anmerkungen, noch der Uebersezer haben sich genennet. Ersterer wird bloß durch die Anfangsbuchstaben B. L. M. und lezterer in der Vorrede Monsieur de S. G. bezeichnet. Die Kupfertafeln sind in der nemlichen Grösse, wie sie im Original befindlich, recht sauber nachgestochen, und die Erklärung derselben den Text einverleibet, die Vorreden des Verfassers aber samt den Zueignungsschriften und Glückwünschungsschreiben, so wie in unserer gegenwärtigen neuen Ausgabe, ausgelassen worden. Der versprochene dritte Theil ist wegen zunehmender Amtsgeschäfte und Alter des Verfassers unterblieben. Uebrigens war Herr D. Agricola hier in Regensburg im Jahr 1672. gebohren, hat in Wittenberg und Halle studiret, auch auf ersterer Universität unter dem Vorsiz des Edlen Herrn von Berger de Succi nutritii per nervos transitu im Jahr 1695. disputiret und auf der zweiten unter dem Vorsiz des hochberühmten seel. Geheimden Raths Hoffmanns im Jahr 1697. durch eine medicinische Streitschrift de salubritate fluxus hæmorrhoidalis die Doctorwürde erhalten. Er practicirte mit ziemlichem Glück und war, wie schon oben gedacht, einer der hiesigen Pestärzte. Er starb den 19. December 1738. im 69sten Jahr seines Alters als ältester Stadt-physicus und ältester des medicinischen Collegiums allhier. Sein in practischer Geschicklichkeit und Fleiß Wenigen weichender Herr Sohn D. Johann Wilhelm Agricola folgte ihm im November des folgenden 1739sten Jahres in der besten Blüthe seiner Jahre, von Jedermann ungemein bedauert, nach.

Uebrigens hat man bei dieser neuen Ausgabe dahin gesehen die vielen überflüßigen lateinischen Ausdrücke weg zu lassen und die Schreibart der heutigen etwas gleichförmiger zu machen auch in den beigefügten Anmerkungen ein und anders theils zu erklären theils zu verbessern. Der geneigte Leser lasse Sich des Herrn Verlegers als auch meine wenige hierbei gehabte Bemühungen gefallen, dessen Gewogenheit sich hiemit bestens empfiehlet.

Regensburg den 4. December
1771.

Christoph Gottlieb Brauser
Med. D.

Innhalt

Innhalt der Kapitel des ersten Theils.

Erster Abschnitt.

Zweiter Abschnitt.

Erstes Kapitel.

Von der natürlichen Universalvermehrung aller Bäume, Stauden und Blumengewächse, welche von GOtt und der Natur in der Natur geordnet worden.

Zweites Kapitel.

Ven dem uralten Gebrauch und Arten der Vermehrung, welcher sich Adam und die Patriarchen bedienet.

Drittes Kapitel.

Von unterschiedlichen Wegen und Arten der Vermehrung aller Bäume und Staudengewächse, wie sie in unterschiedlichen Büchern zu finden.

Dritter Abschnitt.

Erstes Kapitel.

Von der neu- und künstlich-erfundenen Universalvermehrung aller Bäume, Stauden und Blumengewächse.

Zweites Kapitel.

Von dem Ursprunge und gegebenen Gelegenheit zu der neuen Universalvermehrung.

Drittes Kapitel.

Von mancherlei Arten und Manieren der künstlichen Universalvermehrung sammt allen Nothwendigkeiten und Handgriffen.

Viertes Kapitel.

Von unterschiedlichen gemachten Versuchen, und von dem ungemeinen und unaussprechlichen Nuzen in Gärten, Landgütern und Wäldern.

Innhalt

Innhalt der Kapitel des zweiten Theils.

Erstes Kapitel.

Begreift in sich eine kurze Wiederholung aller vorgeschlagenen Versuche, welche in dem ersten Theile nach dem Fundament der neunten Tafel befindlich, dabei genau untersuchet wird, ob einer darunter zur Universal- oder ob sie alle nur blos zur Specialvermehrung zu gebrauchen.

Zweites Kapitel.

Von demjenigen Versuch, welcher unter allen vor den besten, sicherst- wahrhaftigst- und practicabelsten zu der Universalvermehrung bei nahe aller Gewächse kan gehalten werden.

Drittes Kapitel.

Wie nach dieser neuerfundenen Manier alle ausländische Gewächse reichlich und überflüssig können vermehret werden, daß sie nach und nach wachsen, blühen und Früchte tragen.

Viertes Kapitel.

Weiset, wie durch den lezt vorgeschlagenen Versuch die fruchtbaren und einheimischen Obstbäume unzählbar vermehret, und Gärten, Wiesen und Wälder damit angeleget werden können.

Fünftes Kapitel.

Giebet durch den neuerfundenen Weg einen neuen und practicablen Vorschlag an die Hand, die ausgehauenen Wälder und leere Stätte mit Stämmen, Aesten und Zweigen zu ersezen, welche zu Bäumen werden, und mittler Zeit einen lustigen Wald darstellen.

Sechstes Kapitel.

Lehret, wie man nach der lezten Manier, nämlich durch das Loosschneiden, neue Weinberge anlegen soll, daß sie dasselbe Jahr noch austreiben, und das andere Jahr darauf reichlich Trauben bringen können.

Siebendes Kapitel.

Handelt von einer neu und seltsamen Verbindung und Zusammenheirathung unterschiedlicher Stämme, so durch das Caressiren und Embrassiren zugleich verrichtet wird, vermittelst dessen unterschiedliche fruchtbare Stämme mit mancherlei Obst von unten herauf stammen, so vergnüglich anzusehen.

Achtes Kapitel.

Will den curiosen Gartenliebhabern einen neu und nie erhörten Versuch mit kleinen Aestlein, die kaum eines Fingers lang sind, und doch sechs, sieben, zehen bis achtzehen Jahr alt sind, um gar kleine Zwergbäumlein zu zielen, an die Hand geben, welche durch künstliche Mumisirung zu Zwergbäumlein werden.

Neuntes Kapitel.

Zeiget noch was curioses, ja gar was monstroses an, wie man nämlich durch abgeschnittene Zweige und durch Beugung der Loose und der Verbindung, Mumisirung und verkehrte Einsezung, monstrose Bäume zielen kan.

Zehendes Kapitel.

Beantwortet die Frage: Wie lange der Verfasser Zeit haben muß, wann er dieses alles, was er öffentlich versprochen, in vollkommenem Stande jedermänniglich vor Augen legen will?

Von

Von dem neu und nie erhörten, doch in der Natur und Vernunft wohlgegründeten Versuch der Universalvermehrung aller Bäume, Stauden und Blumengewächse.

Erster Abschnitt.

Erstes Kapitel.

Von der innerlichen Bewegungskraft eines Baumes in dem Ey oder Saamen.

§. 1.

Sobald die innerliche Bewegungskraft eines Baumes, oder dasjenige, welches dem Baume das Leben giebet, sich in seinem Ey oder Saamen, das in dem Keim, so die ganze Form des Baums darstellet, in seinem Mittelpunkt, welcher die Gestalt einer Drüse hat, die man nach der Cartesianischen Philosophie wohl pinealem betituln möchte, und sowol durch Vergrösserungsgläser als mit blossen Augen kan gesehen werden, und zwar an dem Orte, wo das Ende des Stammes und der Anfang der Wurzel ist, beginnet zu bewegen: so schiebet es zuerst die Wurzel von sich, alsdann erhebt sich der Stamm in die Höhe, und bringet seine 2. so genannte Herzblätgen samt der Krone hervor, allwo die Zweige, Aestlein, und das Uebrige fernets daran befindlich ist.

§. 2.

Daß aber ein bewegendes und lebendiges Wesen in einem Baume anzutreffen, solches wird ein jeder Naturkündiger gar gerne zugeben: dann eine leidende und unbewegliche Sache muß ja was haben, wodurch es beweget wird; dann nichts Körperliches, nach der gemeinen philosophischen Regel, sich selbst bewegen kan, welches nicht von andern beweget wird.

Nun liegt in dem Ey oder Saamen des Baums der ganze Baum in seinem Keim, allein ohne Bewegung, mit seiner Wurzel, Stamm,

Aesten, Zweigen, auch Blättern, Blüte und Früchten, und in denselben schon wiederum dasjenige Punkt, so zu fernerer Fortpflanzung gehörig; begiebet sich aber nicht hervor, bis es über, in oder unter der Erden belebet wird.

§. 3.

Nun mögte man wohl billig fragen: Was dann das innerliche bewegende Wesen des Baumes und der Staudengewächse sey, und aus was sein eigentliches Wesen bestehe?

Seinem Namen nach bleibet es das Principium movens, oder das Leben, wiewol man ihm unterschiedliche Namen mehr geben kan, als magnale magnum, Spiritum mundi seu catholicum, architectonicum, so seiner Natur nach flüchtig und in steter Bewegung, calorem naturalem & spiritualem, auram aetheream, materiam coelestem, mumiam vitalem, animam vegetabilem & lucidam, und was dergleichen noch mehr. Seinem Wesen nach aber, ob es körperlich oder nicht, salzig oder schwefeligt ist, solches weiß ich selbst nicht zu bekräftigen; sondern ich muß es den klugsten Weltweisen, die zwar untereinander selbst darüber nicht einig werden können, zu ihrer hohen Beurtheilung überlassen. Solte es mir aber frey stehen, meine Gedanken über diesen inwohnenden Baumeister, der alles so vernunftmäßig und klugscheinend, ja mit der höchsten Weisheit und Verstand in der schon dazu bereit und geschikten Materie hervorbringet, entdecken: mögte ich wol sagen, daß diese vegetabilische Seele wegen ihres schönen und wunderwürdigen Producti auf gewisse Maaße was Vernünftiges in sich hätte, und folglich ein immaterialisches Wesen seyn müßte.

Dann ich stelle mir ein Gleichniß von einem weisen, klugen und verständigen Künstler in der Mahlerey vor, der durch Hülfe seines innerlichen Geistes und künstlichen Pensels in seinem Gemählde so viel Geschiklich- und Zierlichkeiten, ja Dinge, die man zwar siehet, aber nicht aussprechen kan, eingedrucket hat. Betrachte ich nun solches Bild mit Verstand und genauer Ueberlegung, so muß ich ja aus seinem äußerlichen Werk vernünftig urtheilen: Dieses ist von einer künstlichen und verständigen Seele gemacht worden, die auch dergleichen besitzet (*).

§. 4.

(*) Die Frage: Ob die Pflanzen eine Seele haben, wird sich alsdann richtig beantworten lassen, wann man einig ist, was man unter dem Wort Seele verstehe. Nach der heutigen Weltweisheit und dem richtigen Sprachgebrauch heisset es ein Wesen, das von den Dingen, die ausser ihm sind, sich vermöge der Werkzeuge des mit ihm vereinigten Körpers Vorstellungen machet, und hingegen gewisse Bewegungen eben dieses Körpers durch seine Entschliessungen bestimmet. Nun läßt sich aber nicht begreiffen, wie durch die Veränderung der Lage oder Menge einer Materie ein Gedanke entstehen, oder ein Entschlus hervorgebracht werden könne. Es muß also ein solches Wesen, wie oben die Seele beschrieben worden, nicht zusammengesezt und theilbar, sondern einfach und untheilbar seyn. Betrachtet man aber einen Baum oder Staude, so findet man, daß deren Aeste, Zweige, Augen, ja so gar Blätter, wann sie gleich von dem Hauptstamm getrennet, jedoch aber hernach besonders gewartet werden, fortwachsen, eigene Wurzeln, Zweige, Blätter, Blumen und Früchte hervorbringen. Es haben also die Pflanzen entweder keine Seele, oder so viel, als Zweige, Absätze, Blätter und Augen sind. Man bemerket aber auch ferner an denen Pflanzen keine solche willkührliche Bewegungen, wie an den Thieren beob-

achtet

§. 4.

Allein ich will von meinen Gedanken gar gerne abweichen, und mich vielmehr aus vielen Gründen und Versuchen versichern, daß es nur ein materialisch Wesen seyn müsse. Und was noch mehr, so wolte ich nach der schönen und subtilen Cartesianischen Weltweisheit mich des Namens der Seelen bey denen Bäumen gänzlich enthalten: soferne ich ausser der geschikten Materie nicht noch was besonders in derselbigen befände, welches sie beweget. Dann nach solchen Grundsätzen darf ich weder den pflanzartigen, mineralischen noch thierischen Körpern, ausgenommen den Menschen, eine innerliche Bewegungskraft zuschreiben; sondern es soll alles von dem Bau und auf gewisse Art und Weise von der dazu geschikten Materie abhangen. Und solches zu glauben, weisen sie uns eine Uhr, die uns täglich vor Augen lieget. Es ist wahr und nicht zu läugnen, daß selbige eine rechte erstaunende Maschine ist, und werden es viele tausend Menschen mit der größten Bewunderung ansehen, wie künstlich sie die Stunden anzeiget. Ja manche weiset öfters die Länge des Tages und der Monate, und was noch mehrers, so zeiget sie, wie der Mond ab- und zunimmt, wie die Planeten auf- und untergehen, in was vor einem Zeichen die Sonne sich befindet. Wer solches höret, solte der nicht sagen: In diesem Werke sitzet wol ein groß verständiges Wesen, das solche Wunder anzeiget? Betrachte ich aber die Bewegungskraft, so ist selbige eine blosse Feder, welche das ganze Werk regieret. Wann diese abgelauffen, so stehet der Meister mit seinem ganzen Werke still. Nichts destoweniger hat das ganze Kunststück sein auf eine Zeit lang innerlich sich bewegendes Wesen von dem Künstler, der eine vernünftige Seele gehabt, empfangen: deßwegen aber ist nichts würkliches von seiner Seele mit hinein gepräget worden. Allein mit den Bäumen, Stauden und Blumengewächsen hat es gar eine andere Bewandniß und Beschaffenheit. Zwar findet man an ihnen auf eine gewisse und unterschiedliche Art eine geschikte Materie; diese aber ist nicht von Menschen, sondern von dem Spiritu intrinseco architectonico hervorgebracht, welcher nicht so gebunden, wie der Beweger im Schubsacke, oder der Bratenwender auf dem Heerde ist; sondern er würket frey und nach seinem Gefallen, sowol in Ernährung als Vermehrung in seiner von GOtt darzu zugerichteten Materie.

Nun muß ich endlich mit meiner Meinung herausrücken, was denn dieses allerfeinste und über die massen höchstbewegliche Wesen seyn müsse. Ich will es mit einigen Weltweisen halten, und glauben, daß dieses magnale magnum, oder der Spiritus catholicus aus einem lichten ätherischen und luftigen Wesen bestehe. Denn der allweise Schöpfer

 Him-

achtet werden, und folglich können auch aus diesem Grunde die Pflanzen keine Seelen haben. Der Einwurf, daß doch alles an den Pflanzen von einer vernünftigen Einrichtung und innerlich miteinander verknüpften Absichten zeuge, wird dadurch unkräftig, daß auf solche Art auch die Steine und Mineralien, bei welchen zum Theil ebenfalls ein nach Absichten eingerichteter künstlicher Bau sich befindet, ihre besondern Seelen, ja endlich so gar das ganze künstliche Weltgebäude eine eigene Seele haben müßten, wodurch aber die Menge der Dinge ohne Noth gehäufet würden.

Himmels und der Erden wußte gar wol, daß alles einen allgemeinen Beweger vonnöthen habe, der allenthalben herum sich bewegen und die Uebereinstimmung in dem Ganzen erhalten müßte; wolte anders GOtt von seiner alltäglichen Erschaffung ruhen. Dann daß er alle Dinge bis auf diese Stunde und bis an das Ende der Welt in ihrer anerschaffenen Bewegung und Ordnung erhält, solches ist aus heiliger Schrift genugsam bekannt. Dershalben gab er dem vegetabilischen, mineralischen und thierischen Wesen einen solchen Spiritum architectonicum, welcher gleich und frey in seiner Materie würken solte. Dann in dem Buche der Erschaffung ist zu ersehen, wie GOtt gesprochen: Es werde Licht, und es ward Licht. Dasselbige Licht war noch nicht beweget, sondern GOtt gab ihm gewisse Bewegungen, sonder Zweifel mit dem Befehl, daß, wann es in eine gewisse geschikte Materie einflüssen, oder darinnen zu wohnen Gelegenheit erlangen würde, es alsdann wegen der genauesten Vereinigung, die es mit solcher hat, alle seine Bewegungen, Kraft und Tugenden derselben mittheilen, im Gegentheil solches die Materie annehmen, und nach desselben Absicht dergestalten sich leiten und zurichten lassen solle, damit man aus der äußerlichen Gestalt und aus ihrem besondern Bau urtheilen und erkennen könne, was vor innerliche Eigenschaften das Principium movens in die Materie geleget. Und solches zu verrichten ist die ätherische Materie am allergeschiktesten.

§. 5.

Nächst diesem geben einige auch diesen Beweiß, daß dieses Principium movens ein materialisches Wesen seyn müsse, weil aus der Erfahrung bekannt, daß diese vegetabilische Seele, wie sie in dem Baume ihren Anfang gewinnt, also auch mit selbigem wiederum sein Ende nimmt. Allein man könnte gar leicht diesen Gegensatz machen: Die vernünftige Seele des Menschen entstehet ja gleicher Weise mit dem Menschen, und wann der Körper abstirbt, so verläßt sie denselben; folglich müßte sie auch materialisch seyn. Ich will aber einen weit wichtigern und gleichsam unwidersprechlichen Beweiß aus der allgemeinen Erfahrung anführen. Dann es ist bekannt, daß, wann ich von einem Baume so viel Belzer, als mir nur beliebig, abschneide, und solche durch künstliche Art und Weise auf andere impfe, selbige nicht allein ihr ganzes Leben, und vorige Natur und Eigenschaft behalten, sondern auch eben diese Art der Früchte mit ihrer Farbe, Geruch und Geschmack, wie der Baum, davon sie abgebrochen worden, tragen, sodann in ihrer Nahrung, Grösse und Vollkommenheit ferner zunehmen, und sich reichlich nach ihrer vorigen Art vermehren. Ingleichen, wann ich eine Wurzel in 30. 40. und mehr Stücke zerhaue, und künstlicher Weise einsetze: so schläget selbige nicht allein wieder Wurzel, sondern bringet mir wiederum Bäume hervor nach ihrer vorigen Art. Aus welcher Zertheilung und Zusammensetzung die Materialität des Principii intrinseci genugsam hervorleuchtet.

§. 6.

§. 6.

Wodurch denn mit wenigem genug erwiesen ist, daß in eines jeden Baumes Saamenkörnlein, es mag so groß oder so klein seyn, als es immer will, ein Principium vitæ (*), wodurch es leben kan, befindlich ist, welches zwar öfters wegen seiner Kleinigkeit unglaublich scheinet. Dann die größten Bäume haben öfters den allerkleinsten Saamen, wie der Rüstern- Erlen- Birken- Pappel- Ahorn- Lerchen- und zuforderst der Weidenbaum, der kaum so groß als eine Nuß im Haare ist: und doch wächset der Stamm, wenn er das Leben überkommet, also in die Höhe, als wolte er den Himmel bestürmen. Ich habe öfters im Walde und auf den Wiesen meine herzliche Freude und Verwunderung gehabt, wenn ich mit meinen Augen gesehen, wie die kleinsten Käfergen und Ameisen den größten Baum in ihrem kleinen Munde daher gezogen und geschleppet haben. Indem aber ein jeder bekennen mus, daß dieses eine sehr dunkle Sache ist, dieweil sie uns nicht in unsere Sinne fället, auch nicht vollkommen kan begriffen werden: so ist auch einem Gartenliebhaber wenig daran gelegen, ob er das Wesen der innerlichen Bewegungskraft weiß oder nicht. Genug, daß ihm seine gesunde Vernunft saget, daß ein lebendiges Wesen in seinem Baume ist, welches ihn erhält, ernähret und vermehret, und daß es so gütig ist, und thut nach seinem Willen. Er mag mit seinem Baume so wunderlich umgehen, wie er will, so hilft es ihm darzu, damit er seinen Endzweck erlangen kan. Allein ich will vor diesesmal den ersten Haupt- und wesentlichen Theil des Baumes verlassen, und mich zu dem andern wenden, den man mit Augen sehen und mit Händen greiffen kan, welches nun der organische Körper ist, und will solches betrachten, erstlichen wie es als ein zarter Embryon, Keim oder Frucht in seinem Ey lieget, und zum andern, wie es durch seine innerliche Bewegung und eigene Lebenskraft sich heraus begiebet, wächset, blühet und Früchte bringet.

(*) Ein Leben wird wol niemand den Pflanzen absprechen können, der auf ihren Ursprung, Wachsthum, künstlichen Bau, Bewegung der Säfte, verschiedenes Alter und Ansehen, Krankheiten und Absterben etwas genauer Acht gegeben. Denn ein Ding, von dem man sagen kan, daß es absterbe, mus ein Leben haben. Will man sich nun einen richtigen Begrif machen, was das Leben sey, so untersuche man vorher, was mit einem Körper vorgehe, wenn er stirbt. Ein Körper ist krank, wenn einer oder mehrere seiner Theile so verletzet worden sind, daß sie ihre gewöhnliche Verrichtungen nicht mehr gehörig thun können. Sind nun solcher Verletzungen sehr viel, so wird endlich der Wiederstand, so den Säften in den Röhren, wodurch sie bewegt werden, entgegen gesezt ist, in Ansehung der bewegenden Kräfte so stark, daß zulezt die Säfte still stehen bleiben. Diese Veränderung heisset der Tod und läßt sich dieser Begrif sowohl auf Thiere, als auf Pflanzen anwenden. Es bestehet also das Leben eines Körpers in dem Zusammenhang verschiedener Bewegungen seiner festen und flüßigen Theile zu verschiedenen, aber mit einander genau verbundenen Endzwecken. Das Leben der Pflanzen unterscheidet sich jedoch von dem Leben der Thiere, wie schon gedacht, hinlänglich durch den Mangel der Empfindung und willkührlichen Bewegung. Von der künstlichen einer Uhr aber ist eine lebendige Pflanzenmaschine ebenfalls genugsam unterschieden. Jene hat ihr Daseyn von der künstlichen Hand eines Menschens und ihre Bewegung durch die aufgezogene Feder oder Gewicht, diese hingegen ihr Daseyn und ihre Bewegung durch die von dem Schöpfer in die Natur gelegte und erhaltene Kräfte. Man braucht also nicht in Erklärung des Lebens der Pflanzen zu einer materialischen Pflanzenseele, als einem würklichen Unding, seine Zuflucht zu nehmen.

Zweites Kapitel.

Von dem ordentlichen Lager der Geburt und Frucht eines Baumes in dem Ey oder Saamen.

§. 1.

Es möchte einigen wol fremde vorkommen, wenn ich spräche, der Baum liege in einem Ey (*): allein es ist bekannt, daß Ovum von dem Griechischen Wörtlein ὠόν seinen Namen habe, und so viel als ein Saamen heisse, welcher von einer gewissen Sache erzeuget und hergebracht worden. Ja es will eigentlich eine solche Erzeugung andeuten, so von einem Manne und Weibe herkommet. Bei solcher Gelegenheit will ich die sonderbare Frage vorlegen: Ob auch unter den Bäumen, Stauden und andern Pflanzen ein männlich- und weibliches Geschlecht anzutreffen? Aber dieses ist billig zu verlachen und zu verwerfen: denn die Erkäntnis eines männlichen und weiblichen Geschlechtes mus ja aus denen Geburtsgliedern hergenommen werden. Wer

(*) Zuerst mus man den Begrif eines Eyes bei den Thieren bestimmen, hernach den Unterscheid der Fortpflanzung bei den Pflanzen betrachten, alsdann beide Begriffe des Eyes und des Saamens gegeneinander halten, ehe man bestimmen kan, in wie ferne beide einander ähnlich sind. Bei den sogenannten vollkommenen Thieren, auch bei vielen der sogenannten unvollkommenen findet sich in jeder Art (specie) zweierlei Geschlecht (sexus), das männliche und weibliche, deren Vereinigung zur Fortpflanzung nöthig ist. Einige von ihnen bringen ihre Jungen lebendig zur Welt, ohne daß selbige in einer besondern Decke verschlossen liegen, indem selbige schon in der Geburt geplazt ist. Andere hingegen bringen sie in einer Decke eingeschlossen und brüten sie hernach erst durch ihre eigene natürliche Wärme vollends aus, oder lassen sie durch die Hitze der Sonne ausbrüten. Diese Decke der Frucht heisset das Ey, und befindet sich allezeit bei dem weiblichen Geschlecht, gehet auch bei manchen Arten der Thiere weg, ohne daß eben eine Frucht darin enthalten ist, weil blos die Vereinigung beiderlei Geschlechts sie befruchtet. Ein fruchtbares Ey bestehet bei dieser Gattung der Thiere aus verschiedenen Decken, aus klebrigen Feuchtigkeiten und aus dem Embryon, oder dem Punkt, woraus sich durch Verzehrung der Feuchtigkeiten das junge Thier nach und nach bildet. Bei einigen Thieren findet sich ausser dem männlichen und weiblichen Geschlecht noch ein drittes, wovon sich noch nicht überall ganz eigentlich sagen läßt, ob und wie viel es bei jeder Art zur Fortpflanzung beitrage. Endlich findet sich noch eine Gattung der Thiere, bei denen man theils beiderlei Geschlecht in einem einzigen Thiere, theils aber auch noch gar keine verschiedene Werkzeuge zur Fortpflanzung deutlich wahrgenommen hat, und die vielleicht dergleichen auch zum Theil gar nicht besitzen. Unter diese leztere rechnet man die sogenannten zusammengesezten, als Polypen und andere Seethiere, die sich, wie theils Pflanzen, in verschiedene Theile absondern lassen, oder auch von selbsten dergleichen absetzen, deren jeder sich wieder ergänzet und fort lebt. Betrachtet man nun die Pflanzen, so findet sich bei ihrer Fortpflanzung von allen obigen Arten etwas ähnliches. Man findet einige, die in jeder Art, theils auf einer, theils auf verschiedenen Pflanzen zweierlei verschiedene Blumen hervorbringen, deren eine Frucht ansezt und also gewisser massen einen Eyerstock hat, die andere hingegen nur zarte oben mit Staubkörpern (antheris) versehene Fäden (stamina) in sich enthält. Man hat ferner beobachtet, daß die Fruchtblüten, wenn keine mit Staubfäden versehene in der Nähe gewesen, oder aber mit Fleis abgeschnitten worden, ihre Fruchtansätze entweder abgeworfen, oder doch die darin enthaltene Saamen nicht zur Reife gebracht haben. Es läßt sich also wahrscheinlich schlüssen, daß die Staubfäden die männlichen, die auf den Fruchtansätzen befindliche Griffel (styli) hingegen die weiblichen Geburtsglieder bey den Pflanzen ausmachen. Diese beiderlei Werkzeuge befinden sich auch zum öftesten in einer Blume beisammen. Der fruchtbare Saame bestehet bei allen diesen aus verschiedenen Decken, aus einem markigten Wesen oder klebrigen Feuchtigkeit und aus dem Punkt, woraus sich die junge Pflanze durch Verzehrung des markigten oder klebrigen Wesens nach und nach bildet, oder dem sogenannten Keim, und ist also ein wahres Ey. Ausser dieser gewöhnlichsten Art der Fortpflanzung beobachtet man bei einigen Pflanzen eine zweite, da zwar die Natur eine Blume

Wer ist nun so klug und weise, der mir die Kennzeichen eines Mannes oder Weibleins an dieser oder jener Staude zeige? Und gesezt, es könnte einigermassen erwiesen werden, daß dieses ein Männlein, und jenes ein Weiblein wäre, was hilft es? Dann sie werden doch nicht deßwegen aus ihrer Stelle zu der andern laufen, und wie Ochsen und Kühe auf einander steigen, und sich paaren und vermehren. Allein man möchte sich auf die allgemeine Redensart berufen, wie einiger massen es aus der Natur könnte erwiesen werden, indem man einige Bäume antrift, die an ihrer Farbe sehr bleich und zart sind, in ihrer Substanz sehr zärtlich und weichlich, so, daß sie recht jungfräulich aussehen: andere hergegen sind rauh und stark, daß sie vor männlich können gehalten werden. Und wundere ich mich nur, wie Palladius in Augusto Titul. 4. habe mögen schreiben, daß die Wurzel weibliches Geschlechts jederzeit weniger herbes und Bitterkeit bei sich habe, als das Männliche: allein ob er es nicht erfahren, oder ob er es vielleicht nicht hat wissen wollen, daß die weiblichen Wurzeln mehr Bitterkeit bei sich haben, solches ist noch mehr wunderns würdig.

Ferner wird eingeworfen: Diese giebt einen schwachen, jene einen starken Geruch von sich, diese hat einen dünnen, jene hat einen starken Stengel 2c. deswegen mus das eine ein Fräulein, und das andere ein Männlein seyn. Ja was noch mehr, so wollen einige einwenden: Es giebts ja die Erfahrung, daß ein Baum bei dem andern lieber wächset und fortkommet; so mus ja folgen, weil sie so lieb einander haben, daß sie zweierlei Geschlechts seyn müssen. Ja ich wolte eben so leicht sprechen, sie schlafen in einem Bette gar beisammen. Denn man wird in einem jeden Apfel oder Birn und dergleichen Früchten meistentheils fünf Fächer oder Better antreffen: in diesen liegen fast allemal 2. beisammen, zuweilen auch nur eines. Wer nun solche untersuchen will, ob eines das Männlein, das andere das Fräulein, und das eine Jungfer oder Junggeselle ist, dem kan ich solche Freude wol vergönnen, allein das sind leere Dinge. Wolte man aber doch ein Geschlecht unter ihnen erkennen: so dörfte man wol sprechen, sie gehören alle unter das weibliche, dieweilen sie alle Jahr viel tausend Kinder tragen. Doch will ich dieses fahren lassen, und mich zu was klügern wenden.

Blume zu bilden anfängt, anstatt der Staubfäden und des Saamengehäuses aber einen kleinen Zwiebel oder Knollen, (plantæ bulbiferæ), oder auch ein auf der Pflanze selbst schon keimendes Saamenkorn, (plantæ viviparæ), entweder in oder unter der Blume selbst, oder zwischen dem Stengel und den Blättern (in axillis) hervorbringt, die hernach von der alten Pflanze sich von selbsten absondern und fortwachsen, wenn sie einen tauglichen Boden antreffen. Unter diese gehören einige größtentheils in den Alpgebürgen wachsende Gräser und Kräuter, davon die Kräuterlehrer, besonders Boehmeri dissertatio de plantis bulbiferis weiter nachzulesen sind, vielleicht auch die Farnkräuter, Moose und Schwämme. Eine dritte Art der Fortpflanzung geschiehet durch Nebentriebe der Wurzeln, durch Zweige und Augen, die aber an der alten Pflanze sitzen bleiben und durch menschliche Hände abgesondert werden müssen, wenn eine besondere Pflanze daraus werden soll. Bei den Pflanzen dieser Art findet durchgehends auch die erste Art der Fortpflanzung von dem Saamen statt, so wie auch alle diese Arten, wiewol selten, beisammen anzutreffen sind.

§. 2.

Es ist nemlich mein Vorhaben, den Keim oder die Frucht des Baumes in seinem Lager ferners zu betrachten. Und zu solcher Untersuchung will ich mir die Frucht von einem Mandelbaum erwählen, und denselben nach allen Umständen genau untersuchen und zergliedern. Es entstehet aber hiebei alsobald die Frage: Ob ich wol den Mandelkern mit Recht ein Ey betituln und benennen kan? So antworte ich, daß ich darüber kein Bedenken trage, weil ich fürnemlich alle Theile, so ein wahrhaftes Ey haben mus, an und in denselben finde. Denn gleichwie ein gemeines Ey äusserlich eine harte Schale, innerlich 2. Häutgen, alsdenn das Eyerweis, endlichen den Eyerdotter hat: also befinde ich alles obangezogene an der Mandelfrucht. Dieserwegen kan ich es auch mit Recht ein Ey nennen, welches in nachfolgenden mit mehrern soll erwiesen werden.

§. 3.

Betrachte ich nun anfänglich die äusserliche harte Schale der Mandel, (denn von der Hülse oder grünen, so man wegwirft, will ich aus sonderbaren Ursachen vor dißmal nichts reden, und soll in dem andern Theil, wenn GOtt will, Erwähnung davon gethan werden) so stellet sich die äusserliche Gestalt der Schale also dar: oben ist sie etwas eingedrukt, als wie in Tab. I. Fig. II. zu sehen, alsdenn giebet sie sich auf beiden Seiten in die Runde, bis auf die Mitte, mithin fänget sie an eyrund und untenher spitzig zu werden, wie solches der geometrischen oval Figur, Num. I. ähnlich. Und wolte ich solche mit jener genau erweisen, wenn es mein Vorhaben erforderte, und der Gärtnerei nützlich wäre.

Nächst diesem siehet man äusserlich in Fig. II. vielerley Höhlen und Grübgen, in welchen die Nerven mit ihren Adern, Drüsen und Wassergängen, sonderlich wenn das Fleisch noch daran ist, hinein gehen. Die Substanz aber der äusserlichen Schalen ist hart und ungleich: denn auf der einen Seite (a) ist sie dick, und auf der andern Seite (b) ist sie dünne, und wenn man diese Dicke obenher genau ansiehet, so nimmt man eine Höhle, (c) wahr, in welche, wenn man eine Borste (d) hinein stösset, selbige so weit hinunter gehet, bis auf das lezte Punkt der Wurzel (e) des Keimleins, welches darinnen verschlossen.

Wird aber diese Dicke (a) mit einem Messerlein weggeschabet oder geschnitten, so mus man vorsichtig damit umgehen, denn sonst ist die Tiefe, wie in Fig. III. f. f. f. zu sehen, verschnitten, und wird man diesen Gang nicht finden oder mehr sehen können. Durch diesen Weg aber laufen Adern, Nerven und Wassergänge, und in denselben der Nahrungssaft zu dem innern und untern Theile der Wurzel (g), allwo ein Becken oder kleine Verwahrung, in welcher der Saft zur Unterhaltung hinein laufet, anzutreffen. Dieser Saft wird alsdenn von der Nabelschnur, wie in Fig. IV. zu erlernen (h), welcher in dem ersten Häutgen (i) befindfindlich, an sich gezogen, und bringt solche selbigen in den Kuchen (k), welcher sich oben auf sichtbarlich zeiget, nach genugsamer Zubereitung aber kommet selbiger wiederum durch die Adern, die man auch in dem Häutgen allenthalben klar wahrnehmen kan, herunter, und ernähret den Keim oder die Frucht, wie aus dieser Figur genugsam zu sehen.

§. 4.

Wenn nun die erste Haut, so braun aussiehet, und welche man gar füglich das Chorion nennen mag, hinweg ist, so findet man unter selbigem ein anders gar zartes und feines Häutgen, so dem Amnion in einem Ey gleich ist, welches unmittelbarer Weise die innerliche Frucht an allen Orten umgiebet, wie Fig. V. vor Augen leget, solches ist sehr dünn und zart, und mit dem Kuchen der Frucht (e) sehr vereiniget, hat eine Feuchtigkeit bey sich, und machet den innerlichen Kern etwas schlüpferig.

Wenn nun auch dieses Häutgen abgesondert, so kommet die weisse Substanz vollkommen heraus, wie Fig. VI. klar weiset, und ist gleichsam wie eine zusammengeronnene Milch, daraus auch die sogenannte Mandelmilch gemachet wird. Und wenn es aus seinem Häutgen genommen wird, so zeiget sich das Häuslein auf nachfolgende Art, wie Fig. VII. anzeiget; (m) ist die äussere, (n) die innerliche Haut, (o) der Kuchen, (p) das Becken, oder wo zum Theil die Wurzel die Verwahrung hat, und der Nahrungssaft, der aus dem Nabel hineingeflossen, eingesogen wird.

Hat man nun, nach genauer Betrachtung der äusserlichen Theile, ein Verlangen auch das innerliche verborgene Kind und Geburt anzusehen: so mus man diesen Mandelkern von einander theilen, wie denn solches gar mit leichter Mühe geschehen kan, dieweil er sich gerne spalten und theilen läßt, wie Fig. VIII. anzeiget. Und dieses ist das zweiblätterichte Buch, davon in meinem kurzen Bericht Meldung geschehen, welches ich bei einer fürnehmen, und zwar Englischen Tafel vorgezeiget und eröffnet habe, auch zugleich daraus bewiesen, wie GOtt und die Natur Bäume machet.

Sobald nun solcher Kern entzwei genommen, so siehet man mit klaren Augen untenher an der Spitze das Keimlein, so die Form des ganzen Baumes in sich hält, wie in dieser obangezeigten Figur das (q) ausweiset. In dem andern Theile untenher siehet man den Spalt (r), wie er sich mit dem andern Theile bei der Wurzel geschlossen. Diese zwei Theile verwandeln ihre weisse Substanz nach und nach in eine grüne Farbe, und geben das sogenannte Herzblatt, von welchem sowol die Wurzel als der Stamm seine Nahrung und Unterhaltung empfänget, bis es endlich allen seinen Saft angewendet. Alsdenn nimmt es ab, wird dürre und vergehet von selbsten: denn es hat ausgearbeitet und verrichtet, was es schuldig war.

Endlichen ist noch übrig das Keimlein vor Augen zu legen, und solches wird Fig. IX. entdecken. Wenn es noch nicht belebet, so giebet es sich auch nicht auseinander, sondern verschlüsset sich ganz und gar, und giebet eine solche gedrukte eyförmige Figur, die ich deswegen nach Geometrischer Art habe einfassen lassen. Wenn aber die lebendige Kraft darinnen zu würken anfänget, so gehet sie auseinander, wie Fig. XI. augenscheinlich bezeuget, und läßt sich ansehen wie eine Flamme, theilet sich oben auf in zwei Theile, und in der Mitte beobachtet man wiederum ein klein Flämmlein, so sich heraus begiebet. Von demselben Theil befindet sich ein kurzer jedoch ablänglicher dicker Theil (u), welcher den Stamm anzeiget: unten daran hänget ein halb eyförmiger und untenher rundspitziger Körper, wie (t) darthut. In dem ersten Theil (u) sind die Aeste und Zweige, Blätter samt Blüte und Frucht befindlich, und kan man solche durch die Vergrößerungsgläser in etwas warnehmen, wie Fig. XII. und (w) in derselben vorstellet. In Fig. XIII. wird die Eröffnung des Hauptstammes vorgestellet, und in der Fig. XIV. wo (y) ist, siehet man ohne Glas, wie die Natur den Stamm in die Wurzel geimpfet hat. Und ist wahr und klar nach meiner wenigen Ueberlegung, daß der Stamm und die Wurzel in der Geburt nicht ein, sondern zwei Theile sind. Wenn aber das Leben entstehet in dem Mittelpunkt, und beginnet zu wachsen: so wird der Stamm und Wurzel miteinander so vereinigt, daß sich nach der Zeit Stamm und Wurzel in der Natur erweisen, als wenn sie aus einem Stücke bestünden, wie es auch in der That also ist. Denn sie hat alle Theile mit dem Stamm gemein, wie solches in nachfolgenden mit mehrern wird erwiesen werden. Will man sich die Sache noch besser einbilden und vorstellen, so ist es eben, wie bei einem neugebohrnen Kinde das Haupt, als in welchem oben auf das Plättlein an der Hirnschale sich innerlich beweiset, dieses scheinet zwar anfänglich, weil es nur ein Häutgen ist, ganz ein abgesondertes Wesen von der Hirnschale zu seyn, allein in kurzer Zeit wird es in Bein und in die harte Hirnschale verwandelt und wird mit selbiger ein Stück, so, daß man nach der Zeit nichts mehr von dem Plättlein warnehmen kan.

Ist noch übrig die 15de Figur. Diese zeiget durch das Vergrößerungsglas, nachdem schon alle andere Theile vorhero sind klar zerleget worden, noch den Sitz der vegetabilischen Seele, oder, wie wir es genennet, Glandulam pinealem an. In diesem Wunderpunkt sind unbegreifliche und unaussprechliche Dinge verschlossen und enthalten. Creatori sit gloria!

§. 5.

Will man dieses Keimlein durch Kunst bald heraus locken, so daß man es in wenig Stunden sehr vollkommen und ohne Vergrößerungsglas wol sehen mag, so kan man sich nachfolgenden liquoris bedienen.

Nimm wol rektificirten Weingeist 6. Loth, und wirf hinein einen sehr reinen Salpeter ein und ein halb Loth, setze es zur Digestion an einen warmen Ort, laß es so lange stehen, bis sich derselbe in dem Weingeist aufgelößt hat, alsdenn lege unterschiedliche Mandelkerne hinein, und laß solches in einem temperirten Ort 12. Stunden stehen, nimm sie als-

denn

Erste Tafel

Zeiget, wie sich der Embryo oder der zarte junge Mandelbaum in seinem ordentlichen Lager in dem Ei oder Saamen mit allen seinen äusserlich- und innerlichen Theilen darstellet.

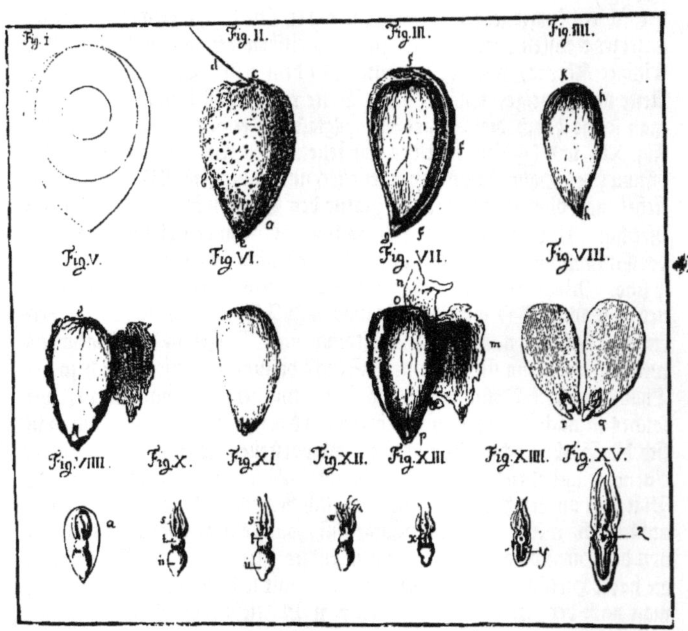

Fig. I. Ist eine geometrische eirunde-Figur, welche die Gleichheit hat mit der Gestalt und Form der harten Schalen des Mandelkerns, wie solches aus der Geometrie erwiesen werden könte.

Fig. II. Zeigt die eirunde Mandelschalen an, wie sie noch geschlossen ist, und

a. weiset an desselben hart und diken Theil, worinn ein verborgener heimlicher Gang anzutreffen ist.

b. Die dünne Substanz der Schalen,

c. die Höle samt der zarten Borsten,

d. wie sie hinunter gehet durch den heimlichen Weg

e. bis auf den Grund.

Fig. III.

Fig. III. fff. Ist der eröfnete heimliche Gang oder Weg, in welchem ein Bindel von Adern, Nerven und Wassergängen befindlich, und
g. der sich in dem untersten Punkt endigt.

Fig. IV. h. Zeiget die Nabelschnur, so von dem Kuchen herunter gehet bis an den Punkt.
i. Sind die kleinen Aederlein,
k. der Kuchen, in welchem sich die Nabelschnur anfängt.

Fig. V. l. Weiset, wie die braune Haut hinweggethan, und wie der Kuchen zu sehen, an welchem das innere Häutlein ist, mit den kleinsten Aederlein.

Fig. VI. Ist der blosse und von allen feinen Häutgen abgelößte Mandelkern, wie er sich gleichsam als ein nakend und entblößtes Kind darstellet.

Fig. VII. m. Ist die braune Haut,
n. das innerliche Häutlein,
o. der Kuchen,
p. das Becken oder die Verwahrungscapsel.

Fig. VIII. Der eröfnete und zertheilte Mandelkern,
q. die Narbe oder das Keimlein,
r. der Riß, der hinüber gehöret.

Fig. IX. a. Wie das herausgenommene Keimlein aus dem Ei mit einer geometrischen Ovalfigur umgeben.

Fig. X. Wie sich die Narbe oder Keimlein in drei Hauptheile abtheilet, als
s. in das Haupt,
t. in den Stamm, und
u. in die Wurzel.

Fig. XI. s. t. u. Wie sich das Keimlein nach der Befruchtung ausdehnet, und alle seine Theile aufschwellen und gros werden.

Fig. XII. w. Wie sich nach der Befruchtung oder Schwängerung das Haupt eröfnet, und man an selben viele kleine Aestlein des ganzen Baumes siehet.

Fig. XIII. x. Weiset die Eröfnung des mitlern Theils, nämlich des Stammes an, wie er sich nach der Wurzel zu begiebet.

Fig. XIV. y. Ist der dritte eröfnete Hauptheil, nämlich die Wurzel, und kan man sowol durch das Glas als mit blossem Aug erkennen, wie die Natur den Stamm in die Wurzel eingeimpfet hat.

Fig. XV. Wie alle drei eröfnete Hauptheile sich darstellen, als die Krone, der Stamm und die Wurzel, und wo die Verbindung der Wurzel mit dem Stamme ist, sonderlich
z. der wunderbare Punkt, so der vegetabilischen Seele Sitz ist, wie solches mit dem Vergrösserungsglas kan beobachtet werden, wol abgezeichnet.

denn heraus, und stecke sie in eine gute fette Erden, und begieß sie fleißig mit Wasser, so wirst du sehen, wie stark das Keimlein heraus wächset. Als ich mit diesem Versuch umgieng, empfieng ich, wiewol unbekanter Weise (wie ich denn durch mein ausgestreuetes Einladungsschreiben nicht allein ungemein viele hohe und wolgeneigte Gartenliebhaber habe kennen lernen, sondern es haben sich auch alte, gute und wolbekante Freunde hervorgethan, von welchen ich nichts mehr wußte, und vermeint, sie wären schon längst in das himmlische Paradeiß gewandert; die aber im Gegentheil von mir geglaubet, weil ich in der scharfen Pestzeit bis in das fünfte Monat den Trutz des Todes gespielet, ich wäre gleicher Weise schon längst verzehret und zu Staub und Aschen worden, allein aus meinem kurzen Bericht ersehen, daß ich, GOtt Lob! noch lebe, und zu ihren Diensten gesund und wolauf mich befinde) von (Tit.) Herrn Leonhard Hermañ, Pfarrer in Massel des Oels-Bernstättischen Fürstenthums in Schlesien unter andern Merkwürdigkeiten diese nachfolgende Art, die Saamenkörner bald wachsend zu machen, und lauten seine Worte also:

„Im Nahmen des Seegen-reichen GOttes communicire ich aufrichtig und soviel mir wissend ist, die Zurichtung des Getraides, insonderheit des Korns, zu einer gesegneten reichlichen Ernde im geringsandigen Boden, und hoffe, wann solche nach folgender Methode ohne Absicht schändlichen Geitzes und Wuchers, alleine GOtt zu Ehren, der Armuth zum Dienste, sich selbsten aber zur Nothdurft und seinem einhabenden geringen Boden zu bessern Nutzen geschicht, es werde diese zu Nutz, Lust und Frucht seinen gesegneten Endzweck erhalten. Wann denn die Früh- oder Herbst-Saat angehet, so muß ich mir

„(1) Eine gute hierzu dienliche Lauge machen oder absieden, auf einen Scheffel ein halb Viertel Breßlauisches Maaß ohngefehr.

„(2) Nehme ich auf einen Scheffel ein halb Viertel Schaf-Lorbeer, die entweder mit der Lauge abgebrühet, oder gar gebacht und ausgepresset worden.

„(3) Nehme ich 3. oder 4. Pfund Salpeter, nachdem er rein und gut ist, lasse ihn in der heissen Lauge zergehen, und endlich völlig untergemischet werden. Sonst will man auch den Salpeter calciniren: aber ich glaube, weil ihm viel Kraft durchs Feuer entgehet, es ist besser, man brauche ihn schlechterdings zu dieser Arbeit.

„(4) Ist die Lauge mit diesen obbenanten ingredientien fertig und halb abgekühlet, so thut man den Scheffel Korn, aber ein schönes reines und frisches Korn, im Nahmen GOttes drein, und läst die Lauge darüber gehen.

„(5) Muß es 8. Stunden weichen, hernach durch ein Zapffen-Loch am Boden die Lauge abgelassen, auf einem lüfftigen Boden, wo nicht viel Sonne ist, getrocknet, wann das Wetter favorable, alsdann wiederum eingeweichet (in vorige übergebliebene Lauge) nach 6. oder 8. Stunden heraus genommen, in etwas abgetrocknet, und

„(6) Wenn der Acker fertig, an gehörigen Ort gesäet werden; „dann es fänget bald an zu treiben und zu keimen. Kommts bald in „die Erde, so gehets in 3. Tägen lüfftig auf; wo nicht, so muß man „es ein wenig nachsehen, und etwa ein wenig umwerffen, damit es „nicht verwachsen und verderben kan.

„Vortheile dabey sind diese:

„(1) Daß man den schlechtesten Acker und sandigen Boden dazu „nehmen kan; wiewohl es auch in gutem Acker wächst, muß aber sehr „dünne gesäet werden. Es ist aber vornehmlich angesehen auf die Land-„Güter, die offt schlechte Aecker haben, und man sie fast gar nicht „nutzen kan.

„(2) Daß man auch keinen Dunger braucht, und ist abermahl „sehr nutzbahr den Gütern, die nicht viel Viehe halten, oder Dunger „machen können. Denn der Saamen wird gedünget, und diese Dün-„gung, welche sich bald vom Anfange mit dem Leben des Saamens ver-„einiget, ist ihm viel zuträglicher, als der Mist, der von der Sonnen-„Hitze bald extrahiret, oder von dem brennenden Erdreich consumiret wird.

„(3) Darf man nur halb soviel säen, oder wo ich sonst 2. oder 3. „Scheffel säe, brauche ich nur einen, dann das Körnlein treibet stark, „aus welchem vielmahl 10. 12. auch mehr Halmen wachsen.

„Proba.

„Die Proba bey mir hatte Anno 1715. im Herbst, so gar erfreulich „war. Denn es gab mir der ausgesäete und zugerichtete Scheffel am „Gebunde 5. Schock, und was darüber, Garben Korn; an Körnern „aber 8. Scheffel und 3. Viertel Breßl. Maaß, welches gewiß von ei-„nem Scheffel im geringen Boden ein gesegneter Zuwachs ist, dafür „GOtt gelobet sey!

„Ob das schon einmahl zugerichtete und eingeerndete Korn, so ich „vergangenes 1715de Jahr ohne fernere Zurichtung gesäet, gut wach-„sen wird, lehret, so GOtt will, folgende Ernde, wiewol die Saat „admirable stehet. Unter die Vortheile gehöret auch noch, daß das Mehl „von so zugerichtetem Korn nicht dummicht und michtlend werden soll, „so ich jetzo mahlen lasse, und hernach einschlagen und probiren werde.„

Allein obschon diese zwei Arten denen Saamenkörnern eine kleine Beförderung, weil sie aus dem bekanten Salpeter bestehen, zum Wachsthum geben können; so kommt es doch dem köstlichen vegetabilischen Salze, dessen sich Sendivogius in lucern. phil. p. 128. rühmet, gar nicht bey. Denn er wußte ein Geheimnis; welches gewiß eine Universalmedicin zu allen Pflanzen war, womit er die verdorbene Zwiebel und halbtodten Bäume und Stauden wunderbarer Weise nicht allein erfrischen konnte; sondern er hat sie auch vor der Zeit wachsend gemacht, so daß der Weinstock im May schon seine Früchte hat hervorbringen müssen, davon Baco de Verulam. in Sylv. Sylv. Cent. 6. Meldung gethan. Was

ich

ich aber in einer ungemeinen schnellen Hervorbringung aller Pflanzen, mit meinem Sale Mercuriali; so von meinem erfundenen Liquore universali metallico solvente bereitet wird, kan zuwegen bringen, soll nach genugsamen Proben (denn was ich diesesmal habe thun müssen, solches wird niemand mehr von dem D. Agricola erleben,) und genauer Untersuchung alsdenn bekannt gemacht werden. Inzwischen kan ich schon so viel von seiner Würkung warhaftig referiren, daß, wenn solches in der Luft zu rechter Zeit aufgelöst, und nur wenig Tropfen in das Mark eines Baumes getropfet werden, (denn es ist ohne Geschmack und Schärfe) so giebets in 12. oder mehr Stunden einen ungemeinen Wachsthum. Allein vor diesesmal still von dieser Materie.

Dieses muß ich doch noch öffentlich melden, daß ich mich anfänglich sehr verwundert habe, wenn so viel Hochwertheste Gartenliebhaber von dem ungemeinen schnellen Wachsthum der Bäume mir zugeschrieben haben, und muß bekennen, daß ich oft nicht gewußt, wie ich es aufnehmen soll. Denn mein Hauptzweck war jederzeit auf die Universalvermehrung aller Dinge, so bey nahe im Pflanzenreiche befindlich, eingerichtet. Gestalten ja mein Einladungsschreiben, wie auch der kurze Bericht von der Universalvermehrung allenthalben bekannt war. Und sonderlich als mir die Frage, wie stark die Bäume fortwüchsen, vorgeleget wurde: so gab ich zur Antwort, daß ich solches nicht wüßte, sondern ich müßte es mit andern Liebhabern erwarten, wie aus Seite 26. und der zwölften Frage mit mehrern zu ersehen. Und derowegen, weil ich mir dazumal ganz keine Gedanken auf den schnellen Flug oder Wachsthum der Bäume machte, so kam es mir sehr fremde vor: besonders als einige Reisende auf mein Zimmer kamen, und einige Zweiglein von Bäumen mitbrachten, mit freundlichem Ersuchen und Bitten, ich möchte ihnen nach Darlegung gebührender Schuldigkeit dieses Aestlein so hoch wachsend machen, daß es den Stubenboden oben auf erlangen möchte. Ich wußte nicht, wie ich mich in ihre Reden finden müßte; jedoch versetzte ich, ob solches ihre warhafte Absicht und Meinung, auch Verlangen, von mir solches zu sehen, wäre? Sie antworteten mit Ja. Worauf ich antwortete und sagte, daß ich nicht D. Faust wäre, sondern D. Agricola. Jener wußte zwar mit dem kleinen Fuhrwerk wider die Natur zu würken; ich aber würkte mit, und nicht wider die Natur. Und mithin schieden wir in gutem von einander. Welche aber eine so gar große Liebe und Zuneigung zu dem schnellen Wachsthum tragen, die mögen sich an den hochgelahrten und wohlerfahrnen Herrn Doctor Johann Christian Lehmann, Phys. P. P. & Med. ext. in Acad. Leopold. & Sac. Pruss. Memb. nach Leipzig verfügen, der auch da wohnhaft ist. Denn indem ich dieses schreibe, habe ich sein Exemplar empfangen, so die Glaß-Cassa betitult wird: und als ich selbiges durchgelesen, und ersehen, daß der Verfasser schon so viel Mühe und Unkosten angewendet, die seltensten Versuche etliche Jahre nacheinander damit gemachet, auch solche Wissenschaft schon vielen wissend, so habe ich gewünschet, daß er an statt einer Glaß-Cassa eine reichliche Gold- und Silber-Cassa erhalten möchte, damit er in seinem angefangenen guten Werke noch ferner fortfahren, und den schnellen Wachsthum nicht nur in Zwiebelwerk, als welches ohnedem in den gemeinen warmen Zimmern gar gerne ausschläget, sondern in den Bäumen und Staudenwerke befördern könne, davon zwar vor diesesmal nichts ist gemeldet worden. Vielleicht möchte er darnach darauf bedacht seyn: und auf solche Weise könnten wir den Gartenliebhabern beiderseits unaussprechlichen Nutzen verschaffen. Allein mit diesen Gedanken komme ich von meinem Zweck allzuweit ab. Ich will aber wiederum zu meiner Frucht und lieben Kinde mich verfügen, und betrachten, ob denn alles, was wächset, das erstemal aus einem Saamen erzeuget und gebohren werden mus.

§. 6.

Die Frage, daß alle Pflanzen anfänglich aus einem Ey oder Saamen heraus schliefen und wachsen müssen, will ich meines wenigen Orts bejahen (*): und zwar, weil es des großen Schöpfers Befehl und Ordnung also ist, daß ein jedes wachsendes Wesen seinen eigenen Saamen bei ihm selbst auf Erden haben mus, wie im 1. B. Mose 1. Kap. v. 11. zu sehen. Will nun nach diesem allweisen Geseze etwas wachsen oder hervor kommen: so mus es aus oder von einem Saamen herkommen. Denn dieses Gesez bleibet fest und wahr, so lange die Tage des Himmels währen. Mithin ist auch mein Saz in Sicherheit. Allein es finden sich gar viele Gegner, und berufen sich auf ihre gemachte Versuche, wodurch sie erweisen wollen, daß GOtt ausser diesem noch ein anders in die Natur gesetzet, durch welches man was zuwegen und hervorbringen kan, ohne daß man einen Saamen haben mus. Sie sprechen, man solle nur ein Stück Erde, welches mit Gras wohl bewachsen, nehmen, selbiges in sehr starkes Feuer legen, und wol ausglühen lassen; die gebrannte Erde solle man alsdenn in einen Gartenscherben thun, selbige fleißig begiessen, sonderlich mit Regenwasser: so würden seltsame schöne Blümlein und Gras hervor wachsen. Und dieses wäre ja ein augenscheinliches Beyspiel und Versuch, welches erweise, daß ohne Saamen was hervor komme. Wäre nun ein Saamen in der Erde gewesen, so wäre er ja von dem Feuer verbrannt und zernichtet worden. Ist solches gewis, wo kommt denn das Gras und Blumen her? Zum andern, so machen andere diesen Versuch, und nehmen eine Erde aus den tiefsten Gründen von 20. 30. und mehr Klaftern, und fassen sie in einen Topf, begiessen selbige fleißig, sonderlich mit Regenwasser, so wächset das schönste und seltenste Gras heraus. Und welches merkwürdig, so wird eine solche Erde mehr hervorbringen, als eine, so lange über der Erden gestanden. Ja was das allersonderbarste seyn mag, so sprechen einige

(*) Obgleich in der vorigen Anmerkung gezeigt worden, daß ausser der gewöhnlichen Art der Fortpflanzung bei den Pflanzen noch andere angetroffen werden, so bleibet doch die sogenannte generatio æquivoca der Alten, oder eine solche Erzeugung, die durch die Fäulnis oder dergleichen geschiehet, davon gänzlich ausgeschlossen, und fallen also die in diesem §. erzählten entweder weg, oder müssen aus eben dieser Art der Erzeugung durch den Saamen erkläret werden.

einige Chymisten, man solle terram adamicam (*) nehmen, und selbige mit dem Himmelsthau besprengen; so werden seltene und nie gesehene Pflanzen und Bäumlein, und allerlei Würmlein hervor wachsen. Wo will man nun mit der Erzeugung aus einem Ey oder Saamen anjezo hinaus langen? Auf das erste aber eine Antwort zu geben, so ist wol gewis, daß eine so scharf ausgebrannte Erde vor sich selbst nichts mehr tragen wird, wenn sie nicht einen Saamen von andern empfängt. Und wer will nicht zugeben, daß in einem fruchtbaren Regen viel tausend kleine Saamenkörnlein öfters befindlich? Denn können in den Wolken sich Mineralien und Thiere aufhalten; warum nicht ein so kleiner Saame, der öfters nicht zu sehen, und dem Staube ähnlich ist? Ja woher mag es wol kommen, daß öfters an einem Orte, wo niemals ein Wald gestanden, auch in der Nachbarschaft keiner anzutreffen, unversehens ein kleiner von dem Saamen entstehender flüchtiger Wald hervor kömmt? Wie solches Plinius im 16den Buch im 30. Kapitel bestätiget, daß in Africa einstens ein fetter und gleichsam schleimiger Regen entstanden, auf welchen an unterschiedlichen Orten sehr viele neue und niemals da befindliche Bäume hervor gekommen sind. Und Joseph Acosta im 4ten Buch im 31. Kapitel erzehlet, daß in Mexico oder in Neu-Hispanien unversehens an unterschiedlichen Plätzen sowol auf der Ebene als auf den Bergen ganze Wälder von Zitronen- und Pomeranzenbäumen angeflogen sind, und sezet diese gar zulängliche Ursache dazu, daß diese Bäume sonder Zweifel daher entstanden seyn mögen, da etwa viel fremde Schiffe, die mit solchen Früchten beladen gewesen, zu Grunde gegangen; die hohe Fluth aber dazumal die Früchte haufenweis auf die Ebene gebracht und ausgeworfen haben mag. Nachdem diese verfaulet, hat sich der Saame in die Erde begeben, und der starke Wind mag viel von solchem ausgefallenen Saamen auf die Berge gebracht haben, daraus alsdenn allenthalben die Bäume hervor gekommen, als die zuvor niemals an solchem Orte befindlich gewesen sind. Was aber das andere betrift, daß die Erde, so aus tiefen Gruben heraus genommen, reichlicher Gras hervor bringet, als welche schon lange Zeit über der Erden gestanden, so ist ja leicht der Schlus zu machen, daß eben in dieser Erde viel Saamenkörnlein unsichtbarer Weise sich befinden müssen, die so lange Zeit verborgen geblieben; nun sie aber die freie Luft empfänget, sie sich desto besser herverthun und wachsen können. Daß aber die Erde dagegen über dem Boden nicht so fruchtbar war, mag Ursache seyn, daß sich solcher Saamen schon meistens hat ausgetragen, oder auf andere Weise verdorben und erstickt worden. Endlichen das lezte belangend, so möchte man wol fragen, in was vor einem Theil der Welt, und in welchem Lande wol diese Adamserde anzutreffen sey. Wird sie aber nirgend anderswo, als nur in dem Menschen gefunden, und durch die chymische Kunst zuwegen gebracht, und sonderlich aus desselben Knochen: so ist ja dieses nichts anders, als ein Caput mortuum anzusehen, so ein gebrannter Kalk ist, und

(*) Terram adamicam nennen die alten Chymisten eine Erde, die tief unten herausgegraben worden und worauf niemals etwas gewachsen.

und ist um kein Haar besser, als das wol ausgebrannte Hirschhorn. Wenn nun etwas aus dem erstern sollte hervorkommen, so wundere ich mich, weil es die menschliche Erde seyn soll, daß nicht lebendige Männlein und Fräulein an statt der lebendigen Blümlein und Würmlein hervor hüpfen. So könnte man auch aus dem gebrannten Hirschhorn Hirschen und anderes gutes Wildbrät zu hoffen haben. Allein, wenn es auch wahr, daß sich aus dieser gebrannten Erden was von Blumen hervorgegeben: so ist gewis der Himmelsthau daran Ursach, als in welchem so gut, als in den Wolken ein Saame kan befindlich seyn. Doch ich will mich wiederum zu meinem Embryon des Baumes begeben, und selbigen bestimmen, was er denn endlich sey.

§. 7.

Es ist nämlich das Keimlein in dem verschlossenen Saamen (welchen Namen er vom Aus- und Einsäen empfangen; denn er soll und mus in die Erde kommen, soll anders aus selbigem ein Baum nach seiner Art hervor kommen), der wesentlichste und edelste Theil, meistens weiß und klein, welcher nach einiger neugierigen Liebhaber Ausrechnung gegen den übrigen Theilen den tausendsten Theil kaum ausmacht. Dieses mag seyn oder nicht, so ist doch in selbigem der ganze und vollkommene Charakter des ganzen Baumes abgebildet, und wenn dieser Hauptpunkt verletzet, abgebrochen, oder auf andere Weise verderbet wird, so wird aus dem Saamen, er mag sonst so groß und vollkommen seyn, als er immer will, nichts mehr herauswachsen, sondern der Saame wird in der Erden verfaulen. Hergegen ist dieses rar zu sehen, wenn dieses abgesonderte Keimlein ein wenig mit Wachs verwahret in die Erde ganz allein gesetzet wird, so treibet und wächset es ein wenig fort: allein weil es nicht Nahrung hat, von den 2. sogenannten Herzblättern, aus welchen es den ersten Nahrungssaft herausholen mus, so gehet es meistentheils wieder unter und vergehet.

§. 8.

Schlüßlichen ist noch bei diesen Gedanken dieses das merkwürdigste, daß der Saame derer Früchten, wenn er aus- oder von denselben abgelöset, ob er gleich nicht in der Erden verwahret wird, mit seinem innerlichen Geist in seiner Behausung frisch und gesund viel Jahr leben kan. Im Gegentheil, wenn er alt wird, so gehet er nicht auf, und kommt nichts hervor. Wie lange aber ein Saame dauren kan, solches ist schon in den gemeinen Gartenbüchern anzutreffen, und hält Robertus Morison in Prælud. Botanic. p. 496. davor, daß kein einiger Saamen, er wäre so fleißig verwahret als er wolle, über 10. Jahr dauren könne, daß er zur Aussaat nach der Zeit dienlich sey, ja wohl die wenigsten nach dem fünften Jahre. Insgemein ist der jährige der beste; der zweyjährige ist auch noch gut, der dreyjährige weniger, und was älter, gemeiniglich unnüzlich. Allein über dieses machen die gemeinen Gärtner ihre Einwürfe. Denn etlicher Saame soll besser seyn zur Aussaat, wenn

wenn er 2. 3. und mehr Jahre alt ist. Aber ich will mich in der gemeinen Gärtner Händel nicht einmischen: man bekommet doch nichts als den schändlichen Undank zum Lohn von ihnen, man mag ihnen was gutes oder schlimmes sagen, es ist ein Thun. Genug, daß die gesunde Vernunft giebt, daß der jährige der beste sey, denn da ist der Geist noch frisch und lebendig, auch sind die Lebenssäfte in ihren ordentlichen Gängen noch beweglich, und die ganze Maschine und Bau ist in guter und ordentlicher Beschaffenheit. Wenn aber dieselben durch das Alter verzehret oder ausgetrocknet, und die Organa auch ganz anders modificiret werden: so kan, so wenig die vernünftige Seele in dem menschlichen Leibe verbleibet, wenn die Säfte mit den festen Theilen verfaulen, das principium movens auch nicht mehr darinnen würken und verbleiben, dieweil es sein Amt nicht mehr darinnen verrichten kan. Mithin gehet es wieder in das Licht, woraus es entstanden. Warum aber die vegetabilische Seele in diesem oder jenem Saamen, sonderlich in dem runden und langen, länger als in dem platten und kleinen Saamen verbleibet, ist leicht zu urtheilen: denn in dem großen und runden auch langen circuliret der Saft durch seine innerliche Bewegung schon länger und weitläuftiger herum, und kan auch selbige so schnell nicht ausdünsten oder vertroknen, weil auch mehr Saft da anzutreffen ist, als bei dem platten und kleinen Saamen.

§. 9.

Endlich wenn der Saame mit aller seiner Zubehör unverletzet in die Erde kommet, und nach seiner Nothdurft befeuchtet wird, und auch eine mäßige Hitze erlanget, wird er dadurch belebet, und der innerliche Geist bringet die Lebenssäfte in eine Bewegung und Gährung (*), wodurch alles ausgedehnet wird, und sich von einander giebet. Wenn es sich denn zur Genüge ausgebreitet, und nicht mehr Platz in seiner verschlossenen Behausung hat, so sprenget der Saame, wie oben gemeldet, die Thüre auf, und zerreisset die Häutgen, und suchet sowohl über als unter sich Luft zu bekommen, und theilet alle seine verschlossene Theile, wie aus nachfolgenden mit mehrern wird vor Augen geleget werden, aus.

Drittes Kapitel.

Von dem Ausgang und Ausbreitung aller Theile eines Baumes und Eingang wiederum in das Ey oder Saamen.

§. 1.

Wenn nun die Belebung und Schwängerung in dem Ey des Saamens geschehen, wie in vorigem Kapitel ist vermeldet worden: so wird sie je länger, je stärker und größer, so, daß auch der Platz

(*) Die Bewegung der Säfte in dem Saamen kan wol gewissermassen eine Gährung genennet werden, obgleich der Grad derselben so heftig nicht ist, wie bei Wein, Bier, u. d. g. indem die würkende Ursachen nicht so stark sind, als bei leztern.

Platz und das Haus demselben zu enge wird, mithin macht sie sich nach und nach eine anständige Eröffnung, und wirft ihre Theile theils über sich, theils unter sich.

§. 2.

Zum ersten kommet die Wurzel heraus, wie aus der dritten Tabelle zu ersehen. Und solches geschicht sowol wegen der Nothwendigkeit, als bequemer Lage: dieweil die Wurzel das nächste bey der Thür ist; und indem der Keim diejenige Nahrung, welche er, um sich zu erhalten und zu ernähren nöthig hat, schon verzehret, und nichts destoweniger mehr Nahrungssaft vonnöthen hat, so schicket und treibet der Spiritus architectonicus die Wurzel um dieser Ursache und Nothwendigkeit willen heraus, damit sie durch ihren Mund und schwammichte Substanz den Nahrungssaft aus der Erden heraus holen, und den wachsenden Theilen keiner mangeln möchte.

§. 3.

Bey diesem Ausgange der Wurzel fället mir abermal eine Frage ein: Ob dann ein jedes vegetabilisches Wesen, so leben und wachsen soll, eine Wurzel haben muß (*)? Dieses will Theophrastus bekräftigen: Dioscorides hingegen verneinen, und stehet in den Gedanken, es könnten deswegen einige Dinge ohne Wurzel leben und wachsen, weil sie ihre Nahrung aus der Luft herholten. Allein er führet kein Beyspiel an. Daß er etwa das Moos an den Bäumen, die Schwämme, Trüffeln und Meerlinsen ꝛc. darunter mag verstanden haben, ist gar wol zu vermuthen.

§. 4.

Die Warheit zu bekennen, ich hätte mich bald selbst überredet, das Moos, so aus den halbfaulen Zweiglein und derselben Rinden, sowol an dem Baum als an den Stauden heraus wächset, hätte keine Wurzel. Damit ich aber der Sache gewis seyn möchte, so ließ ich mein Pferd satteln, und verfügte mich in den Wald, und suchte allerlei Moos zusammen, sowol von den Eichbäumen als von den Schlehenstauden, und traf auch zu allem Glück unterschiedliche Schwämme an, die ich durch meinen Jungen nach Haus bringen ließ. Kaum daß ich vom Pferde abgesessen, nahm ich meine halbfaule und verdorrte, doch dort und da noch ein

(*) Will man den Begrif einer Wurzel so erweitern, daß man darunter überhaupt einen Theil verstehet, der der Pflanze die Nahrung zuführet, so wird sich auch der Saz leicht zugeben lassen: Alle Pflanzen haben Wurzeln, und die Aeste und Blätter eines Gewächses sind Wurzeln über der Erde in der Luft; indem die Versuche neuerer Naturkündiger, besonders des Herrn Bonnets in der Abhandlung von dem Nutzen der Blätter an den Pflanzen deutlich zeigen, daß selbige die Dünste der Luft und den Thau einsaugen. Schränkt man den Begrif dahin ein, daß darunter nur derjenige Theil verstanden wird, der durch Zasern die Nahrung einsaugt, so bleiben einige wenige Pflanzen übrig, die blos durch die in ihrer äußern Fläche befindliche Löcher die Nahrung bekommen, von denen man mit Recht sagen kan, daß sie keine Wurzel haben. Wollte man hingegen mit einigen Kräuterlehrern den Begrif der Wurzel blos auf das Einsaugen der Nahrung aus der Erde einschränken, so würde solches dem gemeinen Sprachgebrauch gar zu sehr entgegen seyn. Zudem kan man auch bei vielen der sogenannten Schmarozpflanzen (plantæ parasiticæ), wie z. E. an der Mistel, die würklichen wahren Wurzeln gar leicht finden, wenn man sich die Mühe geben will, den fremden Pflanzenkörper, woraus sie ihre Nahrung gezogen, nach verschiedenen Durchschnitten zu untersuchen.

ein wenig grün und ausschlagende Schlehenstauden, wie in der 2ten Tab. zu sehen, (das übrige war, als wenn es mit Baumwollen überzogen wäre,) unter die Hände, und untersuchte dieselbige auf das allergenaueste, und befande nachfolgendes in höchster Vergnüglichkeit:

Erstlich betrachtete ich, daß aus dem gelindesten Aestlein der halbfaul und vermoderten Schlehenstauden, wo sonsten die Stämmlein herausschlagen, die schönsten moosigten Zweiglein, mit sehr zarten Aesten, die wie ein zartes zusammen gelaufenes Haar und ganz besonders als das andere Moos aussahe, herausstammte, so sehr lustig anzusehen war, wie Num. 1. abbildet. Dieses war sowol an der Gestalt als Farbe von den andern etwas unterschieden. Denn dieses war gelblich, jenes aber sehr weis: das Moos hergegen, so weis anzusehen war, und sich mit seinen Aestlein und Zweiglein wol ausbreitete, entsprang meistens aus der Rinden nebst den Zweigen, wie solches Num. 2. anzeiget.

An den breiten Orten der Rinde nahm ich wiederum eine besondere Art des Mooses, welches sich rund um und um dieselbe herumwandte, und sich doch dabei allenthalben in der Höhe ausbreitete, wahr, und fand, daß selbes äußerlich schön weis, innerlich aber schwarz war, wie Num. 3. abbildet. Dieses zog ich von der Rinde herab, und betrachtete es sehr genau. Da dünkte mich, ich sähe kleine Würzelgen und Börstgen. Dieweil aber mein Gesicht ziemlich stumpf, so nahm ich meine Zuflucht zu denen Vergrößerungsgläsern. Da sahe ich augenscheinlich, wie viel hundert Würzelgen sich darauf zeigten, und machten eine solche Figur, als wie ein rauher Pelzfleck aussehen mag. Einige deren waren etwas länger, als die sonder Zweifel in denen Luftlöchern der Rinde mußten gestecket seyn, aus welcher sie den halbfaulen Nahrungssaft mögen geholet haben, wie Num. 4. und 5. solches klärlich entdecket. Aus dieser Untersuchung mache ich nun diesen Schlus, daß, weil die halbfaulen und mit Moos überzogene Schlehenstauden noch auf ihren natürlichen Wurzeln stunden, sie nothwendiger Weise vermittelst ihres faulen Saftes und halb erstorbenen Lebensgeistes solches Moos heraus getrieben, wie solches auch aus den Nebenästen Num. 2. geschahe, und also hatten sie auch keiner andern Wurzel nöthig. Daß aber das Moos N. 3. 4. 5. als wie das andere, so aussenher und unmittelbar auf der Rinden befindlich, nicht so wachsen konnte, ist leichtlich daraus zu schlüssen, weil es ausser dem Mittelpunkt, das ist, weil es mit dem innerlichen Wesen nicht auf das genaueste verbunden war, und dannenhero hat es seine eigene Wurzel vonnöthen gehabt.

§. 5.

Was aber die Schwämme belanget, so von denen Lateinern Terrigenæ, oder Dinge, die von freien Stücken aus der Erden wachsen, genennet werden, so zeiget sich ihre Figur auf unterschiedliche Weise. Theils zeigen sich wie die ströherne Sommerhüte, deren sich unsere Regensburger Weiber in ihrer Tracht bedienen, Num. 6. Andere sehen aus gleich wie ein Sonnen- und Regenschirm, die das galante Frauenzimmer vor den Regen gebrauchet, Num. 7. Andere machen eine Figur wie die Lichtputzen in den Laternen, Num. 8. Wieder andere zeigen sich wie eines Steyrischen Schiffsodels Hut aussiehet, Num. 9. Sie kommen aber an unterschiedlichen Orten hervor. Etliche wachsen auf den sumpfigten Wiesen oder flachem Felde, Num. 10. und diese sind die besten, wie Horatius schreibet:

Pratensibus optima fungis
Natura est, aliis male creditur.

Einige werden auch auf faulen Holzwurzeln, oder an den Bäumen, Num. 11. auch auf Steinen gefunden. In was für großer Achtung bey den Römern die Schwämme und Pfifferlinge müssen gewesen seyn, solches ist aus dem Disticho, so beim Martiali zu finden, zu ersehen:

Argentum atque aurum facile est, lanamque togamque
mittere, boletos mittere difficile est.

Und weil Claudius durch solches Schwämmeessen zu einem Gott worden ist, so hat Nero nicht unrecht gesprochen, es müssen die Pfifferlinge der Götter Speise seyn, quoniam Claudius esu boleti Deus factus (*). Ob sie aber Wurzel oder keine haben, darauf ist so viel zu antworten, daß diejenige, so auf den faulen Bäumen und Aesten stehen, keine Wurzel haben: denn die faulen Aeste und Wurzeln sind schon ihre Wurzel, und haben also keine andere vonnöthen. Die aber auf den moosigten und faulen Wiesen zu finden, die haben Wurzel: allein man wird sie unter der faulen Erden finden, Num. 12. und nicht unmittelbar an dem Schwamme. Etliche aber haben kleine Würzlein, so an dem Stängel befindlich, wie Num. 13. vor Augen leget.

Nächst diesem was Meerlinsen, oder den Grensig belanget, so auf den stillstehenden Wassern wächset, und wie ein grünes Moos aussiehet, ganz kleine Blätlein hat, und rund wie eine Linse, auch größer und kleiner ist, solches hat an statt der Wurzel kleine Zasern, wie die zarten Haare, im Junius aber bekommen sie untenher runde Bläsgen, worinnen der Saame verwahret ist, wie Num. 14. belehret. Werden sie aber auf einen Grund gesetzet, so werden ihre Fasern stärker, und wächset eine Pflanze heraus, so dem sisymbrio aquatico, oder der Wassermünze sehr gleich seyn soll.

§. 6.

Allein es finden sich einige, die einwenden und sagen: Gesezt, daß diese Wurzel haben, so ist doch klar, daß die Weidenruthen und dergleichen, wie auch die aufgeimpften Belzer, und die eingesezten Augen wachsen, und haben doch keine Wurzel; ist also erwiesen, daß etwas ohne Wurzel wachsen kan. Darauf antworte ich also: Erstlich mus man zugeben, daß in dem Stamme, der ohne Wurzel in die Erde gestecket wird,

(*) Die alten Griechen, Römer und andere heidnische Völker vergötterten ihre Kaiser, Könige und große Helden nach ihrem Tode. Kaiser Claudius wurde von seiner Gemahlin Agrippina durch vergiftete Schwämme hingerichtet und nach seinem Tode gleichfalls vergöttert. Hierauf zielet sein Nachfolger Nero, da er sie der Götter Speise nannte. Sueton. Claud. c. 30. Juven. Sat. VI. v. 620.

Zwote Tafel

Zeiget unterschiedliche Dinge. Erstlich einen Schlehenzweig, so mit Moos bewachsen, dann Schwämme, und endlich lenticulam palustrem, oder den Grensig.

Num. 1. 1. 1. 1. Zeiget das sehr zarte Moos, so aus den kleinsten Aestlein der halbverdorreten und verfaulten, doch dort und da noch ein wenig ausschlagenden Schlehenstauden wächset, an.

Num. 2. 2. 2. Weiset, wie das Moos auch aus den Nebenästen, aber weit weisser, breiter und gekrauster, fast wie Baumwolle, heraus wächset.

Num. 3. 3. Stellet vor, wie das Moos, so auf der Rinden aufliegt, und den Stamm allenthalben bedecket, nicht aus dem Stamm, sondern auf demselbigen gewachsen.

Num. 4.

Num. 4. Ist ein Theil des Mooses, so von dem Stamm herabgenommen, wie es sich auf der einen Seiten ganz weis und kraus darstellet.

Num. 5. Wie das Moos, so auf der Rinden befindlich war, umgekehret und innerlich ganz schwarz und rauh anzusehen, welche Schwärze nichts anders, als unzählbare viel grosse und kleine Würzlein darstellet, so den Saft aus der Rinden heraus holen.

Von den Schwämmen.

Num. 6. Ist ein Schwamm, der zwischen einem Felsen gestanden, und sich ohne Stängel wie ein Regensburgischer Strohhut zeiget.

Num. 7. Dieser nicht weit davon macht eine Figur, wie ein Paresol oder Sonnen- und Regenschirm, dessen sich das galante Frauenzimmer bedienet.

Num. 8. Sind Schwämme, die aus faulem Holz und Wurzel, so theils wie die Lichtpuzen aussehen, herauswachsen.

Num. 9. Ist ein Schwamm in Figur eines Steyerischen Schiffknechts Hutes.

Num. 10. Bedeutet die edle Schwömme, so auf dem morastigen Felde wachsen.

Num. 11. Allerlei Arten der Schwämme, die auf der faulen Wurzel befindlich.

Num. 12. Ist ein Schwamm, so seine Wurzel auf der faulen Erden untenher weit in der Tiefe von sich stösset.

Num. 13. Sind Schwämme, die untenher ganz kleine Würzelgen haben.

Von der Lenticula palustri oder Grensig.

Num. 14. Zeiget an, wie solches Kraut als ein Moos auf den sumpfigten und stillstehenden Wassern sich ausbreitet: wann man aber solches auf das Land gesezet, ein anders Kraut daraus wird (*).

Num. 15. Weiset, wie im Junius sich untenher an dem Grensig Bläsgen ansezen, darinnen ihr Saamen zu finden, ingleichen wie reichlich sie Wurzel haben.

(*) Aus der hier beschriebenen Pflanze wird keineswegs ein Sisymbrium aquaticum, sondern es ist solche ein eigenes besonderes Geschlecht, die Lemna Linnæi, Hydrophace Buxbaumii, Lenticula Dillenii.

wird, noch ein frischer gährender Saft sey, und in demselben ein Theil von dem principio movente. Weil nun dieses sehr beschäftigt ist, das seinige zu erhalten oder zu vermehren: so setzet es untenher einen Knorren an, welches ein klebrichter und zusammen geronnener Saft ist, und sich wie eine Drüse formiret. Wenn diese da ist, so ziehet sie an statt der Wurzel eine Feuchtigkeit an sich, mittler Zeit aber kommet aus selbiger Materie gar eine Wurzel heraus, wie solches an einem andern Orte weitläuftiger wird bewiesen werden. Ohne solche Materie aber kan unmöglich ein Stamm beständig dauren, sondern er mus nach und nach zu Grunde gehen. Ebenermassen verhält es sich auch mit den aufgeimpften Belzern, und eingesezten Augen, welche ohne solche knorrichte Materie nimmermehr wachsen können, wie solches nach allen Umständen in dem Kapitel, wo gehandelt wird, daß die Wurzel von Bäumen sollen herunter wachsen, beschrieben wird.

§. 7.

Bey diesem Vortrag kommet ein gewisser Medicus, und spricht: Er will mich hiemit überführen, und erweisen, daß noch was übrig ist, so wachsen kan, ohne Wurzel. Ich solle nur nachsehen, was Theophrastus l. 2. de causa Plantarum schreibet, wie aus eines Hirschens Hirnschale eine Hedera gewachsen, welche sich um das Hirschgeweyh ganz und gar herum gewunden. Ingleichen ist bekannt, was Plutarch. l. 7. Quæst. 9. erzählet, wie einer gewissen Person aus der Wasserblasen, durch die Geburtsglieder, eine Kornähr in ungemeiner Länge heraus gewachsen. Ingleichen ist bei dem Nieremb. in Historia naturali zu finden, daß einer Jungfrau ein ganzer wohlriechender Busch von Lavendel aus der Nasen alle Jahre hervor gekommen; und was Borell. in Obs. Medico-Phys. Cent. 1. Obs. 10. wunderliches erzählet, daß ein Spanier, der einstens unversehens von einem Baume in ein Gesträuch oder Heckenwerk gefallen, sich einen solchen Zweig in die Rippen hinein gestossen hat, welcher ihm jährlich heraus gewachsen, so stark, daß man ihm mit einer Scheer die Aestlein und Zweiglein hat müssen abschneiden. Ist dieses nicht ein rarer Beweisthum, daß etwas wachsen und ausschlagen kan ohne Wurzel? Und solches ist noch darzu alle Jahr geschehen; was ist darauf zu antworten?

§. 8.

Nun wolan, ich will sehen, ob ich es treffen kan, zu erweisen, daß alles dieses, was aus unterschiedlichen Beobachtungen ist angeführet worden, ohne Wurzel doch nicht hat wachsen können.

Erstlich, was die Hederam betrift, daß selbige aus der Substanz des Hirschen soll gewachsen seyn, so ist zu vermuthen, daß es Epheu mag gewesen seyn. Nun ist bekannt, daß selbiger sich überall gerne anhänget und anwächset. Weil denn die Hirnschale vom Hirsch mag faul gewesen seyn, so kan ein solches Saamenkörnlein, welches auf selbiges herab gefallen, durch die faule Materie geschwängert worden seyn, auch darauf angefangen Wurzel zu schlagen, und hat selbigen zum Wachsthum alle

Gelegenheit gegeben. Also ist der Anfang nicht von dem Hirschen, sondern von dem Saamen des Epheu entsprossen.

Zum andern, was von dem Plutarcho angezogen worden, so ist glaublich, daß eine gewisse Person mit dem Kornumschlagen oder Dreschen umgegangen, und unversehens ihr in die Geburtsglieder ein Körnlein kommen seyn mag, welches, indem sie es heraus zu bringen gesucht, je länger je mehr hinein gebracht worden, bis es endlich in die Wasserblasen gänzlich gestossen worden seyn mag. Weil nun da stetes Wasser anzutreffen, und das Korn ohnedem bald auskeimet: so ist ja nicht wunderlich, wenn durch die innerliche gefaßte Wurzel auch durch solchen Ueberfluß das Korn zu den Geburtsgliedern als ein ungemeines langes Ding heraus gewachsen, und endlich auch geblühet hat.

Daß aber einer Jungfer ein schöner Büschel von wolriechendem Lavendel aus der Nasen hervor gekommen, so ist gar wahrscheinlich, daß die liebe Jungfer den Lavendelgeruch sehr geliebet habe, und durch das heftige Riechen und Anziehen von solchem Busch etliche Saamenkörnlein hinauf geschnupfet haben mus, welche sich in den Gängen der Nase verhalten. Und weil sie, mit Erlaubniß zu reden, etwa eine rozige Jungfer gewesen seyn mag, so hat solcher Ueberflus des Unraths in der Nasen eine herrliche Beförderung zum Wurzeln gegeben, und also ihre Stämme reichlich zur Nasen heraus getrieben, und mithin hat sie einen stetigen Blumenbusch vor der Nasen gehabt. Endlich, was den jährlichen Wachsthum des Dornenstrauches des Spaniers betrift, so hielte ich dafür, wenn es zu glauben wäre, daß durch die Luft und gemäßigte Wärme, so in dem Herzkasten befindlich, ein solcher klebrichter Saft müßte untenher heraus gewachsen seyn, der also wie ein Schwamm die Luft in der Herzkammer, als welche mit viel Feuchtigkeit vermenget, von der Lungen ausgehend an sich gezogen und den Wachsthum befördert. Und mit einem Worte, es wird noch wohl dabei verbleiben, daß nichts ohne Wurzel, oder etwas, so derselben ähnlich ist, wachsen könne.

§. 9.

Aus diesem weitläuftigen Vortrag wird genugsam erwiesen worden seyn, daß ein jedes Ding, sofern es wachsen soll, Wurzel haben müsse. Es ist aber die Wurzel der erste Theil, der sich aus dem Saamen heraus begiebet, und solches versichert die 1ste Figur der 3ten Tabelle. Denn, als ich vergangenes Jahr im späten Herbst 6 Pfersigkerne in ein Tröglein zugleich eingesetzet hatte: begunten selbige nach und nach aufzugehen. Ich aber nahm sie zu unterschiedlichen Zeiten heraus, und hatte darüber meine Betrachtung. Als ich den ersten Kern aus der Erden aushob, so fand ich, daß eine lange gerade Wurzel sich untenher, wo die Spitze war, heraus begeben, ohne daß es einige kleine Nebenwurzeln hatte. Oben auf hatte sich der Kern etwas gespalten, und sahe man durch die Ritzen, als wollte sich der innerliche Kern auch theilen. Nach etlichen Tagen begab sich ein anderer Kern hervor mit seiner Krone, wie Fig. 2. anzei-

anzeiget. Als ich nun selbigen heraus genommen, war nicht allein die Hauptwurzel, sondern schon mehrere kleine Nebenwürzelein, sonder Zweifel, weil oben auf sich schon viel Blätter sehen liessen, wahrzunehmen: daraus zu schlüssen, daß, weil derselbe mehr Nahrungssaft benöthigt, der innerliche vorsichtige Hausvater auch mehr Würzlein heraus geschicket, um keinen Mangel zu haben. Das Domicilium war auch um ein merkliches mehr, als bey dem ersten, eröffnet. Nach dieser Untersuchung sind wol 14 Tage wegen anderer Geschäfte vorbey gegangen, ehe ich wiederum zu meinen Pfersigbäumlein sahe. Inzwischen waren die übrigen in der warmen Kammer gewaltig in die Höhe gekommen, und alle einer Größe, wie Fig. 3. 4. und 6. vor Augen leget. Allein der in der 5ten Figur war nicht aufgeschlossen, wie die andern. Ich nahm mir nun die Zeit, und untersuchte alsobald diese 4. aufgewachsene Pfersigbäumlein auf nachfolgende Art. An der 3ten Figur nahm ich nun klar wahr, erstlich wie in großer Menge die Nebenwurzeln waren heraus gekommen, und dünkte mich, so viel Wurzeln, so viel Blätlein. Und möchte ich bald sagen, daß, wenn es ordentlich zugehet, so kommen unten an der Wurzel so viel Nebenwürzelein, als oben auf Aeste und Augen und Blätter hervor stammen. Allein dieser Sache nachzugehen, ist viel zu mühsam, und wird auch nicht viel nutzen, wenn man auch die gründliche Warheit wissen sollte. Nächst diesem hatte ich im Besichtigen ferners wahrgenommen, wie die zwei harten Theile der Schalen (aa) und die zwei Herzblätter (bb) sich in vier Theile getheilet hatten. Bey (c), wo man gleichsam eine rechte Verbindung wahrnahm, war klar zu beobachten, daß von den Herzblätgen ein ganz feines Häutgen, welches die Wurzel bedekte, und derselben auch eine besondere Farbe mittheilte, sich ausbreitete, welches ganz als ein Sieb durchlöchert war, wie man mit dem Vergrößerungsglase wahrnehmen konnte. Als ich nun den vierten Mandelkern heraus nahm, so fand ich denselben noch halb in seiner Schalen liegen, wie Fig. 4. bezeuget. An diesem betrachtete ich, wie der Stamm (d), unten bey dem Anfange der Wurzel (e) nicht allein einen starken Knopf und Verbindung hatte; sondern ich konnte auch an der Farbe die Absonderung des Stammes und der Wurzel wahrnehmen. Weil ich nun schon aus der ersten Besichtigung so viel unterrichtet war, daß diese 2. Theile sich noch nicht vollkommen vereiniget haben möchten: so war ich desto mehr begierig darauf, wie sie sich innerlich anjetzo mit einander darstellen möchten. Und mithin nahm ich das sechste Blümlein heraus, welches mit jenen zweien gleiche Größe hatte, zur Hand, und theilte es mit einem Messerlein mit aller Vorsichtigkeit, von oben bis unten in zwei Theile, wie Fig. 6. bezeuget. Auf der einen Seiten war noch das Herzblat (f), in der Mitte gieng das Mark (g.g.) samt zweien starken faserigten Theilen gleich aus, bis auf den Knoten (h), allwo sie ein Becken (i) machten, und war in der Mitte wie ein Flecken, auch mit klaren Augen zu sehen, und in denselben ein tiefer Punkt (k), wie in der 6ten Figur zu sehen. Wodurch ich in meiner Meinung gestärket wurde, daß nach und nach die Theile sich je länger je mehr vereinigen und zusammen

men begeben, und die festen Theile also beschaffen, gleichwie bei Menschen und Thieren, da anfänglich unterschiedliche Knochen, die aus 1.2. oder 3. Theilen bestehen, mittlerzeit aber ebenermassen zusammen wachsen, und aus vielen Theilen nur einer wird. Konnte also klar sehen, daß diese zwei abgesonderte Theile, Stamm und Wurzel, sich mit ihren Theilen also genau vereinigen, daß sie nicht allein die genaueste Verwandschaft mit einander haben; sondern auch alle Theile mit einander so verbunden sind, daß kein Unterschied mehr wahrzunehmen, als nur dieser, daß die Wurzel um ein Häutgen mehr hat als der Stamm, die Fasern aber schlapper und schwammichter sind, als die an dem Stamm. Denn diese werden sowol durch die freie Luft mehr zusammengedrükt; jene aber wegen Ermanglung derselben und wegen vieler Feuchtigkeiten mehr ausgedehnt und erweitert: und deswegen kan man an allen Bäumen äußerlich alsobald die Verbindung erkennen, dieweil sie dicker als der Stamm ist. Wenn aber die Wurzel alt wird, so ist sie so hart als der Stamm: und wenn man einige Fasern von dem obersten Stamm nimmet und sie anziehet, so gehen sie durch und durch bis auf das äußerste Ende der Wurzel. Aus diesem Versuch wird hoffentlich die vollkommene Verbindung vermittelst der stets aneinander hangenden Fasern genugsam erwiesen worden seyn. Und dieser Beweiß, ob er zwar anjetzo gleichsam vergebens zu seyn scheinet, wird nachgehends viel erklären (*).

§. 9.

Als ich diese Betrachtung beigeleget, so kam es mir sehr wunderlich vor, warum unter allen diesen eingestekten Kernen Fig. 5. der kleineste war, und doch seine Stärke an den Blättern so gut als die andern, den Wachsthum oder die Größe aber nicht hatte, ob er schon mit den andern dreien zu gleicher Zeit gestecket worden. Als ich nun denselben ausgehoben hatte, um die Ursache zu ergründen: sahe ich, daß ich ihn aus Unachtsamkeit nicht recht eingesetzet; und war der spitzige Theil über sich, und der runde oder breite Theil unter sich, wodurch die Natur in ihrer Arbeit verhindert worden. Derohalben betrachtete ich diesen ausgewachsenen Saamen sehr wol, und sahe, daß die Wurzel in eine starke Krümme und halben Zirkel sich nothwendiger Weise hatte begeben müssen. Und dieses war schon Ursache genug, weil sie nicht in gerader Linie herunter gieng. Inzwischen konnte der Stamm auch nicht fortkommen, sondern wurde an seinem Wachsthum gehindert: weil es mit der Wurzel noch nicht seine Richtigkeit hatte. Die Verbindung aber (l) war auch ganz verkehrt, wie auch der Stamm (m) selbst. So half auch dieses nicht wenig darzu, daß das Herzblat (n), so in seiner Schalen (o) noch

(*) Zwischen der Wurzel und dem Stamm ist der Punkt, wo vorhero das Saamenkorn fest gesessen und von welchem der Trieb des Nahrungssaftes und Wachsthums der Wurzel und des Stamms nach entgegengesezten Richtungen beständig fortgehet. Schon hieraus läßt sich mit einiger Wahrscheinlichkeit muthmassen, daß in dem Gewebe der Pflanze zweierlei Gefäße sich befinden, worinnen der Saft theils von unten nach oben, theils von oben nach unten sich beweget und beide Theile Wurzel und Stamm ausdehnet. Es wird sich weiter hin die Richtigkeit dieser Muthmassung deutlicher zeigen lassen.

noch lag, nicht so gesund aussahe: und weil sie ebenermassen verkehrt war, so konnte sie mit ihrem Nahrungssaft dem Stamm nicht so behülflich seyn, wol aber der Wurzel (p), welche auch länger war als der Stamm, welches bei andern nicht zu beobachten. Woraus genug abzunehmen war, wie durch diesen Fehler die Natur in ihrem Amt verhindert worden, und was sie für Arbeit haben mus, die menschliche Unachtsamkeit oder Unwissenheit zu verbessern.

§. 10.

Diese Figur giebt mir hiebei Gelegenheit an die Hand, zu fragen: Wie und auf was Art und Weise man denn die Saamen recht einsetzen, und wo man denn das rechte Kennzeichen hernehmen soll, daß ich versichert bin, dieser Theil gehöret übersich, jener untersich? Was nun diese nothwendige Frage schon bei den Botanicis vor eine Zänkerei und Wesen verursachet, davon wäre viel zu sagen. Es ist zwar nicht wenig daran gelegen. Denn mancher Saame wird durch ungleiche und unrechte Einlegung nicht allein zurücke gehalten, wie bewiesen worden; sondern er ersticket wol gar, und gehet zu Grunde, so daß öfters niemand die Ursache weiß, warum der Saame oder Kern nicht aufgehet. Es ist bei nahe dieses eine allgemeine Regel, daß die Spitze jederzeit bei denjenigen, so in Schalen liegen, und gestecket werden, hinunter, im Gegentheil der breite und runde Theil übersich gesetzet werden mus. Die aber in keiner harten Schalen liegen, die werden auch auf die Spitze gesetzet. Die aber rund, eyrund und so fort sind, solche werden, wo man die Wurzel liegen sehen kan; untersich gesetzet, wie zum Exempel an einer Erbse oder Linsen, Wicken, Bohnen ꝛc. solcher Theil wird untersich gesetzet, wie die 7de Figur bezeuget. In dieser Betrachtung einer Erbse ist mir leid, daß ich den Liebhabern, so das männliche und weibliche Geschlecht an denen Pflanzen so sehr lieben, nicht auch das dritte, nemlich einen Zwitter, hinzugesetzet habe. Denn an der äußerlichen Anschauung desselben kan man das männliche und weibliche Zeichen zugleich wahrnehmen, wie die 8te Figur abbildet. Dieses ist noch zu beobachten, daß derjenige Saame, der die harte Schalen hat, wenn er noch an dem Baume ist, mit seiner Spitzen, als wo die Wurzel ist, übersich sehe, und auch die Nabelschnur aufwärts gehe, und ist der Lauf des Nahrungssaftes ganz anders, als bei denen, die in ihrem Fleisch oder Mark liegen. Dahero sind in solcher Betrachtung so viel verführet worden, und haben gedacht, weil das Dicke untenher bei dem Stengel befindlich, so mus auch solcher auf die Weise eingestecket werden. Zwar bei denjenigen trifts ein, die keine harte Schalen haben. Wie sie angeheftet in der Frucht zu finden, so darf man sie auch einsetzen, z. E. mit Zitronen, Granaten, Pommeranzen ꝛc. aber eine andere Bewandniß hat es mit denjenigen, so in der Schalen liegen, da mus der Spitz untersich. Ueber dieses so ist auch dieses noch ein gutes und gewisses Kennzeichen, wenn man die äußerliche Haut weg thut, so bezeiget sich der Kuchen sehr schön, wie an denen Zitronen- und Pommeranzenkernen, die deswegen in der

7den Figur abgezeichnet sind, genugsam zu ersehen. Wo nun dieselbe ist, derselbe Ort mus übersich kommen, denn untenher ist die Wurzel. Nun sind einige von denen Gärtnern, die, weil sie keinen rechten Grund haben von dem Saamenwesen, und nicht verstehen, ob sie die Spitze oder die Breite des Saamens untersich oder übersich setzen sollen, solche auf gerathewol auf die Seiten legen, und sich dabei versichern, es werde ihnen nun nicht fehlen können, unwissend, daß sie auch in solcher Setzung dem Wachsthum eine große Hinderung geben. Denn wie leicht kan der Theil, aus welchem die Krone heraus kommet, untersich zu stehen kommen, und die Wurzel im Gegentheil übersich! Kommts zum wachsen, so mus sich die Wurzel von oben herunter, und der Stamm von unten hinaufwärts wenden. Und dieses giebet dem wachsenden Wesen schon eine gewaltige Verabsäumung, ja wol gar eine gänzliche Ausbleibung und Erstickung des ganzen Baumes, wie solches angenehme Schauspiel aus der 9ten Figur zu ersehen (*). Endlich ist dieses der Schlus, daß der Saame mit seiner Wurzel jederzeit unterwärts soll gesetzet werden, sonderlich was Steinobst ist, oder welches in einer harten Schale lieget: so gehet die Wurzel in gerader Linie, und gleich untersich, und holet den Nahrungssaft aus der Erden, und giebet selbigen dem Stamm, der darauf ruhet. Es mag nun eine rechte vollkommene Wurzel seyn, oder sie mag an statt einer Wurzel dienen; genug daß durch solchen an sich gebrachten Saft sie sowol als das, was ober ihr befindlich, ernähret und erhalten wird.

Warum aber eine Wurzel bald weiß, schwarz, gelb, roth, purpur, bald schwefelgelb und violet ist ꝛc. davon hätte ich viel zu sagen; allein vor diesesmal ist es nicht zum Zweck.

Derohalben will ich mich zu den andern Theilen, die aus diesem Ey, nachdem sie die Schalen und ihr Haus verlassen, entstehen, wenden. Es folget aber auf die Wurzel der

Stamm, oder der Bauch, wie er von denen Botanicis genennet wird.

Es ist aber der Stamm derjenige Theil, der sich von der Wurzel in die Höhe begiebet. Und weil von seiner Verbindung in dem vorigen Kapitel schon genugsame Worte sind gemacht worden: als will ich mich zu seinem innerlichen Theile verfügen, und mit großer Verwunderung darthun, wie die klugen und weisen Kräuterzergliederer mit Warheitsgrunde den Stamm des Baumes mit dem Unterleib eines Menschen, oder Bauche verglichen haben. Ich habe nach des Malpighi Einleitung ein junges Eichbäumlein genau nach dem Vergrößerungsglase untersucht, und habe solchen auf nachfolgende Art und Weise zerleget und befunden.

Nach-

(*) Die verschiedene Lage des Saamens in dem Fruchtgehäuse und des Keims in dem Saamenkorn bei verschiedenen Pflanzengeschlechtern verdiente allerdings eine genauere Beobachtung, da sie sowol in den Wachsthum, als in die ganze Aehnlichkeit und Verwandschaft verschiedener Geschlechter einen großen Einflus hat und den Kräuterlehrern zu natürlichen Eintheilungen Vorschub thun würde.

Dritte Tafel

Zeiget die Eröfnung eines Pfersigkerns mit seinen herausstammenden Theilen.

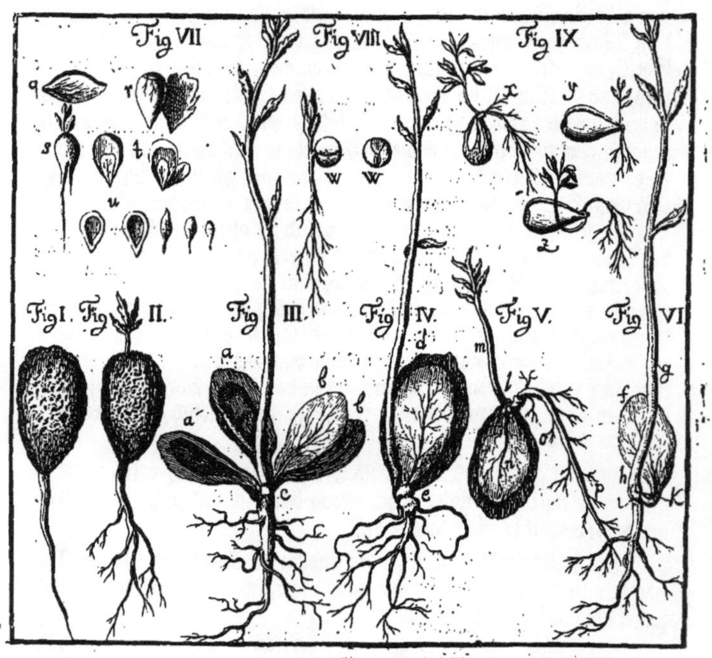

Fig. I. Weiset wie die Wurzel am ersten durch eine kleine Eröfnung sich aus dem Pfersigkern heraus begiebet.

Fig. II. Wie der Pfersigkern sowol über sich seine Krone hervorbringet, als auch wie er seine Wurzel mit Nebenwürzlein von sich schiebet.

Fig. III. Zeiget die reichliche Hervorbringung der Wurzel, wobei man ungefähr soviel wahrnimmt, soviel Würzlein soviel Blätlein. Aber

aa. zeiget an die harte Schalen,

bb. die Herzblätter,

cc. die Verbindung des Stammes mit der Wurzel.

Fig. IV.

Fig. IV. d Stellet vor Augen den Stamm, wie er sich in einer schönen Gleichheit in die Höhe schwinget, auch zugleich

e. seine genaue Verbindung, und wie die Herzblätter ein grosses zu dem Wachsthum beitragen.

Fig. V. Zeiget, wie die Unachtsamkeit oder ungeschikte Einlegung eines Saamens denselben in seinem Wachsthum kan zurüke halten.

l. Ist die Verbindung des Stammes und der Wurzel, so ganz verkehrt aussiehet.

m. Ist die Krümme des Stammes.

n. Das Herzblat, so in der Erden halbtodt lieget, und nicht genugsamen Nahrungssaft wegen der Verkehrung dem Stamme geben kan.

o. Ist die harte äusserliche Schalen, worinn sich das Herzblat noch verwahret aufhält.

p. Ist die Wurzel, welche von den Herzblättern mehr Nahrungssaft empfangen, als der Stamm, und deswegen auch länger, obschon krümmer, gewachsen.

Fig. VI. Giebet nachfolgendes zu betrachten:

f. Ist noch ein Theil von dem Herzblat.

ggg. Bezeuget, wie dieses Bäumlein von oben bis unten aus entzwei geschnitten, und kan man das Mark von der Spize des Baums bis zu Ende der Wurzel, wie sie aneinander hänget, wol erkennen. Dabei sind andere fibrose Theile wahrzunehmen.

h. Ist der Knoten, worinn das Beken

i. wie ein Flek sich zeiget.

k. Ist der Punkt, welcher den Siz der vegetabilischen Seele anzeiget, so man die glandulam pinealem nennen mag.

Fig. VII. Leget allerlei Zitronen und Pomeranzenkerne vor Augen, wie die unverständigen Gärtner, weil sie weder den obern, noch untern Theil erkennen, um der Sache nicht zu wenig noch zu viel zu thun, dieselben auf die Seiten legen.

q. Ist ein eröfneter Zitronenkern, und weiset seinen Kuchen, der auch den obersten Theil bedeutet, und über sich stehen mus.

r. Wie der Zitronenkern als ganz was besonders, mit doppelter Wurzel ausschläget, welches man bei andern Gewächsen so bald nicht beobachten wird.

s. Wie der zerlegte Kern, nicht wie andere aus zwei Theilen, sondern wie

t. bezeuget, aus 5. Theilen bestehet, welches auch die Ursache ist, warum der Stamm der Zitronen und Pomeranzenbäume ekicht, ungleich und nicht rund ist.

Fig. VIII. Ist eine Erbse, welche einem Zwitter in seinem Geschlecht ähnlich sich zeiget, und

u. seine Schale und starke Austreibung anzeiget.

Fig. IX. Weiset allerlei Wachsthum der ungleich eingesenkten Zitronenkerne.

w. Wie der Spiz über sich stehet, aber einen verkehrten Wachsthum darstellet.

x. Wie der Pomeranzenkern überzwerch geleget, und die Krone zwar über sich gewachsen.

y. Ist abermal ein Zitronenkern, der ebenermassen überzwerch ist geleget worden, seine Krone aber ist unter sich gewachsen, hat sich aber sehr bemühet, bis sie sich über sich begeben. Und was vor Mühe die Wurzel hat anwenden müssen, daß sich selbige von oben hat unterwärts wenden können, ist aus dem Abris zu erlernen.

Nachdem ich das Häutgen, alsdenn die Haut neben demselben, das drüsige Wesen, und sodenn den Stamm ganz abgesondert und entblößet hatte: so habe ich von der Substanz des Holzes ungefehr den dritten Theil hinweg geschnitten. Und als ich solches genau durch das Glas betrachtete: befand ich eine lange, breite und abgesezte Röhre, die sich wie der œsophagus oder Schlund darstellte. Nahe bei der Wurzel hatte sie viel nervigte Querfasern, die wie einen Sphinkter formirten, damit er sich auf- und zuschliessen konnte, wie Num. 1. zu sehen. Und durch diesen Gang gehet sonder Zweifel der Nahrungssaft von der Wurzel hinein, und wird vermittelst der innerlichen Bewegung in die Höhe gebracht. Damit aber dieser Nahrungssaft nicht möchte zurück gehen; so ist abermal eine Klappe oder Absatz da, und dieser gehet fort bis in die Aeste, wie Num. 2. bezeuget. Auf der Seiten sind etwas kleinere wie Gedärme zu sehen, die vermuthlich den dünnern Nahrungssaft an sich nehmen, und nach genugsamer Zubereitung selbigen den übrigen Theilen zuführen. Neben diesen großen Röhren sahe man etwas, so einem Netze, in welchem gleichsam Drüsen von unterschiedlicher Größe befindlich waren, gleich war. Ob etwan die zubereitete Feuchtigkeit aus den langen Röhren sich allda scheidet und absetzet, wäre fast glaublich.

Als ich nun ferners einen Theil von dem Stamme hinweg geschnitten hatte, so kam mir durch das Vergrößerungsglas nachfolgende Figur vor, wie Num. 3. weiset: und hielte ichs vor die vasa lymphatica und Wassergänge, die wie die Fischbläslein anzusehen, die ihre Klappen und Absätze hatten, wie Num. 4. darthut. Als ich aber noch tiefer hinein kam: fande ich nichts als nur solche nachfolgende Flecken, wie Num. 5. zeiget. Ich hielte solche vor zerschnittene Drüsen: und als ich fast auf das Mark kam, so zeigte sich der Stamm, wie Num. 6. vor Augen stellet. Ich wollte zwar diese Sache noch genauer untersuchen; allein weil ich solche genaue Betrachtung vor nichts anders als eine besondere Neubegierde anzusehen hatte, so ließ ich solches unterwegs, und betrachtete die

Aeste, die von dem Hauptstamm übersich gehen, samt den Augen, so daran befindlich.

Die Aeste haben die äußerliche Theile mit dem Hauptstamm gemein, innerlich aber bestehen sie auch aus vielen zarten und feinen Röhrgen, sind auch mit vielen Drüsen, Wassergängen, hin- und abführenden Adern und Nerven versehen, worinnen der Saft, der aus den ersten Wegen gekommen, viel subtiler befindlich. Diese Aeste theilen sich wiederum in kleine Zweiglein, und diese sofort in gar kleine Aestlein. Wenn man sie aber bei der Zusammenfügung von einander schneidet, so siehet man, wie die Adern und die übrigen Gefäse schneckenförmig und halbgekrümmet auf der einen Seiten hinein, und auf der andern wiederum heraus gehen. Aussenher setzen sich, abwechselnder Weise bald auf dieser, bald auf jener Seiten Knöpflein, die man die Augen nennet, an, und sind mit dem besten Saft angefüllet. Ja man kan sie gar wol vor Eyergen halten.

ten. Denn in denselbigen sind Blätter, Blüte und Früchte verschlossen. Die Blätter, welche zuerst hervor kommen, sind der Augen ihr Kuchen: der Stiel des Blats ist die Nabelschnur, denn da wird der überflüßige Nahrungssaft hinein getrieben, und theilet sich in die Umgänge, die allenthalben auf denselben befindlich, aus, damit der Nahrungssaft theils verdünnert werden, theils daß er zugleich von der Luft mehr geistreiche Theile empfangen möchte. Und ist wol zu bemerken, daß, wenn man die Blätter dem Auge wegnimmet, selbiges nicht ferners wachsen wird. Soll es aber wachsen, so mus von neuem ein solches Blätlein hervor kommen, und eben den Dienst verrichten, wie bei dem Saamen das Herzblätgen. Daß aber in einem solchen Auge alles zusammen befindlich, als wie in dem Saamen anzutreffen, solches kan durch das Oculiren bewiesen werden. Denn erstlich befindet sich ein Theilgen von dem Spiritu architectonico darinnen. Ob es schon hart zu begreiffen, wie solches seyn kan, daß sich auch diese vegetabilische Seele vermehren soll: so kan man sich doch einigermassen einen Begriff davon machen, wenn man ein Licht betrachtet. Denn von demselben können viel tausend Lichter angezündet werden, und inzwischen bleibet doch das Licht in seinem Wesen, und sind doch so viel Lichter von dem einigen entstanden. Zum andern, wenn solches Auge auf einen andern Stamm gesetzet wird, so vereiniget es sich mit einem Knorren, als welcher an statt der Wurzel ist, und an dem Stamme sich befestiget. Sodann kommet der Stamm mit seinen Aestlein hervor. Auf denselbigen finden sich wiederum Augen, worauf Blüte und endlich die Früchte folgen; und in der Frucht abermal der Saamen, der eben diesem Geschlechte des Baumes ähnlich ist. Wenn denn solche Theile nicht schon darinnen verborgen wären, wie könnten sie denn heraus kommen (*)?

Nun

(*) Sollten alle Theile einer Pflanze in dem Saamenkorn, oder eines Astes in dem Auge schon vollkommen enthalten seyn und sich nur durch den Zufluß des Nahrungssaftes entwickeln, so hätte nach diesem sogenannten Entwiklungssystem in der ersten Pflanze jeder Art die ganze Nachkommenschaft derselben enthalten seyn müssen. Dieses aber ist nicht zu begreiffen, indem es eine unendliche Theilbarkeit der Materie voraussezet, die aber nicht Statt finden kan. Man kan zwar durch geschikte Zergliederung und gute Vergrößerungsgläser an einem Zweige die Augen des zweiten auch wol des dritten künftigen Jahres, auch an den Zwiebelgewächsen die Brut eben soviel folgender Jahre schon gebildet entdecken, allein weiter ist nicht fortzugehen. Es stehet auch ausserdem dem System der Entwiklung noch dieses entgegen, daß an verschiedenen Gewächsen die Fruchtaugen, wenn sie durch Insekten, oder andere zufällige Ursachen verlezt werden, keine Blüte noch Frucht, wol aber Blätter hervorgebracht haben, obgleich das Auge vor der Verlezung alle Merkmale eines ordentlichen Blumenauges gehabt hat. Man besehe hievon weiter des Ritters Linnäus Abhandlung metamorphosis plantarum im 4ten Theil seiner Amœnitat. academ. pag. 368. desgleichen Herrn Möllers Abhandlung vom Wachsthum der Pflanzen in den oekonomisch-physikalischen Abhandlungen und Bonnet Recherches sur l'usage des feuilles dans les plantes Memoire IV. Es ist dahero besagter Herr Möller auf ein anderes System gefallen den Wachsthum der Pflanzen zu erklären. In diesem leitet er alles selbst Blüte und Saamen aus den Augen her, die sich schon in der Erde befinden sollen, durch die einmal angefangene Organisation der Pflanze und andere zufällige Ursachen aber nur verschiedentlich verändert und in einander geschoben werden. Man mus gestehen, daß sich bei dem Wachsthum der Pflanzen durch dieses mit vielem Wiz ausgedachte System vieles erklären lasse. Allein wie entstehen diese Augen selbst und was sind sie vor ihrer Modification? Sind sie vom Anfang als organische kleine Körper erschaffen, so müssen sie entweder auf keine Weise zernichtet werden können, oder, da solches bei dem Absterben des Gewächses durch Feuer oder auf andere Weise geschie-

Erklärung
des
beigelegten Kupferblates.

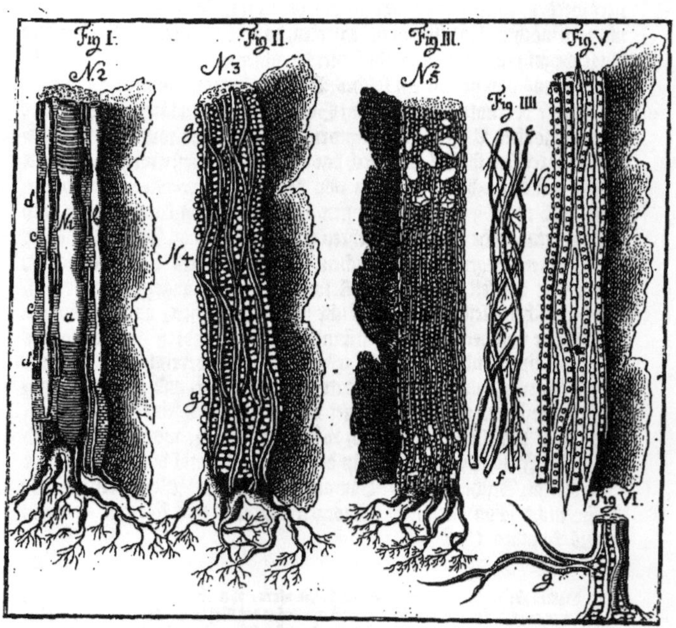

Fig. I. Stellet vor Augen ein junges Eichbäumlein, wie solches sich nach dem Vergrößerungsglase darstellet. Nachdem von demselben die Bedekungen hinweggethan, sahe man mit höchster Vergnüglichkeit

a. einen sehr starken Canal oder Röhre, die eine Gestalt hatte, wie etwan der Magen mit dem Därmwerke in den Fischen gestaltet, der sowohl unten, als zuweilen in der Mitten absazweise sich wie ein geschlossener œsophagus mit seinem sphinctere, mit unterschiedenen fibris nervosis transversalibus umgeben, darstellet; wodurch verhindert wird, daß der hinauf steigende Saft nicht wiederum herunter kommen kan.

b. Weiset auf kleines Därmwerk. Ob dieses die intestina tenuia, und das zarte und dünne Därmwerk anzeigen soll, bin ich selbst noch nicht versichert: weil

weil ich noch nicht soviel Zeit gehabt, diesem Experiment genugsam nachzugehen.

cc. Will fast glaubend machen, als wann es das Nez seyn solle, in welchem sich der Saft aus den Gedärmen absondert und umläuft.

dd. Sind die ab- und zuführende Adern, so sehr viel Mühe gebrauchet, bis man sie klar zur Demonstration gebracht, sind auch zugleich mit Nerven versehen.

Fig. II. Nachdem man diesen Theil hinweg geschnitten, kam nachfolgendes zu Gesichte. Und dieses sehe ich vor die ductus lymphaticos und Wassergänge an, wie g. und n. 3. & 4. anzeiget. Inzwischen waren allenthalben weisse, runde Flecken dort und da zu sehen, die ich vor die zerschnittene Drüsen hielte, welche mit den Wassergängen die genaueste Vereinigung haben möchten.

Fig. III. Als man noch besser zum Mark kam, so erblikete man nachfolgendes, wie n. 5. bezeuget. Was ich nun aus den grossen Flecken, die sich in dieser Figur besonders erweisen, machen sollte, wußte ich bey nahe selbst nicht: allein gleichwie bekannt ist, daß sowohl grosse als kleine Drüsen in einem Körper befindlich sind, so hielte ich sie auch vor die grösten. Das übrige kam mir wie Adern und Nerven vor, und die kleinen Pünktlein, als wann sie von allerlei zerschnittenen Gefäßen herstammten.

Fig. IV. Weiset, wie die ab- und zuführende Adern, wann sie durch Kunst abgesondert werden, aussehen. Die zuführende Adern gehen aus der Weite in die Enge, die abführende aber

e. aus der Enge in die Weite. Jene führen den Saft hinauf; diese bringen selbigen wiederum herunter.

Fig. V. Nachdem man auch dieses nach Proportion weggeschnitten, und man bey nahe an das Mark kam, wurde solche durch das Vergrösserungsglas dem Auge vorgestellet, wie n. 6. anzeiget. Ich hielte es theils vor zerschnittene Wassergänge, die inwendig ihre Valveln hatten, theils auch vor Drüsen und Nerven samt der festen holzigten Substanz, welche die Höhle des Marks ausmachten.

Fig. VI. Zeiget die Verbindung des Stammes mit den Aesten, und mit allen hin- und herbringenden Adern, Nerven und dergleichen, wie

g. vor Augen leget.

Nun will ich auch das Blat betrachten, von welchem zwar schon etwas gemeldet worden ist. Es ist aber selbiges der äußerste Theil eines Zweigleins oder des Auges, und bestehet aus einer sehr zarten und klebrichten Substanz, ist allenthalben mit Adern und Nerven wie ein Fischernetz umgeben, sehr schwammigt, und macht eine Figur gleich der Lungen, welche mit Luftbläsgen angefüllet ist, so man bei einigen Blättern mit klaren Augen sehen kan. Die Verrichtung ist, den Ueberfluß des Nahrungssafts zu verdünnern und geistiger zu machen, und selbigen den Augen zuzuführen: und daher wird man wahrnehmen, daß, wenn nur ein Blat da ist, es auch nur ein jährigs Auge seyn werde; sind aber mehr als eines, so ist es nicht allein zwey- oder dreyjährig, sondern es zeigt an, daß es ein Tragauge oder Tragprobst sey, und mehr Nahrung als das erste vonnöthen hat. Sonst haben die Blätter auch noch diesen Nutzen, daß sie die Blüte und die Frucht mit ihrem Schatten bedecken, auch vor anderer Beschwerlichkeit befreien, und dabei den Baum lieblich und angenehm machen (*).

§. 11.

Was das Mark eines Baumes betrift, so wird selbiges in der Mitte angetroffen. Es ist schwammigt, und ist aus kleinen Bläsgen, Adern und Nerven, in welche sich eine klebrichte Materie hineingelegt, zusammen gesetzet, und gehet von der Spitze des Baumes bis zu dem Ende der Wurzel hinaus, und wollen einige, daß darinnen hauptsächlich der Nahrungssaft befindlich sey, auch in denselben zubereitet werden solle, von daraus er in alle Theile ausgetheilet würde. Sie nehmen ihren Beweisthum daher: Wenn das Mark verlezet wird, so mus der Baum verdorren. Dieses kan man zwar zugeben, aber dadurch ist noch nicht erwiesen, daß durch das Mark die Nahrung verrichtet wird. Wenn ich die Rinde rund um und um ablöse, und den Stamm an allen Orten entblöße, so stehet der Baum auch ab; folglich ist in dieser Rinde der Nah-

geschiehet, so mus die Menge der Gewächse nach und nach abnehmen, da die Menge dieser Augen auf solche Art nothwendig abnimmt? Unzerstörlich können sie aber als zusammengesezte Dinge auch nicht seyn. Sind sie aber an sich nicht organisch, wie aus andern Gründen zu schlüssen ist; so ist die Benennung eines Auges überflüssig und besser, wenn man bei der einmal angenommenen Bedeutung bleibet, da ein Auge ein noch in seinen Hülsen verschlossener Trieb eines Gewächses heisset. Sollte dann nicht begreiflich zu machen seyn, daß bei einer einmal angefangenen Organisation alle Theile der Nahrung immer nach eben denselbigen Gesezen sich organisch ansezen und die verschiedene Theile der Pflanze bilden, wie solches in Erklärung der Nahrung und des Wachsthums der Thiere von den neuern Naturkündigern angenommen wird, indem sich hieraus die Erscheinungen bei dem Wachsthum der Pflanzen eben so leicht erklären lassen.

(*) Den Nuzen der Blätter an den Pflanzen erläutern Herrn Bonnets Versuche in der angeführten Abhandlung. Theils dienen sie nemlich zur Zubereitung der Nahrung, zur Bedeckung des Stammes, der Blüte und der Frucht, zur Bewegung, zur Einsaugung der Luft und der Dünste, theils aber auch zur Ausdünstung, indem sie aus verschiedenen Gefäsen bestehen. Zur Zubereitung der Nahrung dienen sonderlich an der jungen Pflanze die sogenannten Saamenblätter, an dem Auge seine Decken und das vorjährige Blat, an der Blume die Blumenblätter. Zur Einsaugung der Luft und Ausdünstung bei den meisten Pflanzen hauptsächlich die obere Fläche der ordentlichen Blätter, zur Einsaugung der Dünste hingegen die untere. Zur Bedeckung der Blumen und Früchte dienen sie meistens zu Nacht, da sie sich um selbe schlüssen, wie bei einigen Gewächsen, z. E. an der Akacia und dem Tamarindenbaum besonders deutlich wahrzunehmen ist.

Nahrungssaft einig und allein enthalten, und wird in selbigen zubereitet? welches sich aber nicht also befindet, wie in nachfolgenden mit mehrern zu ersehen seyn wird.

Gesezt aber, daß durch das Mark die Ernährung vollkommen verrichtet würde; wie kommt man alsdenn mit denjenigen Bäumen und Staudenwerke zurecht, die entweder gar kein Mark haben, oder in welchen dasselbige ausgebrennet worden ist, und nichts destoweniger doch ihr Leben und Wachsthum haben? Darauf geben einige diese Antwort: Man soll unterscheiden unter dem Mark, welches nur zum Theil, und nicht gänzlich verdorben ist. Denn obschon ein ziemlicher Theil von demselben verzehret oder hinweg ist: so findet sich doch in der Wurzel oder oben auf noch etwas von solcher Substanz, wodurch die übrigen Theile noch können ernähret und erhalten werden. So hätte es auch mit denjenigen solche Bewandniß, die gar kein Mark haben; dieweilen doch kleine Adern von der Wurzel herauf giengen, wodurch sie erhalten und vermehret würden. Allein aus diesem ist schon zu schlüssen, daß sie selbst nicht wissen, welchen Theil sie erwählen sollen, darinnen sie sich versichern können, daß der Nahrungssaft befindlich: es soll aber gar bald eine gute Meinung vorgetragen werden. Was aber den Nutzen des Markes in den Bäumen betrift, so wollte ich meines wenigen Ortes ihm eben denjenigen Nutzen, den es in den menschlichen Knochen verrichtet, zuschreiben. Denn mit seinem balsamisch- und oleösen Wesen befreiet es dieselbigen von der allzugroßen Trockene, durch welche Dörre und Trockene die Beine schnell und geschwinde könnten zerbrochen werden. Und also müssen auch die Bäume dergleichen haben: denn sie werden von dem Winde sehr beweget. Wäre nun das Mark nicht da, so würden sie von selbigen bald zerbrochen und über den Haufen geworfen werden.

§. 12.

Ueber dieses findet man auch in den Bäumen allerlei hin und herführende Adern und Nerven: denn welche müssen den Saft hin und zu allen Theilen bringen, andere müssen denselben wiederum zurücke führen. Wo aber eigentlich ihr Anfang, und gleichsam das Herz ist, aus welchem sie ihren Ursprung nehmen sollen, ist zwar hart zu erweisen; doch wenn ich diesen Ort, wo die glandula pinealis ist, nemlich wo die Wurzel anfängt, und der Stamm sich endiget, noch genauer betrachte, so befinde ich bei denselben noch einen besondern Fleck und Punkt. Ob nicht vielleicht da der Anfang der hin und herführenden Adern ist, möchte wol wahrscheinlich seyn. Denn man siehet aus demselben zwei starke Aeste auf beiden Seiten heraus steigen, die sich zum Theil übersich, zum Theil untersich begeben, und allenthalben auslaufen. Allein solches wird zu anderer Zeit besser untersucht werden. Daß aber zweierlei Gefäse oder unterschiedene Adern anzutreffen, siehet man aus diesem, weil eines von der Weite in die Enge, und das andere aus der Enge in die Weite gehet. Diese samt den Nerven sind in allen Theilen des ganzen Baumes befindlich, diese führen den Nahrungssaft aus den utriculis zu andern

Theilen, und sondert sich der Saft bald in einer Drüse oder Wassergefäß ab, der übrige aber gehet durch die zurückführende Adern wiederum zurücke. Eben von obigen Säften empfangen auch die Nerven ihren Nahrungssaft. Ob aber in dem Mittelpunkt die Vereinigung aller Nerven ist, solches ist mehr zu gedenken als zu erweisen. Daß in den Bäumen Nerven befindlich, ist klar und wahr: und daß sie ihre Hölung haben, in welcher ein Saft befindlich, ist auch nicht zu läugnen: und daß der ganze Baum aus unzählbaren nervigten Fäsergen bestehe, solches wird bald erwiesen werden.

§. 13.

Nun hätte ich noch von den Wassergängen und von dem Fleische und der Rinden des Baumes zu reden; allein ich will nur was weniges vor diesesmal davon gedenken. Erstlich, was die Wassergänge betrift, so sind sie sehr reichlich allenthalben anzutreffen, wie bei der Eröffnung des Stamms schon erwiesen und erkläret worden ist. Solcher Saft ist wie ein klares Wasser, und wenn solche verletzet und verdorben werden, so läufet bei ein und dem andern Baum eine ungemeine Menge Wasser heraus, wie bei den Birken und andern wahrzunehmen ist.

Ferners, was das Fleisch des Baumes anbelangt, so mus man nicht gedenken, daß man von solchem Fleische redet, wie bei den Thieren anzutreffen; wiewol einige erzählen, daß in Schottland Lämmer und Endten mit Wolle, Federn und Fleisch auf den Bäumen wachsen. Allein dieses ist Fabelwerk, und billig zu belachen. Dieses kan man wol zugeben, daß aus und auf den Blumen, Blättern, Frucht und Saamen, wenn sie etwan anfangen faul zu werden, Ungezieser hervorkommt, wie denn bei nahe zu glauben, daß eine jede Pflanze ihre besondere Thiere und Geschmeiß erzeuge: und ist leider! den Gartenliebhabern genugsam bekannt, daß man manchmal ganze Heerden solcher kleinen Thiergen, die daselbst leben, als wie die Schaafe in denen Thälern und auf den Feldern, antrift. Und wer es genau untersuchen und beschreiben wollte, der würde schon was rares vor Augen legen können. Sondern die Botanici halten das vor das Fleisch, wenn die Nerven und Fäsergen sehr fest sich schliessen, daß sie gleichsam fleischigt aussehen; und solche Substanz findet sich meistens nach den Rinden oder Schalen.

§. 14.

Ist noch übrig, etwas von der Rinden des Baumes zu melden. Selbige ist gleichsam die Haut, die alle innerliche Theile des Baumes verwahret. Es bestehet aber selbige aus unterschiedlichen Theilen, als aus dem Häutgen, Haut und Bast oder zarten Häutgen, so den innerlichen Stamm umgiebt.

Was nun das Häutgen betrift, so ist die Frage: Ob selbiges aus Fasern, Fäden und Drüsen zusammen gewebet sey, oder ob es nicht vielmehr von einer zähen Materie herrühre, die aus denen Löchergen der Haut ausdünstet, alsdenn durch die Luft verdicket wird, als wie ein warmer Brei, der in der Kälte ein Häutlein überkommt? Und diesem möchte man zwar Beifall geben, wenn man der Bäume harte, zersprungene und schuppigte Rinden ansiehet. Allein das erste ist der Natur gemäßer, und wenn ihr Bau genauer untersucht wird, so kan man die ordentliche Fasern, ja gar die kleinen Löchergen, so auf das richtigste ausgetheilet sind, gar genau daran erkennen, so lustig anzusehen: und solche schöne und wol ausgetheilte Löcher können nicht von der Luft herrühren.

Nächst diesem folgt die Haut, welche unmittelbar unter dem Häutgen anzutreffen. Diese umgiebt den ganzen Baum, und sind sowol die Theile, die über als unter der Erden sind, damit bekleidet. Sie bestehet aber aus vielen starken nervigten Fasern, und sind in selbiger viel hin und herbringende Adern samt Nerven, Wassergängen und Drüsen anzutreffen; äußerlich findet man auch unterschiedliche Löcher, theils große, theils kleine.

Nach der Haut findet sich noch eine Substanz, welche die nächste an dem Stamm ist, und solche möchte wol das Peritonæum, weil es auch denselben gänzlich umgiebt, genennet werden. Innerlich ist sie sehr glatt und weich, und ist meistens schlüpfrig und feucht, ist mit groß und kleinen Löchern zuweilen durchbohret, von denen kleinen Aestgen, so aus denen Stämmen heraus kommen. Der Nutzen von diesem Häutgen ist, daß die innerliche Theile verwahret und beschützet werden.

§. 15.

Endlich, dieweil ich die meisten Theile, die in und an einem Baume befindlich, mit wenigen betrachtet, so will ich auch der Blüte und der Frucht nicht gar vergessen, ehe ich mich zu etwas andern wende. Denn ehe sich die vollkommene Blüte hervorbegiebt, so kommt aus dem Stamm ein pediculus oder Stiel mit einem kleinen Knöpflein hervor. Dieser ist zwar gering und schlecht anzusehen; aber in seiner Betrachtung ist er wunderenswürdig genug. Denn in diesem geringen Stängel sind alle Gefäse zusammen, als in einem Bündelein, eingefasset, durch welche die Lebenssäfte hin und hergebracht werden müssen. Wenn er nun etwas stärker wird, so erweitert und breitet er seine Substanz aus, und wird allgemach diejenige Form, welche die Frucht haben soll, daraus. Bald zeiget er sich untenher wie ein Becher, bald wie eine halbrunde Kugel, und macht den Grund zur Blüte, auf welchem sie nicht allein verbunden, sondern auch als wie in einem Futter, verwahrt wird. Auf diesem Theile stehen die feinsten und reinesten weis- und rothen Blätlein, die aus dem allerreinesten Safte des Baumes bestehen. Sie haben ihre zarte Aedergen und Wassergänge, die sich wie kleine Bläsgen zeigen, die voll mit solchem zarten und reinen Saft angefüllet sind: und ist solcher die Materie oder liquor genitalis, daraus die Kinder oder Saamen auf das zukünftige erzeuget und gemacht werden. Und wenn in solchem Blätlein der zarte Saft genugsam ausgearbeitet, auch von dem Universalgeist geschwängert worden ist, so gehet er wieder zurücke in seine Be-

hält-

hältniß, welches man wol mit Recht den uterum oder die Mutter nennen kan, weil die Kinder oder Saamen darinnen verschlossen sind. Ueber die Blätlein finden sich auch noch in der Höhe gros und kleine stamina oder Stänglein, die zum Theil wie ein Faden so zart, und haben oben auf kleine Knöpflein, und ist, als wenn sie mit Staub bestürzet wären. Diese geben die Abtheilung und die innerliche Fächer in der Frucht, worinnen die neue Geburt erzogen, erhalten und verwahret wird (*).

Viertes Kapitel.

Von den Lebens und Nahrungssäften des Baumes, und seinem Wachsthum sowol in als ausser dem Ey oder Saamen.

§. 1.

Es ist zwar bekannt, wenn der Saame eines Baumes nicht geschwängert wird, so bleibet er in der Ruhe, und kommt nicht hervor; inzwischen aber wird doch der Keim bis zu dieser Zeit ernähret und erhalten, mithin ist leicht zu schlüssen, daß er einen Nahrungssaft indessen nöthig haben mus. Solchen hat er zwar schon von selbsten bei sich, und kan so lange damit auskommen, bis zu solcher Zeit, da er die Belebung erlanget: stehet aber solches allzulang an, und er wird verzehret und ausgetrocknet, so verdirbet das Keimlein, und ist zur Belebung nicht mehr dienlich. So bald aber das Keimlein durch das Principium movens in die Bewegung gebracht wird, so bald gehet auch mit selbiger die Ernährung und Wachsthum an. Dieses ist zwar eine innerliche und verborgene Würkung, und ist nichts anders als eine Empfängniß und Annehmung eines Nahrungssafts, so durch die innerliche Bewegungskraft verrichtet wird, wodurch alle Theile von solchem niedergelegten Saft ihre Assimilation oder Gleichmachung, Gleichstellung, oder, wie man sprechen möchte, ihre Vergleichung empfangen.

§. 2.

Die Ernährung oder der Wachsthum bestehet in einer ordentlichen Austheilung und gleichförmigen Annehmung des Nahrungssafts. Es empfängt aber solchen die Wurzel aus der Erde, als welche der Mund des Baumes ist. Dieser Saft wird dem Stamme zugeführet, und kommt in die utriculos oder in den Magen und Gedärme des Baumes. Ist

(*) Die äußern Theile der Pflanzen sind 1) die Wurzel, 2) das Kraut und 3) die Blüte. Die Wurzel ziehet mit ihren Zasern die Nahrung an sich, das Kraut dünstet den Uberflus derselbigen wieder aus, ziehet hingegen Luft an sich und trägt endlich die Blüte zur natürlichen Fortpflanzung und Vermehrung. Die innern Theile sind bei den größern Pflanzen 1) das Häutgen, so 2) die Rinde auswendig umkleidet, 3) der unter der Rinde befindliche Bast, so der Stoff ist, woraus sich jährlich die Kreise oder die sogenannten Jahre 4) des Holzes bilden, und endlich in der Mitte 6) das Mark. Bei zärtern Gewächsen hingegen sind anstatt des Bastes und Holzes nur die weichen langen Saftröhren alleine. Das ganze Gewebe dieser innern Theile bestehet aus verschiedenen Saftröhren, aus Saftbehältnissen (utriculis), und Luftröhren (tracheis).

Ist er nun genugsam ausgearbeitet und verkocht, so theilet er sich durch die hinfahrenden Adern in alle Theile des Baumes: und von solchem Saft nehmen die Drüsen und Wassergänge, wie auch die Nerven, ihre abgemessene Theile, der übrige Saft gehet wiederum zurücke durch abführende Adern zu den obbemeldten Theilen (*). Weilen nun in den Nerven die allerreinste und feinste Materie enthalten, und solche auch zur Nahrung am allergeschicktesten, so werden durch selbige alle andere Theile assimiliret, und gleichgroß gemacht, wie solches mit mehrern, wenn man sich nicht der Kürze befleißigen müßte, gründlich bewiesen werden könnte.

§. 3.

Was aber eigentlich der Nahrungssaft des Baumes sey, und aus was er bestehe, ist leichtlich zu begreifen, und solches hat die Chymie genugsam entdecket. Nemlich er bestehet als ein vermischter Saft aus unterschiedlichen, als aus wässerig- salzig- schwefel- balsamisch- und irdischen Theilen.

Diese Theilgen aber sind auf unterschiedliche Weise untereinander im Verhältniß und vermischt, ja auf mancherlei Weise zusammen gesezt, daß man es unmöglich beschreiben kan. Obschon alle Bäume von diesen obbenannten Dingen etwas bei sich haben; so hat doch wegen seiner besondern Natur und besonders gearteten Leibes einer von diesem oder jenem mehr benöthiget, und sind also insgemein viel Vermischungen anzutreffen. Denn hat einer ein wässerigtes und feuchtes Temperament; so mus er auch deswegen einen solchen Grund haben, aus welchem er viel wässerige Feuchtigkeit ziehen kan: widrigen Falls wird er nicht wol fortkommen können. Ein anderer hat eine trockene Natur, und hält viel von dem Schwefel, ölichten und balsamischen Wesen. Stehet er nun auf einem solchen Lande, wo der Ueberflus von solchen Theilgen und Dingen anzutreffen, so hat er nicht allein einen guten Ueberflus zu seiner Nahrung, sondern wächset desto freier und lustiger in die Höhe. Ist aber ein Baum mehr salzigt, und hat flüchtige, salzigte Theilgen benöthiget, so mus er auch aus der Erden solche Theile herholen, will er anders wol ernähret werden. Es ist zwar nicht zu läugnen, daß die

(*) Man gehet meines geringen Erachtens in der Vergleichung der Theile allzuweit, wenn man mit dem Herrn Verfasser und andern den Pflanzen einen Magen, Gedärme und ehnen so vollkommenen Kreislauf der Säfte zuschreibet, wie die vollkommenen Thiere besitzen. Es ist aber auch im Gegentheil billig zu zweifeln, daß von dem aufsteigenden Nahrungssaft der Gewächse alles, was zur Nahrung überflüssig ist, ausdünsten und gar nichts durch zurüklaufende Gefäße wieder zur Wurzel herabgeführet werden sollte, wie Herr Hales behauptet. Denn wenn die Pflanzen auch aus der Luft Feuchtigkeiten einsaugen, wie die Versuche des Herrn Bonnet bezeugen, und wie bei den Pflanzen der heissern Weltgegenden, z. E. Egyptens, wo es das ganze Jahr durch kaum ein bis zweimal regnet, gar nicht in Zweifel gezogen werden kan; so müssen nothwendig solche Gefäse da seyn, die den eingesogenen Saft zur Nahrung der untern Theile herabführen. Es mus auch von eben diesen Gefäsen das Wachsthum und die Ausdehnung der Wurzeln herrühren, wenn anders der Saz richtig ist, daß alles, was organisch wächst, nach derjenigen Richtung sich ausdehnet, nach welcher die Säfte sich bewegen, die die Nahrung ausmachen. Da ich bishero noch nicht Gelegenheit gehabt habe, hierüber selbst umständliche Versuche anzustellen, so mus ich diese Muthmassung dem Urtheil und Bemühungen meiner Leser dermalen noch überlassen.

die fruchtbaren Regen viel von allen diesen obbemeldten Stücken mit sich führen, so daß, was die Erde nicht vor sich hat, solches durch dieses Hülfsmittel erlangen kan: ja die Kunst kan auch viel darzu beitragen, und man kan einem Orte mit Wasser, mit Dung und mit s. v. Viehurin, wie auch mit Salz, Schwefel, Kalk und dergleichen, wo es nur fehlet, zu Hülfe kommen, wenn man nur Lust dazu hat und sich angelegen seyn lassen will etwas zu verbessern.

§. 4.

Wie aber die Zubereitung, Ernährung und Ansetzung aller Theile recht verrichtet wird, solches mag der am besten wissen, der es verrichtet. Denn weil dieses durch eine innerliche, heimliche und fortwährende Bewegung, welche nicht durch die Sinnen begriffen oder gesehen werden kan, verrichtet wird; so kan man nichts gewißes davon schreiben. So kan man auch wol begreifen, daß dieses Werk durch Absetzung des Nahrungssaftes geschiehet, welcher zum Theil in die Löcher und Zwischenräume der festen Theile hinein, zum Theil auf und übereinander gesezt wird. Wie denn zu solcher Verrichtung auch sowol die Sonne, Mond und Sterne, die Luft, als auch die Wärme, die unter der Erden befindlich, ein großes beiträgt, wie solches schon von andern weitläuftig erwiesen worden ist. Denn vermittelst dessen werden die salzigte, schwefel- und wässerigte Theile verdünnert, in die Gährung gebracht, und vermöge der dazu bestimmten Werkzeuge die Absonderung der Säfte verrichtet. Ob aber unter der Ernährung und Wachsthum ein besonderer Unterscheid zu machen sey, kan ich fast nicht finden: er müßte nur etwa darinnen bestehen, daß in der Fett- und Dickmachung der Saft reichlicher ausgetheilet und zugeführet wird, als bei der Ernährung, wodurch denn die Fasern destomehr ausgedehnet, auch zwischen denselben der überflüßige Nahrungssaft eingeleget und getragen wird, bis der Baum seine gehörige und ordentliche Ausbreitung sowol der Länge als der Dicke nach erlanget hat. Denn der allweise Schöpfer hat in der ersten Schöpfung dem Spiritu architectonico schon ein gewisses Ziel, worinn die Höhe, die Breite und Dicke bestehen soll, vorgeschrieben, daß er selbiges nicht überschreiten kan. Denn wenn ein Baum jährlich, wie er anfängt zu wachsen, beständig so fortwachsen sollte, so würde er in hundert Jahren größer als der Babylonische Thurn, und sollte er in seiner Dicke gleicher Weise jährlich so zunehmen, als wie er den Anfang gemacht, so würde er so dick, daß man auf seine Stämme Schlösser und Häuser bauen könnte, und würde also aus solcher unbeschreiblichen Größe und Dicke in der Natur eine solche Verunstaltung und Unordnung, so nicht zu beschreiben. Derowegen hat der allweise GOtt schon alles nach seiner unbegreiflichen Allmacht auf das genaueste abgemessen, und einem jeden sein gewisses und richtiges Ebenmaaß zugeeignet, so er nicht allzu sehr überschreiten kan.

§. 5.

Obschon gewiß ist, daß ein Baum täglich, so lang er lebet, ernähret und erhalten werden mus: so hat er doch nicht nöthig, daß er auch täg-

täglich wachsen und grösser und dicker werden mus. Ja die Natur stehet schon selbst im Wege: denn wenn ein Baum lange Zeit gestanden, so werden die Fasern, die anfänglich ganz zart und weich waren, und sich leicht ausdehnen liessen, mittlerzeit hart und stark, und begeben sich nicht mehr auseinander. Die Rinden, so anfänglich dünn und zart, wird nach und nach so hart und fest, daß es unmöglich ist, daß die zarten innerlichen Fasern dieselben mehr auseinander zwingen und vergrössern können, und solche Bewandniß hat es mit allen innerlichen und äusserlichen Theilen. Warum aber ein Baum oder Pflanze eher wächset als die andere, wie solches an den Weiden, Pfersigbaum, ingleichen an dem Weinstock wahrzunehmen, welche gleichsam augenscheinlich zunehmen und wachsen, andere hingegen als die Tannen, Eichen, Mispeln ꝛc. langsamer wachsen, solches rühret nicht von dem Mangel des Nahrungssafts, so in der Erden befindlich, oder auch von dessen Ueberfluß her, sondern vielmehr von einer gewissen Lage und Beschaffenheit der Zwischenräume und deren Bau, oder von einer gewissen angebohrnen Ordnung und Maas der zusammengesezten Theile. Denn die, so zarte, lange, weite und großlöcherichte Fasern haben, gehen nicht allein leichter auseinander, sondern weil in solche Hölung mehr Nahrungssaft hinein gehet, so werden sie leichter ernähret und vergrößert; dagegen gehet es schon langsamer zu bei denjenigen, die harte enge Fasern und Löcher haben. Denn da gehet der Nahrungssaft nicht so schnell hinein, und sind die Löcher enger und genauer beisammen. Es kan auch nicht so behend sein Kreislauf geendigt werden, mithin wird auch der Nahrungssaft in solcher Menge nicht abgesezt. Dahero auch jene Stämme viel eher der Fäulung und Verderbniß unterworfen, als diese.

§. 6.

Dieweil man aber von dem Wachsthum Meldung gethan: so möchte man doch wol fragen, warum denn die Bäume auf ebenen Plätzen besser wachsen als diejenige, so auf der Höhe und auf den Bergen stehen. Darauf fällt die Antwort gar leicht: erstlich, weil die Erde gleichsam wie ein Schwamm ist, die nicht allein viel Feuchtigkeit an sich ziehet, sondern dieselbe wegen ihrer Lockerkeit ziemlich lange bei sich behält; zum andern sind die Bäume, die auf dem platten Lande anzutreffen, an sich selbsten und in ihrer Natur und Bau viel weicher, gelinder und zarter, und ihre Löchergen mehr eröffnet, deswegen haben sie auch einen größern Ueberfluß des Nahrungssafts vonnöthen. Und weil sie solches allda reichlicher empfangen und finden, so wachsen sie fertiger und glückseliger in der Ebene, als wenn ihre Art auf den Bergen zu stehen kömmt. Denn es ist vernünftig zu schlüssen, daß auf dem Gebürge und in den Steinen keine so überflüßige Feuchtigkeit und Wäßrigkeit anzutreffen. Gesezt aber, daß von den Bergen Wasser reichlich hervor quillet, so laufet es doch gar schnell wiederum hernieder, und setzet sich die Feuchtigkeit nicht so in die Steine, als wie in die lockere Erde hinein; dahero können sie auch nicht so schnell und stark auf den Gebürgen und in der

Höhe fortwachsen. Im Gegentheil nimmt man diesen besondern Nutzen und Vortheil an denen Bäumen, so an Bergen und Felsen befindlich, wahr, daß derselben Früchte viel trockener, härter, langdaurend und sehr gewürzhaft und wohlgeschmackter, als derjenigen, so auf dem flachen Felde sind. Darzu hilft sonderbar der zarte flüchtige mineralische Geist mit seinen metallischen Theilgen, so mit ihrer Ausdünstung über sich steigen, welche vermittelst der Feuchtigkeit und des Nahrungssafts in die Bäume sich hineinbegeben und selbigen ihre Kraft und Würkung mittheilen. Auf eben solche Art und Weise kan man auch die Ursach gar bald finden, wenn man wissen will, warum die wilden Bäume, und die, so auf dem freien Felde sind, auch diejenigen, so in den Wäldern anzutreffen, viel lebendiger, frischer, gesunder und dauerhafter sind, auch reichlicher blühen und Früchte tragen, als die, so in denen Gärten gepflanzet und gezielet werden: denn es ist leichtlich zu erachten, daß die Bäume, so in denen Gärten gebohren und erzogen werden, in ihrem Gewebe sehr zart und weichlich sind, und solches durch den Nahrungssaft, der viel fette und übrige Feuchtigkeit in sich hat, erlangen. Denn ein jeder Hausvater ist begierig seinen lieben Bäumen etwas Gutes zu thun, und dahero lässet er sie fast jährlich düngen, und mit allerlei Künsten hilft er ihnen, daß sie nur wachsen mögen. Wodurch er auch seinen Endzweck zwar erreicht: allein er bringt mit seiner zarten Auferziehung so viel zuwegen, daß, wenn eine unstäte und kalte Witterung entstehet, sie es alsobald wegen ihrem zärtlichen Bau empfinden, und dadurch gar leichtlich entweder von ihrem Wachsthum zurück gehalten werden, oder kränklich zu werden und halb zu verdorren anfangen. Endlich stehen sie auch nach und nach ab, und sterben gar aus, und sind wie die Kinder, die man so zärtlich auferziehet, die, weil man sie immer in der Stuben und hinter dem Ofen verwahret, und mit allerlei Leckerbißlein ernähret, wenn sie einstens in die freie Luft oder in eine wenig starke Kälte, oder Wärme kommen, so können sie selbige nicht vertragen, werden unpäßlich, aufstössig und krank, müssen auch wegen ihrer allzuzärtlichen Auferziehung desto eher ins Gras beissen. Ueber dieses so siehet man mit Verwunderung, wie niedlich und zärtlich auch die Blüte und Früchte an solchen kleinen Gartenbäumlein sind. Wenn nur ein wenig ein starker Regen kommt, ist sie hin, und wenn über die Früchte ein kleiner Wurm laufet, so ist die zarte Haut bemackelt. Ganz eine andere Beschaffenheit aber hat es mit den wilden Bäumen: die haben einen geringen und schlechten Nahrungssaft aus dem Schoos ihrer Erden herauszuholen, mithin werden ihre Fasern weit härter und stärker, grob und dauerhaft, greifen auch wol unter die Erden mit ihren Wurzeln hinein, und holen reichlichen Nahrungssaft heraus, damit werden sie nicht allein stärker und schöner, sondern achten auch weder Kälte noch Wärme, weder zarte noch rauhe Luft, und können alles vertragen, sie grünen schöner, ihre Blüte ist weit reichlicher, und ziehen wol ein. Dahero bringen sie in ungemeiner Menge ihre Früchte hervor, und machen der Bäuerin ihre Stuben und Böden voll. Und was die Bauersleute an ihren Bäumen wahrnehmen, solches üben sie auch an ihren Kindern aus, sie ziehen sie mit lauter starken Speisen auf, sie lassen sie halb nackend im Winter und Sommer herum laufen im Schnee und Regen, und sind doch öfters schöner und gesunder, als die Stadtkinder.

Woher es aber kommt, oder was vor eine Beschaffenheit es mit der Blüte etlicher Bäume haben mag, daß einige manchmal zu Morgens frühe schön und lieblich aufgehen, und des Abends schon wiederum untergehen, und auf einmal ganz und gar verwelken, da doch im Gegentheil eine andere wolgezierte Blume 8. Täge und länger schön, frisch und gesund stehen kan; ingleichen warum mancher Baum nur 2. oder 3. Jahre, da ein anderer dagegen wol hundert Jahre und drüber leben kan, davon wäre viel zu reden: allein diese Materie soll bis in den andern Theil mit GOtt verschoben werden, welcher auch hoffentlich weit genauer als dieser, weil man sich mehr Zeit darzu nehmen wird, als es diesesmal hat geschehen können, wird ausgearbeitet werden.

§. 7.

Ehe ich noch dieses Kapitel mit meinen überflüßigen Gedanken verlasse, so will ich noch die Frage vorlegen: Was doch die Ursache seyn möchte, daß die meisten Bäume ihre Blätter im Winter hinwegwerfen, auch zu solcher Zeit nicht mehr fortwachsen, als wie in dem Sommer; da doch die Blätter gleichsam der Bäume ihre Haare und Zierde sind, als wie die Wolle bei den Schafen, deren sie doch wegen der großen Kälte so gut benöthiget hätten, als in solcher Zeit die Menschen ihre Kleider, und das gemeine Sprüchwort, was gut vor die Hitze, ist auch gut vor die Kälte, allerdings seine Richtigkeit hat. Allein es ist bekannt, daß wenig Bäume gefunden werden, welche einen sehr überflüßig harzigt- und balsamischen Saft besitzen. Welche aber von selbigem viel in sich halten, denen kan der Salpeter, welcher im Winter in der Luft die Oberherrschaft hat, nicht sonderlich schaden: denn er kan sie nicht besser zusammenziehen, dieweilen sie schon aus einem zusammengeflossenen Saft bestehen. Die aber aus den andern Theilen zusammengesetzet sind, in denselben kan der Salpeter schon besser wirken, er ziehet ihre Löcher und Fasern zusammen, damit mus der Saft zurücke gehen und sich verdicken. Weil nun der Baum seinen Ueberflus des Safts meistens in seine Blätter vertheilet, und zu solcher Zeit die Säfte wieder zurück gehen, und sich in der Enge, in den verschlossenen Augen oder Aesten, Stämmen, und sonderlich in der Wurzel aufhalten, folglich die Blätter bey solcher Beschaffenheit keinen Saft mehr haben, so fallen sie von selbsten weg und verfaulen.

Welche aber in den Gedanken stehen, als wenn zur Winterszeit in den Augen, Aesten und Stämmen eines Baumes kein Saft noch Bewegung mehr wäre, die betrügen sich sehr. Ich wollte vielmehr sprechen, daß in solchem Theile ein weit größerer Ueberflus anzutreffen, und ein weit schnellerer Kreislauf, als im Sommer: und habe ich solches

bei

bei meinem welschen Nußbaum wahrgenommen. Als ich in diesem vergangenen und ungemein lang anhaltenden Winter von selbigem einen Ast abgeschnitten hatte: lief ungemein viel Wasser heraus, so im Sommer nicht zu geschehen pflegt. Ja es will fast die gesunde Vernunft solches ohne viel Versuche erweisen; besonders, wenn wir Menschen uns selbsten untersuchen wollen, wie es im Winter mit unserm Leibe beschaffen ist, da doch ein jeder fast bei sich empfinden wird, daß er im Winter viel hurtiger und munterer ist, als im Sommer. Er nimmt auch wahr, daß der Magen seine Speise mit grösserer Begierde empfängt und zugleich verdauet, das Geblüt wird auch besser bewegt, und die Lebensgeister sind weit schneller und geschwinder, und mehr aufgeräumet als im Sommer, und solches sonder Zweifel auch aus dieser Ursache, weil durch die Kälte die Schweißlöcher zusammengezogen und verschlossen, und die Feuchtigkeit samt den Lebensgeistern in mehrerm Ueberflus da sind. Eben solche Bewandnis mag es auch ebenermassen mit den Bäumen im Winter gar wol haben: denn durch die Kälte werden die Löcher, wie öfters erwähnet, mehr zusammengezogen, und die Fasern gehen mehr zusammen und in die Enge. Wenn nun solches, vermöge der Kälte, sich ereignen mus: so ist ja leicht zu urtheilen, daß die innerliche Bewegung oder Gährung desto stärker seyn mus. Denn soferne es nicht wäre, daß durch diese innerliche Bewegung eine Wärme entstünde, die der äußern Kälte widerstehen könnte: so würde selbige bald den Meister spielen, und die innerliche Bewegung hindern. Auf solche Verhinderung entstehet gar geschwinde eine Stillstehung, aus derselben eine Vertrocknung der Säfte, und endlich ein gänzliches Absterben, wie solches in dem großen und starken Winter leider! gar viel Gartenliebhaber erfahren haben; insonderheit wenn die innerliche Theile nicht vermögend sind der äußern Gewalt zu widerstehen.

§. 8.

Endlich so will ich noch meine Gedanken, weil es uns doch wunderlich oder besonders vorkommt, wenn man spricht, das Wasser laufet übersich, und gleichsam den Berg aufwärts, entdecken. Es ist doch in der Warheit dieses kein geringes, wenn man erforschen und deutlich erklären will, wie denn der Nahrungssaft von selbsten in die höchsten Gipfel des Baumes hinauf, ohne daß er eine Leiter, so zu reden, vonnöthen hat, steiget (*).

Ob nun solche Ursache mehr von der Gährung und beständigen Bewegung allein herrühret, oder von der Schnellkraft und Druck der Luft, oder von dem besondern Bau der Adern und anderer Theile, davon hätte ich einen weitläuftigen Vortrag zu machen: ich will aber mei-

(*) Das Aufsteigen der Säfte in den Pflanzen rühret von verschiedenen mit einander würkenden Ursachen her. Theils steiget nemlich der Nahrungssaft in den kleinen Saftröhren nach eben den Gesezen in die Höhe, wie es in den kleinen gläsernen Haarröhrgen geschiehet, theils befördert aber auch dieses Aufsteigen der unterwärts immer stärkere Druck der äußern Luft und die Wärme, die die in den Säften eingeschlossene Luft und die Säfte selbst mehr und mehr ausdehnet.

nes wenigen Orts so viel sprechen, es müssen alle diese obangezogene Dinge, wie solches aus nachfolgenden kan erwiesen werden, ihren Ursprung haben. Zwar ist schon aus dem ersten Kapitel bekannt, daß ein besonders principium movens in denen Bäumen, so den Titel eines Spiritus architectonici führet, und das Amt eines Baumeisters verrichtet, wohnet.

Aus dem dritten Kapitel weis man, wie der innerliche Baum gestaltet ist, und wie wunderlich sein Gebäu aussiehet: und in diesem Kapitel ist die Erklärung von den Lebenssäften gemacht worden, nicht allein aus was sie bestehen, sondern wie sie in so ungemeine Höhe hinauf geführet und wiederum herunter gebracht werden. Soll ich nun dieses aus natürlichen Gründen recht erweisen, wie ich von einem großen Liebhaber deswegen ersuchet worden bin, so mus ich etwas von dem Himmel und der Luft voraussetzen und hervor bringen.

§. 9.

Es ist aber sonderlich zu wissen vonnöthen, worinn denn der Unterschied des Himmels und der Luft bestehe. Allein darauf ist zu antworten, daß selbige nur zufälliger Weise von einander unterschieden sind; denn der Himmel fasset alles in sich, und ist auch alles mit demselben umgeben. Weil aber aus der Erden und dem Wasser beständig und unaussetzlich viel- und mancherlei Dünste, so aus unbeschreiblich viel unterschiedlichen Theilen bestehen, übersich steigen: so wird ein gewisser Raum und Kreis des Himmels mit solchen mancherlei Theilgen angefüllet. Und solches wird die Luft, welches so viel als einen gewissen Kreis, in welchem mancherlei kleine Körperlein sich aufhalten, bedeutet, anzeigen. Wenn also diese Ausdünstung nicht entstünde; so wäre auch keine Luft, sondern anstatt der Luft wäre der Himmel selbst, als welcher ohnedem mit dem Sternhimmel seinen Zusammenhang hat. Obschon aber die ätherische Materie in der Luft befindlich; so ist doch solche nur wie eine bloße Contiguität anzusehen: denn der Eintritt so vieler Dünste aus der Erden verursachet solches. Bestehet also die Luft aus lichtig- unsichtbaren, durchsichtig- flüßig- sehr beweglich- und zusammengedruckten Körperlein und Wesen, und ist bald leicht, bald schwer, bald kan sie in die löchrigten und lockerichte Theile einflüssen, bald mus sie denselben weichen. Sie ist dem Baum, wie allen andern lebendigen Dingen, zur Nahrung und zum Wachsthum sehr nöthig und behülflich, wie aus nachfolgenden zu vernehmen seyn wird.

§. 10.

Indem nun solches nicht einem jeden bekannt ist, oder auch von allen gleich kan begriffen werden: so möchte man wol meinen, man schwätze nur etwas daher, und man könne solches nicht klar genug darthun. Denn wer sollte es wol glauben, daß unsere Luft aus wässerig- irrdisch- salzig- schwefeligt- licht- feurig- faulend- stinkend- und gährenden Theilen, und was mehr dergleichen unbeschreibliche Dinge sind, bestehen solle.

Allein ich will mich nicht auf viele Versuche vor diesesmal beruffen; sondern es fällt selbsten ohne viele Weitläuftigkeit in unsere Sinne. Denn was das Gesicht betrift, so können wir zwar die Luft nicht sehen, allein wenn die Sonne sehr klar scheinet, so sind in der Luft die Sonnenstäublein, die sich wunderlich untereinander bewegen, mit Augen genugsam zu sehen. Jngleichen beobachtet man öfters augenscheinlich, wie die Sonne die wässerigte Theile, die mit andern mögen vermischet seyn, über sich ziehet, aus welchen alsdenn die Wolken, der Blitz, Regen, Nebel ꝛc. entstehet, aus welchem Sichtbaren man ingleichen von dem Unsichtbaren abnehmen und schlüssen kan.

Es ist aber ferner dieses keine Folge, daß alles nur durchs Gesicht mus erforschet werden: sondern wir können verborgene Dinge auch durch die andere Sinne begreifen. Und ist gewis, daß das Gefühl ein guter Lehrmeister ist. Denn zum Exempel, man schlage nur eine Hand stark in die andere, so wird ein jeder bald etwas feuchtes darzwischen empfinden (*). Oder man mache nur eine Stubenthür schnell auf und zu, so wird die Luft so gut und noch besser, als wenn das liebe Frauenzimmer mit ihren Sommerfächern eine lüftige und empfindliche Bewegung ihrem Liebhaber machen will, einem jeden eine genugsame Anrührung und Empfindlichkeit geben.

Was aber das Gehör betrift, so kan auch dasselbige von der Luft genugsam urtheilen. Denn je stärker die Luft bewegt wird, je mehrere Beweglichkeit hat das Gehör davon. Es mag nun solches vom starken Reden, lauten Schlagen, Schüssen ꝛc. herkommen: genug, daß solches die Trommel in den Ohren mit seinen übrigen dazu gehörigen Theilen empfindet; daß man wol öfters sprechen mus, ich kan die Stärke dieser Bewegung der Luft in meinen Ohren nicht vertragen.

Sollte man aber sich auf einige Versuche berufen, um zu erweisen, wie man die Luft wahrnehmen könnte, so wären unzählbar viele vor Augen zu legen: allein unter vielen nur wenige zu betrachten, so sehe man ein Licht, oder Feuer, warum es brennt oder sich bewegt, an. Jngleichen beobachte man, was sich da zuträgt, wenn man die Luft aus einem Glase durch Hülfe der Luftpumpe heraus pumpet: denn so bald man sie wiederum hinein lässet, so höret man deren Gewalt und heftiges Geräusche. Ja man sehe an und betrachte die Wasserkünste. Man darf ja nur mit einer Spritze in eine solche Wasserkunst mehr Luft hinein treiben, als es seyn soll, und es vonnöthen hat, so stösset sie ja solche wiederum mit aller Gewalt heraus und übersich. Und indem ich an diese Materie gedenke, so fällt mir das schöne Experiment, so ich in Holland mit ungemeiner Vergnüglichkeit angesehen habe, bei. Jch habe zwar immer gehoffet, ich wollte noch so reich werden, daß ich mir eine

(*) Diese Feuchtigkeit, so man in den Händen spüret, wenn man sie stark in einander schlägt, rühret aber nicht von der Luft, sondern von der beständigen und zumal durch öfteres Händeklatschen vermehrten Ausdünstung der Hände selbsten her.

eine so künstliche Maschine selbst an die Hand schaffen könnte: allein mein Beutel, wenn er gleich schiene ein wenig mit etwas überflüssigem angefüllet zu seyn, wurde doch allgemach wiederum leer, und kam wider meinen Willen und Gedanken in ein vacuum, habe derohalben nicht mehr fragen wollen, an detur vacuum; ich hatte in diesem Stücke Beweisthum genug. Allein wer weis, ob ich nicht durch einige Gütigkeit gnädiger Gönner noch so viel zurücke legen möchte, daß ich mehr zu ihrem als meinem Nutzen eine dergleichen nüzliche Luftpumpe mir beilegen könnte.

Es bestunde aber solches Experiment vornemlich darinnen. Es wurde eine Kugel mit dem dritten Theil Wasser angefüllet, und nach Gebrauch auf die Luftpumpe gesetzet, und also nach und nach die Luft heraus gezogen. Mithin fieng das Wasser darinnen dergestalten an zu sieden und zu steigen, daß man vermeinte, es stünde über einem großen Feuer, ja, wenn man nicht aufgehöret hätte, mit der Luft heraus zu pumpen, so wäre der Recipient in viel hundert Theile zersprungen.

Eben dergleichen Versuch wurde auch mit einer Schweinsblasen, mit großer Vergnüglichkeit anzusehen, gemacht. Es ward in eben solchen Recipienten eine niedergedrukte und verbundene Blasen hinein gelegt: als nun die Luft ausgezogen wurde, bließ sich die Blase von selbsten so gros auf, als wenn sie mit dem Munde ihre Größe empfangen hätte, woraus man Verdünnerung und Ausdehnung der Luft genugsam erlernen konnte. Ferner was es mit dem Druck der Luft vor eine Beschaffenheit hat, solches kan man aus den Barometern, in welchen der Mercurius und andere Säfte enthalten, wahrnehmen. Wer aber genauere Nachricht davon haben will, der besehe den Senguerd. in phil. nat. Pretowing. de rarefactione aëris in act. erudit. lipf. A. 86. Sturm. in colleg. curios. und andere mehr.

§. 11.

Ueber dieses ist nicht zu widersprechen, daß der Himmel und die Luft alle Dinge erfüllen und bewegen, in allen körperlichen Wesen, sie mögen auf oder über der Erden seyn: und haben sie eine ungemeine Verwandschaft miteinander. Sonderlich sind sie sehr in solchen Objectis beschäftiget, die eine beständige Bewegung, Gährung, Erhaltung, Nahrung und Erzeugung benöthiget haben, als wie zum Exempel die Pflanzen und andere lebende Dinge mehr.

Woher aber die Luft, als die aus so vielen verschiedenen Theilen bestehet, ihre schnelle und immerwährende Bewegung hat, solches kömmt meistens vom æthere, oder von dem lichtigen und himmlischen Wesen, von welchem die körperlichen Dinge, die in der Luft befindlich, den Anfang der Bewegung haben. Sodann bewegt eine Materie die andere durch selbige, und wie bekannt, je kleiner ihre Körper sind, je schneller ist ihre Bewegung. Und solches geschiehet beständig in der Luft, ob wir es schon nicht sehen können. Wenn aber solche Ausdünstungen zusammen

men kommen, so machen sie einen sichtbaren Körper, welcher doch beweglich ist, wie man an denen Wolken wahrnehmen kan. So hat auch die Luft diese Eigenschaft an sich, daß sie bald ausgedehnt und bald zusammengedrükt werden kan: und geht selbige sowol auseinander, als wiederum zusammen, und zwingt sich in das kleineste Wesen hinein. Hat sie aber Gelegenheit sich auszudehnen, so geht sie wiederum auseinander. Und solches wird der Druck der Luft genennet: und aus dieser entsteht die Ausbreitung und Ausdehnung, und die Zusammendruckung der Luft, wie aus obangeführten Versüchen zu ersehen. Und durch diese Meinung können ungemein viel Würkungen erkläret werden; sonderlich dieses, wie das Wasser übersich steiget. Denn sonsten man zu verborgenen Eigenschaften seine Zuflucht nehmen.

§. 12.

Ferner dieweil wol vorauszusetzen, daß die Dünste, die in der Luft befindlich, sehr leicht und sehr subtil sind, so geben sie auch allenthalben gerne nach, und weichen den stärkern aus, werden auch wegen ihrer Leichtigkeit mit dem Himmel übersich gezogen. Und ob solche Theile zwar leicht, so haben sie doch nach ihrer Verhältniß und in ihrer Natur der Leichtigkeit ihre Schwere. Denn eine solche Materie, sie mag so klein und so subtil seyn, als sie immer will, so hat sie doch einige Schwere bei sich. Und es mag die Luft noch so dünne ausgebreitet oder auf das genaueste zusammengezogen seyn; so hat sie doch ihre Schwere. Wie man aber die Schwere und die Leichte, die Feuchte und die Wärme, so man doch nicht empfindet, erforschen und erweisen soll, will ich anjetzo nicht melden und erklären, sondern ich will nur darthun, wie durch Hülfe der Luft die Lebenssäfte der Bäume, wenn an selbigen die Werkzeuge in gutem Stande und richtig sind, bis an den höchsten Gipfel hinauf getrieben werden können.

§. 13.

Aus diesem allen weit angeführten ist endlich so viel zu erweisen und zu schlüssen, daß sich in allen Feuchtigkeiten und wässerigten Dingen der Himmel befindet, vermittelst dessen die Luft in die löcherigten und lockerigten Theile eingehen, und darinnen sich so leicht zusammendrucken kan, daß sie auch die Kraft hat, sich wiederum auszubreiten. Gesezt, es wäre ein Baum größer als der Regensburger Rathhausthurn: wenn er nun mit seinen Röhren, Bläsgen und Klappen versehen, wie jener mit seinen Treppen oder Stiegen, wie solches zwar aus dem vorigen schon genugsam bewiesen worden ist, so würde er aus der Erden vermöge der vielen löcherigten Wurzeln den Nahrungssaft samt der Luft und des Himmels, so auch unter der Erden ist, durch die Enge an sich ziehen. Zu welcher Würkung zwar der Druck der Luft viel beitragen mus: denn es ist bekannt, daß die Wurzel aus der Enge in die Weite, gleichwie der Stamm aus der Weite in die Enge, sich begiebt. So kommt die gedrukte Luft in einen weitern Raum; mithin will sie sich ausdehnen, die Körper aber widerstehen der Luft, und diese jenen, und aus dieser Würkung und Gegenwürkung entstehet die innerliche Bewegung, und weilen der Stamm auch nichts anders als ein tubulus tubulorum ist, so werden durch solche Bewegung die Säfte aus der Weite wiederum in die Höhe und in die Enge getrieben, vermittelst der äußerlichen Druckung der Luft. Damit aber der hinaufgetriebene Saft nicht wiederum möchte herunter fallen, so sind deswegen in denen hinaufsteigenden Röhrgen die Klappen oder die Vorschläge da, damit er nicht zurücke gehen kan (*). Wenn er aber seine Höhe durch solchen Trieb erlanget, so geht er aus der Enge wiederum in die Weite, und kommt durch solche Röhrgen wiederum zurücke. Und ist solches ein rechtes perpetuum mobile, so alle andere übertrift. Und sollte ich mit solchen Gedanken mich bemühen ein perpetuum mobile zu machen, so wollte ich aus solchem mein principium, denn es ist in der Natur gegründet, hernehmen; allein diese Arbeit ist vor mich nicht. Mithin aber wird in etwas erwiesen worden seyn, wie die wässerigten Feuchtigkeiten in den großen Bäumen auf- und absteigen können. Weilen nun in der Bewegung das Leben, im Stillstehen aber der Feuchtigkeiten die Krankheit und der Tod selbst bestehet: als will ich in nachfolgendem Kapitel von der Bäume Krankheit und Tode handeln.

Fünftes Kapitel.

Von den Zufällen und Krankheiten, wie auch von dem Tode selbst eines Baumes in und ausser dem Ey oder Saamen.

§. 1.

Nachdem ich im vorhergehenden weitläuftig von der Ernährung, Wachsthum und Vermehrung eines wachsenden Wesens gehandelt, und zum Theil erwiesen, daß solches Werk des Wachsthums und der Vermehrung meistentheils von einer innerlichen Verrichtung, welche in einer beständigen Bewegung und ordentlichen Uebereinstimmung aller Theile bestehet, abhanget; so giebt nun die tägliche Erfahrung, daß alle lebendige Dinge, die sich lange Zeit bewegt und vermehret, nach und nach anfangen schwach zu werden, mittler Zeit aber abzustehen, und endlich gar zu verderben und zu Grunde zu gehen beginnen, worauf sie wiederum in die Beständtheile aufgelöset werden, woraus sie hervor gekommen sind. Und solche Begebenheit und Veränderung wird der Tod und die Fäulung genennet.

Obwolen alle Dinge einer Verderbniß und Veränderung unterworfen: so nimmt man doch in der Natur wahr, daß manches lebendiges Wesen

(*) Keine eigentlichen Klappen hat man in den Saftröhren der Pflanzen auch mit den besten Vergrößerungsgläsern noch nicht wahrnehmen können. Doch möchten die hin und wieder zwischen den Saftröhren liegende Tracheen, deren Fasern schneckenförmig gewunden sind und sich nach Herrn Bonnets Versuchen durch die Hize zusammenziehen, gewissermassen etwa die Stelle derselben vertretten.

Wesen länger in seiner Vollkommenheit leben und bestehen kan, als das andere. Und ist zu verwundern, daß ein Ding ohne Leben länger in seiner Beständigkeit verbleiben kan, als dasjenige, was einen lebendigen Geist in sich hat. Man betrachte nur einen Baum, so ist unwidersprechlich, daß das Holz von einem abgehauenen Baume, oder ein Balken, wenn er in der Wand oder Mauer wol verwahret lieget, etliche hundert Jahre ausdauern kan, ehe er verweset; da doch ein lebendiger Baum mit harter Mühe über hundert Jahre seine Lebenszeit hinaus erstrecken wird. Ist derohalben dieses keine fürwitzige und unnöthige Frage, wenn man fragt: warum denn ein Baum nicht ewig leben könne? Denn es scheinet, es könnte ja wol möglich seyn. Denn erstlich stehet er beständig an einem Orte: alsdenn ziehet er ordentlicher Weise nach Gewohnheit jährlich den guten Nahrungssaft an sich: über dieses ist er nicht ein, sondern schon viel Jahre die Abwechselungen des Jahres, als des Sommers, Herbstes, Winters und des Frühlings, gewohnt, und achtet also die Empfindlichkeit noch die Abwechslung des Gewitters und des Himmels nicht mehr. Es mag kalt oder warm, feucht oder trocken seyn, so kan der Baum wegen der Gewohnheit solches einmal vor allemal ausstehen. Nächst diesem so wird er auch von gewaltthätigen Dingen nicht leicht beschweret, und bei solcher Beschaffenheit sollte man gar wol glauben können, er könnte so beständig bleiben, als die Sonne. Allein das Gegentheil bezeuget die Erfahrung. Was aber die Ursachen solcher Unbeständigkeit und Veränderung seyn möchten, deren wären zwar gar viele anzuführen: allein es mag etwan dieses wol die Hauptursache seyn, weil die Bäume, so gut als die Menschen, aus unterschiedlichen Theilen zusammen gesetzet sind. Welche, ob sie schon auf eine zeitlang in ihrer rechten Uebereinstimmung oder Vermischung in einander stehen; so sucht doch endlich eines vor dem andern zu überwiegen, und will bald dieses, bald jenes den Meister spielen und die Oberhand haben. Und in solcher ungleichen Verrichtung, wegen so vieler verschiedenen Theile kommt endlich die Sache aus der Verhältniß und Uebereinstimmung: und wenn solche nicht bald wiederum in ihre vorige Ordnung gebracht wird, so entstehet nothwendiger Weise eine Unordnung, sonderlich in denen Lebenssäften, wodurch eine Stillstehung entstehet, aus derselben eine Veränderung, und im Ende eine gänzliche Verderbung und Zerstörung des ganzen Wesens. Jedoch kommt in solcher Zerstörung wiederum ganz was anders hervor, als am ersten war: so daß wahr bleibet, quod unius corruptio sit alterius generatio. Und so verwandelt sich eine Sache wieder in ein anders Wesen: jedoch ist es deswegen noch nicht in nichts gebracht worden. Denn wer etwas in nichts zurück bringen kan, weis auch aus nichts etwas zu erschaffen. Beides aber stehet in der großen göttlichen Allmacht, und ist und bleibet uns Menschen verborgen, geziemet sich auch nicht in dergleichen nachzudenken. Viele möchten aber in den Gedanken stehen, dieses wäre ja etwas in nichts verkehret, wenn man zum Exempel ein Stück von einem Baum in viel Theile zerhauete, und selbiges in einen Retorten würfe. Denn wenn man nach und nach Feuer darunter macht, und anfängt zu distilliren: so kommt sowol Wasser, Geist, Oel, flüchtig- als beständiges Salz, und endlich eine Erde heraus: und wenn man diese abgesonderte Theile wiederum auf solche Weise behandelt, so bringt man wiederum etwas besonders heraus: endlich verlieret man alles unter den Händen. So kan man ja sagen: Es ist der Baum in ein Nichts verwändelt und gebracht worden. Allein von diesem Sichtbaren mus man ferners auf das Unsichtbare seine Gedanken richten: alsdenn wird man wahrnehmen, daß sein Wesen noch nicht in ein Nichts gebracht worden ist; sondern es will einen andern Meister haben, die Sache so weit zu bringen.

§. 2.

Dieweil aber die ewige Weisheit in die natürliche Ordnung gesetzet, daß alles dasjenige, was einen lebendigen Geist in sich hat, der Veränderung, Verderbung und Zerstörung soll unterworfen seyn: so kan zu solcher Verrichtung kein bessers Mittel dienen, als die Krankheit. Denn durch dieselben kommt alle Veränderung, ja der Tod, und die gänzliche Verwesung selbst her. Man möchte aber bei diesen Gedanken wol die Frage vorlegen: Ob denn die Krankheiten etwas selbstständiges und eine wesentliche Sache wären, die auch vor sich bestehe? Allein so wenig die Gesundheit etwas selbstständiges ist; so wenig sind auch die Krankheiten etwas wesentliches, obschon krank und gesund seyn zwei verschiedene und entgegen gesezte Dinge sind. Denn gleichwie das Leben und die Gesundheit in einer ordentlich, natürlich und wol eingerichteten Sache bestehet, besonders wenn in einem Körper alles wol übereinstimmet und zusammengesezt ist, in welchem und durch welchen alles dasjenige verrichtet wird, nach den Regeln und Gesezen, so demselben von GOtt und der Natur sind vorgeschrieben worden, daß alles in einer rechten Bewegung, als in welcher fürnemlich die Vollkommenheit eines Wesens bestehet, befindlich: also wenn im Gegentheil eine natürliche Sache in ihrem ordentlichen und gehörigen Wesen geändert, gestöhret und verhindert wird, so, daß entweder die flüßigen, oder die harten Theile Noth leiden, oder durch die Verrichtungen einer Sache verhindert werden, so wird dasjenige zufällige Wesen eine Krankheit genennet. Nimmt denn die Sache überhand, und stehet alles still, so folget darauf eine vollkommene Auslöschung des ganzen Wesens, so der Tod genennet wird. Dieweilen nun solche Veränderung die lebendige Creaturen am meisten empfinden: so kan man ja nicht anderst sprechen, als die Bäume, die auch ihr besonders Leben haben, müssen auch den Krankheiten unterworfen seyn. Und es findet sich solches auch in der That, sowol an ihren innerlichen als äußerlichen Theilen. Wenn selbige überhand nehmen, und ihnen nicht geholfen wird, so stehet der Baum ab, und ist todt. Und solche Zufälle kan ein Baum erlangen, wenn er auch noch in seinem Ey oder Saamen lieget. Zum Exempel, ein Saame, er mag auch Namen haben wie er will, wird er entweder an einem allzu kalten Orte verwahret, so wird das Keimlein durch die Kälte zusammengezogen und erfrieret;

ret; oder er wird durch die große Wärme vertrocknet, wenn er nicht in der Mutter Schoos liegt; oder er wird schimmlich, oder es wird unten her die Wurzel abgestossen, oder abgenaget, oder es wird ihm die Haut hinweg gerissen, und was dergleichen Zufälle mehr sind. Ist er nun solchen Begebenheiten unterworfen: so hat er schon seine Krankheit, ja den Tod selber in seiner Geburt empfangen. Wird er alsdenn in die Erde gebracht, so gehet er nicht auf, sondern verweset alsobald: dieweil durch eine solche Hauptverlezung die Seele von dem Leibe sich schon getrennet hat.

Im Gegentheil, wenn ein Saame wol verwahret, und gebührend eingesezt wird, so wächset er frisch und gesund auf, und kommt zu seiner Vollkommenheit. Allein mit seiner Zunehmung und Wachsthum fängt auch schon seine Beschwerlichkeit und Krankheit zugleich an. Jedoch ist auch in solcher Sache ein Baum glückseliger als der andere. Denn mancher wird nur von einer, ein anderer aber von vielen Zufällen beschweret. Zuweilen finden sich Zufälle, welche nur einen Theil einnehmen; öfters aber sind welche, die den vollkommenen und ganzen Baum angreifen. Zuweilen ergreift ein böser Zufall nur den äußerlichen, bald aber den innerlichen Theil: und ob er gleich jung ist, so überkommt er doch seine besondere Krankheiten. Wird er alt, und gehet gar zu Grunde: so ist er wiederum absonderlichen Krankheiten unterworfen. Bald nehmen an ihm die wässerigt, bald die salzigt und schwefligten Theile überhand. Zuweilen entstehet eine Krankheit in ihm, als ein wesentliches Wesen: zuweilen ist es auch nur ein zufälliger Umstand. Oefters ist ihm ein böser Zufall angeerbt, und ist schon etwas fehlerhaftes in seinem Saamen verborgen: manchmal aber wird ihm durch äußerliche Gewalt was widriges zugefüget. Einige beschwerliche Zufälle werden ihm öfters von den ordentlichen Jahrszeiten zugefüget, als da ist allzu große Trockene und Hitze im Sommer, allzu viele Wässerigkeit im Herbst, ungemeine Kälte im Winter, scharfer Nebel, rauhe Luft und schädlicher Thau im Frühling rc. Ja es regieren auch unter den Bäumen ordentliche ansteckende Krankheiten: und wer wollte ihre Krankheiten mit ihren symptomatibus alle erzählen? Bei so vielen und fast täglich mehr zunehmenden Krankheiten wäre fast nöthig, man richtete den Gärtnern zu Liebe hohe Schulen auf, damit sie in der edlen und weitläuftigen Gartenwissenschaft wol unterrichtet werden, und alles aus einem vollkommenen Grund verstehen möchten. Denn was man öfters vor Erzignoranten, die nichts aus dem Grunde wissen, sondern nur eine verworrene Wissenschaft besitzen, antrift, das mus mancher Liebhaber mit seinem großen Schaden erfahren. Indem er glaubt, dieser Gärtner werde ihm seinen Garten vermehren, so erfähret er in der That, daß er ihm denselben meisterlich kan leeren. Allein wer sich einen rechtschaffenen und kunstverständigen Gärtner abzugeben, und auch davor fortzukommen getraut, der mus warlich auch was rechtschaffenes wissen und verstehen. Denn will er auf Französisch, Italienisch und Holländische Manier Gärten anlegen: so mus er auch allda gewesen seyn, indem es fast nicht möglich, alles zu beschreiben, was man in solchen kostbaren Gärten siehet. Wenn ich nur an Versailles gedenke, was ich allda gesehen: so mus ich mit einem Worte sagen, ich habe vermeinet, ich habe einen Vorgeschmack des himmlischen Paradieses gehabt. Alle meine Sinnen sind darob erstaunet: und ob ich gleich alles in Kupfern dabei gehabt habe, so war doch solches nur Schattenwerk gegen dasjenige, was sich in der Natur gezeiget hatte. Ist also höchst nothwendig, daß man die Gärtner in fremde Länder verschicken soll. So soll auch ein verständiger Gärtner die Wasserkünste ebenermassen wol verstehen. Ueber dieses mus er mit allerlei raren Laubwerk, Blumenstücken, Feldern, Zügen mit Blumen und dergleichen umzugehen wissen. Es mus ihm auch nicht verborgen seyn, allerlei schöne Portal, groß und kleine Lusthäuser, mit Welsch, Französisch und Holländischen Hauben, sale terenne, Lustgänge zu machen, und um dieselbe schöne Pyramiden, Obelisken, Säulen und Statuen hinein zu sezen, ingleichen Bogengänge, Geländer, Lauberhütten, Labyrinthen, Spalier und contra Spalier anzugeben. Ja er soll auch etwas in der Mahlerei und Baukunst verstehen, und sowol zu zeichnen und zu reissen, als allerlei Gartenmodelle, Glas- und Winterhäuser zu verfertigen und anzugeben wissen. Er soll sich ebenermassen befleissigen einen Naturkündiger vorzustellen, und von der Eigenschaft der Erden zu reden wissen, und derselben Unterschied wol erkennen. Er mus die Natur und das Temperament eines Gewächses verstehen, damit er weis, ob er diesem ein hitzig, trocknes, oder fettes Erdreich soll zuwerfen. Ferners soll er auch den Unterschied des Saamens beobachten, und denselben untersuchen, ob er gut ist oder nicht, wie er denselben recht soll einsetzen, auch zu rechter Zeit abnehmen, und wie er wol zu verwahren, dabei soll er Zeit und Monath wol beobachten ꝛc. Ueber dieses mus er aus einem rechten Grund verstehen, wie er einen Blumen Küchen Arzenei Baum und Obstgarten soll anlegen, was in diesem und jenem ordentlich einzusetzen ist, und nicht alles untereinander mengen, daß, was im Blumengarten stehen soll, er dasselbe in Kuchengarten, und umgekehrt, was er in Baumgarten setzen soll, er in Blumengarten pflanze ꝛc. Ja er soll vor allen Dingen gründliche Nachricht haben, wie man mit Pomeranzen, Zitronen und andern ausländischen Gewächsen umgehen soll, wie man ihnen pflegen und warten, und wie man sie in die Keller, Pommeranzenhäuser, oder Glashäuser, auch wie man im Winter mit solchen verfahren soll, daß man ihnen nicht zu viel Wärme noch Kälte läßt zukommen, denn beides ist schädlich ꝛc. Ueber dieses, so soll er in allerlei Gartenkünsten bewandert seyn: sonderlich aber soll er die Baumkunst wol verstehen, als da ist das Pfropfen in den Kern oder Spalt, in die Rinden ꝛc. das Aeugeln, Röhrlen, Absäugeln, Senken, Ansezen, und was dergleichen Wissenschaften, sowol in der Verbesserung als Vermehrung mögen vorkommen. Weis er nun solche Verrichtungen wol zu treiben, und ist glüklich darinnen: so mus er auch wissen, wie er solche gemachte Bäume warten soll, und wenn und wie er sie versetzen, endlich wie er sie dungen, begiessen und von allem Un-

gezie-

gezieser befreien soll. Ja es soll zwar einem jeden Gärtner die gesunde Vernunft geben, wie er die schwangern und mit so viel Kindern begabten Bäume warten, und sie nicht allein von grosser Gewalt, die ihm schädlich seyn kan, beschüzen könne; sondern er soll ihre schwere Bürde zu erleichtern, selbige zu unterstützen, und endlich, wenn die Mütter mit ihren Kindern alles genug ausgestanden, so soll er auch wissen, die Vorsichtigkeit zu haben, wie er sie ohne allen Schaden mag ablösen, und nicht wie leider! die Gewohnheit ist, die Mutter mit den Kindern so zu beutlen, zu rütteln und zu schütteln, daß sie es mus hergeben, sie will oder sie will nicht, wenig bedenkend, sie mögen dadurch zerdrückt, zerschlagen, und gar von einander borsten, und stückweiß vor den Füssen da liegen. Endlich möchte ein verständiger Gärtner noch wol einen Medicum wissen vorzustellen, wenn er mit guter Beurtheilung, sowol innerlich als äußerliche Krankheiten erkennen, und selbige auch chirurgisch zu behandeln vermag. Es sollen aber einige Krankheiten hiemit vorgestellet werden.

§. 3.

Es regieret aber der Mehlthau, Rubigo, zuweilen wie eine Seuche unter den Bäumen, der im Frühling, wenn sich die Erde eröffnet, und die verschlossene Dämpfe anfangen übersich zu steigen, die meisten beschädiget, und ist nichts anders als ein sehr scharfer und beissender Thau; welcher von den Erddünsten, die sie übersich hat zusammen gezogen, herrühret. Wenn nun solcher, der sich in die Höhe geschwungen, wiederum herunter fällt, und sich auf die jungen ausgeschlagene Blätlein legt: so greift er mit seiner Schärfe dieselbigen an, und hindert in den kleinen hin- und wiederführenden Gängen den Kreislauf des eingetretenen Nahrungssafts, worauf die Blätter anfangen zu verwelken, welches denn der Blüte sowol als der Frucht Schaden verursachet.

Eben dergleichen Zufall kan der allzu überflüssige Nebel oder Thau dem Baume zufügen: dieweil diese Krankheit mit dem vorigen fast gleich ist. Nur ist darinnen ein Unterscheid, daß er keine so große Schärfe bei und mit sich führet; sondern er bestehet vielmehr in vieler Feuchtigkeit. Wenn aber ein solcher Ueberflus auf den Blättern zu lange liegen verbleibet: so werden die zarten Fasern allzuviel erweitert. Kommt nun eine starke Sonnenhitze darauf, so ziehet sie solche allzusehr zusammen, wodurch der Nahrungssaft nicht mehr hinein gehen kan, und zu großem Nachtheil des Baumes verwelken die Blätter und verdorren.

Drittens findet sich eine Krankheit bei den Bäumen ein, welche der Sonnenbrand, oder Brand, uredo, genennet wird. Dieser ist aber zweierlei. Erstlich wird er so genommen, wenn ein subtiler Regen oder Thau anfällt, und die Sonnenstrahlen darzwischen scheinen, und legt sich auf die Blätter. Dadurch werden die Löcher und Fasern schlapp und erweitert; die Sonnenhitze aber ziehet selbige alsobalden zusammen. Damit werden die Blätter verbrennt, beginnen braun und schwarz zu wer-

werden, und fallen ab. Vor das andere, so findet sich ein solcher uredo oder Brand in den innerlichen Theilen des Baumes, in dem Mark, so aber seine Ursache nicht von den äußerlichen, wie die Blätter, empfangen. Es meynen aber einige, diese Krankheit komme von dem Versetzen, wenn man nemlich einem Baum seinen Stand nicht wieder giebt; sondern wenn der Bäume Ostseite nach Westen gewendet wird, so kommt die Nordseite gegen Suden. Weil nun sodenn die Nordseite der Mittagssonne nicht gewohnet, so wird dadurch der Brand verursachet. Allein dieses will mir nicht ein. Denn was die sogenannte Beobachtung der Gegenden betrift, dünket mich, wäre eine vergebene Sache. Ist der Baum gesund, so ist ein gleicher Kreislauf und Nahrung da, und wird eine Seite sowol als die andere ernähret, und bekommt gleiche Stärke und Dicke. Und wenn auch die Sonnenhitze den Baum ergreifet, so sollte mich wunder nehmen, daß nicht eher die Rinde, als das Mark brandig wird. Ich habe auch zu unterschiedlichen malen die Bäume deswegen sehr genau untersucht und ihre Rinden betrachtet; habe aber keinen Unterscheid an der Nord gegen der Westseite finden können, sondern die Ostseite war wie die Sudseite gewesen (*). Und möchte ich wol dabei seyn, wie sich diese in denen dicken Wäldern verlaufen würden, die sich versichern, daß sie an den großen Bäumen im Walde nur blos an der Rinde den Mittag von der Mitternachtseite erkennen wollen: allein ein guter Wegweiser ist mir lieber, als ein so ungewisses Kennzeichen. Die wahre Ursache aber, warum der Brand in Versetzung eines Baumes das Mark brandig macht, mag wol diese seyn, weil der gemeinen Gärtner Gewohnheit ist, daß, wenn sie einen Baum versetzen, sie auch gemeiniglich die Wurzel beschneiden, und wissen nicht, was sie dem Baume vor einen Schaden in seinem Wachsthum verursachen. Denn die die kleinsten Würzelein ziehen den meisten Saft aus der Erden an sich, die schneiden sie weg. Auch beschneiden sie die grossen Wurzeln, und sind in der Meinung, daß durch diesen Schnitt der Saft in die Bäume gezogen werde, so doch ganz falsch ist, (es wird aber an einer andern Stelle die wahre Erklärung folgen) und verwahren also den Schnitt nicht mit etwas Baumwachs oder dergleichen. Weil nun die Wurzel samt dem Mark offen und frei ist, so tritt die Feuchtigkeit hinein, und verletzet das Mark: worauf sie anfängt brandig zu werden, und folglich gehets durch den ganzen Baum aus. Solcher Brand kan zwar auch wol entstehen, wenn der Baum von selbsten alt wird,

(*) Der Herr Verfasser läugnet hier eine Erscheinung, an deren Richtigkeit doch gar nicht zu zweifeln ist, da sie Vernunft und Erfahrung bestättiget. Denn es ist ja ganz natürlich, daß auf der Seite, wo ein Baum das ganze Jahr hindurch der Sonne genüsset, die Kreise seiner Holzfasern oder die sogenannten Jahre erweitert werden und mithin die äußern mit den innern Kreisen und dem Mark nicht auf einen Mittelpunkt zusammenfallen können. Ich muthmasse dahero, es habe der Herr Verfasser etwa Aeste von Bäumen, die gegen die Abend oder Morgenseite an Wänden gestanden, untersuchet, an welchen aus ganz begreiflichen Ursachen der Unterscheid der Ausdehnung der Holzkreise nicht so merklich ist, als bei vollkommen frei stehenden Bäumen. Mitten in einem gar dichten Wald möchte sich vielleicht freilich auf dieses Merkmal als einen Wegweiser nicht sonderlich zu verlassen seyn, weil die äußern Bäume auf einer Seite die rauhen Nordwinde, auf der andern hingegen die Sonne von den Stämmen der innern abhalten.

wird, und seine Wurzeln anfangen abzustehen und zu faulen; und auf solche Weise wird ebenermassen das Mark verlezet, und entstehet ein solcher beschwerlicher Zufall daraus. Dieser Brand verschonet auch die Rinden nicht, sondern greift aus mancherlei Ursachen dieselbe auch an. Wie man ihn aber heilen, und man solchem vorkommen solle, solches ist in gelehrten Gartenbüchern schon genugsam beschrieben worden.

Viertens, so wird auch ein Baum sehr beschweret von dem Reif, carbunculatione. Denn wenn solcher mit großem Ueberfluß auf die Blätter und Blüte fällt, und darauf eine starke Kälte folget, so wird die Feuchtigkeit verdicket, und sehen aus, als wenn sie mit Eis oder Zucker überzogen wären. Allein dadurch werden die Schweislöcher allzusehr zusammengezogen, wodurch die Lebenssäfte ersticket werden. Wenn nun darauf eine schnelle Sonnenhitze erfolgt, so werden sie ganz gelbe, und bekommen feurige, runde Flecken, die auswachsen, und daraus öfters Knoten werden, die wie die Warzen aussehen, und indem sie zu faulen anfangen, so findet man kleine Würmer darinnen (*).

Fünftens, so ist auch eine Krankheit an den Bäumen zu finden, welche der Borkwurm, der Wurm, oder die vermiculatio genennet wird. Dadurch werden zwar nicht diese Thiere, die ebenermassen zwar ungemeinen Schaden denen Bäumen zufügen können, verstanden, als da sind die Käfer, Schnecken, Regenwürmer, Ameisen, Ohrwürmer, Erdflöhe, und was dergleichen Ungezieferer mehr ist: sondern es werden diejenige Würmer gemeynet, die aus der faulen Substanz der Blätter, Rinden, Mark, Wurzel, Frucht und Blüte hervorkommen, welche alle zwar den Bäumen einen großen Schaden verursachen.

Sechstens, so sind auch mit nachfolgender Beschwerlichkeit öfters die Bäume behaftet, daß sie ihre Blätter nicht behalten, sondern sie zu ungewöhnlicher Zeit abfallen lassen. Und solches wird defluvium, oder das Laubabfallen genennet, und ist öfters die Ursache, wenn sie allzu frühzeitig ausschlagen, und bald darauf ein starker Frost oder Hitze komt, oder wenn sich der Saft auf einmal verschüsset, und alsdenn nicht mehr Nahrungssaft anzutreffen ist. Mithin müssen sie wol vor der Zeit abfallen, und was der Ursachen mehr sind.

Siebendens, so werden die Bäume auch zuweilen von dem marasmo oder Schwindsucht überfallen, und solche rühret von dem Mangel der Nahrung und der Lebenssäfte. Ist nun solcher nicht reichlich da, so müssen wol die Theile zusammen schrumpfen, und gleichsam schwinden, als auch von den Verstopfungen der Adern, der Wurzel, oder von der üblen Bereitung und Absonderung der Feuchtigkeiten rc. Und dieser Zufall ist den Bäumen höchst schädlich, und bringt sie meistentheils zum Tode.

Achtens, so wird auch über diese Krankheit der Bäume sehr geklaget, nemlich wenn sie unfruchtbar sind. Und ist öfters mit höchster Verdrüß-

(*) Diese gelbe Knoten rühren nicht vom Reif, sondern von den darin befindlichen Würmern her, deren Mutter die Blätter angestochen und mit ihren Eyern beleget.

drüßlichkeit anzusehen, daß, wenn ein Baum sich sonst frisch, gesund und wol gewachsen in allen Stücken bezeuget, wenn es zum blühen kommt, er entweder gar keine hat, oder sie fallen lässet und nicht einziehet. Oder wenn auch dieses geschicht, so wirft er seine Frucht ab, und kommt zu keiner Zeitigung. Was nun die Ursache einer solchen Unfruchtbarkeit seyn mag, darum sind viele nicht wenig bekümmert gewesen. Etliche haben dem untüchtigen Pfropfen die Schuld gegeben, oder wenn auch an dem Pfropfen die Schuld nicht gewesen, und sie recht verrichtet worden, so wäre das allzufrühe Beschneiden, damit man nur schnell lange und hohe Bäume überkommen möchte, Ursache; und durch solches Schneiden trieben sie nur zur Blüte, aber zu keiner Frucht. Welchen Grund Herr Elßholz in seinem Gartenbau giebt, der nicht zu verwerfen ist. Allein mich dünket, es wäre sehr viel, wo nicht das meiste, an dem Grunde und Boden des Landes gelegen, als welcher öfters sehr sandig ist. Oder ob er schon oben auf gute Erde hat, so ist doch der Grund mit vielem Mauerwerk behaftet, so daß, wenn die Wurzeln alsdenn tiefer hinunter gehen, sie keinen Nahrungssaft mehr finden: und in Ermanglung dessen erlangen sie keine Blüte, oder wenn sie auch solche empfangen, so kan wegen des Mangels der Nahrung keine Frucht daraus werden, ziehet demnach nicht ein, oder läßt selbige vor der Zeit fallen. Ja es mag auch öfters an der Lage gelegen seyn, daß ein solcher unfruchtbarer Baum allzuviel Schatten hat, und selbigen die Sonne nicht genugsam erwärmen kan: oder er stehet an einem sumpfigten und wässerigten Orte. Und mus man endlich alles genau überlegen, bis man die wahre Ursache erforschen kan: alsdenn kan ihm bald geholfen werden.

Neuntens, so werden auch die Bäume von der Gelbsucht, flavescentia oder ictero albo, Bleichsucht, angefallen: und ist dieses ein solcher Zufall, da zwar der Baum an seinen Stämmen gut aussiehet, wenn er aber ausschlägt, so werden die Blätter ganz weislicht grünen, und wenn sie ein wenig stärker heraus kommen, so werden sie ganz gelb, und giebt ein verdrüßlich und heßliches Ansehen, wie die Jungfern, die mit der Bleichsucht beschweret sind, vor denen, wenn man sie ansiehet, man wol davon laufen möchte, vermeinend, es wären Gespenster, oder aus dem Grabe auferstandene Leiber. Dieser Zufall kan auch wol von äusserlichen Ursachen herstammen, durch den Mehlthau, wie solches schon gemeldet worden: allein er rühret meistens von dem innerlichen her, und ist der Sitz dieser Beschwerlichkeit vor allen Dingen in der Wurzel zu suchen, indem selbige entweder auf einem kalkigten Grunde, oder steinigten, sehr gesalzenen und sauern Boden stehet. Es können zwar auch die scharfen Lebenssäfte, die in dem innern der Bäume nicht recht zubereitet und verkocht werden, sehr viel darzu beitragen: und auf dessen Erkänntniß kan denen Bäumen noch in der Zeit geholfen werden, sonst stehen sie ab und verderben (*).

(*) Hieran ist wol auch öfters der Mangel der frischen Luft und der Sonne Schuld, wie man bei den in den Zimmern oder Gewächshäusern gezogenen oder den Winter hindurch aufbehaltenen Gewächsen wahrnehmen kan, besonders, wenn sie zu warm und zu feucht gehalten worden und sodann nicht nach und nach, sondern auf einmal an die Luft kommen.

Zehendens, so ist auch die Krätzen, Rauden, Schuppen, scabies, Schurf rc. gar vielfältig an den Bäumen anzutreffen: und ist eine solche Beschwerlichkeit, so der Rinden des Baumes am meisten begegnet. Und mag die Ursache wol seyn, wenn sich die Schweislöcher der Haut zu viel eröfnen, und aus selbigen durch die unmerkliche Ausdünstung zu viel Feuchtigkeit heraus gehet, welche durch Hülfe der Luft gerinnet und hart wird. Alsdenn zerspringet sie, und giebt ein Ansehen, als wenn sie räudig und schäbig wäre, bringt auch dem Baume viel Schaden, theils vor sich selbst, indem wegen so dicker Substanz die Bäume ihre ordentliche Ausdämpfung im Sommer nicht haben, theils aber zufälligerweise, dieweilen in solchen Brüchen und schuppichten Hölen das Ungeziefer sich verstecket und verkriechet, das im Winter allda wohnet, und zugleich die Rinden und die Substanz des Baumes selbst abnaget, und ungemeinen Schaden verursachet. Wie man aber demselben helfen solle, ist bekannt.

Eilftens, ist auch der muscus oder das Moos den Bäumen sehr schädlich, und ist solches schon ein Kennzeichen einer Krankheit. Denn an einem recht gesunden und jungen Baume wird sich selten ein Moos zeigen. Entweder ein solcher ist schon mit faulen Nahrungssäften behaftet, oder er wird bald anfangen abzustehen. Denn wie oben erwehnet worden ist, so hat das Moos seine Wurzel, und mus nothwendig einen halbfaulen Nahrungssaft zu seiner Nahrung haben. Weil nun dergleichen in ihm befindlich, so ist auf den Baum schon gute Acht zu haben, wenn er mittlerzeit nicht Schaden leiden und zu Grunde gehen soll.

Zwölftens, was die unmäßige Sonnenhitze, ingleichen die allzugroße und sehr durchdringende Kälte betrift, (denn alle Kälte ist den Bäumen nicht schädlich, die allzuscharfe bringt Schaden, welches öfters die Gartenliebhaber mit betrübten Augen ansehen,) ingleichen was Sturmwinde, Hagel, Platzregen und dergleichen, vor Unheil anrichten können, ist leider! genugsam bekannt. Aber wer will in solchem Fall wider den Himmel murren? Man mus es nur mit Gedult vertragen.

Endlich, ist auch von der Vulneration noch etwas weniges zu gedenken. Große und gewaltige Verlezungen und Wunden sind tödlich und unheilbar, sonderlich, wenn sie bis in das Mark hinein dringen, und mit starken Werkzeugen, als Hacken und Hauen, Degen und Säbeln verrichtet werden. Daß aber alle Verlezung und Verwundung dem Baume das Leben nimmt, ist nicht, denn das sehen wir an dem pfropfen, oculiren, ablactiren und dergleichen. Ja man kan ganze Aeste in viel Stücke, wie auch die Wurzel, entzweischneiden; wenn sie nur wol mit Pflaster und Salben, oder mit der Mumie versehen werden, so bringts keinen Schaden. Daß aber durch zerschneiden die Aeste zu Wurzeln, und die Wurzeln zu Bäumen, wie in dem dritten Abschnitt mit mehrern wird erwiesen werden, können gemacht werden, solches ist höchst wunderswürdig. Was aber die Brüche, Zerquetschung, Knoten und Geschwulsten der Bäume belanget, so können dieselben mit guten Pflastern, Salben und Verband geheilet werden, davon zwar alle Bücher voll sind.

Schlüßlichen ist noch die Frage über, warum denn ein Wildling, je öfters er verwundet und abgeschnitten, und wiederum neu darauf gepfropfet wird, desto besser Frucht bringet? Dessen Ursache mag wol erstlich diese seyn, weil der Belzer, so darauf geimpfet, schon von besserer Art mag gewesen seyn, als der Wildling. Weil nun abermal auf denselben, und zwar noch ein anderer von etwa noch besserer Art mag gepfropfet worden seyn, so kommt solcher Saft, ob er schon nicht unmittelbar in den aufgesetzten Belzer eindringen kan, vermöge des fremden Saftes in einer neuen Materie zusammen], und macht einen Knoten, welches ein rechtes secretorium ist, da sich der subtile Saft absondern kan. Weil er nun dadurch sehr subtil und geistig wird, so mus nothwendig folgen, daß auch wegen so reinen Saftes die Früchte milder und edler werden müssen.

§. 4.

Dieweil nun weitläuftig im vorhergehenden von denen Krankheiten gehandelt worden ist: so wäre auch billig, daß ich auch eine ordentliche Heilungsart sollte beifügen, damit man wüßte, wie man nach der Kunst dieselben heilen sollte. Nächst diesem sollte ich auch etwas von ihrer Wartung, dieweil einige einen feuchten, tiefen, hohen, fetten, magern, schattigten, lichten Ort und Boden lieben, damit sie desto besser fortkommen möchten, melden. So soll auch der Grund angegeben werden, wie man einem Baume, wenn er an einem Orte gebohren und der Erden gewohnt ist, wenn er versezt wird, begegnen soll, wenn er nicht wachsen will; ingleichen wie man dieses und jenes vor der großen Kälte, Wärme, Nässe und Trockene verwahren solle; nicht weniger wie man eines oder das andere versetzen, und aus dieser Gegend in eine andere bringen solle, und was dergleichen mehr ist rc. Allein weil dieses verständige Gärtner, die Profession davon machen, gar wol verstehen, auch die Menge der Schriftsteller, die von so allgemeinem Wesen geschrieben haben, allenthalben anzutreffen, so habe ich hievon wollen stillschweigen, und den Liebhaber an dieselbe verwiesen haben.

§. 5.

Schlüßlich, weil nun unwidersprechlich ist, daß dasjenige, was lebend ist, auch sterben mus, und ich genugsam bewiesen, daß auch die Bäume Leib und Seele haben; weil dieselben nicht ewig in ihrer gemachten Hütten verbleiben können, sondern es endlich auch geschieden seyn mus; auch solche Trennung vermittelst der Krankheit verrichtet wird, wie davon Meldung geschehen, daß darauf der Tod, als nach dem Ausspruche des Heiden horribilium horribilissimum, das schrecklichste aller schrecklichen Dinge, erfolget; und weil die Seele des Baumes, wenn sie abgeschieden, entweder über oder untersich abgefahren, den Körper verlässet, welcher ohne Leben, wie er fällt, liegen bleibt; derohalben will es auch meine Schuldigkeit erfordern, daß ich ihm die lezte Ehre erwei-

erweisen, und eine gewisse Art und Weise vorschreiben soll, wie man diesen hölzernen Körper recht begraben möchte. Ich will aber eine solche Begräbnis mit ihm vornehmen, wie ehedessen bei den Griechen, Römern, denen alten Franzosen und Teutschen, wie auch heut zu Tage noch bei den Japonesern, Peruvianern, Mexikanern, Calecutern, Tartern, Siamern und andern, welche unter des großen Mogols Königreich gehören, gebräuchlich, wie solches aus unterschiedlichen Autoren, als aus Petro Bertio, Christoph a Costa, Casp. Barláo, und andern mehr zu ersehen. Denn bei selbigen war diese Gewohnheit, daß, wenn ihre Könige und Fürsten gestorben, sie selbige mit kostbarem Holz, wolriechenden Rauchwerk zur Dankbarkeit auf einen Scheiterhaufen verbrennet, und ein Ende ihrer großen Pracht und Königlichen Herrlichkeit gemacht haben. Also wird es wol am besten seyn, wenn man auch dergleichen Begräbnis mit toden und abgehauenen Bäumen vornehmen wird, daß man sie ordentlich zusammen haue, aufeinander schlichte, und eine gute Wärme zu erlangen, solche verbrenne. Und gleichwie die Siamer, wenn sie ihre Toden verbrennet und gänzlich zu Aschen gemacht, solche gar klein gepulvert, durch ein Sieb gethan, und in den Wind geblasen und zerstreuet: also wird auch gut seyn, wenn wir den Bäumen zu Ehren, wenn sie gänzlich verbrennet sind, die Aschen zwar nicht in die Luft, sondern auf die unfruchtbaren Aecker streuen, damit sie durch ihre innerliche bei sich habende Salzigkeit dem Lande eine grosse Kraft und Nutzen geben mögen. Wollten aber unsere Weiber selbige fleissig durchsieben, und eine gute Lauge davon machen, und zu ihrem Nutzen und täglichen Gebrauch verwenden, so kan solches, welches ihm gleichfalls zu Ehren dienet, gar wol gebilliget werden. Weil nun auf den Tod eine Auferstehung erfolgen soll: so will ich sehen, ob denn auch solches an den Bäumen zu hoffen ist, und davon wird das lezte Kapitel handeln.

Sechstes Kapitel.

Von der Auferweckung des toden Baumes sowol in in als ausser dem Ey, und endlich von dem ewigen Leben aller Bäume.

§. 1.

Nachdem nun der Baum mit allen seinen Theilen in die Asche gebracht worden, so ist noch diese neugierige Frage übrig: Ob man auch solchen wiederum aus der Asche erwecken kan, und ob die vegetabische Seele eine Hoffnung haben mag, daß sie zu denen verklärten Bäumen, die in dem Paradeis befindlich, gelangen könne? Zwar von rechtswegen könnte diese Frage vor etwas heterodoxes genommen werden, und will ichs mich auch nicht verdrüssen lassen, noch mir zu Gemüthe ziehen, wenn ich deßwegen von einigen Herren Geistlichen mit schelen Augen angesehen werde. Allein ich will aufrichtig bekennen, wer

wer mich denn auf diese Gedanken gebracht hat. Solches war ein Geistlicher selbsten, nemlich der Wohlehrwürdige Herr Johann Christian Nehringer, Pfarrer zu Morl, welcher das Tractätlein von der künstlichen Auferweckung derer Pflanzen, Menschen und Thiere aus ihrer Asche herausgegeben, dadurch ich Anlaß zu solcher Materie bekommen habe. Ob nun dieser Herr Geistliche solcher Kunst einen Beifall giebt oder nicht, kan ich nicht wissen. Daß er sich aber in dieser Materie sehr mus belustiget haben, ist leicht zu ermessen: denn sonst würde er nicht so viel Zeit, Fleis und Mühe in Uebersezung darauf gewendet, und sie als etwas vergnügtes der gelehrten Welt aufs neue mitgetheilet haben. Hat nun ein Herr Geistlicher mit solchen Gedanken seine Zeit vertreiben können, so stehets mir als einem Physico noch weit besser zu, daß ich diese Sache ein wenig genauer untersuche. Will auch hiemit meine Meinung nach meiner Hypothese (salvo tamen aliorum judicio) entdecken. Denn aus diesem Handel ist kein Glaubensartikel zu machen.

§. 2.

Es ist vor allen Dingen dißfalls eine Hauptfrage aufzuwerfen: Ob denn eine solche Kunst und Wissenschaft in der Natur zu finden, daß man alle Bäume, Stauden und Blumengewächse wiederum aus ihrer Aschen erwecken kan, und daß sie sich auf eine Zeitlang müssen sehen lassen, alsdenn wiederum verschwinden? Wer nicht will ja sprechen, der sehe zu, ob er nicht alsobald ein ganzes Regiment derer, so solches behaupten, über den Hals bekommen wird. Man mus ja mit Verwunderung die Menge derer Schriften, die in dieser Palingenesia Francica anzutreffen sind, pag. 25. 26. 27. die alle vor die Wahrheit streiten, ansehen. Allein ich lasse mirs auch gefallen, daß ich einige darinnen antreffe, die diese Kunst billig belachen und verwerfen: und ich will auch auf solche Seite treten, nicht zweiflend, daß ich eine weit grössere Anzahl werde zusammen bekommen, als derer seyn, die dieses Kunststück vor wahrhaftig und gewis erkennen. Allein ich sollte mich ein wenig besser beobachten, und nicht so frei in den Tag und in die Welt hinein schreiben: es sind ja glaubwürdige Zeugen und genugsame Versuche da. Man sehe nur die seltene Geschichte an, welche Quercetan mit allen klaren Umständen in hermet. discipl. defens. contra anonymum tract. I. cap. 23. so auch in diesem obangezogenen Tractätlein mit vielen andern pag. 26. zu finden. Die angeführten Worte lauten also:

Es hat vor 26. Jahren ein Medicus zu Crakau in Polen die Kunst gewußt, Aschen aus allen Theilen in einer jeden Pflanzen zuzubereiten, und aus denenselben die Pflanzen zu erwecken. Ja er wußte so gar zierlich und philosophisch die Asche aus allen Theilen einer jeden Pflanze, und zwar mit allen Farben und Strichen aller Theile einer Pflanze zuzubereiten, und ihre Geister so gar künstlich zu erhalten, die da die Ursache sind aller solchen Kräften, daß er mehr als dreißig solcher Pflanzen, die aus der Aschen künstlich bereitet waren, und zwar unterschieden in ihren gläsernen Gefäsgen, darinnen sie enthalten waren, hatte, verschlosschlossen mit dem hermetischen Siegel, welche den Namen der Pflanze und deren Eigenschaft darauf beschrieben hatten; also, daß, wenn jemand bate, man möchte ihm eine Rose und Ringelblume deutlich weisen, oder sonsten etwas anders, als zum Exempel, rothen, weissen, oder gesprengten Mohn, er sodann die Asche desselben ergriffe, davon er eine Probe thun wollte, daß, wenn man nemlich begehrte, daß er eine Rose zeigen möchte, er ein Gefäslein, mit der Ueberschrift der Rosen bezeichnet, herlangte, aus welches Gefäses Grunde, wenn man ein Lampenfeuer darzu sezte, dieselbe sehr zarte unbegreifliche Asche, da sie ein wenig warm wurde, aus ihr die Gestalt einer offenen Rose hervor brachte, die man mit offenen Augen anschauen konnte, daß sie allgemach wuchse, stärker wurde, und gänzlich die Gestalt, Schatten und Figur des Stengels, der Blätter, und endlich einer blühenden Rose ausdrükte, zulezt auch eine ganz aufs beste ausgebreitete Rose hervorbrachte, daß nichts gewissers, noch zierlichers, als daß aus der als einen Schatten sich zeigenden Rose eine ganz offenbare Rose deutlich erkannt und gesehen werden konnte, die da an allen ihren Theilen allenthalben vollkommen war; daß man schwören sollte, es sey eine rechte, die da nur in einer geistlichen Gestalt, doch wahrhaftig mit einem geistlichen Wesen begabet sey, und sich beschauen liesse; der nicht mehr nöthig wäre, als daß sie in eine dienliche Erde gesezt werde, damit sie einen beständigen Körper annehme. Diese Figur aber, die sich als einen Schatten zeigte, fiel wieder zurück in ihre Asche, da das Gefäß von dem Feuer genommen wurde, verschwand nach und nach, und begab sich wieder in ihr Chaos.

Nun diese Historie will ich ein wenig zergliedern. Es ist aber vor allen Dingen nothwendig zu wissen, daß die Palingenesia oder Auferweckung der Bäume, Stauden und Blumengewächse eine wunderbare Kunst und Wissenschaft ist, aus der Asche eines Baumes, Blumen und dergleichen den Baum oder Blume in einem verschlossenen hermetischen Gefäse, durch künstliche Geschiklichkeit, vermittelst des Lampenfeuers wieder hervorzubringen; so daß aus derselben ein geistlicher Baum, mit allen seinen Farben, Aesten und Zweigen hervor wächset und sich vor Augen stellet, der aber, wenn die Wärme vergehet, auch wieder verschwindet, und nach und nach in sein Chaos gehet. O eine Wunderkunst! Wo ist aber wol jemand gefunden worden, welcher dergleichen zuwegegebracht hat? Quercetan sagt, zu Crakau in Polen ist einer gewesen; wer war aber solcher? ein Medicus. Autorität genug! Wie hat ers denn gemacht? Der Text sagt, er habe gewußt auf philosophische Art und Weise die Asche so gar zierlich aus allen Theilen einer jeden Pflanzen, und zwar mit allen Farben und Strichen aller Theile zuzubereiten rc.

Nun dieser Medicus mus auch dabey ein grosser Alchymist gewesen seyn. Denn er hat seine Sache nicht allgemein verbrennet, als wie die Mägde das Holz auf dem Heerde verbrennen. Wäre er auf allgemeine Weise, wie man sonst pflegt die Kräuter zu calciniren, zu Werk gegangen, massen calciniren eine allgemeine Arbeit ist, und bringt das Feuer die Körper bald in die Asche: so hätte er ja nicht so viel zierliche Complimenten vonnöthen gehabt. Allein weg! weg! mit dieser allgemeinen Arbeit. Philosophisch mus die Sache tractiret werden. Wie ist es aber möglich, oder wer hat es jemals gehört, daß, wenn eine Sache verbrennet worden, die Farben und die Striche einer Sache ganz und und in ihrem vorigen Wesen doch verblieben sind? Allein unter dieser Sache stecket ein Geheimnis. Gewis ich will es errathen: Er wirds per calcinationem philosophicam, das ist, durch ein gewisses menstruum aufgelößt haben. Denn diese Art löset die Körper ohne Feuer auf, und theilet die ganze Substanz in die kleinsten Theilgen. Da war die Farbe der Rosen schon in den liquorem hinein gegangen, das ist ja etwas groſses. Wie aber alle Theile ihren Strich, nachdem sie in die kleinsten Theilgen sind gebracht worden, gleichwol erhalten haben können, das ist zu klug vor mich, und kan ichs nicht begreifen. Jedoch mache ich mir über diese Sache nachfolgende Gedanken, daß, so bald die Auflösung in diesem menstruo verrichtet, so wird alsdenn selbiges abgezogen worden seyn, mithin wird am Boden die materia chaotica als eine Asche sich niedergesezt haben, aus welcher eine geistliche Rose (bonis avibus), wird heraus gekommen seyn.

Nachdem nun diese Materie durch seine groſse Philosophie und mit groſsem Schweiß und Arbeit vollendet war, so wußte dieser kluge Alchymist gar wol, daß keine Materie ohne Geist bestehen könnte, und derowegen hat er durch seine unbegreifliche Kunst die Geister so gar künstlich zu fangen und zu erhalten gewußt, daß sie alsdenn auf seinen Befehl die zerstreuete, aufgelößte, und wiederum verdickte Materie haben zusammen bringen, und in dieselbe sich verschlüssen können. Die Worte aus dem Text sind nachfolgende: Er wußte die Geister so künstlich zu erhalten, die da die Ursache sind aller solchen Kräften. O ein grosses Unglück, daß dieser Adept seine Kunst, wie man die abgeschiedenen Geister und Seelen der Bäume und Blumen, in den reinen und subtilen Gläslein, als wie etwan die Spiritus familiares einfangen, und mit hermetischen Insiegel verschlüssen kan, nicht offenbaret hat: so könnte ich und ein anderer neugieriger Mann mit solchen Geisterlein noch manchmal einen vegetabilischen Zeitvertreib anstellen. Allein ich will mit nachsinnlicher Betrachtung seine Arbeit etwas genauer ansehen. Die Historie spricht also: Wenn jemand sich gefunden, der ihn gebeten, er möchte doch die wunderwürdige Gütigkeit haben, und aus der Aschen einer Rose oder Ringelblumen, die Blume deutlich weisen, so ergrif er nur zu groſsem Gefallen die unbegreifliche Asche derselben Pflanzen, und mit aller Vorsichtigkeit spielte er sie in sein Gefäslein, und mit dem grossen hermetischen Siegel verschlosse er solche. Alsdenn wurde ein Lampenfeuer darunter gemacht. Die Worte klingen also: Wenn jemand bate, man möchte ihm eine Rose und Ringelblume also deutlich weisen ꝛc. Wollte er nun eine Probe thun, so nahm er ein Lampenfeuer. Wurde nun diese unbegreifliche Asche darunter gesezt, und wurde selbige ein wenig warm, so brach die Gestalt einer offenen Rose hervor, die man mit offenen Augen anschauen konnte, daß sie allgemach wachsend stärker wurde rc. Ueber diese Worte will ich auch ein klein wenig philosophiren, insonderheit über die unbegreifliche Asche. Denn was körperlich ist, wie eine Asche, das ist ja (wie jedermann weis) noch auf eine gewisse feine Art zu begreifen. Allein dieser Ausdruck mus abermal wie das philosophische Hirschhorn in der Apotheke verstanden, das ist, es mus so zart gepulvert werden, daß mans unter den Fingern, so zu reden, kaum fühlen kan. Alsdenn wird unter diese gepulverte Materie das gemeine chaotische Lampenfeuer gebracht. Wo bleibt aber das philosophische Feuer? Davon ist nichts vor diesesmal zu gedenken, allein am Ende, weil er nichts bessers wußte, war das allgemeine Lampenfeuer schon gut genug dazu. Was hat aber dieses vor Wunderwerke angerichtet? Man lasse es mit Verwunderung anhören. So bald die Asche warm wurde, so brach die Gestalt einer Rosen hervor, die man mit offenen Augen wachsend sehen konnte. O verklärte Augen! Ich bin immer in der Meinung gewesen, kein leibliches Auge, ja die Luchsaugen selbst, sind nicht vermögend, etwas wachsen zu sehen, weil aber solches die Geschichte bejahet, so darf man sich versichern, daß man auch ins künftige die Flöhe wird husten hören.

Wie war aber der Wachsthum beschaffen? Nicht körperlich, sondern geistlich. Denn die Materie, als welche der Rosen Substanz war, wurde nicht zu einer Rosen, sondern aus derselben entstunde nur ein Geist und schattichtes Wesen.

Dieses lauft schnurstraks wider die Ordnung und Beschaffenheit einer wahren Auferstehung. Denn wenn man eine Sache will nachäffen, so mus es doch gleichwol in etwas ein Geschicke haben: massen ja nicht allein der Geist oder die Seele, sondern mit derselben der Körper, worinnen sie wiederum wohnen und würken kan, hervorkommen mus. Bei dieser barmherzigen Auferweckung aber bleibt der Körper liegen, und die vegetabilische Seele zeiget sich nur allein, und zwar ein Schatten, und sind dieses die eigentliche Worte: Diese Figur aber, die sich als ein Schatten darstellte, da man doch schwören sollte, es sey eine rechte, die da doch nur in einer geistlichen Gestalt, doch wahrhaftig mit einem geistlichen Wesen begabt war und sich beschauen liest, gieng wiederum zurücke in seine Asche, da das Gefäß von dem Feuer genommen wurde, verschwand nach und nach, und gieng in sein Chaos ein rc.

Wolan, ich weis wol, was dieser grosse Philosoph mit seinem geistlichen Wesen gerne sagen wollte. Denn er will haben, die forma vegetabilium oder die Gestalt der Bäume, der Stauden und Blumen rc. solle ein unkörperliches Wesen seyn, und mag er aus Sperlings Inst. phys. præc. IV. vielleicht etwas erblikt haben, wie inter materiale ratione essentiæ & ratione existentiæ unterschieden werden soll. Allein dieses ist schon längst widerlegt worden, obschon dieses nicht zu läugnen, wie auch aus meinem Buch selbst zu ersehen, daß man gar wol ein principium intrinsecum,

cum, oder formam, oder eine Gestalt, und was der Namen mehr sind rc. sonderlich in denjenigen Dingen, die ernähret und fortgepflanzet werden, behaupten kan. Und wenn man nur ein wenig der Sache nachdenket, so findet man, daß die formæ zweierlei sind. Eine ist unkörperlich, und ein immerwährendes und unsterbliches Wesen, und hat nichts körperliches an sich, und ist dem englischen Wesen gleich, als die vernünftige Seele des Menschen: alsdenn ist eine forma, die ist materialisch, die zwar etwas körperliches dem Wesen nach ist, jedoch ist sie keine gemeine Materie, sondern sie ist elementarisch, und ein zartes, lichtig und bewegliches Wesen, so die Geseze in der Schöpfung, wie es sich bewegen soll, empfangen, auch wenn es in einem organischen Körper befindlich, seine eingeprägte Eigenschaften ausüben mus; allein wenn der Körper zerstreuet, und in seinem ordentlichen Bau nicht mehr befindlich ist, so kan sie auch darinnen nicht mehr würken, noch vielweniger als eine Form ohne Körper sich bewegen noch sehen lassen. Möchte also wol wissen, wie dieser Adept seinen Rosengeist mit seinem gemeinen Feuer hat zwingen können, daß er sich aber ohne Leib nur blos als ein geistliches Wesen, und wie ein Schatten mit allen Farben hat können hervorbringen, und daß er sich hat in seinem geistlichen Kleid können anschauen lassen. Wenn er aber mit genugsamer Verwunderung betrachtet worden ist, so ist er wiederum in sein Chaos hinein geschlossen, wie der Bär, wenn es regnen will, in sein Loch, wie man zu reden pflegt. Wie aber der Schatten sich mit den schönsten Farben zeigen kan, davon mus ich mir nur diesen Begriff machen, daß es eine solche Beschaffenheit mit demselbigen gehabt haben müsse, als wie mit der Zauberlaterne. Denn vermittelst solcher kan man die Rosen, Bäume und Stauden mit den schönsten Farben an der Wand vorstellen, und ist doch nichts anders, als ein Schatten, und wenn man das Gemählde bald wiederum zurücke ziehet, so verschwindet der Schatten, und mithin die Rosen. So ist dieses bekannt, daß man mit derselben eine Figur bald groß, bald klein machen kan, so daß man vermeinen sollte, die Rosen und Bäume wüchsen augenscheinlich. Und möchte ich wol auf die Gedanken kommen, daß dieser Philosoph dergleichen Wurflatern gehabt haben möchte, auch seinen Zusehern dabei etwas feines, wie man sich sichtbar und unsichtbar machen könne, vorgetragen habe. Zu welcher Möglichkeit Mizaldus, Lemnius und Porta gar viel werden beigetragen haben. Daß aber diese Kunst allen Gesetzen der Natur widerspricht, ist klar, und kan natürlicher Weise ein ausgedehnter, gefärbter und erleuchteter Körper nimmermehr unsichtbar, noch vielweniger, daß er vor den Augen verschwindet, gemacht werden. Was aber auf abergläubische Art und Weise durch allerlei Gauckeleien, Blend und Teufelswerk gemacht werden kan, das ist eine andere Frage.

Damit ich aber diesem lieben Herrn Medico an seiner Ehre und Reputation auch mit seiner schönen Kunst und Wissenschaft der Erweckung der toden Blumen nicht zu nahe trete, oder was nachtheiliges von ihm behaupten möchte, so mögen es diejenigen ausfechten, die ihn vertheidigen, und ihm allenthalben das Wort sprechen, insonderheit, weil mir seine Art der Arbeit nicht bekannt, noch allda aufgezeichnet befindlich. Ich will aber den Liebhabern zwey Processe, die in dem theosophischen Wundersaal des Promotoris des edlen Ritters von Orthophetra Seite 53. von Wort zu Worte hersetzen.

Experimentum I.

Man nimmt einen wolzeitigen Saamen eines Krautes oder Blumen, an einem schönen heitern und lüftigen Tage, so viel man will, 2. & 3. Pfund, zerstösset solchen in einem eisernen oder gläsernen Mörsel ganz subtil. Darnach wird es in einem reinen Kolben sehr wol verschlossen, damit nichts ausdünsten könne. Wenn nun schön Wetter, und der Himmel hell und klar ist, so macht man nach der Sonnen Niedergange das Glas säuberlich auf, thut den Saamen heraus auf eine große Glasscheibe, welche in einer Schüssel liegen mus, und stellet solch Gefäs in den Garten, daß kein Ungezieffer dazu kommen möge, über Nacht hin, damit der Thau fein reichlich fallen könne. So bald nun der Tag darauf anbricht, und die Sonne anfängt, ihre Stralen über die Erde zu werfen: mus man den mit Thau geschwängerten Saamen wieder in sein Kolbenglas thun und wol verwahren, um alle Ausdünstung zu verhindern. Man mus auch mit einem Tuche oder reinen zarten Leinwand vielmehr Thau, um solchen nachfolgender massen zu destilliren, auffangen, bis man bei 10. oder 12. Maas habe. Solchen Thau thut man ferner in einen Kolben, der im Sande stehet, und destilliret den Thau fein ordentlich herüber, und cohobiret die Destillation so oft, bis der Thau keinen Satz mehr hinterlässet. Und dieses ist wol zu beobachten, daß der Thau bei und nach vollbrachter Destillation allezeit wol verwahret werden mus, damit nichts ausdünste. Die gesammlete Hefen oder Satz werden verschlossen calcinirt, und mit seinem eigenen destillirten Thau oder auch Regenwasser wol ausgelauget, damit alles darinnen wohnende Salz herausgewaschen werde, welches man entweder durch die Ausdünstung, oder aber gar zu trocken abziehen kan, bei welchem leztern aber gute Acht zu geben, daß man das Maaß trift. Darum rathe ich mehr zur Kristallisirung. Das ausgelaugte Salz wird demnächst mit seinem destillirten Thau wiederum vereiniget und aufgelöset. Davon wird dann so viel über den im Kolbenglase verwahrten Saamen gegossen, daß es etliche Finger hoch darüber stehe, und demnach der Kolben hermetisch versiegelt, das ist, mit gestossenem Glas und Borax zugeschmolzen, und also in das Baln. vapor. oder in Pferdmist, um darinn die Massa einen Monat lang nach der Kunst zu digeriren. Nach verflossenem Monat nimmt man den Kolben wieder sanft aus, da man denn bei dessen Betrachtung die Massa in dreierlei Gestalt sehen wird, oben ein zartes Häutgen von vielerlei Farben, (ist der verleiblichte Lebensodem) an dem Boden eine leimichte Erden Gallert nicht ungleich, (ist der Quarz) und in der Mitten ein entstandener Thau, welcher das

Element ist. Jezt stelle oder hänge man das versiegelte Glas fein sanft an einen solchen Ort, der des Tages von der Sonnen, und des Nachts von den Sternen bestralet werden kan. Und ist allein dabei zu beobachten, daß bei trüben Wetter und Regen der Kolben mus weggenommen, und an einer troknen Stelle aufbehalten werden, bis zu wieder aufgeklärtem Himmel, da man es seine vorige Stelle mag betreten lassen, damit es des Sonnen Monds und Sternenlichts theilhaftig werde. Welches denn so lang getrieben wird, bis die Massa im Glase zu einer bleichblauen Aschen geworden, woraus denn hernach Stengel, Kraut und Blumen nach der Bildung des Saamens aufstehen, welches so oft geschiehet, als oft das Glas gelinde gewärmet wird, da es hingegen bei Abkühlung des Glases verschwindet. Ein solch Gebähren und Absterben bestehet so lange, als das Glas versiegelt bleibet. Dieses ist hierbei noch anzumerken, daß bei Belebung und Wiederglanz der Sonnen im Glas subtile Ausdünstungen (ist des Elements geistliches Phlegma oder die Nebel) entstehen, welche bald auf bald absteigen, nachdem das Licht der Sonnen das Glas kräftig oder schwach durchdringet.

Experiment. II.

Wer den verklärten Leib des Gewächses aus der bleichblauen Aschen der Massa haben will, der eröfnet das Glas mit einem heissen oder glühenden Eisen, giesse über die Massa destillirtes Thau oder Regenwasser, digerire und laug es aus wie vor, bis so lang, daß das Wasser eben so süß und ungeschmakt davon kommt, als es aufgegossen worden. Die gesammelte Laugen lässet man bis zu einem Häutgen abdünsten, und das Salz an einem kalten Orte kristallisiren. Die Abdünstung wird repetirt in so lange, bis sich kein Häutgen mehr setzet, oder keine Crystallen mehr schiessen. Dieses kristallisirten Salzes nimmt man 1. Theil, und Erdensalz, das aus einer fetten fruchtbaren Erden gelauget worden, 2. Theile, reibet die auf einer gläsernen oder marmorsteinernen Tafel etliche Stunden mit einem Reibstein wol untereinander, und thut es demnächst in ein Kolbenglas, das einen weiten Hals hat, sezet es bey hellem Wetter nach der Sonnen Untergang eine Nacht über in Garten, oder eine Wiese, damit der Thau darauf fallen könne. Wenn das geschehen, schmelzet man das Glas zu, und stellet es drey Monath lang in die freye Luft. Hernach wird das Glas eröfnet, und die Massa von neuem mit destillirten Thau oder Regenwasser ausgelauget, die Lauge evaporiret und kristallisiret wie vorher. Alsdenn nimmt man die Kristallen zusammen, und vermischet sie wol mit eben so schwer gutem Erdsalz von einem Acker oder Wiesen, thut es untereinander in ein Kolbenglas, versiegelt es, und stellet es so weiter ins Baln. vapor. und digerirts so lange, bis die Massa zu Wasser wird, und nur etwas weniges von Hefen am Boden lieget. Darauf stellet man das Glas in Baln. siccum, so lang bis sich das Wasser wiederum coaguliret, ganz trocken und an Farbe unveränderlich erscheinet. Nun nehme man das Glas nach der Abkühlung aus, eröfne es mit einem glühenden Eisen,

sen, da man die Massa finden wird, wie ein Klump Sonnenstäubgen, welche auch bei dem geringsten Hauch verstüben. Darum mag man nur gleich hinein blasen, und das zurükgebliebene wol reinigen, so erhält man einen runden, doch etwas weichen und eckichten Kristall, in welchem, so man ihn gegen das Licht hält, und darein siehet, sich alle Figur und Bildung mit Wurzeln, Stengel, Kraut und Blumen des Gewächses, mit viel wunderbaren und erfreulichen Farben darstellet. Und was das wunderbarste, so hat und behält dieser Kristall den Geruch und Geschmack seiner Pflanze in viel höherm Grad als die Pflanze ehemals selbst gehabt. Da denke man weiter nach. Das mus sich aber der Künstler zu einer Hauptregel dienen lassen, daß bei der ganzen Arbeit die Ausdünstung verhütet werde. Wie sich im Winter an den Glas oder Fensterscheiben allerhand Figuren zeigen, und wie nicht allein der menschliche Athem und Hauch, ingleichen der warme Dunst des Ofens von solchem Ort ersiehe, da vegetabilische und thierische Körper verzehret werden, sondern auch wie das Glas aus weissen, durchsichtigen Sande, auch Aschen und Salz unterschiedlicher Pflanzen bestehe, ist bald jedermann bekannt, und heisset hier nur: Arrige aures, Pamphile.

Was aber von diesen zweien Versuchen nach meiner gefaßten Meinung zu halten, wird ein jeder leichtlich urtheilen können. Ich habe es zwar nicht versucht, mag auch meine Zeit, Mühe und Unkosten nicht vergebens darauf wenden: wenn ich aber doch mit den Saamen eine Auferweckung versuchen wollte, so nähme ich aus denselbigen nur blos die Keimlein heraus; denn darinnen ist ja schon die Form des Baumes, und würde sich endlich noch wol ein philosophischer Merkurius finden, der die auram æthercam ein wenig auf und nieder treiben könnte. Allein ich will diese Freude den Liebhabern, die an der papiernen und schattenhaften Auferstehung ihre Freude haben, gänzlich überlassen, und hoffe ich, sie werden meine toden Bäume auch zugleich auferwecken. Vor die Bemühung werde ich meine Schuldigkeit abzustatten wissen.

Schlüßlichen, was diese Versuche, so in bekanntem Tractätlein ferners befindlich, betrift, so blikt die liebe Einfalt, Unverstand und vergebliche Einbildung bei solcher künstlichen Auferweckung allenthalben hervor. Denn sie haben sichs kräftiglich eingebildet, es seyen ihnen in ihrer gefrornen Aschen, Nußöl, grünen gefärbten Eßig, in der Klistierblase, ja so gar s. v. in dem Mist und Koth die schönsten Blumen, Stauden und Bäume erschienen. Und ist wahr, sie haben vermittelst derer salzigen Theile etwas gesehen, aber keine auferwekte Bäume. Damit sie aber in ihrer Meinung und wolgefaßten Begriffen noch besser möchten gestärket werden, so will ich ihnen noch einen bessern Weg weisen, wie sie sowol im Sommer als im Winter ohne grose Weitläuftigkeit sich große Dinge einbilden können, die etwas sind, und hernach wiederum verschwinden. Sie betrachten nur im Sommer fleißig die schönen Wolken des Himmels, so werden sie sich Felder und Wälder,

Bäume und allerlei Buschwerk einbilden können. Insonderheit aber können sie im Winter zu den gefrornen Fenstern gehen, da werden sie sich viel tausenderlei wunderliche Dinge träumen lassen können: wollen sie sich aber dabei der Auferstehung erinnern, ist es gut und wol. Damit ich aber nicht weniger, als wie der Doctor in Krakau, bei vielen Gelehrten vor einen großen Künstler, welcher Bäume, Thiere und Menschen in Gläsern hat zeigen können, gelten möge, so will ich gewiß dreierlei Versuche, alle in besondern Gläsern, jedermänniglich vor Augen legen, mit gewisser Versicherung, daß ich mit meinen Versuchen bei der Nachwelt werde besser bestehen können, als jener.

Es lassen sich nemlich in meinen Gläsern sichtbarlich sehen, erstlich ein Baum, alsdenn ein Thier, und zulezt ein Mensch. Diese sind in ihrem Wesen zwar nichts, aber sie sind doch etwas körperliches, und kan man sie wegen ihres zarten Leibes weder fühlen noch greifen. Sie stehen vor aller Augen, wie ein Schatten, schwarz da, und sind doch etwas leibliches. Jezo haben sie keine, als die angebohrne Farbe, auf Verlangen aber nehmen sie alle Farben an sich, sie mögen so wunderlich heraus kommen, als sie nur wollen. Und wenn mans verlangt zu sehen, so kan man sie mit dunklen Augen nicht sehen, je besser aber die Sonne und das Licht scheinet, je mehr wird man die Form und Gestalt ihrer zarten Leiber mit öffenen Augen wahrnehmen und betrachten können. Ja, welches das wunderbarste ist, so hat ihr durchsichtiger Leib seinen Ursprung von einer vernünftigen Seele, welche in einem gesunden Leibe ihre Wohnung hatte, genommen, und die Geburt ist doch nichts vernünftiges, sondern hat ein unbewegliches und todes Wesen empfangen. Und ob sie sich schon nicht bewegen können, so werden sie doch mit Fahren, Reuten und Tragen die ganze Welt durchkommen. Sie geben kein Geld, aber man mus vor sie viel Postgeld bezahlen. Sie kosten zwar viel Geld, wenn aber das Glück wol will, so kan mancher ehrlicher Mann auch noch wol einen Louis d'or dabei gewinnen. Sie sind zwar sehr naß und zart, wie die papierene Kinder, anfänglich anzugreifen, und kan man sich gar leicht damit bestuhlgängeln: allein wenn man sie wol beobachtet, so werden sie schon stark und brauchbarer. Ihr Leben ist an und vor sich selbst sehr dauerhaft, und können, wenn man sie nicht zerreisset, oder sie von Mäusen, oder auf andere Weise verderbet werden, etliche Jahrhundert erreichen. Ja es wäre von diesem Schattenwerk noch viel mehrers zu gedenken, aber ich will nicht umsonst so viel vergebene Grillen machen.

Schlüßlich ist auch noch diese zwar fürwitzige und unnöthige Frage übrig: Ob denn die vegetabilische Seele, dieweil sie als ein Geschöpf in der Welt viel gearbeitet und viel ausgestanden, nicht dermaleins die Hofnung haben sollte, daß sie unter den verklärten Bäumen im himmlischen Paradeiß eine Stelle erlangen könnte? Darauf fället diese Antwort: Wie das Leben, so der Tod; wie der Tod, so die Auferstehung; wie diese, so ist auch der Himmel und ewiges Leben.

Hiemit will ich mit diesen lustigen Gedanken ein Ende machen, und mich zu etwas bessern wenden, welches den Gartenliebhabern mehr Vergnügen und Nutzen geben wird.

Zwei-

Vierte Tafel.

Zeiget drei unterschiedliche Gläser, in welchen drei künstlich auferwekte Objekte befindlich, die etwas, und doch nichts sind.

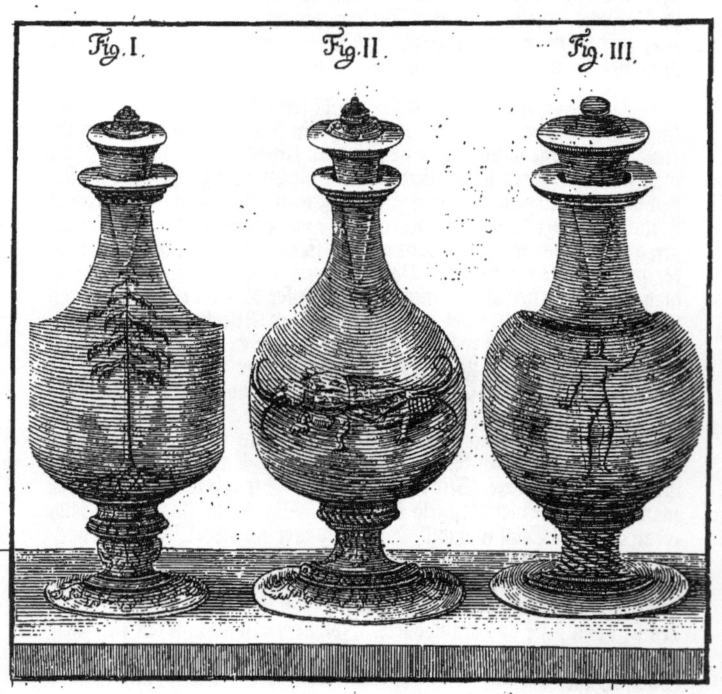

Fig. I.

Ist ein erdichteter Tannenbaum, der ehedessen so groß war, daß er den Himmel hätte bestürmen mögen. Jezo aber ist er gleichsam aus der Asche ganz klein mit allen seinen Theilen auferweket, und zeiget sich wie ein Schatten auf dem Papier. Solte es aber verlanget werden, daß er sich mit schönen Farben solle sehen lassen, so kan er durch Kunst solche alsobald erlangen, und wird nicht verschwinden.

Fig. II.

Fig. II.

In diesem Glase ist eine wunderbare Grille, oder vielmehr eine Werre verschlossen. Dieses seltsame Thier, so ich zu Ehebetten, einem Dörflein ungefähr drei Viertelstunden von Regensburg gelegen, wo sie sich in grosser Menge befinden, sonst aber rar und unbekant sind, und wo ich wegen der Bäume im Walde mein Wesen hatte, mit eigener Hand gefangen, siehet sehr fürchterlich aus, so daß wann etliche solches nur von ferne gesehen, sie schon davon gelaufen sind. Es ist eines Fingers lang und eines Fingers dik, braun an der Farbe, am Bauch ist es etwas gelblicht, hat einen langen zweispizigen Rüssel, darum wird es auch von vielen ein Erdkrebs genennet, hat grosse herausstehende Augen. Wo der Hals ist, da hat es einen Brustharnisch, und seine zwei vordere Füsse sind ebener massen als wie mit einem Panzer bedeket. Vornen sind sie wie eines Elephanten Füsse. Auf dem Rüken ist es mit Flügeln versehen, hinten her hat es einen langen, und auf beiden Seiten zwei krumme ganz spizige Stachel. Ich bin Willens gewest selbiges in die Asche zu verbrennen, und nach künstlicher Manier wiederum zu erweken: allein weil ich wohl wußte, daß es mir auch in der geistlichen Gestalt nicht mehr so vollkommen erscheinen würde, so habe ich es um mehrerer Beständigkeit und fleißigen Ansehens willen in dieses Glas vermachet, so gewis beständig darinnen verbleiben wird.

Fig. III.

Diese weiset, wie ein kleines Männlein ganz nakend und mit seinem vollkommenen Leibe in einem Glase erscheinen kan. Sein zarter Leib ist nicht zu begreifen und zu fühlen, wann man aber darüber herfähret, so ist er glätter als ein Jungferhäutgen, bleibet beständig in seiner Figur und verschwindet nimmermehr. Dieses mag vor eine Gartenlust passiren.

Zweiter Abschnitt.

Erstes Kapitel.

Von der natürlichen Universalvermehrung aller Bäume, Stauden und Blumengewächse, welche von GOtt und der Natur angeordnet worden.

§. 1.

Daß alle Dinge, so im Himmel und auf Erden befindlich sind, der allmächtigst und höchstgebenedeiteste Schöpfer erschaffen habe, und selbige noch erhalte, solches wissen wir, GOtt Lob! nicht allein aus göttlicher heiliger Schrift, sondern wir haben auch diese Erkänntniß aus dem Lichte der Natur. Derowegen hat sich der liebe Paulus, wie aus dem 1. Kapitel seines Sendschreibens an die Römer zu ersehen, nicht wenig über die Heiden ereifert, daß sie aus solchen sichtbaren Werken der Schöpfung GOttes unsichtbares Wesen, ewige Kraft und Gottheit, und einen so allmächtigen HErrn, der alles so weislich und unbegreiflich geordnet, nicht erkannt haben, ihm nicht einmal vor solches herrliche Werk gedanket, gelobet und gepriesen, noch vielweniger ihn angerufen und gedienet. Allein sie sollen deswegen ganz keine Entschuldigung haben, daß sie solches unterlassen, und dafür anders unnützes Dichten vorgenommen, und darüber dermassen zu Narren worden, daß sie die Herrlichkeit des unvergänglich allerheiligsten und herrlichsten GOttes verwandelt in schnöde Bilder der vergänglichen Menschen, und dem Geschöpfe mehr gedienet als dem Schöpfer, als welcher den Menschen nur um dieser Ursache willen erschaffen, daß er ihn als den allmächtigen GOtt mit seinem Munde täglich und stündlich loben, rühmen und danken soll. Zwar haben einige kluge Heiden und Weltweise aus dem Licht der Natur, welches sie an allen Ort und Enden erblicket, den unendlichen Werkmeister solcher wunderschönen und unermäßlich zierlich und weit ausgebreiteten Geschöpfe in etwas erkennet, und haben Ihn auch gerühmet und gelobet, und der Welt deswegen zu Latein mundum à munditie, von der wunderschönen Reinlichkeit und Zierlichkeit, den Namen gegeben: allein weil sie keinen wahren Grund von dem wahren und lebendigen GOtt und seinem Wesen gehabt, so sind sie gleich wiederum auf unterschiedliche Thorheiten gerathen. Wie denn Aristoteles, als er das wunderschöne Systema oder Bau der ganzen Welt betrachtet, davor gehalten, weil alle Dinge beständig und unverderblich sind, so müßte die Welt von Ewigkeit seyn, und in Ewigkeit verbleiben, und wäre ohne Anfang und Ende. Welches ihm wol zu verzeihen, weil er sich in seiner Betrachtung allzusehr vertiefet hat. Wäre doch ein sehr kluger Philosoph unserer Zeit gar gerne mit dem Wörtlein infinitum, als er seine Gedanken von der Welt entdekte, heraus gewischet, wenn er nicht gewußt hätte, daß er dadurch

GOtt zu nahe treten würde. Er hat sich aber davor das Wörtlein indefiniti bedienet, damit anzuzeigen, daß von uns Menschen dieses große und geheimnisvolle Systema der Welt nimmermehr begriffen noch ausgedacht werden könne.

Andere sind auf diese Gedanken gerathen, es wäre wol mehr als ein Erdkreis und eine Welt. Welches zwar einige christliche Philosophen bei nahe mit behaupten wollten, indem sie den Mond und die Planeten vor nichts anders, als einen Erdkreis sich vorstellen, und daß in denselbigen, Menschen, Thiere, Felder und Wälder anzutreffen wären. Allein weil das Buch der Erschaffung nichts von dergleichen meldet, auch aus der Natur nicht kan erwiesen werden, so bleibet es eine eitle philosophische Grille.

§. 2.

Es sind aber viel kluge und gar zu subtile Weltweise, die, nachdem sie gar wol erkennet haben, daß der ewige GOtt die Welt und alles, was darinnen ist, erschaffen habe, aufgestanden und erforschen wollen, aus was, wie und zu welcher Zeit GOtt die Welt erschaffen hat: und ist nur Wunder, daß sich so viel kluge Leute einen solchen Begrif mit denen Heiden, so recht sündlich ist, gemacht haben, als hätte GOTT erstlich ein Chaos erschaffen, welchem der Geist, so auf dem Wasser schwebete, das Leben gegeben; da doch die Erschaffung eine solche Verrichtung ist, da aus nichts etwas hervor gebracht wird, welches ob man es schon nicht begreifen kan, doch die selbstständige Wahrheit ist. Daß aber einige haben erforschen wollen, ob habe GOtt die Welt rund, viereckicht, oder eyrund erschaffen, scheinet ebenermassen eine unerforschliche und zugleich eine unnöthige Sache zu seyn. Und wie sie ihre Gedanken, daß sie viereckicht wäre, vertheidigen, ist bekannt. Die meisten Mathematiker aber halten davor, daß sie sich wie eine Kugel darstelle, und geben schöne Gründe, die fast nicht umzustossen. Andere, welche vermeinen, daß sie eyrund wäre, haben auch sehr wichtige Gründe. Die aber die Welt vor ein Ey halten wollen, die nehmen den Himmel vor die Schale, die alles zusammen hielte, das Wasser und das Meer vor das Weisse in dem Ey, die Erde vor den Dotter, und das punctum saliens wäre der Mensch selbst, als um dessen willen Himmel und Erden erschaffen worden. Allein dieses sind abermals vergebene Einbildungen: und deswegen hat Gassendi die Bescheidenheit des Epikurus sehr gelobet, daß er sich nicht so frei heraus gelassen, wie die Welt nach ihrer Figur sich möchte darstellen, wolwissende, daß es nicht zu erforschen. Ja es ist dabei noch nicht geblieben, sondern es sind wieder andere Klüglinge hervor kommen, und haben wissen wollen, wenn und zu welcher Zeit GOtt Himmel und Erden erschaffen hätte. Die in diesen Gedanken stehen, daß solches Werk im Frühlinge wäre vollendet worden, nehmen ihren Beweis aus dem 2 Buch Mosis 12. allwo befindlich, daß GOtt befohlen, sie sollten das Jahr vom Monat Nisan, das ist, im April anfangen; und weil im 1 Buch Mose 1 Kap. stehet, die Erde ließ aufgehen

Gras und Kraut. Nun ist wahr, es geschicht solche Eröfnung der Erden in dem April. Folglich müßte die Erschaffung der Welt im Frühlinge vorbeigegangen seyn. Die aber, so den Monat Elul oder September erkiesen, beweisen es daher, weil die Früchte im Paradeis der Menschen ihre Speise einig und allein gewesen. So bald nun der Adam erschaffen, so bald mußte er sich auch um eine Speise umsehen. Nun giebt ja der September, wie bekannt, die edelsten Früchte, wie auch solches nachfolgender Vers bekräftiget:

Poma dat & gratos September ab arbore fructus.

Schlüssen also daraus, weil alle Bäume voller Früchte waren, so müßte die Erschaffung der Welt im Herbst geschehen seyn. Allein ein wahrer Christ soll in dergleichen Grübeleien sich nicht allzu tief einlassen: sintemal die Erschaffung aller Dinge eine unaussprechliche und unendliche Allmacht, ja eine solche Vollkommenheit ist, die aller Menschen Verstand übertrift.

Denn aus nichts ist alles worden, und nichts hat keine Zeit vonnöthen, und aus nichts hat GOtt Himmel und Erden erschaffen, und kam sowol das Bewegliche als Unbewegliche hervor.

Ob nun durch das Bewegliche der Geist GOttes, der auf dem Wasser schwebete, wie im Buch der Erschaffung zu lesen, soll verstanden werden, ist nicht wol einzuräumen, obschon Orthelius in epilogo & recapitulatione in novum lumen chymicum Sendivogii haben will, wie solches in Theatro Chymico volum. 6. p. m. 432. zu ersehen, daß diejenigen in falscher Meinung stünden, welche durch den Geist GOttes, so auf dem Wasser schwebete, den Heil. Geist verstünden; denn dieser (ruach elohim) Geist GOttes wäre von allen drei Personen der Gottheit ausgegangen.

Allein der hochgelehrte Herr D. Dannhauer widerspricht solches gründlich in seinem Hagiologio Festali p. 1029. indem er solchen Spruch also erkläret: Der Geist GOttes, der über dem Wasser geschwebet, ist wahrhaftig kein erschaffener Geist, kein Engel oder Erzengel gewesen; vielweniger war es ein Wind, ein starker Wind, wie etwan sonsten ein großer Wind Ventus Dei ein Wind GOttes in Heil. Schrift genennet wird; sondern es ist der Geist des Mundes des HErrn, Ps. 33, 6. Dieser schwebete nicht müßig, sondern mit lebendigmachender und austreibender Kraft, wie ein Vogel seine Eyer ausbrütet, nach der schönen Gleichniß, die hierinn verborgen liegt. In dieser Welt hat der Geist GOttes alles, als in seiner Mutter der Erde und Wasser, lebend und webend, gezieret, formiret, gebildet, tüchtig und fruchtbar gemacht, und daraus viel tausend Küchlein, so viel nemlich Geschöpfe der Erden sind, ausgebrütet, daß sie innerhalb sechs Tagen alle aus der Nichtigkeit heraus gekommen.

Dieses aber mag in foro theologico ausgemacht werden, denn sonst möchte man vermeinen, ich wollte an statt der Bäume theologische

Streitigkeiten pflanzen. Warum ich aber dergleichen vortrage, solches will der andere und dritte Theil zum Grund haben.

Inzwischen erinnere ich jedermännigsich, insonderheit alle Gartenliebhaber, daß sie aus meinen mitgetheilten Sachen keine Glaubensartikel machen. Denn was ich schreibe, geschicht nur zur Lust und Ergözlichkeit, daß, wenn sie im Garten mit meinem Buche herumgehen, sie Gelegenheit zu unterschiedlichen Gesprächen haben mögen. Was ich aber hiemit in öffentlichen Druck gegeben, das will ich jederzeit zu vertheidigen wissen. Denn es wird in meinem Buch nichts enthalten seyn, welches nicht wahrhaftig, oder doch zum wenigsten wahrscheinlich ist. Wider mein Gewissen werde ich niemals wissentlich etwas unverantwortliches reden oder schreiben, noch vielweniger mein Gewissen damit verlezen. So habe ich auch keine Gedanken jemand zu beleidigen: denn ich habe es nicht nöthig. Ich will aber ferner mein elementum activum in nachfolgenden betrachten.

§. 3.

Indem ich nun mir einen Motorem universalem erwählet habe: so habe ich mir lucem primævam, oder das Licht, so von GOtt zum ersten erschaffen worden ist, darzu erkieset, und gefallen lassen. Ob aber solches ein selbstständiges oder nur ein zufälliges Wesen ist, darüber ist schon hefftig gestritten worden. Allein die meisten behaupten das erstere. Denn die zufälligen Dinge sind miterschaffene Dinge. Wenn nun selbiges keine Substanz gewesen wäre, so hätte auch solches bis auf den dritten Tag nicht bestehen können. Warum aber einige haben wollen, daß GOtt außerordentlicher Weise das Licht, als ein zufälliges Ding solle erschaffen, und so lange erhalten haben, kan ich auch nicht finden. Ich bilde mir zum wenigsten ein, es wäre ja wol der Vernunft gemäs, und nicht wider die Natur geredet, wenn ich spreche: GOTT hat das erste Licht als ein wesentliches Wesen, mit welchem öfters die Göttliche Majestät selbsten verglichen wird, so in seiner Natur unaufhörlich beschäftiget ist, als eine Substanz erschaffen. Und solches ist zu begreifen, weilen alle Eigenschaften, so ein wesentliches Wesen haben solle, an demselben befindlich. Ob aber dieses Licht ein solches Geschöpf ist, so sich von dem Himmel unterschieden, darüber haben die Naturkündiger untereinander bis auf diese Stunde noch einen großen Streit. Herr Cartesius will zwar keinen Unterscheid erkennen, und seine Gründe wären auch wichtig genug, wie solches in seinen hochgelehrten Werken zu finden ist: allein ich will aus erheblichen Ursachen seine Meinung doch nicht annehmen, sondern will es mit denjenigen Weltweisen vor diesesmal halten, welche das Licht von dem Himmel als ein unterschiedenes Wesen erkennen, und zwar unter andern Ursachen, weil im Buche der Erschaffung selbiges ausdrücklich ein besonders Geschöpf genennet wird. Denn das Licht war ja eher als der Mensch: und ist das Licht nicht allererst in seinen Augen mit seiner Erschaffung entstanden, wie die bekannte Philosophie haben will, sondern es fällt von dem äußerlichen in das innerliche

liche hinein. Denn wenn ein erleuchteter Körper da ist, so nimmt das Auge solches Licht allererst wahr. Daß aber das erste Licht von dem gemeinen Licht und Feuer billig zu unterscheiden ist, wird ein jeder leicht ermessen können. Denn jenes ist billig unter die Elementen zu zählen, als welches das allerreineste Wesen, so von allen fremden Theilen befreiet ist. Das Feuer aber, so schon längst vor kein Element mehr passiren kan, sondern nur aus schwefligten, salzigten und sauren Theilgen bestehet, hat derowegen eine Nahrung vonnöthen; aber das Licht nicht. Dieses, wenn es die freie Luft nicht hat, kan nicht brennen, sondern löschet aus: jenes aber theilet sich aus in der Luft in viel tausend Meilen. Das elementarische Licht ist mehr kalt als warm: das gemeine Feuer oder Licht ist hizig und brennend. Wer will nun bei solcher Beschaffenheit nicht zugeben, daß das erste Licht, so noch bis auf diese Stunde befindlich, was selbstständiges seyn soll? Es mag ein anderer meinetwegen das Gegentheil erweisen.

§. 4.

Dieses ist zwar noch eine harte Frage: Ob eben dieses Licht der Universalgeist und der Beweger aller Dinge sey, dem GOtt alle Geseze gegeben, die er in der Natur und mit der Natur verrichten solle? Ich spreche ja: weil ich nichts bessers weis. Sollte aber ein anderer eine bessere Nachricht und Verstand von dieser Sache haben, so kan ichs wol geschehen lassen: am Ende aber wird es doch heraus kommen, daß einer so viel als der andere von solchen Dingen wissen kan. Ich habe zwar meine Meinung mit andern genugsam und zum öftern entdecket, daß alle, auch die allerfeinste Materie, ein bewegliches Wesen vonnöthen hat. Werde ich nun sagen: Dieses, was bewegt, ist immaterialisch; so habe ich schon wiederum ein scheeles Gesicht. Denn die Antwort ist alsobald da: Folglich ist sie unsterblich. Sage ich: Es ist materialisch, wie ichs nicht anders behaupte, besonders weil ich derselben so wunderliche Handlungen und Eigenschaften zuschreibe; so werde ich ausgelacht, weil ich doch etwas bessers weis, und etwas anders schreibe. Allein ich will die mittlere Strasse erwählen, und will sprechen, daß das Licht aus einem geistlichen und elementarischen Wesen zugleich bestehe. Wie aber solches zu erweisen, wird mir so schwer ankommen, als demjenigen, der mir beweisen soll, was die vernünftige Seele ist, wie sie mit dem Körper, als einem materialischen Wesen, vereiniget, und wie sie wegen ihrer innerlichen Vereinigung ihre Handlungen verrichte. Nichts destoweniger, ob ich solches schon nicht weis, so will ich doch aus dieser gefaßten Hypothese meinen Saz behaupten.

§. 5.

Lux primigena, oder das erst erschaffene Licht, ist eine Substanz, und hat sich an und unter dem Himmel, auf und unter der Erden ausgebreitet. Denn das Licht war eher, als Gras, Kraut und alle Bäume. Nun ist in dem Buche der Erschaffung zu finden Kap. 1. v. 11. wie GOtt der HErr der Erden befohlen, sie (sc. die Erden) solle aufgehen lassen. Welches wol zu beobachten. Es stehet nicht: GOtt der HErr ließ aufwachsen; sondern GOtt sprach: Es lasse die Erde aufgehen Gras und Kraut, das sich besaame, und fruchtbare Bäume, da ein jeglicher nach seiner Art Früchte trage, und seinen eigenen Saamen bei ihm selbst habe auf Erden. Und es geschah also, und die Erde (welches wol zu merken) ließ aufgehen Gras und Kraut, so sich besaamete, ein jegliches nach seiner Art, und Bäume, die da Früchte trugen, und ihren eigenen Saamen bei sich selbst hatten, ein jeglicher nach seiner Art. Aus diesen Worten ist ja klar genug zu urtheilen, daß GOtt der HErr nicht das Gras, Kraut und die Bäume aufwachsen lassen, sondern es nur demjenigen befohlen, welcher den majestätischen Befehl in einem Augenblick vollbringen sollte. Denn diese geschickte Erde und Materie, als ein Körper, konnte sich nicht von selbst bewegen: denn selbe war und bleibt ein leidendes Wesen, von der Erschaffung an bis an das Ende der Welt. Also war dieser Beweger in seinem gegebenen und anerschaffenen Geseze und Ordnung alles zu thun, was anjezo in der Natur mit der Natur verrichtet wird, schon dazumal in der Erden. Denn einer ganz andern Redensart bedienet sich Moses, wenn er beschreibt, wie GOtt der HErr einen Garten in Eden pflanzte gegen den Morgen, und sezte den Menschen darein, den er gemacht hatte. Und dieser ist nicht von GOtt erschaffen worden, (denn pflanzen zeiget eine Handarbeit an,) sondern gemacht. Und also ließ GOtt der HErr aufwachsen aus der Erden allerlei Bäume, so lustig anzusehen und gut zu essen. Er befahl der Erden nicht mehr, wie zuvor: denn es war schon alles aus der Erden herausgekommen. Er wollte aber dem Menschen zur Freude vor seinen Augen einen schnellen Wachsthum sehen lassen: indem, so zu reden, GOtt vor seinen Augen den Baum des Lebens mitten im Garten, und den Baum des Erkänntnisses Gutes und Bösen behend aufwachsen ließ, daß er sich vollkommen mit allen Theilen und Früchten darstellen mußte. Ist also wol zu muthmassen, daß im Stande der Unschuld und im Paradeis die Bäume schneller und geschwinder zu ihrer Größe und Vollkommenheit gekommen seyn werden, als nach dem Sündenfall, und wie heut zu Tage, da die Erde und alles verflucht worden, alles sehr langsam in die Höhe wächset. Obwolen die Begierde in dem Menschen noch ist, daß sie aus einem kleinen Bäumlein schnell und geschwinde einen großen Baum vor ihren Augen möchten aufwachsen sehen. Welches sich auch gar viele von meinen Gedanken, die ich zwar niemals im Sinne gehabt, als ich von der Vermehrung geredet, gemacht, und gehoffet haben, ich würde ihnen aus einem kleinen Stämmlein alsobald einen großen Baum vor ihren Augen wachsend machen. Und habe ich mich darüber nicht wenig betrübt, als ich gelesen, was von dieser Materie in einem gewissen Französischen Tractätlein anzutreffen war, zu teutsch also lautend:

„Unter allen denen Erfindungen, welche in denen Wissenschaften „seit hundert Jahren gemacht worden, findet man wenige, die der „Welt

„Welt mehr Nuzen bringen, als diejenige, von der in einem Briefe ge„handelt wird, den ein gelehrter Teutscher mir die Ehre gethan den ver„wichenen 3. Hornung an mich zu schreiben.

Auszug dieses Briefes.

Mein Herr! Ihr werdet nicht ungütig nehmen, daß ich euch von einer Entdekung Nachricht gebe, welche von wunderbarer Würkung ist. Die Welt, und sonderlich hohe Häupter und vornehme Herren werden es euch Dank wissen, wenn ihr ihnen durch Einverleibung desselben in euer Journal, welches in ganz Europa bekannt ist, rc. davon Nachricht gebet.

Ein Medicus zu Regensburg, der zugleich ein geübter Physicus ist, hat etliche Bogen drucken lassen, darinnen eine Nachricht von einem Geheimniß vom Feldbau gegeben wird, welches der Autor eine mumiam vegetabilem nennet. Er versichert, daß er von einem einzigen Baume, er möchte gemein seyn oder ausländisch, und aus welchem Theil der Welt er wolle, so viel andere Bäume von eben derselben Art hervorbringen könne, als derselbe Aeste, Reiser und Knospen hat. Ingleichen, daß ein jeder von diesen neuen Bäumen in einer Stunde Wurzeln bekommen, wie auch Aeste und Blätter hervortreiben solle, und daß sie gleichsam augenscheinlich fortwachsen sollen, so daß sie noch dasselbe Jahr blühen, und Früchte tragen würden.

Durch dieses wunderbare Geheimniß zwingt er jeden Stamm oder Ableger von Citronen, Pomeranzen, Granaten, und andern Bäumen, starke Aeste zu treiben, ja auch auf eine erstaunende Art in die Höhe zu wachsen. Durch dasselbe bringt er eben dergleichen auch bei denen Blumen und Sträuchen zuwege, damit die Luststücke ausgezieret werden. Dieses Geheimnis ist nicht blos in seiner Einbildung gegründet, indem der Erfinder in Gegenwart des Herrn Grafens von Wratislau und unterschiedlicher anderer Herren den 4. December 1715. zu Regensburg eine Probe von einem wunderwürdigen Erfolg abgelegt. Ich will nur berichten, was glaubwürdige Leute davon geschrieben, welches man in der gedrukten Nachricht dieses Medici weitläuftiger findet.

1. Aus 12. kleinen Citronenbäumgen machte er so viel große Bäume von eben derselben Art, davon jeder seine Wurzeln, Aeste und Blätter, ein jeder nach seiner Größe, hatte.

2. Er machte hernach eine andere Probe mit 6. Bäumen von unterschiedener Art, als Aepfel Pfersig Apricosenbäumen rc. welche nicht mehr als 4. oder 5. Schuh hoch waren. Er gab ihnen gleich die Gestalt großer Bäume, die vollkommen mit Wurzeln, Aesten und Blättern versehen waren, und sezte sie in den Stand, daß sie dieses Jahr 1716. blühen und Früchte tragen werden.

3. Seine dritte Probe legte er mit 15. Ablegern von Nelkensträuchen ab, daraus er eben so viel wolbewachsene Stöcke machte, welche man alle Tage mit eben so viel Vergnügen als Bewunderung hat wachsen sehen, sonderlich in Betrachtung, daß dieser Medicus nicht mehr als eine Stunde zugebracht, diese Proben alle 3. zu machen.

Nach diesem wiese dieser erfahrne Botanicus und Physicus dem Herrn Grafen von Wratislau 16. Stämme von Waldbäumen, als Fichten,

Eichen, Buchen, Birkenbäumen von 7. bis 9. Schuh hoch; woraus er in einer Zeit von 6. Stunden große Bäume machte, die mit allem wol versehen und bewachsen waren, und vor ansehnliche Bäume in einem Walde paßiren konnten.

Dieser Autor erzehlet in seiner gedrukten Schrift ausführlich, was vor Nuzen seine rare Mumie bringen würde, vermittelst welcher man in sehr kurzer Zeit alle Arten von Pflanzen vermehren könne.

Nach seiner Rechnung beweiset er, daß man in 24. Stunden mit leichter Mühe 792. Bäume machen, und in 18. Tagen, wenn man allemal nur 7. Stunden und etwas fleißige Arbeiter dazu brauchet, einen Wald von 26460. Stämmen großer Bäume hervorbringen könne. Dieser Medicus bietet dieses Geheimnis allen Prinzen und großen Herren an, welche ihre milde Freigebigkeit vor eine so schöne Erfindung bezeugen werden. Doch erkläret er sich, daß er zufrieden sey, wenn man diesen Recompens in deposito lege, bis er durch ungezweifelte Proben dargethan, daß alles das, was er versprochen, und was er durch das Feuer verrichtet, welches jederzeit seiner Mumiæ vegetabili die Hand biethet, gründlich und leicht auszuführen sey. Ich nehme mir die Ehre zu seyn ꝛc.

„Wenn diese Erfindung den Verlust vermögend wäre zu ersezen, „den man in den kalten Wintern in den fruchtbaren Baumgärten erlit„ten, oder auch Champagne und andern Provinzen, welche von Holze „entblösset sind, Wälder zu schaffen, um ihrer Nothdurft dadurch zu Hül„fe zu kommen: so wäre dieses Geheimnis dem Stein der Weisen gleich „zu schäzen, den die Chymisten so viele hundert Jahre her vergebens su„chen. Dem sey aber wie ihm wolle, so ist doch das Erbieten des Me„dici sehr billig, weil er nicht den geringsten Vorschuß, sondern blos ein „depositum, oder eine Art einer Handschrift über die Vergeltung ver„langt, welche er so rechtmäßiger Weise verdienet haben wird, wenn „er alle Arten von Pflanzen so geschwinde vermehren lehret, darüber er „die Probe auf seine eigene Kosten verspricht. Alles kommt darauf an, „ob diese Pflanzen, deren erste Würkungen durch die Hize eines tempe„rirten Feuers hervorgebracht worden, sich durch Hülfe der Natur oder „durch ein immer dazu benöthigtes Kunststück im Stande erhalten könne. „Denn im leztern Falle würde die Sache von größerer Curiosität als „Nutzen seyn.„

Allein ich protestire hiemit feyerlichst und öffentlich darwider, und bezeuge es mit meinem guten Gewissen, daß ich an den schnellen Wachsthum niemals gedacht, sondern einig und allein auf eine allgemeine Vermehrung bedacht gewesen, die ich nicht allein erweisen, sondern nach und nach zu seiner größten Vollkommenheit bringen will. Denn es ist ja jedermänniglich bekannt, daß, was schnell aufgehet, weil es nur durch die Kunst und über die Natur getrieben wird, dasselbige auch bald wiederum verdirbet, und keinen Bestand hat. Dieweilen man mich aber auf diese Gedanken gebracht, und es von mir haben will: so habe ich schon in dem ersten Abschnitt Meldung gethan, daß ich mit dem sale mercuriali inskünftige, so GOtt will und ich lebe, einen Versuch thun, und selbigen ebenermassen mittheilen werde. Bleibet aber einmal vor allemal vor diesesmal dabei, daß ich von nichts anders, als von einer Universalvermehrung rede und geredet habe, die ordentlich in der Natur und mit der Natur, und nicht wider die Natur verrichtet wird. Mag es also derjenige, der dieses geschrieben, und entweder die Sache nicht recht gelesen, oder nicht wol verstanden, verantworten. Dieweilen ich aber so oft der Natur erwähne, so will ich auch derselben Unterschied weisen und anzeigen: damit man nicht wiederum auf andere Gedanken kommen möchte. Denn ich will entschuldiget seyn, wenn andere aus meinem Buch einen andern Sinn, Meinung und Verstand, als ich habe, sich vorstellen und einbilden.

§. 6.

Es wird aber das Wort Natur nicht allein in meinem wenigen Werke, sondern auch in andern gelehrten Büchern auf vielfältige und mancherlei Art und Weise genommen. Vor allen Dingen verstehet man durch die Natur GOtt, als den Schöpfer aller Dinge. Der ist natura naturans: denn von ihm ist alles, und in ihm ist alles, nach seinem Willen und Befehl würken auch alle Dinge. Er erhält alles, und regiert alles. Dahero wenn man spricht: In nothwendigen Dingen findet man in der Natur keinen Mangel; so ist das so viel geredt, als der gnädige und barmherzige GOtt läßt nicht zu, daß uns an nothwendigen Dingen, so wir zu unserer Unterhaltung vonnöthen haben, etwas fehlen oder einen Mangel haben soll. Wird also durch die Natur GOtt verstanden.

Ferners so wird die Natur vor alles, was in der ganzen Welt, sowol oben als unter dem Himmel, auf und unter der Erden, im Meer und in der Luft, und allen Elementen anzutreffen, genommen. Und wenn man spricht: die Natur kan nicht veralten oder alt werden; so will man so viel zu verstehen geben: Die Welt neiget sich natürlicher Weise zu keinem Untergange. Weder Sonne, Mond noch Sterne, noch die Elementen, weder die Erde noch das Meer werden in der Natur alt oder verderben, sondern sie sind immer beständig: und ob sich schon etwas verändert, so ist es doch unzerstörlich.

Ueber dieses wird die Natur vor das Temperament sowol eines Menschen, als auch einer andern Sache, darunter man verstehet, was GOtt vor Eigenschaften und Kräfte hinein gesetzet, angesehen. Als so man sagt: Dieses ist des Menschen oder des Baumes seine Natur, so will man so viel damit anzeigen: Dem Menschen oder dem Baume ist dieses angebohren, er kan es nicht anders, als vermöge seines hizigen, feuchten, wässerigen, oder trockenen Temperaments thun und hervorbringen.

Nächst diesem, so wird die Natur vor das innerliche Wesen sowol bei den Menschen als bei andern Dingen, in welchen ein lebendiges und bewegliches Wesen wahrgenommen wird, genommen. Als natura non facit saltum, das ist, die forma oder die innerliche Seele bringet in ihrer Geburt nicht alles alsobald zu seiner höchsten Vollkommenheit zugleich hervor, sondern sie gehet vom unvollkommenen zum vollkommenen. Man mus warten, bis eine Sache nach und nach hervor kommt. Denn aus einem Auge oder aus einem kleinen Zweiglein, oder Stücke Wurzel, oder aus einem kleinen Saamen eines Baumes kan nicht alsobald ein großer Baum werden. Der Mensch ist auch nicht wie ein großer Goliath aus Mutterleibe heraus geschlossen.

Endlich so wird das Wort natura auch pro forma & materia zugleich genommen. Als zum Exempel, es wird gesprochen: Natura præstantior est arte, das ist, wenn ich das innerliche samt dem äußerlichen Wesen einer Sache betrachte, so kan sie weit etwas köstlichers und bessers verrichten, als die Kunst vermag. Und solches habe ich aus vielen erheblichen Ursachen mit wenigen erklären und hersezen wollen.

§. 7.

Nun gehe ich wiederum zurücke, und verfüge mich mit meinen Gedanken in das schöne Paradeis, allwo ich den Adam in voller Freude und höchster Beschäftigung antreffe, und finde, daß er mit der Universalvermehrung aller Bäume, Stauden und Blumengewächse, die er blos allein mit dem Saamenwerk verrichtet, umgehet. Er sammlet von allen Pflanzen den Saamen, welchen ihm eine jede Art in einem so unaussprechlichen Ueberflus giebt, daß er nicht weis, wo er damit aus oder ein soll. Er verwahret sie aber zum Gebrauche, wie wir bald hören werden. Und wollen wir Nachkömmlinge uns nur ein wenig den unbeschreiblichen Ueberflus, den er im Paradeis genossen, einbilden: so dörfen wir nur betrachten, was uns noch zu Tage die gütige Natur in diesem elenden Jammerleben, da doch die Erde verflucht worden, bescheret und genüssen läßt. Wir empfangen ja öfters von einem einigen Körnlein mehr als über 360000. Saamenkörnlein, und wenn wir diese wiederum in die Erde bringen, so erlangen wir die große Anzahl, die mehr als 129600000000. austrägt (*). Und so man damit funfzig oder

(*) Obgleich des Herrn Verfassers Berechnung hier etwas übertrieben ist, so ist doch die Vermehrung durch den Saamen bei mancher Art Pflanzen erstaunend zahlreich. Es bringt z. E. eine einzige Tobackspflanze in einem Jahr über 40000. Saamenkörner. Wann nun diese wieder ausgebaut werden und gesezt nur die Hälfte davon, nämlich 20000 aufgehen und auch wieder zum Saamen kommen, so ist zu Ende des zweiten Jahres schon eine Anzahl von 800000000 Saamenkörnern vorhanden. Gehet hievon nur allemal wieder die Hälfte auf, so siehet die Rechnung davon in fünf Jahren folgender massen aus:

erstes Jahr	- - - - - - - - - - - - - -	1 Pflanze
zweites	- - - - - - - - - - - - -	20000
drittes	- - - - - - - - - -	400000000
viertes	- - - - - - - -	8000000000000
fünftes	- - - - - -	160000000000000000

Ferner ein einziges Saamenkorn von dem sogenannten Türkischen Waizen oder Mays bringt 2000 Saamenkörner und darüber. Da nun diese Art Getreides in den heissern Erdgegenden des Jahrs zweimal reif wird, so mus dessen Vermehrung in wenig Jahren erstaunlich seyn, wenn man auch wirklich nur den zehenden Theil der eingeerndteten Körner wieder ausbauet. Und solcher Beispiele wären noch vielmehr anzuführen.

oder hundert Jahre fortfahren sollte, so würde daraus eine fast unaussprechliche, oder zum wenigsten eine unbegreifliche Zahl erfolgen, wie solches mit mehrern aus Herrn Elßholzens Gartenbau Seite 23. zu ersehen. Ist nun eine so reichliche und unbeschreibliche Vermehrung unserer Zeit noch anzutreffen; was vor eine unaussprechliche Vermehrung mus denn im Stande der Unschuld sich erwiesen haben? Und in fernerer Betrachtung, sehe ich den Adam mit seinem lieben Weibe Eva, wie sie ihre Zeit ordentlich mit Einsezung des überflüßigen Saamens, den sie von allen Pflanzen zusammen getragen, vertreiben, und erwegen mit tausend Lust und Freude, wie der in die Erde geworfene Saamen alsbald aufwächset, und nach etlichen Tagen schon in vollkommenem Flor stehet, und kurz darauf die edlen Früchte schon reif und zeitig sind. Und wenn sie selbigen wiederum einsammlen, den Saamen davon nehmen, und abermal der Erden geben: so werden sie noch edler und niedlicher, daß, wenn man nur daran gedenket, der Mund schon beginnet zu wässern, und wäre kein Wunder, wenn man eben so lüsternd und begierig auf das Verbothene würde, wie Eva. O der glükseeligen Zeit! Denn Adam und Eva haben den schnellen Wachsthum mit Augen gesehen: uns aber wird er vor unsern Augen verborgen bleiben. Wir sehen zwar und erfahrens leider! noch bis auf diese Stunde, wenn wir den Saamen von der edelsten Frucht nehmen, und selbigen in die Erde werfen, daß er zwar aufgehet, und nach und nach wächset: allein, wenn man lang genug darauf gewartet, und sich versichert, man werde eine süsse und schöne Frucht davon haben, weil er von einer edlen Frucht hergekommen ist, so träget er nur saure Holzäpfel und das Maul zusammenziehende Holzbirnen. O des Jammers und Elendes! Allein wenn ich ein wenig stille stehe, so sehe ich, daß des Adams Glükseelig- und Herrlichkeit leider! auch nicht lang gedauert hat. Sie ist bald verschwunden. Sein freier Wille, den er nicht zu mäßigen wußte, samt dem Hochmuth, brachte ihn aus der großen Glükseelig- in die höchste Unglükseeligkeit. Er wollte thun, was ihm nur beliebte, und wollte GOTT gleich seyn: und ob er schon wußte, daß, wenn er von dem Baum des Erkänntnisses Gutes und Böses essen würde, er desselben Tages des Todes sterben müßte: so mus dieses scharfe Gebot doch übertreten seyn. Denn das Weib ließ nicht nach, bis sie ihn dazu verführet hatte. Und solches trägt sich ja bejammernswürdig noch heut zu Tage nur mehr als zu oft zu. Man mag schreien oder singen, so mus das lüsternde Maul doch naschen, und sollte man auch wissen, daß man den Tod daran essen sollte. So schöne Adamskinder sind wir.

§. 8.

Bei dieser Näscherei aber will ich doch die fürwizige Frage hervorbringen: Ob dieser Baum, daran sich Adam und Eva den Tod gegessen, ein Feigen oder Apfelbaum gewesen? Viele wollen das erste behaupten, und zwar aus dieser Ursache, weil der Mensch nach dem Sündenfalle seine Zuflucht alsobald zu selbigen genommen, und zu Bedeckung sei-

seiner Schaam Schürze daraus geflochten, nicht allein seine Blösse damit zu bedecken, sondern auch seine Reue damit zu bezeugen, und sich damit zu mortificiren, weil der Feigenbaum große, rauhe, harte Blätter hat, von welchen Adam und Eva ein beschwehrliches Reiben empfunden, und ihre Sünden damit haben büssen wollen, wie solches weitläuftiger in dem Werk des Cardilucii in dem Herbsttheil zu lesen. Er setzt noch eine vermuthliche Ursache dazu, warum man glauben könnte, daß der verbothene Baum ein Feigenbaum gewest, weil der HErr JEsus denselben vor seinem Leiden verflucht, anzudeuten, daß er die Ursache sey des sündlichen Falls und seines bittern Leidens. Welches aber der Wahrheit nicht gemäs scheinet. Denn 1 Buch Mose 3. wird gelesen, daß der verbotene Baum ein lustiger Baum gewesen, und lieblich anzusehen rc. Welches aber vom Feigenbaum nicht zu vermuthen. Daß aber doch befohlen wird, wir sollen den Feigenbaum ansehen, darunter steckt ein großes Geheimnis, so in dem Titelblat ziemlicher massen schon erkläret worden ist. Woher man aber muthmassen will, daß diese verbotene Frucht ein gewisses Geschlecht von Aepfeln gewesen, könnte man unter andern auch daher beweisen, weil die Aepfel dermassen von GOtt gezeichnet sind, daß, wenn man einen Apfel über zwerch mitten durch schneidet, nemlich mitten zwischen dem Stiel und obersten Butzen, wo die Blüte gestanden, sich gewöhnlich in jedem Apfel zehen Mahlzeichen finden, nach der Zahl der heiligen zehen Gebote, zur Anzeigung, daß diese Art diejenige Frucht gewesen, welche Anlaß zur Sünde gegeben, und GOtt darwider die zehen Gebot gestellet. Wie denn eine gewisse Art Aepfel gefunden wird, so Adamsäpfel heissen, welche eine Figur haben, als ob ein Biß mit Zähnen darein geschehen wäre, wie solches bei obangezogenem Autore zu finden. Nun dieses mag seyn oder nicht, genug daß wir die üble Würkung davon alle haben: und können also à posteriori gar wol schlüssen, daß Adam und wir mit ihm GOttes Gebot übertreten, und uns an selbigen gröblich versündiget haben. Und ist uns eben einerlei, wenn einer leider! das Unglük hat, und ein Bein zerbricht, ob solches durch fahren, reiten oder schlagen geschehen. Denn dieses Wissen hilft zur Hauptsache nichts: den unaussprechlichen Schmerzen, das große Elend und den Jammer mus er doch ausstehen, und sich auch darein ergeben, ob er schon die ganze Zeit seines Lebens einen ewigen Kalender und stetes Angedenken an ihme haben und tragen mus. Und mit einem Worte, die Sünde, die Adam begangen hat, mag durch das Aepfelessen oder auf andere Weise geschehen seyn; genug, daß er aus dem Paradeis getrieben worden, und mithin unter andern sonderbaren Glükseeligkeiten die reichlich und unaussprechliche Vermehrung samt dem schnellen Wachsthum, der im Stande der Unschuld in der Natur befindlich gewest, verschwunden. Derohalben will ich diese Betrachtung verlassen, und mich mit meinen Gedanken dahin wenden, um zu erforschen, wie Adam nach dem Falle die Vermehrung aller Bäume, Stauden und Blumengewächse vorgenommen, welcher Art auch seine Nachkömmlinge und alle heilige Erzväter haben nachfolgen müssen, wie solches in dem nachfolgenden Kapitel zu erblicken seyn wird.

Zweites Kapitel.

Von dem uralten Gebrauch und Arten der Vermehrung, welcher sich Adam und die Patriarchen bedienet.

Ob nun wol Adam, und wir alle in ihm, das schöne Paradeis und den so seligen Garten verscherzet; so ist doch in seiner und in unser aller Naturen noch ein natürliches Verlangen nach den Gärten, wie auch nach dem Landleben noch übergeblieben: sintemalen GOtt anfänglich dem Menschen den Paradeisgarten zur Wohnung eingeräumet, und die mancherlei Früchte desselben zur menschlichen Speise verordnet. Und finden wir auch in unsern Gärten noch ein angenehmes Schattenwerk von dem unbeschreiblich schönen Paradeis, welches unsern Leib, Seel und Geist erquicken und ermuntern kan. Wir sehen zu unterschiedlichen Jahrszeiten in den Blumengärten den herrlichen Flor der Tulipanen, Anemonen, Hyacinthen, Narcissen, Aurikeln und dergleichen; zu einer andern Zeit, den edlen Flor der Rosen, und die sehr zierlich und in Atlas daher prangenden Lilien. Kommts in den Herbst hinaus, so sehen wir den wunderschönen Nelken Flor, sowol der vielfärbigen Bisarden und künstlich gesprengten Picoten, als auch der zweifärbigen zierlich gesprengten Concordien, so daß unsere Augen vom Sehen fast stumpf und müde werden. Spaziren wir unter den Gallerien und Aleen herum, so hören unsere Ohren den lieblichen Vögelgesang, welche auf den Zweigen der Bäumen hin und wieder tanzen und singen, und erfreuen sich gleichsam über die Werke GOttes ihres Schöpfers. Dabey hören wir mit sanften und annehmlichen Sausen und Geräusche die sanften Winde, wie sie in der Luft durch die Gipfel der Bäume hinüber fliegen. Verfüget man sich in die kostbare Gewächshäuser, allwo noch hundert andere wolriechende ausländische Blumen und Bäume mehr zu finden, durch deren edel und durchdringenden Geruch unsere schwache Lebensgeister also erquicket werden, daß man auch öfters von allzustarker Reizung derselben nicht weis, wo man, oder wie einem ist. Ferners will man nach vieler Arbeit seinem Leibe in dem Gras eine Ruhe und Erquickung geben, und sezet man sich unter einen schönen und wolausgetriebenen Apfelbaum, und erblicket die roth und goldgelb gemahlten Früchte, was giebet dieses vor ein Vergnügen! Begeben wir uns in die angenehmen Wälder, und legen unsern matten Leib auf ein erhobenes Hüglein nieder, und sehen über uns, so dünket uns, wir sehen die Jakobsleiter, auf welcher wir gleichsam durch ihre ungemeine Höhe in Himmel hinauf steigen könnten. Und endlich was empfänget doch unser Mund vor eine Süßigkeit und Annehmlichkeit von den edelsten Früchten! Ja was vor Kraft geben uns die honigsüssen Feigen, die zuckersüssen Pommeranzen, Granatäpfel

äpfel und dergleichen! Was vor Kraft und Stärke geben die süssen Mandeln und zuckersüssen Rosinen! In Summa es wäre von der Lust und dem Nuzen der Gärten, die so mannigfaltig sind, so viel zu reden und zu schreiben, daß man nicht wüßte, wann man ein Ende machen solte.

Inzwischen weil wir nach dem Falle in diesem Jammerleben noch so viel Gutes von GOtt empfangen, so sind wir ja schuldig, vor so mancherlei schöne und wunderliche Gewächse, vor lieblich und wolschmeckende Früchte dem gütigen Schöpfer ewig zu danken; sonderlich daß er uns gefallenen Menschen jährlich so mildiglich ohne alle unser Verdienst, so viel Gutes giebet, und uns so reichlich speiset und ernähret, und dabei herzinniglich zu beweinen und zu bereuen, daß wir mit Adam so bös und sündlich gehandelt, ja daß wir noch bis auf diese Stunde nicht nach GOttes Willen und seinen Geboten leben. Dahero wir Ursache haben, täglich vor unserm Schöpfer, sonderlich wann wir in die Gärten gehen, und die Bäume, Blumen, Laub und Gras ansehen und betrachten, auf unsere Knie niederzufallen, und unsern himmlischen Vater zu bitten, er möchte uns unsere begangene Sünde vergeben, und auch dermaleinst aus dem irrdischen in den himmlischen Paradeisgarten versezen und aufnehmen.

§. 2.

Allein ich will mich ein wenig um den lieben Adam und um sein liebes Weibgen Eva umsehen, wie sie als elend vertriebene auf den Feldern und Aeckern, die voller Disteln und Dornen sind, herum wandern. Sie suchen mit bittern Thränen und Weinen allerlei Früchte zu ihrer Nahrung zusammen. Die liebe Eva beisset anizo in einen sauern Apfel, darüber schüttelt und beutelt sich ihr ganzer Leib, und laufet ihr ein gewaltiger Schauer über den ganzen Rucken hinunter. Nun denket sie allererst an die zuckersüssen Aepfel, und heulet und schreyet, und will ihr wegen ihrer verübten Uebelthat die Haare aus dem Kopfe reissen; allein zu spät! Der Adam empfänget auch von solchen Früchten, er hoffet aber, er will sie durch seine Mühe und Fleiß verbessern. Und weil ihme noch gar in frischem Gedächtnis war, daß, wann er den Saamen einer Frucht in die Erde geworfen, und selbigen gepfleget und gewartet, solcher nicht allein noch edler und wolgeschmacker, sondern auch ganz schnell und geschwinde hervor gekommen, leget er den Saamen gleicher Weise in die Erde: allein er nimmet wahr, daß derselbe zum Theil gar nicht, zum Theil langsam aufgehet. Darüber verwundert er sich nicht wenig. Doch was will er machen? Er mus die Zeit mit Gedult erwarten. Und als er nach langer Zeit Früchte empfieng, waren sie ganz sauer und herb, zogen ihm nicht allein den Mund zusammen, sondern er bekam auch davon im Leibe Grimmen, Reissen, und gleich darauf Durchfall, Ruhr und dergleichen Beschwerlichkeiten mehr.

Ueber

Ueber diese neue Zufälle wußte der Adam vor Jammer und Elend nicht, wo er aus noch ein sollte. Das Weib fieng inzwischen auch an zu kreißen, und wollte niederkommen. Was Jammer, was Noth! Nun soll er ihr eine Kinderstube verschaffen. Der Winter war auch vor der Thür: kein Holz ist da, die grossen Bäume darf er nicht wegnehmen, und die jungen sind noch nicht gewachsen, will er sich nicht in seiner Haushaltung Schaden thun. Mit einem Worte, es gehet mit dem Holz so barmherzig zu, wie in Holland. Er wünscht nur, daß er bald einen Sohn und viele Erben erlangen möchte, die ihm das Land bauen und verbessern helfen möchten. Endlich brachte ihm seine liebe Eva einen Agricolam, einen Ackersmann. Sie vermeinte zwar, sie hätte den Mann den HErrn, und sagte: Ei GOtt sey gelobet! Da habe ich erlanget den HErrn, den Mann, den Saamen, der dem Satan oder der Schlangen den Kopf zertreten soll, der wird es thun. Aber leider! weit gefehlet, es war nur Kain. Als der Knabe in etwas herbei wuchse, unterrichtete der Adam ihn in der Gärtnerei und Ackerbau, er wies ihm, wie er zu rechter Zeit den Saamen einbringen, alsdann, wie er selbigen wiederum aussäen, ingleichen wie er ihn recht einsezen, und endlich wie er auch denselben verwahren sollte. Ferner, wann er aufgegangen, wie er die Pflänzlein warten, wie er sie zu rechter Zeit, und in Veränderung des Mondes, wol versehen, wie er allerlei gute Düngung ihnen geben sollte, damit sie bald stark werden und zur Zeitigung kommen möchten, und was dergleichen noch mehr war. Wie nun Kain durch seinen großen Fleis, Mühe und Arbeit es endlich so weit gebracht, daß er von seinen eingepflanzten Bäumen Früchte erlangte: war er begierig zu höchstschuldiger Danksagung GOTT dem HErrn selbige als Erstlinge aufzuopfern. Derowegen bauete er einen Altär, hiebe auch Holz von seinen selbst erzogenen Bäumen, und brachte alles herbei, was man ferners vonnöthen hatte. Solches verrichtete auch Abel, und brachte gleicher Weise von den Erstlingen seiner Heerde und von ihrem Fette. Dann die Erstlinge sind nichts anders gewesen, als wie GOTT hernach im Geseze befohlen, daß allerlei erste männliche Geburt von reinem Viehe GOtt dem HErrn geheiliget seyn sollte. Es hat auch das Holz und alles, was zum Opfer gehörig war, von den Erstlingen müssen seyn, und haben es selbsten erziehen und zielen müssen, und zwar aus den Saamen. Dann wann die Bäume durch Impfen, oder Okuliren, oder andere dergleichen Künste, soferne es dazumal bekant gewesen, wären gemachet worden, so hätte man sie nicht zum Opfer brauchen dörfen, weil es nicht Erstlinge waren. Wie dann solches aus der Geschichte des Abrahams, als er seinen Sohn Isaak schlachten wolte, gar klar abzunehmen. Dann er nahm nicht allein das heilige Feuer auf die dreitägige Reise mit, sondern er ließ auch das Holz mittragen, bis an den Berg Moria: da er doch unterwegs weges oder auf dem Berge Holz und Buschwerk genug hätte antreffen können. Allein weil es auch ein besonders Holz, als von Erstlingen, seyn mußte, und er dessen versichert war: so nahm er Feuer und Holz mit, und legte es seinem Sohn, als dem Erstlinge, auf seinen Rücken zum Brandopfer.

§. 3.

Dieser Gebrauch und Manier, die Erstlinge auch aus den Pflanzen zu erlangen, ist ferners auf die heiligen Patriarchen gekommen, und aus obangezogenen Ursachen also üblich gewesen. Dann Noah, wie in dem 1. Buch Mose 9. zu lesen, fieng an nach der Sündflut, auch einen Agricolam oder Ackersmann abzugeben. Sonderlich pflanzte er Weinberge: weil er den Wein nicht zu seiner Wollust, sondern zu den Opfern nöthig hatte. Solche Pflanzung und Vermehrung, weil es zu diesem heiligen Werke zu gebrauchen war, mußte gleicher Weise von den Erstlingen seyn: und derohalben war die Fortpflanzung und Vermehrung durch den Saamen wiederum eingeführet worden. Man siehet auch mit Verwunderung, was vor eine Menge Saamenkörnlein man von den Weinbergen haben kan. Wann ich nur bedenke, wie unsere Weinzierl, wann sie den Stock ausgepresset, denselben zerhauen, und alsdann als ein unnüzes Wesen wegwerfen: da doch so viel Millionen Weinrebensaamen darinnen sind. Darüber ich sie öfters gestraffet, und ihnen vorgestellet, sie solten nur bedenken, was sie aus solchem Saamen, den sie so liederlicher Weise hinweg werfen und vertretten, vor einen unaussprechlichen Nuzen haben könnten. Wann sie nur die wenige Mühe auf sich nehmen, und einen geringen Plaz dazu erwählen, und denselbigen in die Erde werfen wolten: so würden sie über das Jahr viel tausend junge Weinstöcke erhalten, die nach und nach größer werden und viel Nuzen schaffen würden. Darauf bekam ich aber nachfolgende Antwort: O mein Herr! Da müßten wir wohl nicht klug seyn, wann wir uns mit einem solchen Miste schleppen solten. Was solten wir soviel Mühe und Arbeit mit einem so kleinen Saamenwesen haben? Wanns schon aufgienge, so mögen wirs nicht versezen. Ei wer will sich so bucken? Es ist bei uns der Gebrauch nicht ꝛc. O der großen Faulheit und Liederlichkeit, die alle liederliche Weinzierl und faule und langsame Gärtner in sich haben! Was aber vor ein ungemeiner Nutzen, und was vor herrliche Weintrauben daraus werden könten, die diese unbedachtsame Leute verwerfen, werde ich an seinem Orte nachdrüklich zu melden wissen (*). Allein solche nachlässig und faule

(*) Von Trauben guter Art kan man wohl die Körner samlen und junge Weinreben daraus zielen, wie z. E. mit den Körnern aus den grossen Rosinen von verschiedenen mit gutem Erfolg versucht worden ist. Mit schlechten Herlingen aber verlohnet sich freilich die viele Mühe und lange Zeit nicht, die doch sowohl, als bei guten Sorten angewendet werden muß. Uberhaupt aber ist auch dieser Weg, Weinreben zu ziehen in Ansehung der langen Zeit, ehe man eine Frucht von selbigen genüssen kan, viel zu beschwerlich, als daß es jemals bei dem gemeinen Winzer dahin zu bringen seyn solle, im Grossen dergleichen Versuche zu machen.

le Weinzierl, sage ich noch einmal, und Ackersleute waren unsere Altväter nicht. Sie hatten ungemeine Lust und Freude die Weinberge und Bäume zu warten und zu pflanzen, und liessen sichs nicht verdrüssen, auch aus den kleinesten Saamen die edelste und herrlichste Frucht zuwege zu bringen. Wie dann Abraham zu Berseba ungemein viele Bäume gepflanzet, und nicht nur gemeines Brennholz, sondern auch andere seltene und nothwendige Bäume, wovon man allerlei benöthigte Stücke zum Levitischen Opfer und GOttesdienste hat haben müssen, herbey geschaft. Dann 2. Buch Mose am 30. ist zu lesen, daß, wann man das heilige Salböl hat zubereiten und machen wollen, man dazu allerley Specereien, als da war die edelste Myrrhen, Zimmet, Calmus, Cassien, Baumöl, brauchen müssen. Ferners wenn man das allerheiligste Rauchwerk verfertigen wolte, so muste man Balsam (sonder Zweifel wird es Opobalsamum gewesen seyn) Stakten, Galben und reinen Weyhrauch rc. haben.

§. 4.

Dieweil man nun solche Specereien in grosser Menge zu dem hohen GOttesdienste benöthiget hatte: so ist kein Zweifel, es wird Abraham und die Seinigen auf solche Vermehrung der Bäume sehr bedacht, und in solcher Arbeit wol beschäftiget gewesen seyn, wird auch ein sehr wachsames Auge darauf gehabt haben, sonderlich auf den Myrrhenbaum und Balsamstauden. Und siehet man klar aus nachfolgendem, daß sie blos aus dem Saamen ihre Vermehrung, als welchen GOtt in der Erschaffung angeordnet, haben müssen anstellen. Dann hätte er vermittelst der Myrrhenbeere nicht junge Myrrhenbäumlein auferzogen, so hätte er die Stacte, als welche der balsamische Saft, welcher von sich selbst aus den jungen und zarten Myrrhenbäumen, wenn sie nur 3. oder 4. Jahr alt seyn, herausflüsset, nicht überkommen können. Dann wann sie älter wären gewesen, so hätte man nicht mehr diesen edlen Saft, sondern nur die edle Myrrhen, die doch wie die Zähren schön klar und durchscheinend, und wann man daran hauchet, mit rother Farbe sich darstellet, erlangen können. Plinius aber beschreibet diesen Myrrhenbaum als ein Gewächs, so über 5. Ellen nicht hoch. Derohalben wann Abraham nicht fleißig junge nachgezielet, und Mangel daran gehabt hätte, so würde dieses allerheiligste Rauchwerk nicht ächt und wahrhaftig verfertigt worden seyn. Dann was mit Gewalt zerrissen wurde, und was aus denselbigen floß, war nicht zu diesem allerheiligsten dienlich. Wiewol auch die allerreineste Myrrhen ebenermassen wie diese seyn muste: denn sie floß und quolle aus den selbst zersprungenen Rinden heraus, und selbige wurde zu der köstlichen Salbe gebraucht. Was wir aber heut zu Tage als die vermeinte Myrrhen empfangen, selbige ist weder an Güte noch Nuzbarkeit jener zu vergleichen. Eben so gehet es auch mit dem köstlichen Opobalsam, welcher ein heller, weisser, ölichter Saft ist, weich, doch mittler Zeit etwas hart und gelblichter Substanz wird, ist eines herrlichen und gewürzhaften Geschmacks, und hat einen sehr angenehmen Geruch: derohalben ist er auch zu dem allerheiligsten Rauchwerk genommen worden. Und wie er von Prospero Alpino, welcher selbst in Egypten gewesen, und dergleichen Gewächs gehabt und gezogen, beschrieben wird, so soll solcher Balsam auch von sich selbst aus kleinen Sträuchen, so etwan zwei Ellen hoch von der Erden, mit langen, schmahlen, röthlichten und knotichten Aestlein wachsen, welche wie die Weinreben abgeschnitten und in kleine Büschlein gebunden, auch also von den Türken heraus geschicket werden, und wird von den Materialisten Xylobalsamum genennet. Wenn man sie anzündet, so geben sie einen sehr lieblichen und angenehmen Geruch von sich, ihre Saamen sind röthliche und wohlriechende Beerlein, so etwas kleiner als Erbsen sind, und wird in den Apothecken Carpobalsamum geheissen. Heut zu Tage soll der türkische Kayser, als er sich des heiligen Landes bemächtiget, alle Balsamsträuchlein versetzet, und in einen besondern darzu gewiedmeten Balsamgarten zu Matarea, zwei Meilen von Cairo gelegen, gebracht haben, welcher, so zu reden, durch einen Cherubim mit einem blossen hauenden Schwerd verwahret wird. Ob aber dieser Balsam so wahrhaftig, als er dazumal gewesen, anzutreffen, oder auch zu uns heraus komme, da wäre viel davon zu melden. Etliche stehen doch in den Gedanken, daß es gar wohl seyn könne; allein er komme nur dem Grostürken allein zu, wie solches weitläuftiger zu finden in der Materialkammer D. Valentini. (*)

Ferners hat Abraham auch Cynnamet, welches die meisten vor Zimmet halten, gepflanzet, welches ein grosser Baum seyn soll, so gros und dick wie ein Lindenbaum, mit breiten, grossen und immer grünenden Blättern, wie Citronenblätter und nach Näglein riechend gezieret. Nun ist noch heut zu Tage bekannt, daß keine andere Bäume, den Zimmet davon zu ziehen dienlicher sind, als nur die, so drei oder vierjährig sind. Dann die alten Zimmetbäume geben keine kräftige und wolriechende Rinde. Dahero hat Abraham fleissig auf den Saamen, der so gros als die Eicheln, oder wie die Oliven, seyn soll, Acht gehabt, und selbigen zu rechter Zeit in die Erde gebracht, damit ja nur kein Mangel oder Abgang an demselbigeu zu spüren seyn möchte. Ob aber die Einsammlung und Abschälung der Rinden von ihm eben auf solche Weise geschehen, wie es von Herrn Herbert v. Jäger weitläuftig beschrieben worden, und bei obangeführtem Schriftsteller zu finden, daran zweifle ich: sondern die Rinde mag wol vor sich selbst aufgesprun-

(*) Der Ort, wo heutiges Tages die Balsamstaude wild wächst, ist nach D. Hasselgnists Bericht einige Tagreisen von Mekka im steinigten Arabien und gar nicht unter des türkischen Großherrns Botmässigkeit. Siehe dessen Reise nach Palästina teutsch. Uebersez. S. 567. allwo auch von den Proben des Balsams selbst das mehrere zu finden.

gesprungen, und sich mitten von selbst abgelöset haben. Wie es aber heut zu Tage mit der Rinden Ablösung pfleget herzugehen, wird also beschrieben. Es wird nämlich solche Arbeit des Jahrs zweimal verrichtet, als im Hornung und August, zu welcher Zeit eine gewisse Feuchtigkeit zwischen dem Stamm und der Schaale zu finden, und also beide desto leichter zu trennen sind. Wann nun diese Zeiten herbei kommen, so schälen die Schwarzen und Zimmetschäler, (deren etliche hierzu gebraucht werden) die erste und mittlere Rinde ab, ohne daß sie die dritte verlezen dörfen, dann sonsten der Baum Noth leiden müste. Also sezet alsdann der Baum in 1½ Jahren allezeit wieder neue Rinden, welche zärter und kräftiger werden, als die erste, oder diejenige, so selten abgelöset werden. Die Ablösung aber geschicht nicht anders, als hier zu Lande eine Rinde von einem Baum abgezogen wird, ohngeachtet sie also rund eingekrümmet sind. Welches darum geschicht, dieweil sie erstlich noch grün sind, und nachmalen von der Sonnen also eingebogen werden, welche durch ihre Hitze nicht allein ihre Kräfte und Geschmack mehr erhöhet und hervor treibet, sondern auch ihnen die schöne rothe Farbe giebet, da sie von dem Baume ganz braun und rauh kommen.

Ueber dieses, so hat man auch den Calamum zu der köstlichen Salbe vonnöthen gehabt. Denn dieser war nicht unser gemeiner Calmus, der gar gern allenthalben wächset, sondern der Calamus aromaticus, so sehr rar und hart fort zu bringen war. Er soll einen ganz kleinen schwarzen Saamen bei sich haben, und wie er von Pomet beschrieben wird, so ist es auch nicht die Wurzel, so den starken Geruch giebet, sondern es sind dünne und mit Gelenken ausgetheilte Stänglein, welche auswendig gelbe, inwendig aber weis sind, die haben einen scharfen und mit einer lieblichen Bitterkeit vermengten Geschmack, und einen vortreflichen gewürzhaften Geruch, wie solches Herr D. Valentin in seinem Werke bezeuget. Und dieser Calamus wird der rechte gewesen seyn, welchen Abraham mit grossem Fleiß erzogen, und zu seiner Salbe wird gebraucht haben. Was die Cassia betrift, die gleicher Weise unter die kostbare und heilige Salben ist gemischet worden, so hat zwar selbige keinen Geruch, so ferne wir diejenige, so noch heut zu Tage bei uns bekannt ist, verstehen wollen. Dann diese Caßie oder Cassia fistulosa bestehet aus länglichtrunden und cylindrischen Schoten, von unterschiedlicher Grösse, welche auswendig mit einer schwarzen, hart- und holzigten Schale, inwendig aber mit einem schwarzen, schärflichen, und doch süssen Mark versehen. Dahero ist zu vermuthen, daß sie nicht um des Geruches willen darunter mag genommen seyn worden, sondern nur daß die Salbe eine schöne Farbe und süssen Geschmack erlanget haben mag. Sonst soll der Calamus von dem Saamen gar gerne wachsen, und wol über sich zu bringen seyn. Was ferners das Galbanum

banum, so immer weich bleibet, und einen starken Geruch giebet, betrift, ingleichen den Weyhrauch oder das Olibanum, so ebenermassen einen höchst angenehmen Geruch von sich wirft, und wie geschrieben wird, bei dem Berg Libanon ein so grosser Wald von solchen Bäumen gefunden werden soll, der sich über 30. Meil Weges erstrecket; nächst diesem was es mit dem Baumöl vor eine Beschaffenheit gehabt, weil alles gar schön und weitläuftig in den angezogenen Schriftstellern nicht allein zu finden, sondern weil es auch den meisten schon bekant, so will ich davon wenig Worte machen. Nur dieses dabei zu wünschen, daß man solche Materialien so gut und so frisch allezeit erlangen, und in Apotheken und Materialgewölbern antreffen mögte, als es dazumal geschehen, und von GOtt befohlen worden: so könten wir öfters auch einen bessern Balsam, Rauchwerk und andere Arzneien machen lassen.

§. 5.

Ehe ich aber die Arten und Gebräuche unserer Zeit, wie die Vermehrung aller Bäume und Staudengewächse ist erfunden worden, betrachte, so mus ich doch des lieben Altvaters Jacobs nicht gar vergessen. Dieser mus sich in Baumsachen, wie aus gar vielen Umständen abzunehmen ist, ebener massen sehr geübet haben, und möchte man bei nahe vermuthen, er wäre der erste gewesen, der die natürliche Art der Fortpflanzung durch den Saamen in etwas verlassen, und sich auf die künstliche Vermehrung geleget. Dann wann ich bedenke, was er vor künstliche Sprünge mit den buntgemachten Stäben und Haselstauden, ingleichen mit grünen Papelbäumen und Kastanien auszuüben gewußt, dann war es ihme nicht verborgen die Fruchtbar- und Unfruchtbarkeit in der Schäferei zu befördern, weil er auf solche Gedanken gerathen: so wird er auch wol einige Versuche im Okuliren und andern Gartenkünsten vorgenommen und versuchet haben. Allein weil man von solchen Sachen nichts gewisses behaupten kan, so verbleibt es unter den Lustgartengedanken vergraben. Nun will ich meinem Versprechen nach mich auch befleissen einiges Vergnügen zu leisten, und die unterschiedlichen Wege und Manieren, wie sie dort und da bei mancherlei Schriftstellern befindlich, in etwas durchzugehen, und davon soll das lezte Kapitel dieses andern Abschnittes handeln.

Drittes Kapitel.

Von unterschiedlichen heutiges Tages üblichen Wegen und Arten der Vermehrung aller Bäume und Staudengewächse, wie sie in etlichen Büchern zu finden.

Es wird hofentlich aus dem vorhergehenden wenigen Vortrag ein jeder ersehen haben, wie GOtt in der Natur die Verordnung gethan,

gethan, daß alle Dinge, so im Pflanzenreich befindlich, durch die Saamen sollen vermehret und fortgepflanzet werden. Diesem natürlichen Geseze ist Adam und mit ihm alle heilige Erzväter nachgefolget, wie solches im vorhergehenden Kapitel erwiesen worden ist. Solchem schönen, lichten, gewissen und wahrhaften Wege sind viele verständige Gartenliebhaber, sowohl in diesem, als vielen vorhergegangenen Jahrhunderten nachgewandelt, bis allgemach die künstliche Vermehrung versuchet worden. Weil man nun wahrgenommen, daß die gütige Natur auf alle Weise nachgiebet, und zu ihrem vorgenommenen Werke alles Liebes und Gutes beiträget: so hat man versuchet, was einem immer getraumet haben mag, seine zulässige Begierde und Freude auszuüben.

Es haben sich aber jederzeit zweierlei Liebhaber gefunden: welche, die dem Wege der Natur, andere aber, die der Kunst nach gegangen sind. Die, welche den ersten erwählet, haben sich versichert, es werde ihnen nicht fehlen, wann sie von einer guten und wohlgeschmacken Frucht den guten und recht zeitigen Saamen nähmen: weil es der Schöpfer also verordnet, daß die fruchtbaren Bäume, da ein jeglicher nach seiner Art Früchte trägt, auch ihren eigenen Saamen selbst bei sich haben, und daß, wann selbiger der Erden anvertrauet werde, nicht allein dieselbige Art, sondern auch die Grösse desselben Baumes, wie auch zugleich die Güte der Früchte, und wiederum sein eigener Saamen zu fernerer Fortpflanzung hervor kommen müsse. Was wolte man auch wol leichters und vergnügters von der gütigen Natur verlangen? Man darf ja nur den Saamen zu rechter Zeit abnehmen, denselben bis zu seiner Zeit wol verwahren, hernach gebührend in die Erde werfen. Ist diese wenige Arbeit geschehen, so gehet man davon, und läßt die ganze Arbeit der Natur über. In kurzem siehet man den reichlichen und unaussprechlichen Wucher, den man mit seiner wenigen Arbeit erlanget hat. Gesezt aber, daß mancher selbigen nicht alsobald genüssen kan, und sich auch die Rechnung machen mag, daß er den Nuzen in seinem Leben nicht empfangen kan, so läst er selbigen den Nachkömmlingen über, wol erwegend, wie es ihm und uns würde gefallen, wann unsere Vorfahren alles verzehret, und uns nichts hinterlassen hätten. Ich glaube, wir würden ihnen wenig Dank wissen. Es ist leider wahr, daß noch heut zu Tage solche neidische und bösgesinnte Gemüther anzutreffen, die, wann sie was pflanzen sollen, und es nicht genüssen oder erleben können, keine Hand anlegen, sondern sprechen: Was soll ich vor andere Leute arbeiten? Wer weis, wer es bekommet, was frage ich nach den Nachkömmlingen. Sie mögen sich selber was zielen und schaffen: ich will mir lieber einen geringen und schlechten Baum verschaffen, der bald träget, als einen herrlichen, der langsam träget, oder den ich nicht erleben kan. Allein edle und wolgesinnte Gemüther sind ganz eines andern Sinnes. Es ist zwar billig, daß man erstlich darauf bedacht ist, daß man dasjenige, was man mit grosser und saurer Mühe pflanzet und wartet, zu seinem eigenen Nuzen und Vergnüglichkeit anwenden möchte: wann man aber siehet, daß dieser oder jener Pflanzen Natur nicht zuläßt, daß man sie übertreiben kan, so soll man doch nichts an seinem Fleis erwinden lassen, sondern solche, so lange man lebet, warten und pflegen, und den Nuzen davon den Nachkömmlingen überlassen, mit Versicherung, daß, obschon nicht von allen solches zu hoffen, es doch von dankbaren Gemüthern geschehen werde, daß sie sprechen: Dieser liebe, ehrliche und fleißige Mann hat sich mit diesem oder jenem Baume recht verewiget. Wer ihn ansiehet, der mus ihm danken, und ihn loben, daß er solchen hieher gepflanzet hat rc. Würde man nur ein und andere Schriftsteller aufschlagen, so würde man zur Gnüge finden, wie auf allerlei Wege hochgeneigte Liebhaber sowol in der natürlich als künstlichen Vermehrung sich schon geübet, und viel nüzliches und gutes der Nachwelt mitgetheilet und hinterlassen haben, obschon bekannt, daß sie nicht von allen deswegen einen Dank bekommen, sondern sich vielmehr, und zwar die meisten finden, die alles tadeln und über die Hechel ziehen. Solches mag ich mir nur gleicherweise gefallen lassen, wiewol mir wolwissend, was Kayser Ludwig der 3te zu seinem Wahlspruch gehabt: Nemo placet omnibus, Niemand kan allen gefallen, noch weniger D. Agricola mit seinem Versuche. Allein ich bekenne es, wie öfters, daß, wann es nicht so fatali modo an mich gekommen wäre, ich meine schwache Feder nimmermehr in dieser Materie angesezet hätte, insonderheit weil ich alles mit laufender Feder, und hunderterlei andern Gedanken verfertigen, und selbige in aller Eile unter den Winkelhaken, und dem Buchdrucker zusenden mus. Allein ich kan es vor diesesmal nicht ändern. Ich versichere aber, daß, wann GOtt will, und ich meine Gesundheit dabei erhalten kan, die 2. nachfolgende Theile mit mehrerm Fleise und Gelehrsamkeit ausgearbeitet, und den Herren Liebhabern übersendet werden sollen.

§. 2.

Ich will aber in Ergreifung der unterschiedlichen Schriftsteller des Hoch- und Wolgebornen Herrn, Herrn von Hohberg schönes Werk ansehen. Wie ich dann in seinem 12. Buche des adelichen Land- und Feld-Lebens finde, wie weitläuftig und schön er die Nothwendigkeit des Gehölzes beschrieben. Unter andern stellet er dieselbe mit diesen Worten vor: So wenig wir des Feuers entbehren; so wenig werden wir auch des Holzes entrathen können. Dann in Ermanglung dessen würden wir, wie die wilden Thiere, alle Speisen rohe zu essen gezwungen. Was aber dieses f. v. vor ein wildes Fressen wäre, und wie es uns würde ankommen, mögen wir nur in etwas aus diesem erkennen, wann unsre liederliche Mägde öfters die Speisen nur halb ausgebraten und gekocht auf den Tisch bringen. Denn wann man sie in den Mund bekommet, so vermeinet man, es möchte einem vor Grauen Lungen und Leber zum Maul heraus steigen. Und solches geschicht aus lauter Nachlässigkeit und Faulheit, daß sie sich nicht bücken mögen, ein Scheit Holz mehr unter dem Heerde hervor zu nehmen. Denn, GOtt lob, bis dato haben wir keinen Mangel an Holz (ob es schon theuer wird) zu vermerken. Was aber in das künftige geschehen kan, wann man nicht auf eine gute Vermehrung and Nachzielung bedacht seyn wird, sowol was das Bauholz als Brennholz betrift, darüber werden sich die Nachkömmlinge schon zu beklagen wissen. Denn das Holz ist ja fast das allernothwendigste Stück in der Wirthschaft. Dahero sind schon viel Liebhaber bemühet, und darauf bedacht gewesen, wie sie eine gute Methode, Wälder anzulegen, möchten ausdenken. Allein sie haben keinen andern Weg bishero erfinden noch zuwegen bringen können, als denjenigen, der sich durch den Saamen, oder durch die Nebenschößlein, wiewol selbige nicht an allen Bäumen zu finden, vornehmen läßt. Weiken ich nun in so kurzer Zeit und in meinen wenigen Gartenbüchern keinen andern Weg als durch den Saamen habe antreffen können, als will ich selbigen betrachten und etwas genauer untersuchen, und zwar wie man Wälder, dann Obstbäume und Blumen reichlich damit anlegen und erlangen kan. Die Art und Weise, wie man mit Waldanlegungen verfahren soll, giebt vor allen andern Herr von Hohberg in obangeführter Stelle selbst an die Hand. Welcher Weg gewis auch möglich ist, ob es schon etwas langsam damit zugehrt. Werden doch die Menschen auch nur nach und nach grösser: so mag man ja auf eine solche Sache, die 300. ja manchmal über 2000. Jahre hinaus dauert, noch wol eine kleine Mühe und Unkosten wenden, und sich nichts verdrüssen lassen, sonderlich wer der Nachkommenschaft zum Nuzen leben will. Dann man stehet in der Meinung, ein Eichbaum könne über 300. Jahr alt werden (*). In dem ersten Jahrhundert wüchse er, und käme endlich zu seiner Vollkommenheit; in dem andern bliebe er in seiner Kraft stille stehen, und in dem lezten nähme er wiederum ab, und wie Cardanus meldet, so hätte Josephus, der bekannte Römische Geschichtschreiber, die Eiche des Patriarchen Abrahams noch zu seiner Zeit in ziemlich gutem Stande angetroffen, welches Alter sich noch über die angesezte Zahl hinaus gestrecket haben mus. Obschon dieses ungewis, so

(*) Das Alter eines Baumes zu bestimmen, dienen die sogenannten Jahre oder Kreise im untersten Theile des Stammes, wenn solcher abgesäget ist. Denn soviel dergleichen Kreise in einem Stamme gezählt werden können, soviel Jahre ist auch der Baum alt. Auf diese Art hat der Herr Ritter von Linne auf der Insel Oeland eine Eiche von 280 Jahren und zu Mornm in Wermeland eine Kiefer oder Fichte von 409 Jahren. Siehe dessen Oeländ. Reise teutsch. Übersez. S. 77. Westgothländ. Reise teutsch. Übersez. S. 286. An diesen Kreisen oder Jahren des Holzes zumal der Eichen lassen sich auch die vergangenen kalten Winter erkennen, indem bey kalten Wintern dieselben dichter zusammen wachsen.

soll man doch wegen seines herrlichen Nuzens, (wie dann Klockius in tract. de ærario lib. 2. Cap. 2. n. 47. meldet, daß der einige Hessenwald, wann die Eicheln wol gerathen, vor 200000. Schweine genugsame Mastung reiche, und sich der jährliche Gewinn auf dreißig tausend Gulden belaufe,) sodann wegen seiner Härte, Stärke, Schwere, Dicke, Steife und Dauerhaftigkeit, und weil zum Bauen das Eichenholz fast das beste ist, ihn fleissig zielen, warten und pflegen.

Seine Worte, welche er aus weiland Herrn Heinrich von Ranzau, Königlich Dänischen Stadthalters in Holstein, geschriebenem Hausbuch gezogen, lauten also: Die Ordnung mit dem Holze, sonderlich Eichen zu pflanzen, wird im Lande Lüneburg also gehalten:

Man breche die Eicheln, so fein völlig und groß sind, um St. Gallentag, das ist, um die Hälfte des Octobers, vor oder hernach, wann der Mond im Zunehmen ist, ab, und säe in einen Acker, der gedunget oder gepflüget ist, selbige fein dicht, als wie das Korn, und unteregge sie hernach. Oder man kan Anfangs die Eicheln mit samt dem Korn einsäen: zur Erndezeit aber mähet man das Korn obenher etwas hoch ab, und lässet hernach die Eicheln fortwachsen. Weil aber die aufgehenden Eicheln von den Schnittern zertretten werden, ist der erste Weg meines Erachtens besser, daß man sie gleich in ein Feld säe, wo sie bleiben sollen, und hernach wol und sicher einzäune, damit kein Vieh, sonderlich keine Ziegen oder Schweine hinein kommen mögen, sonst würde alle Mühe und Hofnung vergebens seyn, die man dazu angewendet hätte.

Aus diesem kan man erstlich die Zeit und die Art gar wol abnehmen, wie man mit dem Saamen umgehen soll. Nämlich man solle sie abnehmen. Andere aber wollen, man soll sie nicht von den Bäumen abbrechen, sondern im Herbst, wann sie von sich selbst abfallen, unter den Bäumen auflesen. Allein meine Gedanken wären diese, man solle sie lieber abnehmen, jedoch zu rechter Zeit, wann man gewis ist, daß der Saame zeitig ist. Dann wann er schon gar ausfället, ist er zwar vollkommen reif; allein die wenige Täge, die er in der Schalen lieget, bringen ihm in seinem fernern Wachsthum ganz keinen Mangel, wol aber das leztere. Dann wann die Eicheln von einer so grossen Höhe herunter fallen, so können die Schalen leicht Schaden leiden, und damit müssen sie unter der Erden faulen, derohalben ist es besser, wann sie ordentlich abgenommen werden, wann anders solches die Höhe des Baums zuläst: widrigen Falls ist der Vorschlag so vergebens.

Zum andern siehet man daraus, wie der Saame zu vermehren ist. Ob es aber besser, daß man selbigen noch im Herbst in gedungten und gepflügten Acker einsezen, und mit dem Korn den Winter über unter der Erden liegen lassen soll, oder ob es besser, daß es im Frühjahr geschehe, ist zwar nicht klar ausgedruckt, ich aber meines Ortes trüge kein Bedenken, dieweilen der Saamen doch eine ziemliche harte Schale hat, man seze ihn noch in dem späten Herbst ein. Die Kälte wird nicht viel schaden können: es müste dann seyn, daß eine ungemein grosse Kälte entstünde, da möchte der Saamen wol Schaden leiden. Wer aber sicher gehen will, der schütte seinen Eichelsaamen den Winter in trockenen Keller auf, und rühre ihn wochentlich zwei oder dreimal untereinander. Kommts zu auswärts, so nimmt man einen angefeuchteten Sand, dergestalt, daß jede Lage Eicheln mit Sand überschüttet und bedecket, und so lang im Sande gelassen werde, bis sie anheben wollen zu keimen. Alsdann wird der den vergangenen Sommer zuvor geackerte Grund mit solchen keimenden Eicheln besaamet.

Drittens giebet er einen Weg an, wie man die Eicheln einsezen soll. Allein dieser ist nicht gar wol zu billigen. Es gehet wol geschwinde von statten, aber es frommet nicht. Dann er will haben, man soll sie fein dick, als wie das Korn säen, etwa um dieser Ursache willen, wann eine nicht aufgienge, so möchte doch die andere aufgehen. Allein bei dieser Manier kan wol gar keine aufgehen, dann sie werden in ihrem Wachsthume gehindert. Vors andere kommet die Spize bald oben, bald unten, bald auf der Seite zu liegen, und giebet dort und da eine Hindernis. Und gesezt sie gehen auf, so nimmt, weil sie nahe beisammen stehen, einer dem andern die Kraft und Plaz weg. Derohalben ist es besser, daß man spannenweise fein ordentlich mit Stecken nach der Reihe Löcher in die Aecker, etwa eines Fingers tief mache, in ein jedes Loch, zwar nicht zwei und drei stecke, wie etliche wollen, (dann ich sehe da keine Ursache, es müßte dann seyn, daß man nicht versichert wäre, daß der Saamen gut oder richtig wäre. In solcher Meinung ist zwar dieses eine bessere Probe, wann man den Saamen in ein Wasser wirft, da kan man bald den guten von dem bösen erkennen,) sondern nur eine und jede besonders, und wann sie schon ausgekeimet, so ist ohnedem kein Zweifel, wie ich sie sezen soll. Dann das geschossene Keimlein gehöret abwärts. Ist aber der Saamen noch nicht eröfnet, so wird die Spize, wo das kleine Spizlein ist, und wo die Wurzel anzutreffen, unter sich gestellet, und bei diesen Umständen werden sie bald über sich kommen. Daß man sie aber unter das Korn solte säen, ist billig zu verwerfen. Dann entweder die Eicheln nehmen dem Korn, oder dieses jenem den Saft. So ist auch wegen der Schnitter die Sache sehr mislich. Ist also besser, man nehme einen Acker besonders, oder erwähle einen besondern Plaz dazu, und zäune denselben ein. Ja man könnte auch diejenigen Pläze dazu erwählen, wo vor vielen Jahren Holz gestanden. Und mag man ohne viel Weitläuftigkeit nur zu rechter Zeit kleine Löcher machen, und solchen Eichelsaamen einen guten

Finger tief hinein stecken und wieder zu machen: so werden sie gewaltig aufgehen. Wie man sie aber vor dem Vieh und andern Zufällen verwahren soll, da wird ein jeder schon selbst wissen darauf bedacht zu seyn.

Endlich hält auch der Verfasser vor nüzlich, daß man die Eicheln in ein Feld säen soll, wo sie beständig bleiben, und mittler Zeit ein Wald daraus werden soll. Dieses ist schon zu billigen. Dieweilen aber die Eicheln, nach dieser Art gesäet, allzu dick untereinander aufgehen würden, mus man alsdann darauf bedacht seyn, wie man sie mittler Zeit voneinander sezen soll, und ist am besten, wann sie eines halben Manns hoch aufgeschossen sind, denn größer soll man sie nicht werden lassen: alsdann kan man sie bescheidentlich ausgraben, dabei wol auf die Wurzel Acht haben, damit sie nicht versehret wird. Wo aber diese verlezet oder zerbrochen ist, mus solche glatt abgeschnitten werden. Auf solche Weise kan man einen jungen Wald von Saamen wohl anlegen, und dieses Säen und Versetzen gehet sowol im März als im October an. Was im späten Jahre gesäet wird, das kommt im Frühlinge: was aber im Frühjahre gepflanzet wird, solches gehet zwischen Ostern und Pfingsten auf (*).

Uebrigens, wer sich von Föhren, Fichten und Tannen, Buchen, Birken, Espen, Salweiden, Rothweiden, Weisbuchen, Erlen, Rüstern, rc. durch den Saamen einen Wald will zielen, der mus auf ihren Saamen wohl Acht haben, daß er denselben zu rechter Zeit einsammle. Ingleichen mus er wol wissen, wie er sie gebührend einsetzen soll. Als zum Exempel, was die Föhren, Fichten und Tannenbäume betrift, da gehen welche her, und hauen die Zapfen in zwei oder drei Stücke entzwei, und werfen sie in den Acker. Welches aber nicht zu billigen: dann der Saamen wird sehr dadurch beschädiget, und verfaulet öfters mit den Zapfen. So kan auch der Saamen, der dort und da verschlossen,

(*) Unter verschiedenen Vorschlägen Eichen zu ziehen ist wohl folgender der beste: Man samle die Eicheln, die im Herbst bei stillen und troknem Wetter von selbst abfallen und lasse sie auf einem luftigen Boden 3 Zoll hoch aufschütten. 2) Wähle man einen Ort, dieselben anzubauen, wo entweder vorhin schon Holz gestanden, oder verlassenes Ackerfeld, so nicht zu trocken und sandicht, aber auch nicht zu naß, und auf eine genugsame Tiefe gut ist. 3) Baue man die Eicheln, im Monat October, oder längstens im November 2 Zoll tief und zwar so dichte, daß auf einen Platz von einem Fuß ins Gevierte 4 biß 5 Eicheln zu stehen kommen. 4) Ist es dienlich, zugleich andere Bäume, zumal Birken auf den nämlichen Plaz anzubauen, und endlich 5) nach 3 biß 4 Jahren längstens werden die überflüßigen jungen Eichen behutsam versezt, und zwar ebenfalls zur Herbstzeit, wobei wohl Acht zu haben, daß die Hauptwurzel nicht beschädiget werde, der Luft und Sonnenstrahlen nicht lange ausgesezet bleibe, sondern sobald als immer möglich, in die vorher dazu bereitete Gruben versezt, die Nebenwurzeln rings herum gehörig vertheilet und mit feiner Erde um und um wohl verwahret werden. Sollte man im Herbst an dem Anbau der Eicheln gehindert werden, oder selbige an einem andern entfernten Ort anbauen wollen, so schlage man solche mit reinem und wohl getrokneten Sand in Fässer und baue sie sodann im Hornung oder März auf obengedachte Art aus. Siehe hievon Herrn M. Christ. Gottfr. Jacobi Abhandlung von der rechten Art, Eichbäume zu säen, zu pflanzen und zu erhalten. 8. Halle, 1761.

sen, nicht heraus kommen. Etliche hängen die Zapfen an kleine hölzerne Stecken auf die Aecker, und vermeinen, der Saamen soll von sich selbst in die gepflügte Aecker fallen. Ist aber auch gar ein ungewisser Weg. Gesezt er fällt heraus, so fället er doch so tief nicht in die Erde, als es seyn soll. Inzwischen wird er von den Vögeln und andern Thieren vertragen, oder die Sonne troknet denselben aus, oder er wird von allzuvieler Nässe verderbet. Wäre also besser gethan, wann man die Zapfen auf die Böden oder Kammern und andere bequeme Oerter aufschüttete, und alsdann ordentlich den heraus gefallenen Saamen zusammen samlete, damit er zu gebührend und rechter Zeit eingesäet würde.

- Was aber das Saamenwerk betrift, welches gar leicht und klein ist, auch wie solches zu seiner Zeit (daran viel gelegen ist) abgenommen werden, ingleichen wie man mit demselben umgehen soll, davon hätte ich ein ganzes Buch anzufüllen. Dann es erfordert die Nothwendigkeit, daß einer zu dieser, ein anderer zu einer andern Zeit mus eingesamlet werden. Als zum Exempel, der Birken und Salweidensaamen mus, wann der Häbern zeitig, abgenommen werden: und nimmet man selbigen nicht wol in Acht, so fleugt er auf und davon, dann er ist mit doppelten Flügeln versehen. Dergleichen Bewandnis hat es auch mit der Salweiden, die eben um solche Zeit eingesamlet werden mus. Dann wann man die kleinen Schotten, als die voller Baumwolle stecken, aufschüttet, und in besondern Kammern verwahret, so überkommet man eine ungemeine Menge Baumwolle, die so gut, als Eyderdunen ist. Ich habe etliche Säcke voll im obern Wörth mit der grösten Lust und Vergnüglichkeit mir angeschaft. Wann ich weitläuftig seyn wolte, so wolte ich rare Versuche, so ich damit gemachet, hersezen, und würde mancher Hausmutter ein schönes Bett eintragen, welches sie in der beschwerlichen Pestzeit verlohren hat: allein es soll zu anderer Gelegenheit verspare werden. Solchen gar kleinen Saamen aber am bequemsten auszusäen, kan man nicht besser thun, als man mische ein wenig Sand oder Erdreich unter denselben, und säe ihn aus. Auf solche Art kommen die kleinen Körnlein fein auseinander, und fallen nicht alle auf einen Haufen zusammen. Was aber die Nebenschos anlanget, wann man von selbigen einen Wald anlegen soll, so wird es, die Wahrheit zu bekennen, sehr langsam und verdrüslich zugehen. Wer aber sich die Mühe nehmen will, der kan von denjenigen Bäumen, die solche austreibende Schos machen, nehmen, selbige aushauen, und an einen gewissen Plaz sezen: so könte doch endlich nach und nach ein flüchtiger Wald daraus werden. Wie aber nach meiner Art die Wälder auf unterschiedliche Weise sollen und können angeleget werden, wird in dem lezten Kapitel des dritten Abschnittes angezeiget werden.

§. 3.

Ehe ich die andere Arten der Vermehrung, so bei den Schriftstellern befindlich, durchgehe, ist noch übrig, daß ich mit gar wenigem betrachte, wie man sich auch einen Obstgarten von den Saamen der Früchte anlegen soll. Es ist zwar niemanden unwissend, daß, wer einen Saamen in die Erde sezet, solcher ihm nicht aufgehen solte. Allein es will solches aus Nachläßigkeit und Faulheit fast niemand vornehmen und verrichten. Ich will nicht von dem lieben und vernaschten Frauenzimmer reden, die mit der grösten Begierde, und in ungemeiner Menge das schönste und beste Obst durch ihren zarten Schlund in den Magen hinunter spazieren lassen. Man giebt es ihnen auch gar gerne zu, nicht allein, weil sie es mit dem grösten Gusto zu sich nehmen, sondern weil sie es auch gar wol bezahlen, aber so viel Mühe mögen sie sich nicht nehmen, von einer so edlen Frucht, die sie genossen, den Saamen in ihre Galanterietäschlein aufzuheben, und sich alsdann ein wenig zu bücken, dann sie fürchten ihres Rückens, und meynen, sie werden alsobald buklicht oder höckericht, wann sie auch schon im Gras sitzen, und sich fein herum kehren, und solchen in die Erde oder in einen Scherben sezen könten; sondern sie werfen ihn lieber zum Fenster hinaus, oder unter den Tisch, oder in die Luft und in den Weg, nicht erwegend, daß sie einen schönen vollkommenen Baum mit Füssen treten, und vernichten. Ich will vielmehr diejenigen tadeln und bestrafen, die darzu bestellet werden, daß sie von guten Aepfeln, Birnen, Pflaumen, Kirschen, Weixeln, Pfersigen, Apricosen, Nüssen, Zitronen, Pomeranzen, auf Befehl ihrer Herrschaften dergleichen samlen und zusammen tragen sollen. Würden sie sich nun dergleichen Saamenwerk endlich an die Hand schaffen, wohl verwahren und zu rechter Zeit einsezen, wie oben schon gemeldet worden: so könnte man eine ungemeine Menge Bäume in etlichen Jahren zuwegen bringen; und darf man sich gewis versichern, daß nicht alle diejenige, so aufgehen, Wildlinge seyn, sondern öfters das allerrareste Obst, so ich mit vielen Büchern bezeugen wolte, tragen. Allein wir sind schon in unsern Vorurtheilen dergestalt ertrunken, daß wir nichts anders glauben wollen, als was uns dieser und jener vorsaget, und dabei mus es bleiben, ob man schon was bessers zeiget. Ja wann sie auch dessen versichert sind, mögen sie doch, weil man lange darauf warten muß, nicht Hand anlegen, weil es eine ungewisse Sache ist, und alle ihre Mühe vergebens seyn möchte. Gesezt aber, daß sie keine so edle und süsse Frucht erlangten; so haben sie doch einen schönen jungen Baum erlanget, auf welchen sie allerlei schöne Früchte impfen, oder okuliren, oder auf andere künstliche Weise verbessern könten, der nach wenig Jahren ihnen den grösten Nuzen und Vergnüglichkeit geben würde. Denn sie hätten sonst nicht den guten

zu

zu solcher Vollkommenheit bringen können, wann sie nicht zuvor den geringen gepflanzet hätten.

Wie aber die Weinberge reichlich durch den überflüssigen Saamen der Weintrauben vermehret werden könnten, davon ist oben schon etwas angezeiget worden, und wundere ich mich von Herzen, daß nicht ein einiger Schriftsteller etwas gemeldet, daß man durch den Saamen die Weinberge vermehren solte. Ja wann man auch schon heut zu Tage was davon redet, so bläset man doch solche gute Gedanken alsbald über das Haus hinaus, und hat doch kein einiger einen Versuch gethan, noch weniger einen Vorsaz, solches zu probiren. Ich habe vor etlichen Jahren von den künstlich aufgedörrten, oder getrokneten Weintrauben, so aus Spanien und Italien kommen, den Saamen gesamlet und eingesezet. Was vor schöne und angenehme Weinreben aus denselben schon entsprungen, kan ich nicht beschreiben: und heuer sind sie in der Blüte gewesen. Ob ich vollkommene Früchte davon erhalten werde, wird die Zeit geben. Nun ist bekannt, daß diese grosse Rosinen, sonderlich die aus Welschland kommen, wie die Bäume in die Höhe wachsen, und wie etliche wollen, so soll ihr Stamm so dick seyn, wie ein Mann. Man sezet sie auch sehr weit von einander, daß zum wenigsten ein Karren darzwischen fahren kan. Gesezt nun sie arten in unserm Lande über die Hälfte, ja dritten Theil aus, so werden sie doch besser, als unsere Herlinge in Bayern. Inzwischen hat es mich doch erfreuet, daß nach weitläuftigem Gespräch und Vorstellung ein gewisser Herr des Weinberges mir heilig zugesaget, daß, wann ihm GOtt das Leben geben würde, er der erste seyn wolte, der den Anfang mit dem Saamen der ausgepresten Weinreben künftigen Herbst geliebts GOtt machen würde. Wie man aber damit umgehen soll, ist zwar selbst zu wissen; jedoch will ich meinen wenigen Vorschlag auch entdecken. Wann der Stock von dem Weinzierl grün zerrissen wird, so soll selbiger etliche Tage in die freie Luft, jedoch daß er vor dem Regen verwahret werde, gebracht werden. Alsdann wann im Biethause alles leer, so mag selbiger entweder auf die Erde, oder Boden, oder Stellen, wie die Gelegenheit es zuläst, wol auseinander gestreut gelegt, und dann und wann umgeworfen werden, daß keine Fäulung darzu kommt, bis die Bälge der Trauben allgemach ausgetroknet und dünne worden sind. Wann solches auch geschehen, so kan man den Saamen durchreuten, und im Berge in einen gewissen Plaz, der ein wenig eingegraben, oder an einen andern Ort einsäen: so wird man die Menge und Überfluß der jungen Reben im andern Jahr darauf erlangen. Dieses ist ja eine schlechte Mühe, aber ein reichlicher Profit. Man lasse es auch zu, daß nur wilde Stöcke daraus werden, so wird es zum Pfropfen und andern Arbeiten doch guten ja grossen Nuzen verschaffen, wie ich in dem lezten Theil anzeigen will.

§. 4.

Nun will ich die Manier mit der Universal-Vermehrung, so durch den Saamen verrichtet werden kan, verlassen, und mich zu den künstlichen, die bei unterschiedlichen Schriftstellern angetroffen werden, wenden. Ich finde aber, wie zu allen Zeiten die Gartenliebhaber und andere verständige Leute beflissen gewesen, und allerlei probirt haben, um zu einer vergnüglichen Vermehrung zu gelangen. Theophrastus Eresius in seiner Historia plantarum lib. I. cap. 5. vermeinet, man könte blos durch die Blumen, wann solche nur in die Erde geworfen würden, eine Sache vermehren, und giebt ein Exempel. Als einstens jemand die Blüte von Thymian eingesäet, so wäre aus der Blüte der allerschönste Thymian aufgegangen und hervorgekommen. Allein dieses wird nicht dabei beobachtet, daß die Blumen samt den Samenhäuslein in die Erde mit hinein geworfen worden. Auf solche Weise kan die Sache wol angegangen seyn. Aber blos aus einer Blume ohne Saamen eine Fortpflanzung anzustellen ist eine vergebene Arbeit. Unter solche Arbeit ist auch die Vermehrung, von welcher in Cap. 4. obbemeldten Buchs gehandelt wird, zu zählen, wie man einen ganz besondern Wachsthum und Vermehrung durch die Thränen oder Harz verrichten kan. Ich gebe dieses gleicher Weise zu, wann sich nur zuvor viel Saamenkörnlein in und auf demselben befinden. Widrigen Falls ist es so gut zu belachen, als der schöne Versuch, welchen ein bekannter Apotheker, wie Herr Elzholz erzählet, vorgenommen. Als er Wermuthsalz in grosser Menge bereitete, so wurde die überbliebene aschichte Materie unter anderm Mist (nota bene) mit nach seinem Weinberge geführet, und unter den Weinberg geladen, daß folgendes Jahr darauf der schönste Wermuth an selbigem Orte hervor kam, so er hoch betheuert, da doch zuvor niemals ein Wermuth allda war zu finden gewesen. Ich gebe es zu, und darf der Herr Apotheker gar nicht darzu schwören. Dann wann er nur seinen Mist ein wenig untersuchen wollen, so würde er alsobald befunden haben, daß gar viele Saamenkörnlein von dem Wermuth, mit welchem er und die seinigen umgegangen sind, darunter gewesen seyn. Ist also von selbigem und nicht von der Asche, dann in dieser ist nichts befindlich, der Wermuth hervor kommen. Allein es scheinet, es wird auch der Herr Apotheker unter diese Gattung zu zählen seyn, die aus der Aschen nach philosophischer Art Kinder können erwecken. Gesezt aber, daß aus diesem Mist was nüzliches ist aufgegangen, was vor Seltenheiten würden dann aus dem ungemeinen Mist, welcher viel Jahr in einer Apotheken verwahret gelegen, und endlich durch den Schinder mit vielen Karren ausgeführet worden, hervor gekommen seyn?

Andere aber sind auf bessere Gedanken gekommen, und haben eine Fortpflanzung und Vermehrung durch die Blätter gesucht. Sonder

Zwei-

Zweifel hat ihnen die Opuntia, oder das Indianische Feigenblat darzu Gelegenheit gegeben. Dann wann dieses abgebrochen, und in die Erde auf den dritten Theil hineingesenket wird, so überkommt es Wurzel, schlägt aus, blühet und bringet Frucht. August Mirandola ist der Sache nachgegangen, und hat es auch mit einem Citronenblat versuchet. Wie er dann lib. 5. c. 5. zu teutsch also spricht: Ich habe ein Geschirr mit der besten durch ein enges Sieb geschlagenen Erde zugerichtet, und um solches Geschirr Citronen- Limonen- und dergleichen Blätter samt ihren Stielen umher so tief in das Erdreich gestecket, daß das dritte Theil derselben mit Erde bedecket gewesen. Auf dieses Geschirr habe ich ein Krüglein mit Wasser also angefüget, daß daraus nur ein Tropfen nach dem andern, und zwar recht in die Mitte des Geschirrs gefallen: auch hat der andere Tropfen nicht eher fallen müssen, bis der erste vorher halb versunken war. Den Ort aber in der Mitten, welchen die Tropfen aufgefressen, habe ich stets mit frischer Erde wieder angefüllet. Durch dieses Kunststück des Auftröpfelns sind sie mir wol bekommen, und haben schöne Rüthlein über sich getrieben. Aus dem gemachten Versuch des angeführten Verfassers ist gründlich zu ersehen, wie er aus einem Blat ein Bäumlein hervor gebracht hat, und daß das Blat zu einem Bäumlein worden ist. Allein die irren sich sehr, welche zwar durch Kunst und Fleis aus einem Auge, daran das Blat stehet, ein Bäumlein erzeugen, (so gewis rar und höchst vergnüglich anzusehen,) so daß das Blat etliche Jahre still stehet, das Auge aber des Blates über sich wächset, und Wurzel unter sich schläget, und gleichsam die Mutter ihr Kind betrachtet und zusiehet, wie selbiges ihr weit über den Kopf hinaus wächset, auch wie es sich vermehret, und wieder Kinder hervor bringet. Doch wann man recht teutsch reden will, so ist das Blat, weil solches still stehet, und nicht fortwächset, nicht zu einem Baum worden, sondern aus demselben ist ein Baum heraus gewachsen. Wie dann Herr Friedrich in Augspurg, als welcher ein sehr berühmter und wolerfahrner Gärtner ist, der erste gewesen seyn soll, der solches schöne Experiment erfunden, gemachet, und andern mitgetheilet. Er hat auch gar bald Liebhaber überkommen, die solche Erfindung nachgemachet haben, und habe ich die Gnade gehabt, bei seiner Hochgräflichen Excellenz Herrn Grafen von Wratislau, Churböhmischen Herrn Gesandten, meinem gnädigsten Gönner, hohen Patron und Gutthäter, in Dero schönen und vortreflich wol angelegten Garten dergleichen gezogene Citronenbäume zu sehen, welche ihm der wolberühmte Gärtner zu Passau zugeschicket. Dann was Se. Hochgräfliche Excellenz vor ein ungemeiner Liebhaber der edlen Gärtnerei sind, ist hoch zurühmen: und wie Sie beflissen, dieses und jenes zu vermehren, auch wie Sie in allen Stücken selbst Hand mit anlegen, davon hätte ich zu Dero Ruhm viel zu schreiben. Was Sie aber vor eine grosse

 und

und ungemeine Begierde haben, und wie sehr Sie sich angelegen seyn lassen, die Gärtnerei in den grösten Flor und Aufnahm zu bringen, solches kan man aus meinem zwar geringen Werke abnehmen. Dann wann Dero Hohe Gegenwart nicht gewesen, so wäre auch solches nimmermehr an das Tageslicht gekommen. Wer nun daraus etwas vergnügliches erlernet, und nüzliches erlanget, der wird auch Sr. Hochgräflichen Excellenz den schuldigen Dank jederzeit davor abzustatten wissen, dieweilen Sie soviel gutes darzu beigetragen haben. Ich habe aber solches Citronenblat samt dem Bäumlein zu mehrerer Vergnüglichkeit in Kupfer stechen lassen, wie zu ersehen.

Allein das Gespräch gieng dazumal dahin, als wann das Blat zu einem Baume worden wäre. Jedoch wurde solche Meinung nach genauer Untersuchung nicht eingeräumet: gestalten man auf keine Weise wahrnehmen konnte, daß selbiges weder an der Dicke, Höhe noch Länge auch nur das mindeste zugenommen, sondern es verbliebe immer in einer Form und Gestalt; derohalben konnte auch von selbigem nicht gesagt werden, daß es zu einem Bäumlein geworden, sondern nur, daß aus desselben Auge eines heraus gestammet wäre. Wie man aber auf unterschiedliche Art und Weise die Blätter zu Bäumen machen soll, ohne daß sie Augen haben, solches soll im lezten Kapitel des 3ten Abschnitts weitläuftig mitgetheilet werden. Obwolen es einen schlechten Nuzen giebet, so hat man doch seine Freude daran.

Diesem Versuch giebet (Tit. Tit.) Herr von Münchshausen von Schwöber, als ein hochverständig und in der Wissenschaft der erquickungsvollen Gärtnerei hochberühmter Liebhaber noch ein bessers Licht, indem selbiger mit einem Blat von der Limon à Rivo einen so raren und angenehmen, auch zugleich höchstverwunderswürdigen Versuch gemacht, daß aus dem Blat so schnell eine vollkommene Frucht heraus gewachsen. Ich habe darob diese wenige Meinung, daß dieses Blat, aus welchem dieser Stamm, wie aus dem Kupfer zu ersehen, samt der Blüte und Frucht hervorgekommen, kein gemeines, sondern ein Tragauge, oder Probst muß gewesen seyn, welches durch den Fleis endlich zu einem solchen wunderwürdigen Wachsthum gelanget. Und weil ich die hohe Gnade empfangen, einen Auszug von dieser Materie von Sr. Hochgräflichen Excellenz, Herrn Graf Maximilian von Breuner, Ihro Majestät, der Kayserin Amalia, Geheimdem Rath ꝛc. in Wien, meinem grösten Gönner und Wohlthäter zu erhalten, vor welche hohe Gnade und Hulden ich auch hiemit Sr. Hochgräflichen Excellenz vor der ganzen Welt zur unterthänigen Danksagung die Hände küsse, den Allermächtigsten dabei herzlich und inbrünstig anruffend, daß Er Se. Hochgräfliche Excellenz in Dero herannahenden hohen Alter mit immerwährender guter beständiger Gesundheit und aller selbst erwünschten Glükseeligkeit bekrönen, und wann Sie mit Mathusalems Alter in Dero irrdischen Paradies nach Herzenswunsch sich genugsam ergözet und erquicket, endlich mit allen Heiligen in das Himmlische Paradies versezen wolle; so will auf Dero hohe Erlaubnis sowol die Worte des Auszugs des Schreibens, als den schönen Riß, so ich zum ewigen Angedenken in Kupfer habe stechen lassen, beifügen.

Auszug des Schreibens des Herrn von Münchshausen von Schwöber vom 13. Jenner 1716. an Tit. Herrn Baron von Brunetti.

Nach oberzählten allen mus Ew. Hochwolgebohrnen, jedoch mit Dero hohen Erlaubnis communiciren, was mit einem Steckblate sonderlich passiret ist, welches vielleicht anderwärts noch zur Zeit nicht allein nicht möchte geschehen seyn, sondern auch den mehresten, die es hören werden, wo nicht gar fabulös, doch wenigstens paradox zu seyn scheinen dörfte, nemlich daß ein Blat, wie es oberwärts ein Stämmgen von etlichen Zollen getrieben, eine Blume, und darauf die Frucht gebracht und behalten.

Ich habe vorm Jahre von der Limon à Rivo ein Blat gestecket, welches den Sommer Wurzeln gemacht, und nichts oberwärts ausgetrieben. Wie ich nun vorigen Frühling aus einem kleinen Topfe etliche wolgefaste Stekreiser ausnahme, theils davon verschenkte, und theils verpflanzte: so nahm ich dieses Blat, welches in gedachtem Topfe zugleich mit befindlich ware, heraus: und da ich befande, daß es gute Wurzeln gemachet hatte, so pflanzete ich es gleich wieder ein unter andere kleine Stekreiser (wo mir recht, in eben selbigen Topf, doch weis es eigentlich gewis nicht mehr.) Ich pflanzete es aber so, daß nur die Wurzeln von der Erden bedeket wurden, und das Blat auf der Erden stand. Diesen Sommer triebe es sodann einen kleinen Stamm oberwärts aber nicht hoch, weilen obenauf sich ein Blumknopf bald präsentirte, und den ferneren Schus verhinderte. Ich liesse solche Blume blos aus Curiosität sizen, ohne die geringsten Gedanken, daß daraus eine Frucht werden und bleiben dörfte. Wie die Blume mit der Zeit zunahm, und sich endlich öfnete, so war die junge Frucht darinn, so auch wider alles Vermuthen geblieben, und bis zu der Grösse, wie beiliegendes Kupfer ausweiset, angewachsen ist. Ich habe das Bäumgen mit der Frucht diesen Herbst Herrn Volkamer auf sein Bitten überschicket, der es, nachdem es vorhero abgezeichnet worden, auf mein expresses Begehren wieder eingepflanzet, und wol verwahren müssen, um zu observiren, ob die Frucht bleiben, und nebst dem Baume weiter wachsen werde, oder nicht (*).

§. 4.

Weil aber die meisten Liebhaber die Operation und Vermehrung durch die Blätter mehr vor eine Curiosität angesehen: so sind sie auch auf einen andern Weg bedacht gewesen, und haben probiret, ob sie durch die obersten Zweige, so ein Jahr alt sind, welche man an der Zärtlichkeit sowohl, als Farben gar leicht erkennen kan, eine Vermehrung anstellen, und zuwege bringen könnten. Derohalben haben sie von unterschiedlichen Gewächsen und Bäumen, als zum Exempel, von Weiden, Pappeln, Maulbeeren, Johannisbeeren, Rosmarin rc. das erste Jahr oder Loos genommen, und selbiges unter dem Knoten also abgeschnitten, daß von dem überjährigen Zweige was daran geblieben. Alsdann haben sie eine Grube in ein fruchtbares Erdreich einen Fuß tief gemacht, und einen kurzen Küh und Schafmist hinein geleget, die Erde darüber geschüttet und fest eingetreten. Diese Manier hat man die Vermehrung durch Schnittlinge benennet. Herr von Laurenberg mus solche sehr practiciret haben; indem er versichern will, man könte fast alle Gewächse durch Schnittlinge vermehren. Welches gewis auch zu billigen ist, und werde ich diese Meinung im lezten Kapitel weitläuftiger ausführen, und mit schönen Gründen und Versuchen zu bekräftigen wissen. Mich hat nur Wunder genommen, daß man in der Gärtnerei diesen sehr nüzlichen Weg nicht fleißiger beobachtet, und auch an andern Bäumen und Zweiglein, die 2. 3. 4. und mehr Jahre alt sind, einen Versuch gethan. Allein es scheinet, es will öfters so seyn, damit andern Leuten gleicherweise was zu reden und zu schreiben übrig bleibe. Es ist genug, daß man durch diese Erfindung, davor man Dank zu sagen hat, weiters hat kommen können.

Wie nun diese Manier in der Welt ist bekant worden, so will ich nicht widersprechen, daß viele Versuche werden gemacht worden seyn. Dieweil sie aber an ihrem Schnittlinge öfters eine Fäulung wahrgenommen; so haben sie eine andere Art erdacht, und ihre Belzer auf nachfolgende Art vor dergleichen beschwerlichen Zufällen verwahren wollen. Nemlich wann der Frühling heran nahete, so hieben sie von einem Weidenbaum einen starken Ast ab, und durchbohrten denselben, daß ein Loch sechs Zoll weit von dem andern stunde. In solche Löcher steckten

(*) Mir ist nicht bekannt, ob aus diesem an sich zwar artigen, jedoch zu keiner sonderlichen Vermehrung der Gewächse dienlichen Versuche nach der Zeit mehrere Bäume sind gezogen worden. Soviel vermuthe ich, daß dergleichen aus einem Blat entstandenes Bäumlein nach vollbrachter Blüthe und Frucht zu Grunde gehe, und keine weitere Augen und Aeste treiben, mithin also aus einem neben dem Stiel des eingesezten Blates befindlichen unreifen Fruchtauge oder Tragevrobst entstehe. Es ist bekannt genug, daß ein Ast, wenn er einmal geblühet, hernach nicht weiter gerade in die Länge fortwachse, sondern an den Seiten neue Augen und Aeste hervorbringe, wenn anderst der Nahrungssaft stark genug in selbigen eindringet. Solches ist aber von einem solchen aus einem Blat gezogenen Bäumlein wohl nicht zu hoffen.

Fünfte Tafel.

Zeiget das rare Experiment an, so mit einem Limonienblat ist gemachet worden.

aaa. Ist das Limonienblat von der Limon à Rivo, welches durch sonderbaren Fleiß des (Tit. Tit.) Herrn von Münchshausen von Schwöber, Wurzel gemachet.

bb. Zeiget den Stengel an, welcher sich aus dem Auge heraus begeben, und sich mit völliger Blüte über sich geschwungen, und eine Frucht angesezet hat.

c. Deutet auf die vollkommene Frucht selbst, welche durch das Blat hervor gekommen, und zu einer solchen Grösse gewachsen, wie sie sich vor Augen darstellet.

d. Weiset auf das Zitronenbäumlein, so aus einem Auge sehr hoch heraus gewachsen, und wie das Blat, als die Mutter, etliche Jahre still stehet, und zusiehet, wie schnell ihre liebe Tochter groß wird.

e. Stellet ein Zitronenblat ohne Auge vor, und wie solches in die Erde künstlicher Weise eingesezet wird, worauf es Wurzel überkommet.

f. Ist das vorige Blat, wie selbiges untenher einen Knorren, und aus demselben Wurzel geschlagen, ferners wie nach und nach die Substanz von dem Blat sich verzehret, und nichts als die mittlere Gräte sammt kleinen Aestgen stehen bleibet, und sich wie ein zartes Rüthlein zeiget.

g. Wie eben dieser Stengel des Blates den Frühling wiederum ausschläget, und dort und da kleine Augen gewinnet.

steckten sie unterschiedliche Schnittlinge von fruchtbaren Obstbäumen hinein, also daß sie dieselben eben ausfülleten, unten ein wenig hervor ragten. Ehe man aber die Schnittlinge hinein stekte, haben sie mit einem Messerlein das äusserste Häutlein der Rinde an dem dicken Ende, ohngefähr so weit als sie unten herfür ragen solten, hinweg genommen. Wann dieses verrichtet, so haben sie den Weidenast mit seinen Obstzweigen in ein fettes Erdreich eingegraben. Den Frühling folgendes Jahrs darauf ist der Ast mit denen Schnittlingen, die inzwischen untenher Wurzel gemachet, wiederum heraus genommen worden. Alsdann ist der Weidenast zwischen den Löchern entzwei geschnitten, und ein jeder Belzer, so Wurzel geschlagen, besonders wiederum eingesezet worden, und diese Arbeit hat man das Einbohren genennet. Wie ich nun vor etlichen Jahren diese Arbeit probirte, so fand ich erstlich eine besondere Beschwerlichkeit im Einböhren. Denn es wäre nöthig gewesen, weil es so genau hat seyn sollen, ich hätte zu einem jeden Aestlein und Zweiglein einen besondern Holbohrer mir verschaffen sollen. Derowegen habe ich es in diesem Falle verbessert, und habe den Ast nach der Länge entzwei geschnitten, oder zwei andere gleich auf ein ander gerichtet. In solche machte ich auf beiden Seiten unterschiedliche Einkerbungen, so gros als es die Dicke derer Belzer erforderte, und legte die Schnittlinge darein: alsdann verband ichs, und verwahrte die Furchen oben und unten mit Baumwachs, und sezte es in die Erde rc. Allein ich fande viel Ursachen, warum die Sache nicht allezeit recht von statten gehen wolte. Oefters kam eine Fäulung in das Holz, worinnen die Belzer stacken, und dadurch wurden die Belzer mit angestecket. Bald liessen sich auf und zwischen dem Holz kleine weisse Würmlein haufenweis sehen, welche das Holz, so anfieng zu faulen, verursachte. Bald nahm ich wahr, daß untenher, wo der Schnittling die Eröfnung hatte, in selbigen eine grosse Feuchtigkeit hinein gedrungen, das Mark in dem Schnittling brandigt gemachet, darauf sie abgestanden sind. Derohalben habe ich untenher den Schnittling mit Baumwachs verwahret, dadurch dieser Zufall verhindert worden, und hat sich eine knorrichte Materie zusammen gesezet, aus welcher Wurzeln heraus gekommen. Bey dieser Verrichtung, ob sie schon nicht viel Nuzen giebet, habe ich doch allerlei neue Erfindungen überkommen, so mir in meinem Werke viel Nuzen geschaffet. Mag also eine Erfindung so gering seyn, als sie immer seyn mag, wann sie auch öfters schon nicht angehet, so bringet sie doch einen andern auf bessere Gedanken.

Wer weis, ob durch dieses Einstecken der Herr Lignon, welcher als Königlicher Botanicus am Französischen Hofe sich wegen seiner schönen Reise in Westindien nach Guadaloupe sehr berühmt gemachet, nicht auf die Erfindung von seiner gläsernen Wasserflasche ist gebracht worden, gestalten er von den raresten Pflanzen die Zweiglein von der Spize abge-

abgebrochen, die so dick als eine Schreibfeder waren, und selbige in eine gläserne Flaschen, welche mit Wasser angefüllet, gestecket. Alsdann ist selbige in die Mittagssonne gesezet, und ihr alle Wochen 3. oder 4. mal frisch Wasser gegeben worden. Wie er nun solches 6. Wochen lang getrieben, so hat er endlich bemerket, daß am Ende der Aestgen, welche im Wasser gestecket, weisse Spitzen ohngefähr 2. Linien lang, und so dick wie eine Stecknadel, welches kleine und sehr zarte Wurzeln waren, hervor gekommen, wie solches weitläuftiger in des Herrn Abts von Vallemont Merkwürdigkeiten der Natur p. m. 230. beschrieben worden, und diese Operation wurde die Vermehrung durch die Wasserflaschen betitult. Was aber davon zu halten, wird ein jeder, der es versucht, am besten zu sagen wissen.

§. 5.

Dieweilen aber diese Arten nicht allezeit vergnügt von statten giengen, so machten welche gewisse Einschnitte an den Bäumen, sonderlich im Frühlinge, ehe die Augen heraus brachen, und erwählten einen wol erwachsenen Zweig. An demselben machten sie einen Riz, oder behakten den Zweig ein wenig, oder es wurde in den Ast hinein geschnitten und unterleget. Alsdann nahmen sie einen gespaltenen Topf, und drukten den gerizten Ort durch die Spalte, also daß der Gipfel oben frei heraus stunde. Darauf haben sie denselben mit fetter Erde angefüllet, und damit sie nicht möchte heraus fallen, haben sie den Spalt verwahret, den Topf sodann an einen starken Ast des Baumes, oder an einen besondern Pfahl oder an dem Aste selbst fest gemacht, daß der Wind durchs Schütteln dem Ansaz keinen Schaden zufügen möchte.

In einem oder zwei Jahren haben sie den Zweig unter dem Topf mit einer Säge abgenommen, und das neue Pflänzlein aus dem Topf, wo es beliebig, hingepflanzet: und solches ist das Ansezen oder Abhäferln genennet worden. Die Wahrheit nun zu bekennen, so ist diese Operation der Vermehrung eine von den allerzierlichsten, gewissesten und wahrhaftesten, und wird sonderlich an den ausländischen Bäumen von den Gärtnern sehr getrieben. Allein an den Obstbäumen üben sie solche wenig. Ob es aus Faulheit und Verdrus, daß sie so lange warten müssen, bis es Wurzel giebet, oder ob es wegen der Beschwerschwerlichkeit der grossen Töpfe, die sie daran müssen hangen, geschehe, oder was sie vor Ursachen haben, solches werden sie am besten, wann man sie fragen wird, zu erklären wissen. Es ist auch dieses sehr wol gethan, daß sie anstatt der irdenen von Blech Anhängerl erfunden. Sie schlüssen sich besser, und können wol angebunden werden, wie aus der beigehenden Figur zu ersehen.

Aus diesen guten Gedanken sind noch bessere heraus geflossen: Als diese Erfinder gesehen und wahrgenommen, daß sich bei einem solchen

Ein-

Einschnitt eine Materie, so substantiam primam, woraus alsdann die Wurzeln stammen, angezeiget, anzutreffen wäre, jedoch auch dieses dabei beobachtet, daß sie ferners nicht fortkommen könne, sie empfange dann zu mehrerer Vollkommenheit eine gute Erde, als haben sie gar vernünftig geschlossen, sie wolten lieber auch auf solche Weise einen Versuch machen, und legten einen Ast oder Zweig, der aber noch an dem Baume oder an dem Gewächse befindlich, nach vollbrachtem Schnitt alsobald in die Erde, damit er desto bessere Nahrung, theils von den innerlichen, theils von den äusserlichen Dingen erlangen möchte. Solche Arbeit und Vermehrung haben sie das Senken genennet. Die Versuche haben sie meistens mit Rosen und Weinstöcken gemacht, und zwar auf nachfolgende Art. Sie erwählten einen schneidigen Zweig von denselben, so sehr nahe am Erdreich war, darneben machten sie ein Grüblein mittelmäßiger Tiefe, und legten den Zweig gemach hinein, also daß ein Aeuglein oder Knoten mit der Erde wol bedecket wurde, der Gipfel aber des Zweiges ein wenig herfür ragte. Zuweilen machten sie einen Riz mit einem Messerlein über dem Aeuglein oder Knoten, welchen sie in das Erdreich eingedrucket. Auf solche Art schlugen sie unter der Erden nach und nach Wurzel. Nach Verflüssung eines halben oder ganzen Jahrs schnitten sie den Zweig von den Weinreben und Rosenstauden ab, und pflanzten die mit Wurzeln versehene Zweige dahin, wo sie Lust hatten. Dieser sehr gute und nüzliche Weg, sonderlich die Weinreben zu vermehren, ist gar bald allenthalben bekant worden, und wird fleissig, sonderlich in Weinbergen, getrieben.

Allein andere verständige Gartenliebhaber sind dabei nicht stille gestanden, sondern haben dieses Einsenken an den Bäumen versuchet. Wie dann in den Merkwürdigkeiten des obangeführten Verfassers, der fast in aller Menschen Händen ist, berichtet wird, wie Herr von Leuwenhoek solche Operation mit einem Lindenbaume versuchet, und selbigen mit seinem Gipfel und Aesten in die Erde geleget, darinnen dieselben sich ausgebreitet. Um sie fest zu halten, hat er dazu hölzerne Hacken gemacht, und mit allem Fleis eingesenket, also daß der Stamm eine quere Hand über der Erden lag, auch die Wurzel entblösset war. Das andere Jahr darauf fand er, daß die Aeste Wurzel geschlagen. Er schnitte alle die Aeste 2. quer Finger tief in der Erden ab, und erwählte einen Plaz, wohin er sie nach seinem Willen haben wolte. Dieses Einsenken ist unter allen künstlichen Einschnitten der Vermehrung einer von den allerbesten: allein es hat die gröste Beschwerlichkeit wegen des Umlegens. Denn mancher Hausvater hat kaum einen so grossen Garten, als die Länge des Baumes, welchen er gerne vermehren wolte, austräget, und wann er auch schon Plaz dazu hat, und diese Kunst treiben will, so verderbet er den Garten wegen der tiefen Gruben, die er sowol vorne als hinten machen mus, wie solches aus beigelegtem

Kupfer zu ersehen. Jedoch dieser schöne Versuch, so ich sehr oft betrachtet, hat mich auf besondere nüzliche Gedanken gebracht, die ich zu seiner Zeit rühmen werde.

§. 6.

In vielem Nachdenken über die Vermehrung der Bäume haben die fleissigen Gartenliebhaber noch eine andere erblicket, als sie gesehen, wie unten an dem Stamme aus der Wurzel Nebenschos heraus kommen. Diese haben sie von der Mutter abgerissen, jedoch von der alten Wurzel allezeit etwas daran gelassen, solche im Frühlinge oder Herbst versezet, ein wenig abgeschnitten, und verwahret, so haben sie gar feine Bäumlein davon erhalten, die bald zu ihrer Vollkommenheit gekommen, welcher Weg der allersicherste ist. Wann man nur in der Natur wahrnehmen könte, daß alle Bäume Nebenschos machten, so hätte man sich um keine andere Vermehrung mehr zu bekümmern.

Endlich haben auch etliche den Anfang der Vermehrung mit der Wurzel gemachet, indem ihnen die Vernunft solches an die Hand gab, daß alles leichter und geschwinder fortwachsen würde, was schon die Wurzel selber hat: und haben angefangen sowol die Zwiebeln, als andere Gewächse zu vermehren, sonderlich aber diejenigen Pflanzen, die grosse und starke Wurzeln haben, die sind entweder ganz, oder in Stücke zerschnitten worden, sonderlich was die Rosen, Johannisbeer, Alant, Calmus 2c. anbetrift. Allein weiter sind sie nicht gegangen, und haben weder an den ausländischen, noch wilden oder zahmen Bäumen einen Versuch gethan. Was ich aber ferner mit der Wurzel versucht, und gut befunden, das soll anjezo in nachfolgendem Abschnitt bekannt gemacht werden (*).

Nun

(*) In einem sogenanten Probst oder Tragauge liegt sowol, als in dem Keim eines Saamenkorns die Anlage zu einem ganzen Baum oder Staude. Wenn man also auf ein oder andere Art zuwege bringt, daß ein solches Auge Wurzel schlagen und austreiben kan, so hat eine dergleichen Vermehrungsart vor der Vermehrung durch den Saamen noch diesen Vorzug, daß just die nemliche Gattung fortgepflanzet und vermehret wird, wovon das Auge oder der Zweig ist. Da hingegen nach aller Erfahrung der neuern Naturkündiger die Vermehrung durch den Saamen der Ausartung unterworfen ist und die Gattung der Frucht öfters verschlimmert als verbessert wird. Es ist daher gar nicht zu verwundern, daß zumal bei Obstbäumen die Vermehrung durch Augen und Zweige von den Gartenliebhabern, Gärtnern und Landleuten der noch über dieses langweiligen Vermehrung durch den Saamen vorgezogen wird. Wann man unterhalb einem Auge an einem Ast die Rinde, als worinnen der Nahrungssaft hauptsächlich auf und absteigt, entweder durchschneidet oder mit einem Drat unterbindet und dabei solchen Ort vor Fäulnuß verwahret, so entstehet an solchem Ort ein Knorren (callus), der hernach geschickt ist, Wurzeln zu schlagen, wann er in die Erde kommt. Auf solche Art können nun also sowol an dem Baum, als auch, wenn die auf solche Art zugerichtete Aeste von selbigem abgeschnitten werden, junge Bäume erzogen werden. Bei manchen Arten der Bäume gehet es auch ohne solches Unterbinden oder Durchschneiden der Rinde an, daß ein Ast Wurzeln schlagen kan. Und dieses ist der Grund aller dergleichen Operationen, die der Herr Verfasser hier und in folgenden Abschnitten nacheinander beschreibt, als des Ablegens, Abhäserlns, Einsenkens, der Schnittlinge und so weiter.

Sechste Tafel.

Stellet zugleich die sämtlichen Operationen, die von unterschiedlichen Verfassern sind vorgenommen worden, vor Augen.

A. Bedeutet einen Thymian, der nur bloß von der eingesäeten Blüte soll hervorgekommen seyn, wie Seite 94. erkläret.

a. Ist ein Gummi oder Härz, mit welchem ein neugieriger Liebhaber vermeinet eine Vermehrung angestellt zu haben, wie aus Seite 94. zu ersehen.

b. Ist eine Probe, wie durch eine Wermuthaschen Wermuth in grosser Menge hervorgekommen, welches eben die angeführte Seite bezeuget.

c. Bildet ein indianisches Feigenblat vor, wie solches zu einem Baum mittler Zeit geworden, und hat die erste Gedanken zu der Vermehrung der Blätter gegeben. Besiehe die nämliche Seite.

d. Zei-

d. Zeiget die Art, da durch Einbohren eine Vermehrung ist vorgenommen worden, und weiset solches ferner Seite 99.

e. Ist die Art und Weise, wie durch Schnittlinge, nur bloß durch abgeschnittene Belzer und Einsezung in ein fruchtbares Erdreich einen Fuß tief gestekket, die Erde darüber geschüttet und fest eingetreten, eine Vermehrung geschehen, wie solches Seite 98. belehret.

f. Weiset die Art, wie man mit der Wasserflaschen eine künstliche Vermehrung soll anstellen, Seite 100.

g. Ist ein sehr nützlicher Weg der Vermehrung, mit Absezen, so mit Spalttöpfen oder blechernen Anhängerln kan verrichtet werden.

h. Stellet vor Augen die unvergleichliche schöne Vermehrung, so mit einem grossen Baum ist gemachet worden, so durch das Senken, oder durch Einlegen verrichtet wird.

i. Zeiget die Aeste an, wie sie sind unterleget worden, ingleichen wie man sie in der Erden mit Zwikeln fest gemachet.

k. Ist ein Stamm von dem eingelegten Baume, welcher untenher Wurzel geschlagen, und ferners kan fortgesezet werden.

L. Ist eine Krüke oder Gabel, welche den Ast fest muß halten, daß er sich nicht über sich begeben kan.

l. Wie aus der Wurzel neue Stämmlein hervorsprossen, wie dieses alles weitläuftig Seite 102. erläutert wird.

m. Wie die Vermehrung durch die Nebenschoß verrichtet kan werden, auf eben der Seite.

n. Wie die Vermehrung durch Zerreissung der Wurzel vorgenommen werden kan, und ist aus eben diesem Blat solches zu erlernen.

Nun erfreuen sich die Gegner und Tadler, daß es einmal darauf kommet, daß sie ihr Müthlein kühlen können. Dann sie haben sich ohne Scheu verlauten lassen, wie sie dieses Werk heruntermachen wolten. Allein sie mögen sich nur anmelden, und daher kommen, sie sollen jederzeit ihren Mann antreffen, der sie gewiß nach Gebühr empfangen und behandeln wird. Ich hätte zwar jezo die beste Gelegenheit, den bekanten und boshaften Verläumder, dem ich, doch alles Liebes und Gutes, umsonst und nichts, in meinem Hause auf etliche Tage erwiesen, und die geringste Ursache zu seinem boshaften und verläumderischen f. v. Lumpenzettel, den er heimlicher Weise auf den Bierbänken sowol hier als anderwärts ausgestreuet, nach seiner wol verdienten Bosheit öfentlich zu nennen, und ihm seinen verdienten Lohn zu geben, damit er in der That erfahren möchte, quod erat demonstrandum. Wiewol ich von selbsten einen so hin und hergelaufenen Menschen nicht geachtet, noch weniger ihm soviel Ehre in meinem Hause angethan hätte, wann er nicht von gewissen fürnehmen Personen, welchen ich aber wenig Dank davor weis, mir so sehr wäre empfohlen worden. Er hat aber durch seine bohafte Aufführung gemachet, daß ich gewis keinem solchen hergelaufenen mehr so trauen werde. Jedoch ich will Böses nicht mit Bösem vergelten, sondern ich will einen solchen stinkenden Schaz, in welchem nichts als falsche Arglistigkeit, Betrug und andere Bosheiten mehr enthalten, auf seinem alten Mistbette, wo er zuvor gestanden, stehen und ruhen lassen. Ich diene GOtt und meinem Nächsten so gut als ich kan: nam ultra posse nemo obligatur. Kan ein anderer aber was bessers, der offenbare es: so hat er Lob und Ruhm davon, ich kan es wol leiden. Gehen doch seine Berge schon lange schwanger, bis endlich die kluge Mäuse heraus schliefen, darob sich die ganze Welt erfreuen und verwundern wird. Ich will keinen Gift noch Zorn darüber ausüben, als wie ein überkluger Gärtner, den meine Sachen ebenermassen nicht angiengen, der aber geglaubet, wann er sein ungewaschenes Maul nicht auch solte vor der Zeit aufthun, er würde wie der hochmüthige Frosch zerplazen müssen, indem er mir zuschrieb, es gienge ihm jederzeit Gift und Galle über, wann er das Wort Universalvermehrung hören müste. Allein er bekam darauf diese Antwort: Du Gecke, was meinest du, daß mir daran gelegen ist, wann du um deiner Bosheit willen krumm, lahm und contract wirst? Mir ist nichts daran gelegen, und dein Drohen und Zürnen achte ich so wenig, als wann mich eine Fliege anrühret: nam vana est sine viribus ira. Gehe auf dein Mistbett, und laß mich in meiner Ruhe: ich aber will das geringste Bedenken nicht haben, noch weniger mich vor bösen Zungen förchten, und meine angefangene Arbeit mit GOTT zu Ende bringen, und meine unterschiedliche Arten der Universalvermehrung öfentlich kund machen.

Dritter Abschnitt.

Erstes Kapitel.

Von der neu und künstlich erfundenen Universalvermehrung aller Bäume, Stauden und Blumengewächse.

§. 1.

Es solte zwar Niemand nach genauer Uberlegung zu bestraffen seyn, welcher sagen würde, daß bei etlichen Jahrhunderten her die edle, rare und nüzliche Wissenschaften und Künste den höchsten Gipfel ihrer Vollkommenheit erlanget haben, so daß es bei nahe das Ansehen gewinnen will, als wolten mitler Zeit die Künste der Natur meistern, ja selbige in vielen Stücken übertreffen. Nichts destoweniger lassen die grossen Liebhaber in der süssen Erforschung der natürlichen Dinge noch nicht nach, sondern bemühen sich je länger je mehr, und auf alle Weise und Wege, wie sie dasjenige, wo sie finden und sehen, daß die Natur etwas angefangen, in ihrer Würkung aber still stehet, durch Fleis, Mühe, Arbeit und Kunst zum höchsten Grad der Vollkommenheit bringen mögen; also daß es bei dem philosophischen Ausspruch jederzeit bleibet: Ubi desinit natura, ibi incipit ars, was die Natur anfänget, das bringet die Kunst durch dieselbige zu Ende. Obwol aber mancherlei Künste und Wissenschaften in der Welt befindlich: so mus man sich doch nicht frecher Weise in alle und jede alsobald einlassen, sondern man mus sie prüfen. Dann es giebet solche Wissenschaften, die einem wahren Christen zu wissen nicht zustehen, sondern vor denen er sein Herz wol verwahren soll. Dann es ist zu wissen, daß teuflische Künste in der Welt regieren: wie dann solche Teufelskünste am Königlichen Hofe des Pharaonis in vollem Schwange giengen; massen die teuflische Zauberer fix und fertig waren, alsobald ihre Stäbe in Schlangen zu verwandeln. Wie wußte nicht die alte Hexe zu Endor durch Zauberei, auf Befehl des Königs Saul, den lieben Samuel so künstlich hervor zu bringen! Ja ich will von dem bekannten D. Faust nichts sagen, der den Leuten alsobald die vortreflichsten Bäume mit den angenehmsten Früchten hervor brachte, und zu allen Zeiten ihnen nach ihrem Verlangen selbige wachsend machte. Allein sie hatten keine Erlaubnis selbige anzurühren, noch die Frucht abzubrechen: wann aber welche heimlicher Weise solche abrissen, so zogen sie sich allezeit bey der Nasen; oder schnitten sie die Frucht herunter, so schnitten sie sich in die Nasen, daß ihnen der rothe Saft über die Wangen herunter lief, und was dergleichen Teufeleien mehr von

ihm

ihm erzählet werden. Unter solche gottlose Künste gehöret auch das verbotene Wahrsagen zukünftiger Dinge, welche solche Zeichendeuter, durch Hülfe des Teufels, erlangen und erfahren 2c. Nicht weniger sind darunter begriffen die Crystallenseher, die durch Spiegel, Feuer, Rauch 2c. den Leuten Glück und Unglück, Reichthum und Armuth, Tod und Leben, zuvor sagen wollen. Sonderlich gehören unter die teuflische Gesellschaft die Schazgräber, die Geisterbeschwörer, und die, so sich rühmen, daß sie sich und andere fest und unsichtbar machen können, und die Leute noch dazu beschwäzen wollen, es gienge natürlich zu. Dann in Schottland wäre ein Stein anzutreffen, wer denselben bei sich trüge, könte unsichtbar werden, und unempfindlich; ingleichen wer mit einem schwarzen Kazenkopfe, so ja eine natürliche Sache ist, wol umzuspringen wüste, der könte es auch erlangen. Allein solche Teufelsköpfe wird der Beelzebub schon zu finden wissen.

§. 2.

Was aber die natürliche Zauberei belanget, welche auch öfters wunder ja erstaunenswürdige Sachen hervorbringet, so sehen sie die Einfältigen und Unwissenden zwar vor etwas übernatürliches an. Allein wann sie genau untersuchet und erforschet werden, so findet man, daß sie sich auf natürliche Säze gründen, und solche auch aus natürlichen Gründen erwiesen werden können. Denn was vor wunderseltsame Dinge können aus der Sympathie und Antipathie gemachet und gezeuget werden! Was vor rare Dinge stellet uns die subtile und schöne Kunst, die Mathematik und Astrologie vor Augen! Was vor seltsame und verborgene Dinge kan man aus der Physiognomie her haben! Was vor Wunderdinge saget mancher Medicus, vermöge seiner schönen und herrlichen Kunst zuvor! Was vor rare und fast unbegreifliche Kunststücke erlanget man durch die Chymie und Experimentalphysik, da man durch Hülfe derselben vor jedermans Augen Bliz, Donner, Schnee, Eis, Winde und dergleichen vorstellen und machen kan! Ja erweget man die Alchymie, was vor wunderseltsame Erscheinungen sind in selbiger enthalten! Und wann man nur ihre Bücher ansiehet, so erstaunet man über ihre philosophische Bilder und Figuren. Gehe ich noch weiter, und betrachte die zuläßige magische Künste, was vor abscheulich und erschrekliche Vorstellungen und seltsame Verkehrungen zeiget die Magia anamorphotica! Was vor Dinge werden vorgestellet durch die Parastatica! Und wer soll nicht voll Verwunderung werden, wann man einen ex Catoptrologia lehret, wie man in Abwesenheit durch Spiegel miteinander reden und schreiben kan; ingleichen wie man die Kranken durch allerlei Töne und Stimmen heilen kan, welches die Phonostatica lehret! Ja was vor Wunderhändel und nie erhörte Dinge die Hydrotechnica, Aërotechnica, Pyrotechnica und dergleichen magische und natürliche Künste erweisen können, davon hätte man genug zu reden.

§. 3.

Nächst diesen befinden sich noch andere Künste, die gewis höchstens zu schäzen seyn, davon zwar die ganze Welt weis, allein sie sind noch nicht vollkommen erfunden, und werden auch nicht offenbar werden. Obschon die Gelehrten und Liebhaber täglich darnach streben, und viel Zeit und Geld darauf wenden: so können sie es doch nicht erlangen. Als da ist sonderlich der geseegnete Stein der Weisen, oder die tinctura universalis, oder die Pandora, als die edelste Gabe GOttes, und der göldene Schaz. Wie viel werden noch wol dort und da heimlich und in Winkeln sitzen, und solchen philosophischen Grillen nachdenken! Ich will mich zwar nicht so verlieren, daß ich nicht wolte zugeben, daß es dergleichen nicht in der Natur gebe: wer aber ein solches Geschenk erlangen wird, das ist eine andere Frage. GOTT allein ist es bekannt. Indessen sind doch Hohe und Niedrige nach diesem Stein der Weisen sehr begierig, sonderlich das geldgeizige Frauenzimmer. Allein wie sie es treffen, solches giebt zulezt der Ausgang. Sie kommen meistens in Schimpf und an den Bettelstab, und wundert man sich nur öfters, wie die Gütigkeit grosser Herren durch solche Leute misbrauchet, und wie oft sie getäuschet werden, indem sie ihnen meistentheils einen blauen Dunst vormachen. Dann verstünden sie ihre Kunst, und wüsten sie solche recht zu treiben: so hätten sie anderer Leute Gnade und Gunst nicht benöthiget. Allein das sind eben die rechten adepti oder inepti. Wie ich dann auch einen solchen philosophischen Landstreicher gar wohl kenne, welcher dergestalten plaudern und schwäzen kan, daß, wann auch die Leute ihr Geld 1000. Klaftern tief in der Erden eingegraben hätten, er im Stande wäre, sie zu überreden, daß sie es mit Nägeln herausgraben und ihm geben müsten. Wie er dann einstens, mit sonderbarer Verwunderung, lebendigen Hünern die Füsse abgeschnitten, und calciniret. Alsdann hat er Goldblätlein darunter gemenget und vorgegeben, nun hätte er die Kunst gezeigt, die Moses wuste, nemlich das Gold in die Asche zu bringen. O ein herrliches Experiment von einem grossen Philosophen! Das andere war noch vortreflicher. Er machte eine Bleiasche. Mit selbiger wolte er alle Perlen in einer Minuten zeitigen. Kaum kam die Perle in diese Tinktur weis hinein: so gienge sie schwarz heraus. Und als etliche so verdorben waren, sprach er: Es sind Moscowitische Perlen. Allein was es mit den Goldmachern vor ein Ende nimmt, das hat man vor wenigen Jahren zu Berlin an dem Cajetani gesehen, indem er glüklich das griechische π zum Lohn bekommen.

Unter diese verborgene Künste ist auch der liquor Alkahest zu zählen. Ich bekenne es, ich habe mich selbigen auch zu erlangen vor etlichen Jahren sehr bekümmert und bemühet, allein weil ich die Unmöglichkeit gesehen, habe ich diese Bemühung unterlassen. Inzwischen hatte ich doch einen liquorem universalem metallicum solventem erwischet, welcher mir alle Metalle und Mineralien, alle metallische Schlacken, Seegewächse, alle Steine, sowol die edle als die gemachten, in einer Phiol zugleich auflöset, auch die meisten festen Theile im Thier- und Pflanzenreich, und doch jederzeit seine Durchsichtigkeit behält. Man mag so viel Dinge hinein werfen, als man nur will, so wird niemals eine Präcipitation gesehen werden. Nach der Auflösung färbet er die Metalle, alsdann wird ein Stein daraus nach Belieben, als da ist der Sonnen- Silber- Eisen- Kupfer- Quecksilber- Diamantstein rc. welcher keine Schärfe hat, sondern nur eine kleine Bitterkeit. Nach diesem kan ich dieselben in ein Oel oder in ein Wasser verwandeln, der Gold- und Silberstein, wann ich will, kan über den Helm getrieben werden, so, daß nicht das allergeringste zurücke bleibet. Ich habe sehr viel Seltenes schon mit demselbigen angestellet, und solte mir in meinem wenigen Beutel zu Versuchen was übrig bleiben, will ich mit größtem Fleis darinn arbeiten. Wiewol ich meine Anwendung mehr zur Arznei als Metallurgie machen werde. Aber mehr davon zu seiner Zeit. Unter diese Gattung sind auch nachfolgende billig zu zählen, als das Glas so weich und schmeidig zu machen, daß man daraus formiren und klopfen kan, was man nur will. Jngleichen das ewige Licht, die parabolische Linie in einem Brennspiegel, ferners die Grade der Länge zur See und die Quadratur des Zirkels zu erforschen, wie nicht weniger das perpetuum mobile, an welchem schon viel Verständige und Kluge gearbeitet, und es sehr hoch gebracht. Wie dann des P. Soltski und Andreä Neußners und Hartmanns perpetuum mobile bekant ist. Sonderlich wolte ich wünschen, das Glück zu haben, und des Hochgelehrten Herrn Mathematici Orffyrei glücklich erfundenes perpetuum mobile ac per se mobile in natura zu sehen, und gehet mein Wunsch dahin, daß ich auch so glüklich mit meiner Universalversalvermehrung seyn möchte, als er mit seiner schönen und raren Erfindung: so hätte ich gleiches Lob mit ihme zu hoffen. Allein es mag bei mir vor diesesmal heissen: Cum desint vires, tamen est laudanda voluntas.

§. 4.

Ist noch übrig, daß ich auch der schädlichen und närrischen Künste in etwas gedenke. Was die erste betrift, kan wol keine Kunst, die der Hölle sich gleicher darstellet, mehr erfunden oder erdacht werden, als die Wissenschaft des Pulvers und der Feuerkunst. Es ist ja leider! nur mehr als zu viel bekant, wie viel Städte und Schlösser dadurch zu Grunde gerichtet, und wie viel tausend Menschen durch selbige sind verwundet und getödtet worden. Ja welches der gröste Jammer, so steiget diese höllische Kunst noch täglich höher, so daß sich jezo Feuersprizer oder eingefleischte Feuerteufel in Holland und anderwärts angemeldet, die Sprizen haben, in welche sie feurige Säfte einfüllen, und solche Feuerströme auf weit abgelegene Oerter treiben, dadurch sie entsezlichen und unwiederbringlichen Schaden verursachen können. Solche Leute soll man nur alsobald zu den Furien schicken. Ferners sind zu dieser schädlichen Gesellschaft auch die Feuer-Nägel und Eisenfresser zu zählen, welche endlich mehr sich als andern schädlich sind. In solchem Fall solte man es noch eher mit den närrischen Künsten halten. Dann was kan wohl närrischers und lächerlichers erdacht werden, als wann man in der Luft fliegen, fahren und schwimmen will. Man findet aber dort und da aufgezeichnet, daß welche dieses Fliegen durch ihre Kunst sollen zuwegen gebracht haben. Sonderlich will man von dem bekannten Hautsch in Nürnberg viel reden, der ein Instrument erfunden, womit er durch die Luft hat Fliegen wollen. Inzwischen aber war dieses das beste, daß anstatt Fliegen Lügen heraus kam, und es ist eben so gut, daß es nicht gerathen ist. Dann wie wolte man die bösen Buben erwischen? Sie flögen alle über die Stadtmauern, als wie der den Herren von Nürnberg (wie man fabuliret) über die Mauern, auf welcher in der Vestung noch seine Fusstapfen zu sehen seyn, und Fremden gezeiget werden, gesprungen seyn soll. Inzwischen wollen doch einige Scribenten behaupten, daß solche fliegende Kunst ein Schuster in Augspurg gezeiget habe, und gewaltig mit seinem Schusterleist herumgeflattert seyn soll. So wollen auch andere behaupten, daß in Haag sich einer mit seinen gemachten Fittigen sehr mausig in der Luft soll gemacht haben. Andere, weil ihnen das Fliegen zu verdrüslich oder mehr beschwerlich angekommen, haben Schiffe und Maschinen von Stroh und Bast erfunden. Andere haben durch die Luft fahren wollen. Wieder andere sind so närrisch gewesen, und haben Schiffe mit Pompen und ausgespannten Seegeln und Rudern verfertiget, womit sie in der Luft herumfischen und fahren wollen. Endlich, wenn es angienge, wäre doch der Handel lustig genug, und liesse ich mir dieses Fliegen bei nahe gefallen. Dann mit Lust möchte ich nach Wien fliegen, und von daraus nach Constantinopel, und wiederum nach Hause. Ja es wäre eine artige Kunst am allermeisten vor das verliebte Frauenzimmer, welche oft wissen wollen, wo ihr Allerliebster, bald an diesem und jenem Orte befindlich. O wie oft wünschen sie, daß sie Flügel hätten, zu ihm zu kommen, und ihn zu umarmen! Hätten sie nun eine solche fliegende Maschine: so würden sie solche alsobald brauchen, und mit ihren luftfangenden Reifröcken sich bald durch die Luft schwingen. Ich bin versichert, eine solche verliebte Seele würde mehr Gerdusche an dem Himmel machen, als 10. Regimenter Löffelgänse. Zu dieser lüftigen und fliegenden Gesellschaft kan man auch die närrischen Seiltänzer und Fahrer zählen. Was sie aber mit ihrer unvernünftigen Kunst endlich ausrichten, das kan man aus der bekanten Geschichte des Arthabans, welcher ein berühmter Operateur und Arzt war, welcher hier auf der Heide auf dem Seile, ke, welches er an den Thurn des göldenen Kreuzes angemachet hatte, mit Feuer und Schwefel herunter fahren wollen, ersehen. Indem er kaum anfieng zu fliegen, warens Lügen, und er brach den Hals.

§. 5.

Endlich was die nüzlichen Künste belanget, so haben wir wegen des reichlichen Uiberflusses GOTT täglich zu danken und zu loben. Allein sollte ich von denselben einen Anfang machen, so bin ich sicher, ich wüste kein Ende zu finden. Genug, daß solches jedermann bekant ist. Man darf nur unter die Handwerker ein wenig gehen, so mus man sich über ihre künstliche Arbeiten höchstens verwundern. Dann ob sie schon keine Gründe wissen, warum solches so und auf die Weise gemachet wird, so wird es doch künstlich ausgemacht. Solte man aber die Künste, als zum Exempel eines Uhrmachers Wissenschaft aus den ersten Gründen herleiten; wie weitläuftig liefe selbige in die Astronomie hinein! Uiberlege ich die edle und vortrefliche Buchdruckerei, was vor tiefsinnige Gedanken würde man dabei überkommen und erlangen! Erweget man das künstliche Kupferstechen, was vor einen vortreflichen Nuzen giebt solche Kunst 2c. Ich will aber alle übrige nüzliche und nothwendige Künste fahren lassen, und nur ein wenig die uralte sehr nüzliche und angenehme Gartenkunst betrachten. Diese ist in kurzer Zeit von hohen und niedrigen Liebhabern sehr getrieben, vermehret und verbessert worden, und scheuen die grossen Gartenliebhaber bis auf diese Stunde ganz keine Unkosten, sondern wenden viel Geld darauf, damit sie nur ihre zierlich angelegte Gärten zu einem schönen Paradeis machen, und alle Vergnüglichkeiten darinnen genüssen möchten. Nun wolte ich als ein geringes Werkzeug, zu solchem Vergnügen auch gerne was nüzliches beitragen. Ich habe mir demnach einen gewissen und guten Concept von der Universalvermehrung aller Bäume, Stauden und Blumenwerke gemachet, und meine Gedanken mit natürlichen und vernünftigen Gründen unterstüzet. Ob aber alles alsobald in der Anwendung angehen wird, kan ich zwar bishero noch nicht behaupten. Dann die Natur und viel andere Umstände verhindern öfters eine Sache, daß sie nicht zu allen Zeiten angehet, ob sie schon möglich ist. Oder wann auch schon hundert sind, denen es öfters nicht alsobald angehet, so ist doch die Kunst nicht daran schuldig, sondern es finden sich andere Hindernisse, die solches verhindert haben, daran man zuvor nicht gedacht hat. Dann die werthesten Liebhaber, welche meine erste Meinung von der Universalvermehrung empfangen, wann sie es probirt haben, so ist es ihnen nicht nach Vergnügen angegangen, ob sie schon nach meiner vorgeschriebenen Art alles gemacht. Allein bei einem und dem andern ist es doch angegangen, und bekenne ich gar gerne, daß ich aus der Herren Liebhaber Beiträgen noch vieles erlernet habe. Gestalten ich ihnen deswegen die Sache auf die Probe gegeben. Ja ich sagte mit Fleis ihnen den allerschwersten Weg. Dann ich wuste wol, daß er in der Natur und Vernunft doch gegründet wäre, und wann solchen die Natur nicht verlassen würde, so wäre er der allerherrlichste, als jemals einer hätte können erfunden werden. Und indem ich solches Werk, weil es mein Amt nicht zuließ, (dann ich mus meine meiste Zeit vor den Kranken, und nicht vor den Blumenbetten zubringen) muste liegen lassen: so konnte ich auch in so kurzer Zeit, alles selbst, (dieweil es wider Vermuthen kund worden, und der lang anhaltende Winter war) nicht versuchen und probieren. Derohalben gieng mein gehorsames Bitten dahin, daß die hochgeschäzten Gartenliebhaber geruhen wolten, meine überschikte Gedanken zu untersuchen und zu probieren. Ich lebe aber der Hofnung, daß anjezo nach dem verbesserten Weg die gütige Natur das Werk weit besser begünstigen wird, besonders bei dieser herannahenden Herbstzeit, welche die allerbeste und erwünschte Zeit ist; sonderlich wann nach diesen meinen unterschiedlichen vorgeschlagenen Arten und Manieren ein Versuch wird gemacht werden. Es ist ja nicht allemal nöthig, daß, wann man eine Probe thun will, es mit vielen versucht wird, dadurch man sich einen Schaden kan zufügen. Es kan ja der Versuch mit wenigen ebenermassen vorgenommen werden, bis man endlich der Sache gewis ist.

Zulezt will ich mich nochmalen wegen des Wortes Universal hiemit deutlich erkläret haben, wie ich dann eigentlich diesen Ausdruck nehme. Ich bin nicht in dieser Meinung, als wenn ein Weg oder eine Manier und Art eben zugleich an allen müste versucht werden, oder daß selbiger an allen vegetabilischen Dingen zugleich solte angehen: sondern ich mache es wie die Aerzte gewohnt sind, welche, wann sie eine Krankheit untersuchen, und dem Zustand den rechten Namen geben wollen, alle Kennzeichen erstlich zusammen suchen. Wann sie selbige gesammelt, so machen sie endlich ein signum παθογνωμονικόν daraus, und alsdann sind sie der Sache versichert. Also will ich auch alle diese Arten, die in diesem wenigen Werke befindlich, zusammen genommen wissen: und auf solche Weise wird die Universalvermehrung allenthalben Plaz finden, auch davor gelten können. Dann wann sie alle diese Arten, die in diesem wenigen Werke anzutreffen, werden durchgehen: so wird sich gewis einer finden, wodurch dasjenige, so man bishero nicht hat vermehren können, anjezo zu einer Vermehrung kan gebracht werden. Ehe ich aber zu dieser Materie schreite, will ich zur Nachricht noch etwas weniges von dem Ursprunge, wiewol ich schon etwas in meinem kurzen Bericht davon gemeldet, in aller Kürze hinzuthun, damit man doch weis, wie ich dann auf diese Gedanken gerathen, und wie ich mich habe überreden können, daß eine Universalvermehrung in der Natur

anzu-

anzutreffen und gegründet wäre. Davon wird das nachfolgende Kapitel handeln.

Zweites Kapitel.

Von dem Ursprunge und gegebenen Gelegenheit zu der neuen Universalvermehrung.

§. 1.

In diesem Kapitel mus ich mir nur selbsten die Nativität stellen, und dasjenige kund machen, welches ich jederzeit heimlich habe halten müssen: gestalten mich mein Naturell zu allen Zeiten zur Liebe des Gartenwesens angelocket. Allein wegen meines mühsamen und immerzu beschäftigten Amts habe ich es niemals frei offenbaren, noch weniger mich in demselben nach meiner Begierde genugsam üben dörfen. Dann sonst wäre das Geschrei in der Stadt alsobald entstanden: Der Doctor läßt sich seinen Garten besser angelegen seyn, als seine Patienten. Derohalben trieb ich mein Werk heimlich, selten, und wann ich mich auf dem harten Pflaster, so ich schon in die 15. Jahr empfunden, genug abgelaufen, so war jedoch zuweilen der lezte Gang dem Garten zu, und suchte ich in der Unruhe allda meine süsseste Ruhe, indem ich mir in meinem wenigen Plaze allerlei vornahm. Ich änderte aber sehr. Erstlich hatte ich meine gröste Lust und Freude an dem Zwiebel- und Blumenwerke, und ließ deswegen einen ehrlichen Pfennig in Holland hinein fliegen. Nachdem ich an demselben meine Lust gebüsset, und wahrgenommen, wie selbige alsobald ausartete, hatte ich kein Vergnügen mehr daran. Alsdann reizte mich die Lust und Liebe an, daß ich allerlei ausländische und rare Saamen aus Paris bringen ließ, die gewiß sonderbar waren. Als ich nun einige Jahre ebener massen meinen Zeitvertreib damit hatte, war die Lust auch verschwunden. Darauf empfieng ich eine neue und ungemeine Liebe zu den Nelken, und beflisse mich alle einfärbige, zweifärbige, sowohl von den gemeinen, als besondern, ingleichen von allen Arten der Picoten und Bisarden an mich zu bringen, und das triebe ich auch etliche Jahre. Endlich war ich der Sache auch satt und überdrüssig, und als ichs ein wenig überlegte, gedachte ich: Was hast du von aller deiner Blumenarbeit? Nichts anders, als daß du die Augen und Nasen damit erquickest. Darauf gedachte ich: Nun ist es Zeit, daß ich einen Anfang mache, dem Munde ebener massen was liebes zu erweisen; insonderheit damit meine liebe Doctorin, die mit mir in der Pestzeit, davor ich ihr hiemit öfentlichen Dank abstatte, viel ausgestanden, auch ein Vergnügen mit ihrem lieben Sohne in dem Garten haben, und dann und wann etwas zu naschen finden, auch ihren Keller und Speiskasten anfüllen möchte. Demnach habe ich gesucht dasjenige, was ich anfänglich nicht geachtet und weg gehauen, wiederum reichlich zu ersezen, damit ich versichert wäre, daß, was ich anjezo zielete, diejenige Frucht wäre, so ich verlangte. Dann wie oft ich von den Gärtnern hinter das Licht geführet und f. v. betrogen worden, die mir statt der Borsdörfer Kornäpfel, und an statt der Stingelbirnen Frühbirnen angehänget haben, ist mir am besten bekant. Derohalben wurde ich gezwungen, selbst Hand anzulegen. Deswegen nahm ich mich um das Pfropfen selbst an, so mir auch wol gelunge. Darauf gerieth ich oft in die Gedanken, wie andere, dieses wäre doch die wahrhafte Kunst, welche die Natur übertrift; dann dadurch kan man die ganze Natur eines Baumes mit seinen innerlichen Eigenschaften umkehren, und gedachte oft bei mir selbst, wer doch der erste müßte gewesen seyn, der solches versuchet, und sich überreden können, daß, wann er einen Spalt in einen Stamm machen, und ein anders Stämmlein in selben hinein sezen würde, aus demselben nach und nach ein vollkommener Baum werden solte, und hätte ich oft wissen mögen, wer und was ihn auf solche Gedanken müsse gebracht haben. Endlich fand ich ungefähr bei dem Theophrasto Eresio in seiner Historia Plantarum eine Meinung, daß ein Vogel einsmals ein Saamenkörnlein, so er nicht hat verdauen können, verschlucket, und wäre dasselbe natürlich wieder von ihm gekommen, und unversehens in einen gespaltenen frischen Ast gefallen: da dann dasselbige in dem Riz und in seinem Saft verborgen gelegen, bis es endlich aufgesprungen, sich mit der Substanz des Baumes vereiniget, und alsdann aufgewachsen, und solches hätte die Gelegenheit zu fernerm Pfropfen gegeben. Plinius aber saget, es wäre ein fleißiger Agricola oder Bauersmann gewesen, der einen Zaun um sein Haus gemachet, und damit selbiger nicht alsobald verfaulen möchte, hätte er Epheustöcke genommen, Löcher hinein gebohret, und die Zaunruthen hinein gestecket, und da wäre das Impfen und Einbohren erfunden worden. Mir aber fället bei, daß ich diese Fabel von der Erfindung der Propfkunst habe erzählen gehöret, wie daß sich einstens die jungen Baurenbursche im Mayen nach Gewohnheit sehr angelegen seyn lassen, ihren lieben Baurenmägdlein einen Mayen zu stecken. Da fande sich auch ein alter lieber Vater, der seiner lieben und getreuen alten Hausmutter einen Mayen vor das Fenster sezen wolte. Dieweil er aber nicht mehr so viel Kräfte hatte, in den Forst zu gehen, und einen Mayen nach Hause zu bringen, so hieb er einen alten Baum, der bey der alten Mutter Schlafkammer war ab, und sezte einen frischen ausgeschlagenen Ast in den gespaltenen Stamm hinein. Als nun der Monat vorbey, und der jungen Mägdgen ihr gesteckter Baum verdorret, war der alten ihrer noch frisch, und fieng an je länger je mehr auszuschlagen. Dieses gab im ganzen Markte ein trefliches Aufsehen, daß der

Alten

Alten ihre Sache besser grünen solte, als der Jungen. Endlich kam das Geschwäz in die Nachbarschaft. Weil nun die guten alten Leute einander lieb hatten, wolte man solches vor ein halbes Wunder halten. Die Leute kamen gleichsam wallfahrten dahin. Ein jedes wolte der Alten ihren fruchtragenden Baum sehen, und nachdem sie solches wahrhaftig befunden, auch gesehen, daß die Sache natürlich wäre, haben sie es ebenermassen probieret. Weil es ihnen aber nicht wie den Alten mit grossen Stämmen angegangen, so haben sie es mit kleinen Zweiglein versuchet, und es endlich richtig befunden. Darauf ist solches allenthalben ausgekommen, und unter allen Bauersleuten bekant worden. Dieses mag nun abermal zur Kurzweil angehöret werden. Genug daß die Propfkunst schon eine uralte und wolbekante Operation ist. Zwar wollen etliche haben, daß das Wort Pfropfen blos allein in der Verbesserung zwischen der Rinden Plaz haben, das Impfen hergegen vor die Arbeit im Spalt genommen werden soll. Ich aber meines Ortes nehme es in diesem Werke vor gleichgeltende Worte.

§. 2.

Es ist aber das Pfropfen in den Spalt eine solche Operation, da ein gesundes Pfropfreis oder Belzer frisch abgenommen, und in einen andern gespaltenen Stamm, Ast oder Zweig durch Kunst eingesezet wird. Die Art ist allgemein: aber nichts destoweniger ist mancher Gärtner so unglükseelig, oder vielmehr ungeschikt, daß ihm unter 20. kaum 2. davon kommen. Ich selbst habe durch sie solches erfahren. Ein Kluger aber verfuhr also, und war sehr glüklich darinnen, so daß ihm öfters nicht einer ausbliebe. Er schnitte den Stamm des Wildlings, so das Jahr zuvor wol ausgeschlagen war, ganz kurz bei der Erden ab; alsdann machte er den Stamm oben auf fein glatt, oder, wie der jezige Ausdruck lautet, wol polirt. Darauf machte er mit einem besondern Messer einen Schnitt, wie aus der Figur zu ersehen, von Norden gegen Mittag zu. Alsdann nahm er einen Pfropfreis. Wär es ein Belzer von einem Jahr, so schnitt er solchen auf das Loos: nahm er aber einen 2. 3. jährigen Zweig, oder schnitte er einen langen Jahresschos, so zertheilte er selbigen in viel Stück, und nahe bei dem Auge machte er auf beiden Seiten den Einschnitt. Dieser wird am besten so gemacht, wann er wie eine Feder auf beiden Seiten geschnitten, jedoch nicht zu lang, und oben ein wenig eingekerbet wird. Dabei verschonete er das Mark oder den Kern, damit er nicht verlezet wurde, auf alle Weise. So machte er auch keinen tiefen Einschnitt, welches zu loben. Dann je weniger man eine Sache verlezet, und je kleiner die Wunde ist: desto schneller heilet sie auch zusammen. Man mus sich nur verwundern, wie manche einen grossen und langen Spalt unnöthiger Weise in den Stamm machen. Wie sie aber dabei bestehen, lehret der Ausgang. Hiernächst nahm er auch in Aufsezung der Belzer dieses wol in Acht, daß er die Rinde des Belzers wol auf die Rinde des Stammes sezte, und zwar also, daß die Rinde des Stammes ein wenig vorgieng: so konnte alsdann der aufsteigende Saft den Belzer desto besser ergreifen und umlaufen. Alsdann verschmierte er denselben mit dem Propfwachs. Wie aber das Belzwachs beschaffen gewesen, womit man die Platte und den Spalt verwahret, ist bekant, und sind allenthalben Zubereitungen genug anzutreffen. Er nahme nur gemeines Pech ein halb Pfund, Wachs einen Vierling, und Mandelöl ein Loth: dieses ließ er zerrinnen über dem Feuer, und als es wohl mit einander zerflossen, so formirte er lange Zapfen daraus, und verwahrts zum Gebrauch. War es aber im Herbst oder Frühling, wann er solches Belzwachs machte, so nahm er etwas Terpentin, aber nicht viel darunter, und bei dieser Manier verbliebe auch ich. Nachdem er nun den Schnitt verstrichen, legte er oben auf die Platte ein doppelt Papier, oder auch eine Leinwand, und verband die Propfung mit Bast, oder gespaltenen dünnen Ruthen von rothen Weiden, und nicht allzu hart, sonderlich das Steinobst. Damit aber das Drücken destomehr verhütet würde, so legte er auf jedwede Seite an den Spalt ein schmales Riemlein aus des abgesägten Baumes Rinde formiret. Die gemeine Landgärtner und Bauern brauchen, wie bekannt, an Statt des Baumwachses, nur weichen Leim, und überkleiben die Leimhaube mit einem Stücke Leinwand: und damit der Leim von der Hize nicht sehr borste, sondern immer frisch bleibe, so legen sie Moos darüber, und verbinden es kreuzweis mit Bast.

§. 3.

Als ich nun das gemeine Pfropfen gesehen und practiciret, so versuchte ichs auch mit der verdoppelt und dreifachen Propfung, welcher Weg sehr gut ist, und insitio duplex aut triplex genennet wird. Es ist aber selbige eine solche Operation, daß man auf einen guten Wildling erstlich ein gutes und gesundes Reis belzet, darauf dasselbe bis auf die Hälfte oder den dritten Theil abwirft, alsdann ein anders und bessers darauf sezet, und, wann dieses gleicherweise abgeworfen, nochmals ein neues darauf impfet. Dann je öfter ein Baum gepfropfet wird; je grösser und schöner werden desselben Früchte. Ich hatte auf eine solche Manier wohlgeschmakte und ziemlich grosse Muscatellerbirnen empfangen. Erstlich nahm ich aus der Baumschule einen Wildling von Pfundbirnen gezielet, auf denselben sezte ich einen Sommerbonchretien. Diesen erwachsenen Zweig warf ich wieder ab, und sezte einen Bergamottenzweig darauf, und ebener Massen solchen abgeschnitten, propfete ich ein Muscatellerreis darauf, so mich genugsam vergnügte.

Ueber dieses übte ich mich auch im Propfen in die Kerbe, welche Erfindung meistens bei dicken, wilden und unfruchtbaren Stämmen, die im Durchschnitt einen bis 2. Schuh haben, Statt findet, und ist eine solche Verrichtung, da man die ganze Krone von dem Baume abwirft, und den dicken Stamm von der Wurzel nur eines halben Manns hoch stehen läßt. Alsdann wird die Platte mit einem scharfen Messer, oder mit einem guten Schnitzmesser eben gemacht, und darauf wird eine gewisse Austheilung an der Scheibe verrichtet, so viel Belzer man darauf setzen will, 6. 7. oder mehr. Wann solche gezeichnet, so nimmt man ein scharfes Messer oder Stemmeisen, und schläget auf den gezeichneten Ort gleich hinein durch die Rinde, bis es in das Holz hinein dringet. Alsdann ziehet man das Stemmeisen heraus, und machet hart daneben einen Gegenschnitt, und auf der andern Seiten dergleichen, so daß es wie ein Zwickel formiret wird. Alsdann wird ein Belzer, Daumens-dick genommen, und inwendig an zweien Theilen eckicht geschnitten. Wann solches verrichtet, so schiebet man die Rinde mit Rinde und Holz mit Holz aneinander. Oben auf kan wol eine Einkerbung zu mehrerer Haltung gemachet werden, wie alles das Kupferblat klärer vor Augen stellet. Wann es verstrichen, so wird mit den andern Belzern ebener Massen so verfahren. Endlich wird die Platte mit den Belzern recht verstrichen, und mit Bast wol verbunden. Ist eine lustige, doch mühsame Arbeit; allein wann sie alle kommen, machen sie eine schöne Figur, wie aus dem Kupferstich zu ersehen.

§. 4.

Uiber dieses Pfropfen ist noch eine gewisse Art in denen Gartenbüchern anzutreffen, welche insitio per ramos, das Zweigpfropfen genennet wird. Ist abermal eine sehr nüzlich und sichere Operation, wird meistens an starken und wolerwachsenen, ja öfters an den ältesten Bäumen mit aller Vergnüglichkeit und zwar also vorgenommen. Anfänglich nimmet man ihm nicht alle Aeste auf einmal hinweg; sondern es ist genug, wann solche bis auf die Hälfte abgeworfen werden. Dann will einer solches wagen, so wird er erfahren, daß der schnelle Saft, so sich mit Gewalt über sich circulirt, dieselben mit dem Uiberfluß erstiket und ertränket. Sind nun die Aeste wol darzu zugerichtet, wie bei dem gemeinen Propfen schon gedacht worden, sonderlich, wann man Belzer, die 3. oder 4. Jahr, wer sie anders kennet, und mit dieser Wissenschaft umzugehen weis, alt sind, und mit Stäblein wider die Winde und andere Beschwerlichkeiten versiehet: so gehet das Werk wol von statten. Gehet man mit aller Vorsichtigkeit damit um, so hat man dasselbe, oder zum wenigsten das andere Jahr gewis eine solche Menge Früchte, dergleichen die jungen und gesundesten Bäume nicht mögen noch werden hervor bringen können.

Als ich auch an dieser Manier genug gesehen und beobachtet hatte, war ich begierig, die insitionem sub camino, oder das sogenannte Stubenpfropfen zu probieren und zu untersuchen. Derohalben ließ ich im Hornung unterschiedliche Wildlinge, so frisch und gesund waren, ausheben: und nach gebührender Abwerfung der Kronen pfropfte ich sehr kurz auf den Stamm nach gemeiner Art. Alsdann sezte ich sie im Keller in die Erde, theils auch in die Töpfe oder Scherben, in Sande, und wartete sie, wie es sich gebühret. Da fiengen sie allgemach an sich zu verheilen, und nach und nach auszutreiben. In dem April brachte ich sie allgemach in die Luft: da begunten sie mit aller Macht Blüthe zu treiben, und im May hatte ich die schönsten Blüten von meinen gepropften Bäumlein. Und dieses ist eine vergnügliche Liebhaberey, aber keine Nuzbarkeit. Dieser Weg aber hat mich in etwas in meinen Gedanken verführet, so ich nach der Zeit allererst wahrgenommen.

Wie ich nun noch nicht ruhen konte, sondern noch mehr wissen wolte, und in einem und dem andern Gartenbuche ferners nachsuchte, was noch vor Wege zu der Verbesserung der Bäume möchten anzutreffen seyn: so fand ich eine Art, die von klugen und verständigen Liebhabern deliberatio, oder das Impfen zwischen die Rinden betitult wurde. Selbiges ist eine solche Handarbeit, daß man den Stamm des Wildlings, nicht wie bei dem gemeinen Pfropfen geschiehet, entzwey spaltet, und den Belzer hinein stecket, sondern das Reis wird nur zwischen das Holz und die Rinden eingesenket, und dieser Weg wird sowol an dem Steinobst, am allermeisten aber an dem Kernobst vorgenommen. Es wird aber auf nachfolgende Weise verrichtet. Man nimmet einen gesunden Belzer, er mag von dem ersten, andern oder dritten Jahr seyn, und bei einem frischen Auge untenher machet man mit einem Messer einen gleichen Schnitt, jedoch nicht so tief, daß er das Mark berühret, welches Mark zu allen Zeiten, will man anders glüklich arbeiten, verschonet werden mus. Das übrige Holz wird bis auf ein Glied lang, jedoch spizig untenher zugeschnitten, allein nur auf einer Seiten. Darnach schälet man auf der andern Seite die braune oder graue äusserste Rinde fleißig und so behend ab, daß die inwendige grüne Rinde unversehret bleibet. Ob man nun mit einem knöchernen Propfmesserlein zwischen dem Holze und der Rinden, wo solche am zärtesten ist, und zwar gegen Aufgang der Sonnen oder gegen Mitternacht, hinein stechen soll, damit es ja nicht börsten möchte, solche Subtilität will ich jezt nicht beantworten. Ich habe es aber auch auf diesem Wege gut befunden, und habe einen Schnitt oben bei der Blatte in die Rinden gemachet, so lang, als es die Nothwendigkeit des Belzers erforderte, alsdann mit dem beinern spizigen Messerlein den Schnitt eröfnet, den wol darzu zugerichteten Belzer hineingestecket, so daß der Schnitt einwärts in das Holz, und den Ort der abgelösten Rinde sich auswärts gewendet. Alsdann ist dieser Ort mit Baumwachs versehen, und mit Bast verbunden worden. Jedoch ist zwischen dem Verband auf beiden Seiten eine zarte Rinde, oder Zweklein geleget worden, damit die Rinde desto besser angetrieben wurde. Dann wann solche nicht fleissig hinan gedruckt wird:

so

so begiebt sich ein grosser und häslicher Knorren heraus, der den Baum nicht allein unförmlich macht, sondern ihm auch in seinem Wachsthum hinderlich und schädlich ist.

Ob mir nun gleich diese Art wol gefiel, so hies es doch bei mir plus ultra, und hatte ich an diesen Erfindungen der Verbesserung noch nicht genug. Ich wolte immer noch was bessers wissen: derohalben verfügte ich mich dann und wann in die schönen und zierlich angelegten Gärten, so in Kumpfmühl, einem Dörflein, so nur eine Viertelstunde von der Stadt gelegen, allwo öfters sehr verständige Kunstgärtner befindlich sind. Ich traf einen dazumal in völliger Arbeit an, die er mit einem Citronenbaume vornahm, und solche wurde die ablactation, oder die Absäuglung genennet, und verrichtete er solche auf nachfolgende Manier. Er trug in einem Gartenscherben einen Wildling von einem Citronen zu einem edlen Citronenbaume, und richtete denselben etwas nach der Schräge. Alsdann erwählte er einen gesunden Zweig, beugte denselben zu dem Wildlinge, welchen er verbessern wolte, und versuchte, ob er sowohl wegen der Höhe als Dicke sich wol auf denselben schicken möchte. Als er nun solches gut befand, sägte er das Bäumlein gleich unter der Krone schräg ab, und mit dem Messer machte er es fein eben und glatt. Alsdann wurde der Stamm, wie es in gemeinem Propfen üblich, gespalten, und legte er den niedergebogenen Zweig nur fornen in den Spalt, daß die Rinden wol zusammenschlossen, und die Spitze des Zweiges wol über sich stunde. Jedoch schnitt er zuvor zu beyden Seiten des Zweiges an dem Orte der Einlegung etwas von der Rinde bis an das Holz ab. Alsdann verband er die Absäuglung, wie bei andern Pfropfungen gebräuchlich, stekte ein Stäblein dazu, und machte es mit dem Bast an dem Stamm etwas fest, damit derselbe von dem Winde keinen Schaden leiden möchte. Wie der Zweig anfieng neue Schösse zu treiben, so innerhalb 6. Wochen zu geschehen pfleget, und er wahrnahm, daß sich selbiger schon ziemlich überlaufen, lösete er den Zweig von hinten ab, und nahm das Kind von der Mutter Brust, so zu reden, weg, und ließ ihn von sich selbst sich ferners ernähren und wachsen. Auf solche Manier werden auch sehr grosse Zweige von den Obstbäumen abgesäugelt, wann man das Jahr zuvor um dieselbigen unterschiedliche grosse und hohe Wildlinge gesezet hat. Dieser Weg ist gewis was schönes, und wol nicht zu verbessern: denn er kan nicht fehlen; gestalten der Wildling und der edle Baum zu der Nahrung zugleich das ihrige reichlich beitragen.

Indem ich nun von den Wegen der Verbesserung redete, kam von ferne einiges Frauenzimmer daher spaziret. Darauf sagte der fürwizige Gärtner: Bei diesen Bäumen könte man wol die Caressir- und Liebkosungskunst, wie auch das Embrassiren und Oculiren anbringen. Ich fragte, was dieses vor Künste wären? Darauf gab er zur Antwort, wie er michs auch lehren wolte. Ich war zufrieden: er wiese aber, wie die adulatio, Liebkosung oder das Caressiren eine solche Arbeit und Vermehrung wäre, da zwei Zweige von unterschiedlichen Bäumen durch Kunst nur blos durch das genaue Anrühren sich vereinigen müsten, und machte nachfolgenden Versuch. Er nahm einen wilden Pommeranzen, und sezte denselben ganz nahe zu einem edlen Pommeranzenbaum. Alsdann erwählte er von beiden einen schönen und gesunden Zweig, und schnitt sowol von dem zahmen als wilden 1. 2. oder 3. Zoll nach der Länge von der Rinden und vom Holz, an dem Orte, wo das Caressiren recht solte verrichtet werden, hinweg, jedoch nicht gar bis auf das Mark, und machte die Schnitte beiderseits fein eben und glatt, so daß diese zwei Aeste genau und wol zusammen sich fügten. Es musten aber beide an ihren Stämmen verbleiben. Alsdann wurden sie mit Baumwachs versehen und verbunden, und auf solche Weise wuchsen die Stämme zusammen. Hatte man nun die vollkommene Verheilung wahrgenommen, so schnitt er den Zweig von dem edlen Stamm ab, selbiger blieb an dem wilden behangen, und auf solche Weise wurde derselbige verbessert. Dieses wurde dabei erinnert, daß man zwischen dieser Zusammenfügung einen Pfahl sezen solte, daran sie angebunden würden, damit sie von dem Winde keinen Anstoß leiden möchten. Dieses kan auch an den Stämmen von den Obstbäumen, wann sie nah beisammen sind, verrichtet werden.

Von dieser Art ist der complexus oder das Embrassiren, Umfassen, nicht weit entfernet; gestalten man nur kreuzweis die Aeste über einander leget, alsdann, so dick die Aeste sind, einen Einschnitt machet, solchen verschmieret, verbindet und verwahret, wie anjezo ist gesagt worden. Obschon diese zwei Arten sich an allen Bäumen, weil sie öfters allzuweit entfernet sind, daß man sie mit ihren Aesten nicht zusammen bringen kan, nicht allezeit vornehmen lassen: so ist es doch eine solche Erfindung, die man um des schönen Namens willen lieben mag.

Als ich nun von dieser Sache auch genugsame Nachricht hatte, fragte ich: was denn das Oculiren, das Aeugeln oder das Impfen mit dem Schildlein wäre? Darauf bekam ich diese Antwort, daß es eine Arbeit wäre, die bei nahe alle und jede überträfe, und wäre doch nichts anders, als daß ich mir ein Auge ablösete von einem Zweiglein, und sezte selbiges nach Kunst in die Rinden eines andern Zweiges. Auf gemeine Art wird es also verrichtet. Man schneidet von einem fruchttragenden Bäumlein einen saftigen geraden Zweig, sonderlich von denen, die gegen Aufgang und Mittag, auf welchen vier, fünf und mehr gesunde Augen sind, ab, so in demselbigen Jahre allererst sind herfürgekommen. Will man nun ein Auge ablösen, so nimmt man das beste, fürnemlich das fein roth ist, und ein schönes Blat hat, machet oberhalb desselben einen Querschnitt, nachmals zwei zugespizte Neben-oder

Seitenschnitte, daß es wie ein Dreyeck sich zeigen möge. Jedoch ändert man in dem Schnitte. Etliche machen das Schildlein sowol oben als unten spizig, und in der Mitte breit, daß es eine Figur, wie eine Raute überkommet. Andere machen es viereckicht, und heissen es pflastern, emplastrare; ist aber eine besondere Arbeit, davon ich hernach etwas melden will. Wann nun der Schnitt an dem Auge vollbracht, so wird mit des Oculirmessers Spize ein wenig abgelöset. Wiewol es besser wäre, daß man ein helfenbeinernes Messerlein hätte, dann der Saft greifet alsobald das Eisen an, und selbiges theilet alsobald etwas von seiner Substanz demselbigen mit, welches martialisches Wesen sehr schädlich. Alsdann wird das Auge mit zweien Fingern gefasset, ein wenig hin und her beweget, auf eine Seite hinüber gewendet, und von seinem Siz abgedrücket. Hat das Auge inwendig ein Grüblein: so ist es nichts nüze. Dann das Keimlein, als in welchem der ganze Baum mit Wurzel, Stamm, Aesten, Blüte und Frucht, so gut als in der cicatricula selbst, befindlich, wie in dem ersten Abschnitt solches ist erwiesen worden, ist an dem Zweiglein sizen geblieben. Derohalben mus ein anders geschnitten werden, worinnen dieses Punct befindlich.

Ist nun die Ablösung wol gerathen, so nimmt man das Blat des Auges, aber nicht das Schildlein selbst, bis man den Schnitt in den Zweig, darein es kommen soll, gethan, zwischen die Lippen. Alsdann machet man behend, dann die Luft macht alsobald an dem abgelösten Auge eine Veränderung, nach gemeiner Art an dem Zweige einen doppelten Einschnitt, einen über zwerg, den andern gleich herunter, wie ein lateinisches T so lang als es die Grösse des Schildleins erfordert. Und zwar kan die Eröfnung und Ablösung der Rinde abermal füglicher mit dem helfenbeinernen Pfropfmesserlein geschehen. Wann nun die Eröfnung der Rinde bis auf das Holz verrichtet: so schiebet man von oben das Schildlein hinein, daß das spizige unter sich, und das dicke über sich kommet, und bedecket es mit den zweien Flügeln. Alsdann kan selbige verbunden werden, entweder mit baumwollenen Bändeln, oder nur mit Bast, und nicht zu fest, auch nicht zu locker, beides kan die Operation verderben. Einige aber wollen haben, man soll sie gar nicht verbinden, sonderlich wann der Querschnitt unter sich, und der Schnitt über sich, als ein verkehrtes lateinisches ⊥ gemachet wird, wie solches der bekannte Erfinder der verkehrten Plantage gemacht, so ehedessen ein Commercienrath zu Berlin, nach der Zeit aber ein Kostgänger bei den Herren von Nürnberg gewesen, welche am besten seinen Namen wissen werden, und ihm wegen seines schönen Wohlverhaltens ein weitläuftiges Zeugnis ausfertigen können. Ich habe ihn vor 6. Jahren, ehe er in solches Unglück verfallen, selbst in Nürnberg gesprochen: allein weil er nicht verschmerzen konte, daß ihm zu Berlin das einträgliche Monopolium, so er über die Säuborsten hatte, genommen worden, so war er ganz verdrüßlich und wild, und gab kein gutes Wort aus. Derowegen verlies ich ihn, und begab mich in den Schmausischen Garten: da war der Gärtner so höflich, und zeigte mir seine verdorbene operirte Bäume, und wies mir seine verkehrte Art und Weise, sowohl im Oculiren als Pfropfen, davor er auch ein reichliches Trinkgeld empfieng. Dieweil er aber mit Zerbrechen und Zerschneiden allzuhart mit den Bäumen umgieng, auch die rechte Zeit nicht allezeit beobachtete, war er sehr unglükselig, wie er solches besser weis, als man ihm mag vorstellen. Allein weil andere Händel mich nichts angehen, so sage ich, daß er deswegen ein großes Lob bei der Nachwelt verdienet, weil er der erste gewesen, der die verkehrte Manier zu Oculiren und zu Pfropfen erfunden. So ist sein Oculirgriffel gar nicht zu verachten, sondern ich schäze ihn sehr, brauche ihn noch in meiner eingerichteten Oculirtaschen, und habe an statt des messingen Aufhebers einen von Helfenbein machen lassen, wie solches an seinem Orte soll beschrieben werden. Und will ich mich versichern, daß Herr Friderich Küffner, Pfarrer von Lichtenberg im Brandenburg-Bayreuthischen Vogtlande, wie in seinem schönen Tractat der neu erfundenen Baumkunst zu ersehen, auch auf diese Gedanken nicht gerathen wäre, wann er diesen nicht zum Vorgänger gehabt. Zwar will ich ihm nicht zu nahe treten; allein mich dünket, er habe die Figur n. 6. in seinem angefangenen Werk erblicket. Dann nach der Natur, wie sie in seinem Garten befindlich, ist der Baum nicht gemachet. Ich weis auch, wie solche verkehrte Bäume aussehen und wachsen, und habe unterschiedliche dergleichen, sowol von der ersten Manier, als auch nach meiner verbesserten Art, sowol im Oculiren als Pfropfen, so etliche Jahre gestanden, und noch bis auf diese Stunde anzutreffen, in Händen, von welchen ich bei dieser Gelegenheit was melden, und auch zu mehrerer Nachricht etliche Risse, wie sie sich bei mir zeigen, vor Augen legen will. Ja ich will selbst frei bekennen, wann ich nichts von der verkehrten Plantage gewußt hätte: so wäre ich auch nicht auf die Gedanken der Universalvermehrung aller Bäume und Staudengewächse gerathen, wie in nachfolgendem zu ersehen.

§. 5.

Ich will aber was weniges von der verbesserten Plantage nach meiner Meinung beifügen. Als ich nemlich in etwas von solcher Art unterrichtet war: so hatte ich grosses Vergnügen darinnen, sonderlich im Pfropfen, gefunden. Dann wegen der Möglichkeit hatte ich niemals einen Zweifel gehabt; ob es schon schiene, daß es wider den Lauf der Säfte wäre. Allein weil ich die Verbindung wußte, daß das Mittel, nemlich die knorrigte Materie, durch welche der Saft als durch ein Sieb durchgehen mus, das Amt einer Wurzel verrichtete, und gar füglich angehen könte: so kam ich desto hiziger über meine Bäume her.

Ich hieb ihnen die Köpfe weg, daß es eine Lust war, und zerbrach sie in 10. 20. und mehr Theile, und sezte allezeit 2. Belzer verkehret in den Spalt hinein, und verwahrete und verbande sie, wie es gebührlich. Ich sezte wol 30. 40. Zweiglein auf einen dicken und langen Stamm, und verwahrete sie. Es stunde aber nicht einen Monat an, so war alle Arbeit vergebens und umsonst. Ein und der andere Belzer triebe doch aus. Nun sahe ich, daß eine grosse Gewalt ohne erhebliche Ursachen ausgeübet würde, kam demnach auf nachfolgende Betrachtung, und gieng was bescheideners mit dem Baum um. Dann es ist ja bekannt, daß eine kleine Wunde, die nicht tief hinein dringet, geschwinder heilet, als eine grosse, und die weit hinein gehet. Ich grief demnach auf solche Weise meine Sache an.

Betreffend erstlich das Oculiren, so erwählete ich mir einen schönen, geschlachten, glatten und jungen hohen Pflaumenbaum, auf denselbigen oculirte ich auf verkehrte Manier, und es war eben in der Hälfte des Augusts. Allein ich nahm ihm die Krone nicht ab, wohl aber etliche Zweige: dann ich fande ganz keine Ursache, warum ich auf einmal mit meinen Bäumen so tyrannisiren solte, und konte leicht gedenken, ich würde den Augen dadurch mehr Schaden als Nuzen zufügen. Dann der Saft, der doch in grosser Menge, besonders in dieser Zeit, über sich steiget, wird bei den Augen eine Erstickung verursachen: wann aber der Nahrungssaft sich in den Aesten austheilet, bis die Augen mit dem Stamme sich vereiniget, so hat man diese Gefahr nicht zu besorgen. Dabei hatte ich diese Gedanken. Gesezt, es stehen die Augen ab, so hast du doch den Baum erhalten, und ist zu einer andern Operation dienlich. Dann ich war mit grossem Schaden klug worden. Im Gegentheil gedachte ich: Werden die Augen auf das Frühjahr austreiben, und haben mehr Nahrungssaft vonnöthen; so habe ich alsdann Ursache, den Baum bei dem Kopfe zu nehmen, und ihme denselben vor die Füsse zu legen.

Inzwischen hielte ich im Einsezen der Augen die Ordnung, wie es die Natur verrichtet; nicht aber auf des Herrn Pfarrers Küffners Manier, welcher 2. Augen gleich gegeneinander über sezet, (wiewohl es angehet und möglich ist: so findet er doch mittler Zeit seine Beschwerlichkeit, wegen des starken heraustreibenden Knorrens, wie bei demselbigen solches aus num. 6. zu ersehen) sondern ich sezte meine Augen eine Hand breit von einander, und abwechselsweis, oder schneckenweis, eines auf diese, das andere auf jene Seite, und also gieng ich von unten bis oben auf (*). Den Schnitt zu dem Auge, machte ich von oben gleich herunter, alsdann untenher den Querschnitt, und kerbte ihn un-

(*) Es ist überhaupt bei dem Okuliren auf die natürliche Lage der Aeste eines Baums oder Standen wol Acht zu haben. Die Baumarten, bei denen das Okuliren gewöhnlich, haben wol alle die Aeste wechsels oder schneckenweis. Daher ist es allerdings gegen die Natur, die Augen an denselben in einer andern Ordnung aufzusezen und müssen auch allezeit die ältern und stärkern Augen zu unterst gesezt werden, damit man nicht, wie der Herr Verfasser, mit Schaden klug wird und eine verkehrte Pyramide bekömmt, wie weiter unten zu sehen.

tenher ein wenig ein, bis auf das Holz, alsdann hob ich mit dem Oculirgriffel, und zwar mit dem Theile, der von Helfenbein war, und das Amt eines Aufhebers verrichtet, die Rinden in die Höhe, und sezte den Theil des Aufhebers so an, daß der Spalt oder die Aushöhlung unter sich kam. Alsdann schob ich verkehrter Weise das Auge, so unter sich sahe, mit dem Schildlein, darauf es saß, in den aufgehobenen Schnitt der Rinden hinein, nemlich daß der Spiz des Schildleins über sich, und das Breite unter sich sahe: gestalten ich jederzeit das Schildlein in Form eines Triangels, da doch die Seitenschnitte allezeit was längers, als die Grundlinie war, geschnitten habe. Wie aber das Schildlein behend kan abgelöset werden, ist schon gezeiget worden. Kan man aber nicht wol auf solche Weise damit zurecht kommen, so kan man mit der andern Seiten des Oculirgriffels, der wie ein Hohlmeissel aussiehet, wann der Schnitt zuvor geschehen, das Auge ablösen, so daß man selbige bei der Spizen untenher ansezet, hinauf fähret und abstösset. Hat sich aber was von Holz damit aufgehoben, kan man solches mit dem Oculirmesserlein rein machen, und auf solche Weise gehet es auch geschwinder von Statten. Warum aber dieser Einschnitt, der wie ein verkehrtes ⊥ aussiehet, besser ist, als der gemeine, davon giebet der Erfinder der neuen Verkehrung in seinen wenig herausgegebenen Blättern diese Ursache, und spricht: Wann der Schnitt also verrichtet wird, so zeiget er sich gleichsam wie ein Dächlein, und verhindert, daß kein Regen in den Schnitt hinein dringen kan, wol aber bei den gemeinen. Wann nun das Aug verkehret in den Stamm gebracht worden, so habe ich die Lippen der Rinden, die das Aug bedecket, ein wenig mit Baumwachs verschmieret, und untenher mit einem zarten Bast, oder mit einem kleinen schmalen Bändlein verbunden. Auf solche Weise ist mir kein Aug ausgeblieben, sondern alle mit Vergnügen das Frühjahr darauf ausgeschlagen, und haben sich durch die Krümme über die massen schön über sich geschwungen, mithin warf ich die Krone ab, jedoch wolte ich sie höher haben, so nahm ich einem die Aeste sämmtlich hinweg, den Stamm aber verschonete ich, weil ich selbigen mitler Zeit sehr nuzen konte. Beliebte mirs aber, daß ich die Stange oder den Baum nicht so gros haben wolte, so warf ich ihn alsdann bei der Krone ab, und die Platte verwahrte ich mit Baumwachs. Was geschahe? Als sie zwei Jahre stunden, so sahe ich, daß die obersten Augen grösser, stärker und dicker wuchsen, als die untern: da ich mir doch sonsten einbildete, daß dasjenige, was nahe bei der Wurzel ist, schneller und besser wachsen solte, weil es den Nahrungssaft näher hat, als was weit von der Wurzel entfernet ist. Mit einem Worte, es zeigte sich meine gemachte Oculirung, als wie eine umgekehrte Pyramide, welche verdrüßlich anzusehen war. Als ich nun diese Sache genauer untersuchte, fand ich endlich den Fehler, daß selbiger nicht von der Natur, sondern blos allein von mir herrührte, und bestunde hauptsächlich darinnen, daß ich die Augen nach

dem

dem Zweige, wie ich ihn dazumal in der Hand hielte, nämlich das Dicke zu oberst, und das Dünne zu unterst hielte, und die Augen, die noch nicht so vollkommen als die untersten waren, zuerst ablösete, und solche untenher sezte. Die aber stärker und vollkommener waren, die sezte ich oben auf. Weil nun dieselbe schon in ihrem guten und vollkommenen Stande sich befanden, auch bekannt, daß der flüchtige und feine Nahrungssaft sich mit mehrerer Behendigkeit über sich begiebet: so musten aus solchen Ursachen die obern vor den untern stärker und dicker werden und wachsen. Bei solcher Beschaffenheit verkehrte ich auch alsobald meine Zweige, (dann es will heut zu Tage alles verkehrt seyn,) und sezte die obern und vollkommenen Augen untenher, und die unvollkommenen, als die am dicken Orte, oben auf: und auf solche Art empfieng ich, weil diese jenen nicht gleich wachsen konten, eine vernünftige und zierliche Pyramide. Dieweilen es sich aber öfters zutrug, daß ich an einem Belzer zuweilen nicht über 3. oder höchstens 4. recht vollkommen gute Augen antraf, und ich doch eine gute Menge derselben aufsezen solte, ehe ich in die Höhe kam: so verschafte ich mir viel solche Belzer, und von solchen nahm ich die vollkommenen. Alsdann steckte ich die Belzer inzwischen in ein Wasser, bis ich die unvollkommenen vonnöthen hatte. Auf solche Weise, wie schon erwähnet, empfieng ich auf umgekehrte Art die wohlgestalte Pyramide: und weil sie gar wol ins Aug fiel, ließ ich ihr ein schönes Fußgestelle darzu machen, so in zwei Theil zertheilet war, wie aus beigelegtem Kupfer zu ersehen.

Wie ich nun mit den Augen, so auf dem ersten Loos stunden, als die nur ein Blat hatten, fertig war: so fiel mir ein, ich wolte auch solche Augen, die viel Blätter haben, und 2. 3. und mehr Jahre alt seyn, ablösen, und verkehrt aufsezen, mich versichernd, weil sie schon älter als die ersten, so würden auch durch derselben Aufsezung meine Pyramiden desto schneller tragbar werden. Als ich solche Augen mit dem Schnitt zurichtete, und sie nur mit den Fingern, und etwas umgebeuget abreissen wolte, war es vergebens, weil das Auge schon zu holzig und zu hart aufsaß. Derowegen ergrif ich meinen Oculirgriffel, und mit der andern Seite, die wie ein Hohlmeissel aussahe, sezte ich bei der Spize des gemachten Schnittes selbiges an, und stieß mein Schildlein oder Auge ab. War aber zu viel Holz daran, nahm ich solches mit dem Oculirmesserlein geschickt und mit Behutsamkeit hinweg. So verfuhr ich mit den andern auch, ließ mir aber die Jahre wol bedächtlich angelegen seyn, so daß die 4. jährigen untenher, die 3. 2. 1. jährige Augen je mehr über sich zu stehen kamen. Auf diese Manier schlugen alle diese Augen auf 3. 4. und 5. Orten öfters zugleich aus, welches eine vortrefliche Lust anzusehen war, wie sie dann deswegen sind abgemahlet worden.

§. 6.

Nachdem ich nun durch die Verkehrung der Augen war klug worden, und ich eben diesen Fehler an meinen gepfropften Bäumen wahrnahm: verbesserte ich sie ebenermassen auch auf nachfolgende Weise. Erstlich lernete ich einen Ast erkennen, wie alt er wol seyn möchte: und da ich die Augen aufthat, so fand ich zuweilen, das einer 9. 10. 12. bis 16. Jahre alt war. Solches konte ich an dem Loos erkennen, daß sich wie ein Cirkel oder Reiflein zeigte. Wann aber die Loose schon alt waren: so konte man sie kaum sehen. Allein es war doch ein schwaches Merkmal übrig. Doch gehöret eine gute Aufmerksamkeit darzu, will man anders nicht fehlen. Aus solcher Betrachtung konte ich wissen, wie alt der ganze Baum, und wie lange er auf der Welt gestanden wäre; besonders wann ich etliche Jahre dem Hauptstamm zugab. Dieses habe ich öfters vor fürnehmen Liebhabern gethan, die gewust, wie alt ihre Bäume waren, und habe selten um 2. Jahre geirret. Nun diese ausgedachte Curiosität half mich soviel, daß ich im Pfropfen gleicher Weise eine angenehme Pyramide empfieng. Ich sezte viel lange Aeste, und suchte die Jahre zusammen, sowol von dem starken Ast, als von den Nebenästlein, die jederzeit um ein Jahr jünger sind, (dann die Tochter kan nicht älter seyn als die Mutter,) und auf solche Weise überkam ich Belzer, die 5. 4. 3. 2. 1. Jahr alt waren, die setzte ich verkehrt, jedoch auf zweierlei besondere Arten auf. Welche pfropfte ich umgekehrt in die Rinde; andere in den Kern und Rinde zugleich. In dem ersten Weg, der wol angehet, und wo die Belzer fast alle kommen, machte ich erstlich an dem Stamm in die Rinde einen langen Schnitt von oben herunter, alsdann einen Querschnitt wie im Oculiren, und machte untenher ein wenig eine Einkerbung, damit der Belzer auch wol darinnen ruhen möchte.

Die Belzer, sonderlich die untenher zu stehen kommen, schnitt ich auf 4. und 5. Augen; darauf nahm ich denjenigen Weg, welchen man deliberationem oder das Pfropfen zwischen der Rinden nennet, zur Hülfe, und machte meinen Schnitt an dem Belzer, an einer Seiten breit, und untenher spizig, auf der runden Seiten nahm ich die braune Haut subtil weg, alsdann hob ich die Rinde des Stammes mit demjenigen Theile des Oculirgriffels, so von Bein ist, in die Höhe, und brachte verkehrt meine Belzer darunter. Damit mir kein so häßlicher Knorren, als wie es insgemein zu geschehen pfleget, heraus möchte wachsen, so habe ich etwas, nachdem ich mit dem Baumwachs zuvor den Ort bestrichen, von doppelt zusammen gelegten Rinden, auf beide Seiten darzwischen geleget, und alsdann ordentlich verbunden. Eben auf solche Manier pfropfte ich auch über sich in die Rinde, verkehrte aber den Schnitt, und machte den Querschnitt oben, samt einer Einkerbung, alsdann den langen Schnitt daran, und sezte 10. bis 15., ja wann der

Stamm hoch und dicke war, wol 30. und 40. Belzer, die über sich zu stehen kamen, jedoch allezeit eine gute Spanne weit von einander, und wie ich im Oculiren (spiratim) schneckenweiß verfuhr, so verfuhr ich auch in dem verkehrten Pfropfen. Obenauf sezte ich zarte und junge Belzer, von 1. und 2. Jahren, und liess ihnen nicht mehr, als 1. oder 2. Augen. Alsdann nahm ich ältere Zweige, mit mehr Augen, und zulezt starke Belzer von 3. 4. Jahren, mit 4. 5. Augen: und auf solche Weise empfieng ich die schönsten Pyramiden, die ihre Aeste über und unter sich trugen, nach eines jeden Gefallen.

Was es vor eine Beschaffenheit mit der verkehrten Pfropfung in das Holz und die Rinden zugleich habe, dienet nachfolgendes zur Nachricht. Man macht in die Rinde einen Querschnitt, wo man einen Belzer einimpfen will: alsdann machet man eine Fingersbreite Einkerbung, und auch etwas tiefer in das Holz, so daß es nach Verhältnis des Stammes 2. Messerrücken austragen mag. Alsdann seze ich in den Abschnitt mein Pfropfmesser ein, und mit dem Hammer treibe ich das Messer über sich, und mache nach der Dicke und der Länge, nach Verhältnis des geschnittenen Belzers, einen Spalt. Damit aber der Spalt erhoben verbleiben möge, so wird ein helfenbeinerner oder hölzerner Keil darzwischen gestecket, damit derselbe nicht zufalle. Alsdann schiebe ich zwischen diesen Spalt meinen Belzer mit dem keilförmigen Theil hinein, ziehe das Messerlein oder Hölzlein heraus, und damit er noch genauer aufpassen möge, so mache ich oben auf an dem Belzer auch noch eine kleine Einkerbung, so daß sich der obere Schnitt des Baumes in dieselbe hineinfügen möge: worauf der Schnitt mit Baumwachs samt der Verbindung verwahret wird. Wer nun Lust hat in einen solchen gemachten Schnitt 2. Belzer zu setzen, dem stehts zu Belieben. Allein ich habe meine Ursachen auch schon öfters angeführt, warum ich in einen Schnitt oder Spalt nicht mehr als einen einzigen Belzer seze. Ja ich hätte von dieser verkehrten Plantage, massen ich viel darinnen versucht, noch viel zu reden: allein weil vor diesesmal die Vermehrung, und nicht die Verbesserung mein Zweck ist, als lasse ich dem Wolehrwürdigen Herrn Küffner, als welcher darinnen sehr glüklich ist, und schon den Anfang gemacht, seine schöne Gedanken der neugierigen Welt mitzutheilen, gänzlich über.

Es wäre zwar noch übrig von der Verbesserung so per fistulam oder durch das Röhrlein, oder Pfeiflein verrichtet wird, etwas zu sprechen, aber diese Arbeit ist nichts anders, als daß ich von dem jungen Schoos 2. 3. 4. Augen zugleich in der Rundung ablöse, und solche an ein anders Stämmlein oder Zweiglein, welches darzu geschikt, zurichte und hinanseze, und ist das Verfahren nachfolgendes. Es läst sich sowol im Frühjahr als im Sommer, wann die Bäume allbereit in Schoose getrieben, und die Rinde sich wol löset verrichten. Man suchet an einem

Baum einen geraden Schos von demselben Jahr, schneidet denselben bei dem Los ab: alsdann erwähle ich 2. oder mehr Augen, die zu der Pfeife dienlich, und mache an dem diken Ort einen runden Schnitt bis auf das Holz. Den Schnitt vornher schneidet man weg, alsdann drehet man diesen Theil auf eine Seite her und auf die andere hin, und bemühet sich, wie die Rinde vom Stämmlein losgemachet werden könne. Will es so nicht gehen, so klopfen welche darauf, und lassen nicht nach, bis sie es herunter gebracht: und wann solches mit vieler Arbeit geschehen, suchen sie an einem andern Baum ein gleichförmiges Stämmlein, machen an selbigen eine solche Länge an der Rinden, wie ihr Pfeiflein ist, ziehen die Rinde ab, und steken die abgezogene Rinde mit den Augen, welche alle daran befindlich seyn müssen, wie bei dem Oculiren gedacht worden, an das Aestlein, so sie mit harter Mühe darzu ausgefunden haben, verschmieren es alsdann, und verbinden es in etwas. Was aber dieses vor eine verdrüßliche und ungewisse Arbeit ist, wird der bekräftigen, der es versucht. Dann erstlich ist man wegen der Augen nicht gewis, ob man sie alle recht kan ablösen. Sind 2. gerecht, so ist das dritte schon falsch, und hat es eine Höle, so ist die ganze Pfeiffe nichts nüze. Zum andern, so wird durch das Drücken und Klopfen die Rinde verlezt, und die Röhrgen und Nerven also zusammengedrükt, daß selten eine solche Pfeife gerathen wird. So will ich auch nicht sagen, wie langweilig es zugehet, bis ich ein Stämmlein an einem andern Baum finde, welcher zu der Pfeife geschikt ist. Ich bin über diesen Weg recht verdrüßlich worden. Endlich habe ich mir also geholfen: Ich habe mir 4. oder 5. Augen der Länge nach an meinem Belzer erwählet, alsdann von dem ersten bis zu dem lezten einen langen Schnitt gemacht, denselben mit dem beinernen Oculirgriffel eröfnet und die Augen ordentlich abgelöset. Alsdann habe ich an einem andern Baume ein weit grössers Stämmlein erwählet, und mein Pfeiflein darauf geleget, und eine solche Länge darzu abgemessen, alsdann einen so grossen Einschnitt gemachet, daß ich an demselben Aestgen noch etwas von seiner Rinden darauf gelassen, damit meine Pfeife auf derselben Rinden ruhen konte. Alsdann versuchte ich es, wie gebräuchlich. Allein man findet davon bey obbemeldtem Verfasser was mehrers. Endlich ist noch ein kleiner Gedanke übrig, von der emplastration oder Pflastern etwas zu sagen. Solche Verrichtung, so nichts anders als Einäuglen ist, bestehet darinnen, daß ich an der Rinde ein Drey oder Vierek formire, und das dreiekigte Stük ganz aus der Rinden herausnehme, und davor ein Schildlein hineinseze, so daß es an allen Orten wol aufpasse. Alsdann wird es mit einem emplastro oder Durchzug, so aus dem bekannten Baumwachs, bestehet, vermachet und ein wenig verbunden. Dieses ist ein sicherer und wahrhafter Weg, und gehet hurtig von statten: und wundere ich mich, daß so wenig davon bishero

geschrie-

Siebende Tafel.

Von unterschiedlichen Arten der Verbesserung, die aus unterschiedlichen Schriftstellern sind zusammen getragen worden.

a. Weiset dem Auge, wie das Propfen in den Spalt durch das Spaltmesser neben den Kern, und nicht in denselbigen verrichtet wird. Wie es ferner soll behandelt werden, lehret der Text: wiewol ein kleiner Fehler im Kupferstich mit eingeloffen, indem der Stamm zu hoch und zu dik gemachet worden.

b. Zeiget die doppelte, ja dreifache Pfropfung an, wodurch endlich der Zweig eine vergnügliche Höhe und Wachsthum empfänget.

c. Pro-

c. Präsentiret das Pfropfen in die Kerbe. Ist eine feine Verrichtung, und wann solche zu rechter Zeit, und auf einen gesunden Baum verrichtet wird, kan mancher Hausvater eine ungemeine Freude daran haben. Wer anstatt des Wachses, wie es insgemein zu geschehen pfleget, mit der Mumie die Blatten versehen will, dem stehets auch frei.

d. Diese wenige Zweige zeigen die ganze Art, die durch das Zweigpfropfen verrichtet wird. Und wann alle Aeste nach der Anzeige und der Erklärung also abgeworfen werden, so hat man gewis in kurzen Jahren einen besondern Nuzen davon zu erwarten.

e. Obwol der Stamm in etwas zu gros sich zeiget; so ist solches nur mehr um der Erkänntlichkeit willen geschehen. Diese Art, so das Pfropfen zwischen der Rinde genennet wird, ist sehr hoch zu schäzen, und übertrift in gewissen Stüken das Pfropfen selbst: dieweilen diese Impfung besser und geschwinder von statten gehet, als das in den Spalt, wie solches aus der Beschreibung zu ersehen.

f. Stellet vor Augen die sehr gute, nüzliche und sehr gewisse Operation, die Ablactation oder Absäuglung genannt. Solte solches nicht eine Verdrüßlichkeit in dem Garten verursachen, welches zwar nur in der Einbildung bestehet, daß man die Scherben mus zusammen sezen, so bin ich versichert, es würde öfters vorgenommen werden. Und hat der gewiß schöne Gedanken gehabt, der dieses Werk ausgesonnen hat.

g. Weiset, wie die Liebkosungsimpfung verrichtet wird. Kan nicht allezeit an grossen Bäumen angehen, aber wohl mit ausländischen und solchen, die man nahe zusammen sezen kan. Man denke dieser Sache nur ein wenig besser nach, es sind viel heimliche Künste darunter verborgen.

h. Bezeuget, wie das Embraßiren oder Umfassen kan verrichtet werden. Ist ebenermassen selten an den grossen Bäumen, und nur meistens an solchen, die nahe beisammen seyn, vorzunehmen. Was vor guten Nuzen man aber verschaffen kan an denjenigen ausländischen Bäumen, die man zusammen sezen kan, wird zu seiner Zeit erwiesen.

i. Ist eine schöne Operation, so durch das Oculiren verrichtet wird. Die allgemeine Art ist zwar schon in allen Büchern bekant und zu ersehen; in dieser Figur aber wird man eine verkehrte Art antreffen, die auf das nachfolgende Kupfer sich beziehet, und der Text wird solches alles ausdrüken. Siehe Seite 122.

k. Zeiget nur einigermassen die Verbesserung durch das Röhrlein und Pfeiflein, davon Seite 125. weitläuftig gehandelt wird.

Achte Tafel.

Von der neuerfundenen Pfropfung, betreffend sowohl das Okuliren, als das Impfen, insonderheit wie es durch meine Erfindung ist verbessert worden.

Fig. I. Weiset einen langen und wolgeschlachten Stamm, welcher noch etwas von seinen Zweigen über sich hat, auf welchem die Art der verkehrten Pfropfung in etwas abgeschildert wird.

a. Ist ein gleicher Schnitt in die Rinden.

b. Weiset den Querschnitt sammt der Einkerbung.

c. Zeiget an, wie man die Erhebung mit dem Okuliergriffel, sonderlich mit demjenigen Theil, der von Helfenbein ist, verrichten soll.

d. Ist die verkehrte Einschiebung des Auges.

e. Ist die Verwahrung mit dem Baumwachs und die Verbindung.

f. Weiset, wie nach einiger Zeit das Auge austreibet, und wie es sich in seiner Krümme darstellet, und sich über sich schwingt, und dieses ist das ganze Verfahren.

Fig. II.

Fig. II. Will vor Augen steken, wie die Augen, so ein, zwei und mehr Jahre alt sind, auf einen Baum sind aufgesezet, und ihre Blätter in etwas beschnitten worden, damit sie der Wind nicht so stark bewegen kan; ingleichen, daß man daraus urtheilen kan, ob sie sich angeheilet haben oder nicht. Dabei ist auch die Verbindung in etwas angezeiget worden.

Fig. III. Bildet ab, was vor ein Fehler anfänglich von dem Verfasser selbst in Haltung des Zweiges vorgegangen, wodurch eine verkehrte und verdrüßliche Okulirung ist heraus gekommen, welche Figur in der siebenden Tafel Seite 120. bei dem Buchstaben i. zu ersehen. Es weiset aber

g. in dieser Figur den diken Ort, wo die Augen noch nicht so vollkommen, als als an dem spizigen Theil, und wie das Schildlein, so geschnitten worden, daß sich die Spize ober sich, und die Breite unter sich kehret.

h. Sind die verbesserten Gedanken, da die Spize des Zweiges über sich gehalten, die obern Augen von oben herunter genommen, und untenher eingesezet, das Schildlein auch verkehret worden, die Breite oben, die Spize unter sich gekommen, und dadurch die vernünftige Pyramide entstanden.

Fig. IV. Wie ein Ast zu erkennen, wie alt er ist. Solches ist in der verkehrten Okulir- und Pfropfung sehr nothwendig zu wissen, und in diesem bestehet der gröste Grund.

Fig. V. Weiset die neue und vergnügliche verkehrte Pfropfung, so durch das Impfen, und zwar in die Rinden, auch wie selbige in das Holz gesezet und verrichtet werden kan. An dieser Figur ist auch der Riß wahrzunehmen, wie man schlangenweis die Belzer füglich ansezen soll.

i. Ist ein Belzer von einem Jahr.

k. Von zwey

l. und drey Jahren, und so fort: und dieses gibt eine vernünftige und wohl angenehme Pyramide. Auf solche Weise ist viel zu künsteln in diesen Gedanken.

Fig. VI. Wie die Kronen abgeworfen, und wie sich der Stamm mit einem Belzer zum Ausschlagen anschiket.

Fig. VII. Zeiget den lustigen Apfelbaum auf verkehrte Manier, der in meinem Garten etliche Jahre vortreflich ausgeschlagen, geblühet und Früchte getragen hat, und von vielen hohen Personen gesehen worden, welchem ich auch zu Ehren ein von Holz wolgemahltes Posement habe verfertigen lassen.

geschrieben worden. Ich glaube aber, Herr Küffner wird die Sache weitläuftiger abhandeln.

§. 7.

Schlüßlichen so muß ich doch meinem hochgeneigten Leser zeigen, wie ich durch diese verkehrte Plantage, die ich sehr liebte und trieb, auf die Gedanken der Universalvermehrung gerathen bin. Ich war einstens in meiner Arbeit der verkehrten Pfropfung begriffen: da wurde ich von etlichen guten Freunden überfallen. Weil ich nun meine Sachen jederzeit verschwiegen und heimlich treiben muste, so lief ich von meiner Arbeit weg, und empfieng sie, aber da wir lang miteinander bis in die Nacht hinein sprachen, so konte ich nicht mehr zu meiner vorigen Verrichtung kommen. Inzwischen waren die verkehrt eingestekte Belzer nicht verschmieret noch verbunden worden. Weilen ich nun viel Täge nicht in meinen Garten kam, indem ich auf das Land zu Patienten berufen wurde: so stunden die Reiser ab. Derowegen zog ich sie heraus, und warf sie weg, und die Schnitte verwahrete ich mit Baumwachs, wie solches weitläuftig in meinem kurzen Bericht pag. 5. und 6. zu lesen. Mittlerzeit aber erschiene auf dem kurzen Absaz eine knorrichte Materie, auf welcher man Anfänge von Wurzeln erkennen konte. Und als der Zweig in die Erde gebracht wurde, kamen die Wurzeln vollkommen heraus. Darüber hatte ich grosse Freude, und gedachte, wann solches an allen Blättern, Zweiglein, Aestlein und Aesten wird angehen, so kan man alle Dinge dadurch vermehren, und mithin wär der Gedanke von der Universalvermehrung aller Bäume entsprungen. Als ich nun solches ferners versuchte, so kam, wo ich einen geschikten Schnitt hinein machte, und selbigen verwahrete, dergleichen Materie an allen Orten heraus, so nicht nur eine blosse Ueberlaufung andeutete, sondern daß es würklich die Substanz der Wurzeln wäre. Ja was noch mehr, so beobachtete ich, daß soviel Punkte da waren, soviel Wurzeln heraus sproßten, wie solches gar bald weitläuftiger wird erwiesen werden. Bei solcher Beschaffenheit gedachte ich, ich möchte wol wissen, was andere hochgeneigte Liebhaber davon halten möchten. Weil ich aber mit wenigen, oder dazumal mit keinem bekant war, so suchte ich durch mein Einladungsschreiben kluge und verständige Gartenliebhaber kennen zu lernen, und als solche Sendschreiben allenthalben ausflogen: so kam auch eines zu glükseliger Zeit nach Wien, und gar bald in die allergnädigste Hände Ihro Kayserlichen Majestät, der Kayserin Amalia, die eine allergnädigste Gönnerin der edlen Gärtnerei ist, und wie zu vernehmen war, so warf Sie auf diese wenige Gedanken einen sonderbaren Gnadenstrahl. Sie prophezeyete aber mehr dabey mit der gottesfürchtigen Hanna, daß durch göttliches Geschike der Kayserthron und das uralte Haus Oesterreich in kurzem vermehret werden, und die

Kayserliche Elisabetha würde einen Sohn gebähren: dann die hohe Frucht bewegte sich schon in Dero allerheiligsten Leibe. Diese glükselige Prophezeyung wurde auch mit aller Glükseligkeit erfüllet, welche herrliche Vermehrung in dem ganzen Römischen Reiche, und bei allen hohen Häuptern in der ganzen Welt, die es mit dem allerhöchsten Haus Oesterreich wol meynen, nicht allein eine milliontausendfache Freude, sondern auch soviel Glükwünsche verursachte.

Bei dieser unaussprechlichen Glükseligkeit gedachte also die Allerglorwürdigste Kayserin noch ferners an die Universalvermehrung: und mithin ergieng ein gnädiger Befehl, an den Kayserlichen in Regenspurg gevollmächtigten hohen Herrn Plenipotentiarium (Tit. Tit.) Seine Hochfürstliche Durchlaucht, Fürst von Löwenstein ꝛc. zu erforschen, was es vor eine Beschaffenheit mit diesen Gedanken haben möchte, wie solches weitläuftiger in meinem kurzen Bericht Seite 27. zu finden.

Dieweilen ich aber währender Zeit schon auf fernere und bessere Gedanken, wie die künstliche Universalvermehrung möchte anzustellen seyn, gerathen: so wurden selbige Se. (Tit. Tit.) Hochgräflichen Excellenz, Herrn Grafen von Wratislau, bey hiesigem Reichs Convent hochansehnlichen Herrn Abgesandten, als einem hochverständigen Liebhaber der gemüthserquikenden Gärtnerei vorgetragen, darüber weitläuftig pro & contra disputiret wurde, wie solches in dem angeführten kurzen Bericht, mit mehrern zu lesen. Damit solche Gedanken, sowol von der natürlich als künstlichen Universalvermehrung, andern Gartenliebhabern vollkommen möchten bekannt werden, so habe ich beschlossen, ich wolte solche ausarbeiten, und öffentlich in den Druck kommen lassen. Allein weil meine wenige Mittel zu einem solchen weitläuftigen Werke nicht wolten zulangen, so ergieng mein unterthäniges Ersuchen und Bitten, es möchten einige Gartenfreunde geruhen, und ihr Geld unterdessen bei mir deponiren, mit Versicherung, daß ich es zu GOttes Ehren, meinem Nächsten zum Besten und zu Dero hohen Ruhm verwenden würde, welches auch geschehen, und also durch Dero Gütigkeit dieses Werk gehend worden ist. Dieses wäre nun der kurze Verlauf und Ursprung der Universalvermehrung, auf welchen nun der Grund, worauf das ganze Werk beruhet, samt unterschiedlichen Manieren und Versuchen der Universalvermehrung aller Bäume, Stauden und Blumengewächse folget.

Drittes Kapitel.

Von mancherlei Arten und Manieren der künstlichen Universalvermehrung samt allen Nothwendigkeiten und Handgriffen.

§. 1.

Wann jemals ein Philosoph etwas kluges und tiefsinniges der Nachwelt hinterlassen: so hat gewis solches Hermes Trismegistus, als der Uraltvater aller Weltweisen, der vor dem Manne GOttes Moses soll gelebet haben, geleistet. Dieser hat die Pforten der geheimen Natur eröffnet, und solches unschäzbare Geheimnis auch seinen Jüngern und Nachfolgern kund und offenbar gemacht. Dahero er auch ter maximus der gröste ist genennet worden: weil er nicht allein ein possessor magni illius ternarii arcanorum arcani war, sondern auch solches der Nachwelt kurz in einem Auszug anstatt eines Testaments auf eine smaragdne Tafel, welche in seinem Grabe soll gefunden worden seyn, wie alle andere, zum theil auch uralte, Philosophen bezeugen, und seinen Erben und Kindern der Weisheit verschaffet und hinterlassen, aus welchem Inhalt solcher Tafel jedermänniglich erbliken kan, daß er ein überaus kluger und weiser Mann mus gewesen seyn. Dann also lautet der kürzliche Inhalt solcher Tafel auf teutsch:

Es ist wahr, gewis, und am allerwahrhaftigsten, daß dasjenige, so oben ist, eben also ist, wie dasjenige, so unten ist, um die Wunderwerke des einigen Dinges anzustellen. Denn gleichwie durch Betrachtung des einigen alle Dinge aus einem sind; also wird auch hierinn von einem alles gemacht durch die Vereinigung oder Zusammensezung. Sein Vater ist die Sonne oder das Gold, die Mutter aber der Mond oder das Silber. Der Wind hat es in seinem Bauch getragen, seine Ernährerin ist die Erde, eine Mutter der Vollkommenheit, seine Kraft ist vollkommen, wenn es verwandelt wird in Erden. Demnach scheide die Erden vom Feuer, das Subtile vom Groben mit sonderbarer Klugheit und verständigem Nachdenken, so steiget es von der Erden nach dem Himmel, und vom Himmel wieder herunter zur Erden, und nimmet also die Kräfte der obern und untern Dinge zu sich, und wirst auf solche Weise die Herrlichkeit der ganzen Welt erlangen, und von dir vertreiben alle Finsternüs und Dunkelheit; sintemal dieses die allerstärkeste Stärke ist über alle Stärke, und kan alles Subtile, wie auch alles Dicke und Harte durchdringen, durchgehen und ihm unterthänig machen. Auf solche Weise ist diese Welt gemacht, und entspringen daher ihre wunderlichen Zusammenfügungen, und wunderbare Würkungen. Und weil dieses der Weg ist, wodurch solche Wundersachen ausgerichtet werden: als bin ich dannenhero Hermes Trismegistus, das ist, der dreifach sehr grosse genennet worden, weil ich drei Theile der weltlichen Weisheit und Naturforschung der ganzen Welt im Besiz habe, womit ich meine Rede vom Werke der Sonnen oder des Goldes beschliesse.

Obschon nicht zu widersprechen, daß diese Worte einig und allein die Universaltinctur anbetreffen: nichts destoweniger kan ich auch solche gar füglich auf die Universalvermehrung aller Bäume und Stauden anwenden. Zwar will ich selbige nicht philosophice sondern physice deutlich erklären, und augenscheinlich erweisen; damit es ein jeder in der Ausübung glüklich und vergnügt möge exerciren können.

§. 2.

In den vorhergehenden Abschnitt ist klar und weitläuftig genug erwiesen worden, daß ein lebendiges Wesen in einem Baume, wie auch andern Pflanzen anzutreffen ist: und wann solches aus seinem Mittelpunkt ausgehet, so nimmet es alle Theile des Baumes, sie mögen ober oder unter der Erden seyn, gänzlich ein, so daß dieser Ausspruch an diesem Orte gar wol Plaz findet; quod totum sit in parte, & pars in toto; und kan also die vollkommene vegetabilische Seele in dem ganzen Baume seyn, und auch zugleich in dem allerkleinsten Theile wesentlich. Und solches ist desto leichter zu begreifen, weil man zugegeben hat, daß die vegetabilische Seele materialisch und theilbar ist, und daß solche in unzählbar viel Theile zertheilet werden kan, so daß sie sich in dem kleinsten Theile mit ihrer vollkommenen Substanz aufhalten, und nach und nach ihr Amt verrichten kan, welches man aus der Erfahrung erweisen kan. Jedoch müssen die Werkzeuge durch Kunst darzu geschikt gemacht werden: dann werden sie gänzlich verderbet, so ist auch die Seele verloren. Es scheinet zwar dieses der Vernunft schwer einzugehen; der Erfolg aber zeuget von der Ursache. Soviel möchte mir einer wol einräumen, daß die vegetabilische Seele, so lange sie in einem unverlezten Baum sich befinde, ihre Würkungen zeigen könne; wann aber die Krone abgeworfen, der Stamm von der Wurzel, und die Wurzel nicht mehr an demselben befindlich, so wäre es nicht möglich, daß darinnen mehr ein lebendiges Wesen, welches wie zuvor seine Würkung und Amt verrichten kan, anzutreffen; sondern die Aeste, der Stamm und die Wurzel seyen ein todtes Wesen: allein die tägliche Erfahrung bezeuget das Gegentheil, und wer darauf Acht giebet, der kan es erforschen, daß GOtt ganz andere Geseze der vegetabilischen als der thierischen Seele vorgeschrieben hat. Dann diese, wann ihre Hauptheile verlezt sind, verläßt alsobald den Körper und gehet wiederum in ihren Mittelpunct ein, daraus sie ausgegangen: jene aber, obschon alle ihre Theile, sie mögen die obersten oder die untern, sie mögen ganz oder in viel Glieder zertheilet

seyn,

Neunte Tafel.

Weiset den wahren Grund, worauf die allgemeine Vermehrung aller vegetabilischen Dinge gegründet ist.

a. b. Ist des grossen Philosophi, Hermetis Trismegisti, allgemeiner Saz: Quod est superius, est sicut id, quod est inferius. Es ist wahr, gewiß und am allerwahrhaftigsten, daß dasjenige, so oben ist, eben also ist, wie dasjenige, so unten ist.

c. d. Sind eben seine Worte, nach seiner Weisheit zwar umgekehret: Quod est inferius, est sicut id, quod est superius. Es ist wahr, gewiß, und am allerwahrhaftigsten, daß dasjenige, so unten ist, eben also ist, wie dasjenige, so oben ist. Dieses aber ohne mystischen Verstand, sonderlich, wann es auf die allgemeine Vermehrung der Bäume angewendet wird, will soviel andeuten:

Die

Die Aeste überkommen Wurzeln, und werden zu Bäumen; die Wurzeln überkommen Aeste, und werden zu Bäumen. Ingleichen, die Stämme werden zu Wurzeln, und die Wurzeln erlangen wiederum Wurzeln.

e Ist ein abgeschnittenes Stüklein von einem Ast, welches oben und unten mit der Mumie bedeket, untenher Wurzel geschlagen, und über sich ausgetrieben hat.

f. Sind die Wurzeln, die sonderlich bei dem Looß, und fast geschwinder als diejenigen, die sich durch die Punkte der Wurzeln auf den Rinden sehen lassen, hervorkommen.

g g. Will die Verwahrung des subtilen Stükleins des Astes anzeigen, und daß man sie wohl mit der Mumie versehen soll.

h. Ist ein Stüklein von einer abgeschnittenen Wurzel, welche, nachdem sie oben und unten mit der Mumie verwahret, wiederum auf das neue Wurzel geschlagen, und die schönsten Zweige hervorgebracht.

i. Will die behutsame Verwahrung mit Feuer und Mumie erinnern und anzeigen.

k. Ist ein starkes Stük, ein und einen halben Schuh lang, einer Wurzel von einem Apfelbaum, welche innerhalb 3. Monat einer Ellen hoch mit einem Stamm aufgewachsen, und sehr viel grosse und kleine Nebenäste noch über denselben hervorgebracht.

l. Zeiget den grossen aufgeschossenen Stamm an.

m. Sind die Nebenzweiglein, so eben aus der grossen hervorgekommen.

n. Zeiget die Verwahrung an mit der Mumie.

seyn, so kan sie lange darin selbstständig und wesentlich verbleiben. Wann man ihr nur durch Kunst zu Hülfe kommet, welches von der thierischen Seele nicht kan gesagt werden, so verbleibet sie sowol in dem obern als untern Theile, und erweiset eben diejenige Würkung, die sie, als sie noch in dem Baum gesessen, erwiesen und verrichtet hat. Aus solchem Grundsaze kan ich desto füglicher zu fernerm Grunde den herrlichen Universalspruch des Hermetis nehmen, und selbigen auf die Universalvermehrung anwenden. Dann er spricht: Quod est superius, est sicut id, quod est inferius, & quod est inferius, est sicut id, quod est superius, das ist, die Aeste sind wie die Wurzel, und die Wurzel sind wie die Aeste. Dieses will soviel gesagt seyn: Das Oberste bestehet eben aus solchen Theilen, als das Unterste, und das Untere ist eben dieses, was das Obere ist. Oder klärer: Die Aeste sind Bäume, und überkommen Wurzeln, die Wurzeln sind Aeste, und werden zu Bäumen. Damit ich mich aber auf das genaueste und deutlichste möchte ausdrüken können: so will ich die zwei beigelegten Figuren zu Hülfe nehmen. Ich sage: Alle vollkommene Stämme, so in der Krone befindlich, kan man zu Bäumen machen, dann es fehlet ihnen nichts, als nur die Wurzel; und die Wurzeln können zu Bäumen werden, dann es gehet der Wurzel nichts anders als der Stamm ab. Solches giebet auch die Erfahrung, dann es ist aus so vielen Handgriffen, die ich sowohl in der Vermehrung als Verbesserung vorgestellet habe, schon klar und offenbar, daß durch diesen und jenen Einschnitt, der in dem Blat, Ast oder Zweiglein gemachet worden, mit ordentlicher Anwendung des darzu gehörigen, die Blätter, Stämmlein und Aeste Wurzel überkommen. Wären sie nicht in denselben ihrem Stoff nach befindlich, wie hätten sie können heraus kommen? Dann wo nichts ist, da kan auch nichts daraus werden. Weil aber solche an allen Orten würklich hervorkommen; so mus ja nothwendig folgen, daß die Wurzeln in den Stämmen sind, wie sie sich auch augenscheinlich bezeugen, und meine Versuche noch besser beweisen werden. Ist also wahr, daß oben auf so gute Wurzeln sind als unten her. Wer hat nicht eben aus den obangeführten Versuchen, sonderlich, wann man das Einsenken mit dem grossen Baume, ingleichen die Nebenschoß betrachtet, sattsam erlernet, daß aus der Wurzel Bäume und Stämme haufenweis hervorgekommen sind: ja meine Erfahrung soll es abermal am besten bekräftigen. Denn wann ich eine Wurzel in hundert Theile mit Geschiklichkeit zertheile, und solche einseze, so überkomme ich aus einem jeden Stüke nicht einen, sondern 4. 5. 6. und mehr Stämme und Aeste heraus. Wären sie nicht in der Wurzel, so könten sie auch nicht hervorsprossen. Ist also abermal wahr, daß, wie das Oberste ist, so ist auch das Untere. Dieses wird man noch lieber glauben, wann ich wiederum dasjenige, was ich theoretisch angeführet habe, in das Gedächtnüs bringen werde: nämlich,

lich, daß der untere Theil des Baums mit dem obern alle wesentliche Theile gemein hat, sie mögen nur Namen haben, wie sie wollen. Der Unterschied aber der Wurzel und des Stammes besteht einig und allein nur darinn, daß die Fasern und die Löcher der Würzeln mehr, länger, weiter und grösser sind, damit sie desto mehr Feuchtigkeit empfangen können: und dahero gehen sie auch aus der Enge in die Weite; der Bau aber des Stammes und der Zweige hat schon engere Löcher und stärkere Fasern, und werden durch die Luft, durch die Wärme, Kälte und andere Witterung mehr zusammen gezogen. Damit aber der Nahrungs- und alle Lebenssäfte desto besser über sich möchten gebracht werden, so gehet der Stamm aus der Weite in die Enge, und wann im Winter ein Baum mit Wurzeln ausgegraben wird, und er mit Stamm und Wurzel ausser der Erden da lieget, so wird man fast nicht bald abnehmen können, welches der oberste oder unterste Theil ist. Allein es ist die Frage: Wo und wie dann zu erweisen, daß die Wurzeln eben so gute Stämmlein und Zweiglein unter der Erden machen, als wie sich die Aeste und Zweige über sich zeigen? Man gräbet ja zu den Wurzeln, wann man will, so findet man untenher niemals ein Aestlein noch Bäumlein, sondern nur Wurzeln. Dieses ist wahr, wie kan ich dann sagen, es wäre das Untere wie das Obere? Allein es dienet soviel zur Nachricht. Solten die Wurzeln so freie Luft haben, als wie die Aeste, so würden aus denselbigen viel tausend Bäumlein mit ihren Blättern und Aestlein hervorkommen und herauswachsen: dieweilen sie aber sehr tief unter der Erden liegen, und keine freie Luft noch die Wärme der Sonnen genüssen können, so müssen die Bäumlein so lange in der Ruhe verstekket bleiben, obschon in denselben dem Stoff nach die Bäume befindlich, bis man der Natur zu Hülfe kommt. Inzwischen kan man doch schon an denselbigen diejenigen Eindrüke oder diejenigen Kennzeichen, aus welchen die Aeste allenthalben würklich hervorstammen, genau sehen und wahrnehmen: und wann die Wurzeln die rechte Gelegenheit überkommen, oder wann ihnen durch Kunst eine Hülfe darzu gegeben wird, so wachsen sie mit aller Gewalt und in grosser Menge über sich. Man kan solches gar schön wahrnehmen an den Wurzeln, die etwas über der Erden heraussen stehen: dann die treiben alsobald Nebenschoos heraus, und diese kommen aus der Wurzel, und nicht aus dem Stamm. Warum sie aber nur bei demselbigen, und auch nicht an andern Theilen der Wurzeln ausschlagen, da ist fast keine andere Ursach zu finden, als weil sie sich der Luft und Wärme bedienen können. Würde man den übrigen Wurzeln auch ferners helfen, daß sie also geleget würden, oder so zu stehen könten kommen, damit sie ebenermassen Luft und Wärme erlangen möchten, so würden Bäume in grosser Menge hervorkommen. Solches soll klar und deutlich mit meinen gemachten Versuchen erwiesen werden, woraus zu ersehen seyn wird, daß es wahr ist, was

ich

ich mit Hermete spreche, daß dasjenige, so unten ist, eben also wie oben ist, und was oben ist, eben also ist, wie dasjenige, so unten ist.

Betrachte ich ferners meinen Kupferstich, so finde ich auf der andern Seiten, daß dasjenige, so unten ist, eben also ist, wie dasjenige so oben: allein was trift man dann untenher an? Antwort: Wurzeln. Wie kan dann mit Wahrheitsgrunde gesagt werden, daß die Aeste, Zweige und Blätter über sich Wurzel haben? Und wer siehet dann die Wurzeln in freier Luft herabwachsen? Ich verseze: es ist wahr, und der Baum ist oben voller Wurzeln, ja es ist gewis, wann jemand die Augen wol aufthun will, der wird am allerwahrhaftigsten sehen, daß viel Millionen Wurzeln mit ihren Pünktgen an den Aesten und Zweigen zu allen Zeiten zu sehen und anzutreffen sind. Man wird nämlich klar erkennen, daß kleine weisse Pünktlein und Anzeigen von Wurzeln an der Rinde wahrzunehmen, welches wol bishero niemand jemals beobachtet: solche aber können nicht eher hervorkommen, als bis sie in die Erde kommen, alsdann eröfnen sich solche Punkte und thun sich auf, und sobald nur ein Aestlein in die Erde durch Kunst gesezet wird, so schlägt solches seine Wurzel, und ist mit höchster Freude und Verwunderung, wie viel Wurzeln durch solche Handgriffe herausschlagen, anzusehen. Ueber dieses so ist ja genugsam allen Gartenliebhabern bekannt, wie man sowol durch das Ansezen, Einschneiden, Abhäferln und Einlegen, Aeste, Zweige und Stämme dahin bringen und vermögen kan, daß die Wurzeln von denselben vor jedermanns Augen können herunter hängen. Folget demnach nothwendig, daß in solchen Zweigen und Aesten eine grosse Menge Materie die zum Wurzelzeugen dienlich, anzutreffen seyn mus: weil dergleichen Wurzeln an allen Orten, wo nur denselben Gelegenheit zum Wurzelschlagen gegeben wird, hervorkommen. Dieses aber wird weitläuftiger an jener Stelle, wo man ausdrüklich davon handeln wird, erwiesen und ausgeführet werden.

Dieweil nun in diesem Angeführten der Hauptgrund der Universalvermehrung nach meinen wenigen Gedanken bestehen soll, gestalten ja an allen Aesten und Zweigen aller Bäume, Stauden und Blumengewächse der Urstoff, oder die Punkte und wahrhafte Merkmale der Wurzeln kan gefunden und angetroffen werden, daß selbige durch Kunst müssen hervorkommen, ingleichen daß an allen Wurzeln eben dergleichen Merkmale, woraus die Bäumlein mit ihren Aestlein müssen hervorkommen, wahrzunehmen sind: so will ich anjezo auf dieses gelegte Fundament allerlei Versuche anstellen, und nach meinem Gefallen die Blätter, Stämmlein und Aeste auf mancherlei Art und Weise zu Wurzeln, und die zerschnittene Wurzeln zu Bäumen mit Feuer und Mumia zwingen und machen.

Versuch, wie man mit Zertheilung der Wurzel eine Universalvermehrung anstellen soll.

Es wird noch erinnerlich seyn, daß ich in meinen Vordersäzen weitläuftig erwiesen, daß im Pflanzenreich nichts beständig fortwachsen kan, was nicht eine Wurzel hat, oder so etwas, das anstatt einer Wurzel dienen kan. So ist dieses auch schon mit vielen Erfahrungen erwiesen worden, daß die Wurzeln Schößlinge austreiben. Daraus ist die nothwendige Folge zu machen, daß, wann man mit allen Wurzeln künstlich umzugehen weis, sie an allen Orten dergleichen Nebentriebe oder Bäumlein müssen hervorbringen. Solches will ich anjezo beweisen und darthun.

Wie abscheulich aber der bekante Gegner über diese in der Natur wolgegründete Meinung allenthalben seine boshaftige Zunge gewezet, ist nicht zu beschreiben, und wolte ich ihm die Sache so hoch nicht aufnehmen, wann er nicht selbst ein Gärtner gewesen wäre. Allein warum er seine Profession verlassen, ist mir unwissend. Ob solches aus Faulheit oder Ungeschiklichkeit, oder weil er diese schöne Wissenschaft nicht mehr geachtet, oder aus Gründen nicht gelernet, geschehen, lasse ich an seinem Ort gestellet seyn: genug daß er seine überkluge Weisheit bei mir über meine Gedanken mit nachfolgenden Worten entdeket: Herr Doctor, seine ganze Sache mit der Universalvermehrung seiner Wurzeln und Stämme kommet mir nicht anders vor, als man einem Menschen wolte Kopf, Hände und Füsse abhauen, und aus dem Rumpf solte ein Kopf, und aus den abgehauenen Händen und Füssen Finger und Zehen wachsen. O wol schön gesprochen! Wie er es zwar verstanden, so hat er auch geredet, aber unvernünftig genug. Hätte sich der gärtnerische Baumeister in der Natur, was selbige zugiebet, ein wenig umgesehen, und die Augen seines Verstandes ein wenig besser eröfnet, (allein er ist zu entschuldigen, weil er dazumal grosse Einfälle in seinem Gehirne hatte, wie man die Kanzel, Altar und Taufstein in der Kirchen zu der schönen Maria genannt, auf einandersezen, ingleichen, wie man an der grossen Mühle auf der steinernen Brüken in Regenspurg aus grossen kleine Gänge oder Mühlräder, wie man an kleinen Flüssen gebraucht, solle machen, davor haltend, es wäre die Donau wie ein kleiner Bach,) so würde er gefunden haben, was GOtt in die Natur gesezt, und was vor Ordnungen er derselben mitgetheilet. Ja er hätte alsobald wahrgenommen, daß das animalisch oder thierische mit dem vegetabilischen und Pflanzenreich nicht also, wie er sichs eingebildet, in allen Stüken übereinstimmet. Analogice kan solches wol geschehen, (allein ich mus teutsch reden, dann der gewesene Gärtner verstehet diesen Ausdruk nicht, wiewol derselbige schon in seiner Schreibtafel aufgezeichnet sich befindet,) und ob man schon eine Gleichheit und

Aehnlichkeit in einer Sache findet: so ist doch selbiges in seinem Wesen und in der Natur ganz was anders. Ich kan wol sagen, ist auch in der That so, daß ich an einem Baum finde Haut, Fleisch, Mark, Adern, Nerven, Drüsen, Wassergänge &c. ingleichen einen Kopf, Bauch, Arm und Füsse. Folglich mus nach des verständigen Gärtners Meinung der Baum ein Mensch seyn. O überkluger Baumeister! Wilst du dir die Sache also einbilden, daß diese Theile des Baumes eben eine solche Substanz und Wesen haben sollen, als wie der Menschen ihre Theile beschaffen sind, so gehe wiederum auf dein Mistbett, und laß den Doctor mit Frieden. Nur ists Wunder, daß dieser Gärtner, als ein Lehrjung, niemals bei seinem Meister soll gesehen haben, wie er öfters den Bäumen die Köpfe, oder die Krone abgehauen, und wie aus dem Stamm allenthalben die Aeste sind heraus gekommen, und sie endlich wiederum einen neuen Kopf oder Krone erlanget haben; ingleichen, daß er niemals wahrgenommen haben soll, wie sein Herr die Wurzel zerschnitten, v. g. Rapunculum hortensem seu pyramidalem das Milchglöklein oder die Pyramidal genannt. Es mag die Wurzel in soviel Theile, als beliebig, zerschnitten werden, so wird jederzeit ein solches Stüklein ausschlagen, und seine schöne blaue Blumen, welche wie eine Pyramide häufig übereinander gesezet, hervorbringen. Hat aber der Bursch dabei nichts gelernet, so ist es seine Schuld: genug daß man einen grossen Hansen vorstellen kan.

Ich will aber in meinem Versuch fortfahren, und dasjenige darzuthun, was ich versprochen. Ich spreche nochmal nach meinem Grundsaz: Alle Wurzeln können zu Bäumen gemacht werden, ob sie schon gänzlich von ihrem Rumpf oder Stamm getrennet sind, und will solches mit gemachten wahrhaften Versuchen bekräftigen und genugsam erweisen. Ich habe in meinem Garten unterschiedliche Wurzeln von allerlei Bäumen, als von Birnen, Aepfeln, Pfersigen, Apricosen, Welschen Nüssen, Quitten, Weinreben, weissen Holder &c. ingleichen von Zitronen, Granaten, Laurus &c. ausgraben lassen, und habe selbige auf allerlei Arten zerschnitten. Erstlich nahm ich ein sehr grosses Stük Wurzel, und obenauf an dem diken Orte, wie auch, wo die Zanken oder Nebenwurzeln herausgiengen und offen waren, da machte ichs eben und gleich: alsdann brachte ich die Mumie an denjenigen Ort, da die Wurzel gleich geschnitten war, und nachdem ich alle Eröfnung wol verwahret, legte ich sie eine gute Hand tief in die Erde, und damit die kleinen Theile der Wurzel nicht möchten zu tief kommen, habe ich sie mit der Erden unterlegen lassen, so daß sie mit dem obern Theile der Wurzel fein wasserpaß zu liegen kamen. Alsdann wurde gute Erde darüber geschüttet, und etwas fest eingedruket. In weniger Zeit eröfnete sich die Wurzel allenthalben, und sahe die Wurzel aus, als wann man kleine Schnittlein hinein gemachet, welche sich wie ein Fischmaul, wenn es eröfnet wird, zeigen. Aus selbigen kamen haufenweise kleine Bäumlein hervor, bald grosse bald kleine, und hatten einen gewaltigen Trieb, so, daß sie in einem Monat über einen Schuh hoch zu stehen kamen, alsdann kamen neue Wurzeln aus der Wurzel hervor. Ich nahm mit grosser Vergnüglichkeit selbige aus der Erden, und ließ solche in Kupfer stechen, damit ein jeder Liebhaber solches klärer vor Augen haben mag, wie solches das beigelegte Kupfer weitläuftig erkläret.

Ueber dieses nahm ich ein Stük Wurzel von einem Pfersigbaum, zertheilte selbiges in viel Stüke, so, daß ein jedes eines Fingers lang, oder was mehrers war, machte oben und unten den Theil gleich eben, und verwahrte ihn mit der Mumie. Alsdann sezte ich solche in die Erde, doch also, daß sie nicht an die Breite, sondern nach der Länge kamen, daß der spizige Theil unter sich, und der breite über sich kam, und daß der obere Theil ein halbes Glied lang aus der Erden heraus sahe. Diesen Versuch habe ich im Junius gemacht; im Julius schlugen sie schon an allen Orten aus, zwar auf unterschiedliche Art und Weise. Bald kam eines oben, bald das andere unten heraus, und schwung sich bis oben auf: ingleichen wechselten die kleinen neuen Würzelgen, welche aus der alten heraus schlugen, und kamen bald oben, bald unter den Zweigen hervor, wie solches aus den beigelegten Figuren zu ersehen.

Auf solche Art und Weise verfuhr ich mit den Weinreben und Quittenwurzeln, ingleichen mit Citronen und Granatenwurzeln, und sie schlugen alle aus: und wie ich sie in der Natur gefunden, so habe ich sie im Kleinen abmahlen lassen.

Ehe ich nun diese Materie verlasse, so entstehet vor allen Dingen noch eine wichtige Frage: Ob auch dieser Weg an allen wilden Wurzeln der Bäume und Stauden, als zum Exempel an Erlen- Weisbuchen- Linden- Saalweiden- Espen- Birken- Eichen- Fichten- Tannen- an Schlehen- Wachholder- Wurzeln angehe? Ich spreche darauf: Ja. Mit den meisten habe ichs schon versucht und wahr befunden, und ein jedes zertheiltes Würzlein hat ausgetrieben: aber mit allen habe ichs wegen allzuvieler Kopfarbeit noch nicht versuchen können. Dieweilen aber zu dieser Arbeit die beste Zeit der Herbst ist (wiewol auch der Frühling darzu dienlich, ja es läst sich auch im Sommer gar wol vornehmen) so werde ich mirs sehr angelegen seyn lassen, besondere Versuche damit vorzunehmen; auch alle Nachricht im andern Theile, ingleichen was mir sonst noch vor gute Gedanken beifallen, den Herren Liebhabern ertheilen. Beliebet aber selbst Hand anzulegen, so kan der Glaube desto eher in die Hände gehen. Ich will aber die Wurzelarbeit, wie man mit leichter Mühe alle Wurzeln, wann sie in kleine Theile zertheilet werden, zu Bäumen bringen könne, klärer beschreiben. Wann nämlich von den grossen Bäumen unterschiedliche lange und di-

Zehende Tafel.

Zeiget allen und jeden wahrhaftig vor die Augen, wie sowol aus gros abgeschnittenen Wurzeln unzählbar viel Bäume herauswachsen, als auch aus dem kleinsten Stük Wurzeln Bäume hervorkommen.

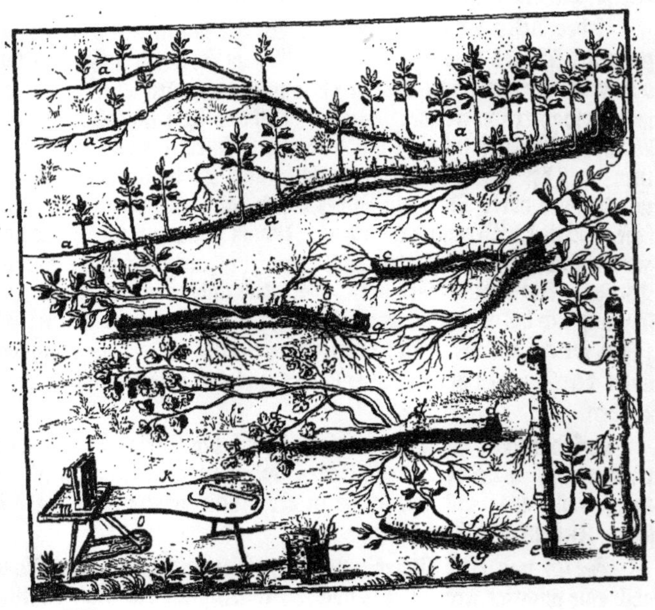

aaa. Zeiget eine grosse und lang abgehauene Wurzel von einem Birnbaum, aus deren kleinen Rizen haufenweis und in mancherlei Grösse, Stämmlein oder Bäumlein sind hervor gekommen.

bb. Ist ein Stüklein Wurzel von einem Pfersigbaum, welcher wiederum in der Erden neue Wurzel geschlagen, und einen starken Stamm ausgetrieben.

ccc. Weiset auf eine Quittenwurzel, welche ebenermassen neue Wurzeln geschlagen, und viel Nebenstämmlein ausgetrieben.

ddd. Ist

ddd. Ist eine Rebenwurzel, die nach Kunst mit der Mumie bedeket worden, und abermal Wurzeln gewonnen, und noch dazu gewaltig ausgetrieben.

ee. Sind Citronenwurzeln, welche oben und unten mit der edlen Mumie wol verwahret waren, und an unterschiedlichen Orten neue Würzlein gemachet; ingleichen allerlei Zweiglein, theils die oben heraus kamen, theils die lang nicht wolten austreiben, im Gegentheil ganz von unten heraustrieben, so daß der Austrieb gleicher Weise Wurzel empfieng.

ff. Sind kleine Stüklein von einem Granatbaum, so ebenermassen Wurzeln und Aestlein hervorbrachte.

ggg. Zeiget allenthalben die Verwahrung mit der harten Mumie an.

h. Ist die harte Waldmumie, wie sie auf einem dreifüßigen Reinlein warm gemachet, alsdann mit gemäßigter Wärme angebracht, und das was verlezet, damit verwahret wird.

iiii. Zeigen allenthalben die eröfneten Löcher, woraus die Zweiglein hervorsprossen, an.

k. Zeiget die besondere Wurzelbank in ihrer Figur.

l. Zeiget das erhobene Brett in der Mitten an, so untenher eingeschnitten, wie
m. erkläret.

n. Ist ein anders Bret, so in dem Gelenke gehet, und weiset zugleich die Furchen, die darinnen befindlich, wie nicht weniger die Federn, so innerlich seyn müssen, damit es wiederum zurüke gehen mus.

o. Ist der Tritt, an welchem die Schnur unten angemachet wird, so von oben durch die 2. Bretter bis dahin durchgehet, und wann man darauf tritt, so gehets zu, läst man aber den Fuß auf dem Tritt nach, so springets, vermöge der stählernen Federn, wiederum zurüke.

ke Wurzeln sind abgenommen worden, (gestalten ein Baum gar wol 2. oder 3. grosse Wurzeln entbehren kan, und ihm keinen Schaden bringet, wann nur die Herzwurzel nicht verlezet, und der Schnitt ein wenig mit der Mumia verwahret wird; ist es aber im Walde, da ohnedem die Bäume abgehauen werden, so kan man so viel Wurzeln herausgraben, als man nur will,) so werden selbige zerschnitten, und entzwey gesäget. Ihre Grösse kan auf einen oder anderthalb Schuh lang seyn. Theils kan man wol in der Hand oben und unten gleich machen, die diken aber auf die neuerfundene Wurzelbank, wie solche in dem Kupferstich zu ersehen, gebracht werden. Sie ist gewislich sehr dienlich darzu. Die Länge derselben ist ungefehr 4. Schuh lang, und anderthalb hoch; vorne gehet aus der Mitte ein dikes Bret eines Schuhes hoch in die Höhe, ist untenher eingeschnitten, damit ein kleiner Stok hineingesezt werden kan. Solches aber mus in dem Gelenke oder Gewinde gehen. Beide haben ein wenig Furchen, darein man die Wurzel steken kan. Wer es mit Tuch ausfüttern lassen will, damit die Wurzeln nicht stark möchten gedruket werden, thut wol. Alsdann läst man auf beiden Seiten zwei Löcher durchgehen. Untenher ist ein Tritt befindlich auch mit zwei Löchern, und von oben bis unten eine Schnur durch, daß, wann man darauf tritt, und die Wurzel darinnen befindlich, solcher Theil zugehet und die Wurzel fest hält. Lasse ich den Fus untenher in die Höhe, so gehet vermöge der zwei stählernen Federn, die auf beiden Seiten befindlich, der kurze Theil von selbsten zurüke, und eröfnet sich wiederum, wodurch die Arbeit sehr beschleuniget wird. Wann nun die abgeschnittene und in viel Theile zertheilte Wurzeln mit dem Schnitt oder andern Messer oben und unten sind gleich gemachet worden: so werden sie mit der Waldmumie verwahret. Selbige aber bestehet aus nachfolgenden Stüken, und wird auf nachfolgende Weise zubereitet. Man nimmt allgemeines schwarzes Pech 4. Pfund, gemeinen Terpentin 1. Pfund, diese Stüke thut man in einen starken Topf, und zündet es unter freiem Himmel an. Allein man mus eine Stürze bei der Hand haben, daß man zu gewisser Zeit solches dämpfen kan. Solches wird öfters zugedeket, und von neuem wiederum angezündet, damit die flüchtigen schwefeligten Theile mögen hinweg gehen. Man mus damit so lange fortfahren, bis man vermeinet, daß es genug ist. Die Probe aber ist diese: Wann ich etwas auf ein zinnern oder irdenes Teller giesse, und solches bald troken wird, und mit leichter Mühe abgestossen werden kan, so ist es recht. Alsdann gieß ich dieses geflossene Pech in einen irdenen Topf, so auf Füssen stehet, und werfe ein gemeines Wachs darzu, lasse es miteinander flüssen, und verwahre es zum Gebrauch. Will man nun seine Wurzel mit der Waldmumie verwahren, so stellet man den Topf auf Kohlen, und läst es zergehen. Wann es flüssig, mus man es vom Feuer absezen, und ein wenig erkühlen lassen. Alsdann werden die Stüke Wurzeln mit dem obern und untern Theile hineingedruket, aber nicht allzutief. Darauf wirft man sie ins Wasser, und auf solche Weise werden sie mit dem dünnen Orte in die Erden gebracht, also, daß der obere Theil etwas heraus siehet, und Luft hat. Die Erde wird wol fest zugedruket oder gestampfet, damit nicht viel Nässe darzwischen kan kommen: dann sonst verfaulen sie. Ich habe einen hölzernen Hammer darzu machen lassen, und die Erde fest gemachet. Auf solche Weise verfahre ich mit allen Wurzeln, sie mögen vom wilden, zahmen oder ausländischen Bäumen, Stauden und Blumengewächsen seyn. Will ich den fremden etwas bessers nehmen, so kan ich nachfolgende Mumie, die ich die edle nenne, gebrauchen. Ich nehme das reineste Pech, so man Jungfer- oder Scheffelpech hier zu Lande nennet, ein Pfund, nehme darzu ein viertel Pfund guten Terpentin, zünde es ebenermassen an, damit die Flüchtigkeit des Terpentins, welcher öfters den Aesten und Wurzeln schädlich ist, und ihnen einen Brand verursachet, hinweg gehet. Hat es nun seine Probe, wie bei der Waldmumie ist gesaget worden, so thue ich einen Vierling reines Wachs hinzu, wie auch ein halb Loth gestossene Myrrhen und Aloe. Wann sie miteinander zerflossen, so machet man entweder Zapfen daraus, oder einen Durchzug. Nämlich, wann es in einer blechernen Schüssel zerflossen, so wird eine Leinwand durchgezogen. Und alsdann läst man es abkühlen, oder man kan es in einem Topf mit Füssen nach seinem Gefallen zum Gebrauch verwahret lassen. Was die Zeit betrift, so ist schon gesaget worden, daß es das ganze Jahr hindurch kan vorgenommen werden. Der September, October und November möchten wol die beste Monate seyn: jedoch werden die andern nicht ausgeschlossen. Nur hat es diese Beschaffenheit, daß, was im Herbst gesezet wird, allererst im April hervorkommt: was aber im Frühjahr eingesteket wird, das wächset im Junius und Julius hervor. Schlüslichen ist auch noch diese Frage übrig: Ob man auch einen grossen Nuzen von der Zertheilung der Wurzeln haben könne? Allein davon ist in dem lezten Kapitel was zu finden.

Der andere Versuch auf die Universalvermehrung, so durch Schnittlinge und Senken, vermittelst des Feuers und Mumia an allen Blättern, Stämmlein, Aestlein, Zweigen und Aesten kan vorgenommen werden.

Hier soll wol wiederum dasjenige, was ich zum Grund, wegen des obern Theils, so die Krone genennet wird, geleget habe, wiederholet werden: allein um Kürze willen will ich nur soviel sprechen, in den Blättern, Zweigen und Aesten steken unzählbar viel Wurzeln. Solches ist schon durch die Erfahrung genugsam, ja gar augenscheinlich, daß sie vom Baume herunter hangen, erwiesen worden: und wer nur ein wenig neugierig seyn will, der darf, wie schon oben erwehnet worden, nur die Aeste und Stämme ein wenig betrachten, so wird er gewis alle Merkmale der Wurzeln klar daran sehen und erkennen. Wann nun solche obbenannte Theile des Baumes mit Kunst und Vorsichtigkeit abgeschnitten, auf besondere Manier und Weise verwahret, wol verbunden und mit aller Zugehör wol versehen werden: so bleibet wahr, was Herr Lauremberg in seinem Tractat geschrieben, daß er sich unterstehen wolle, fast alle Gewächse durch Schnittlinge zu vermehren. Allein weil sich dieses Werk nur bei ihm angefangen: so will ich solches suchen zu verbessern, und ein anderer mag es zur Perfection bringen. Dann ich mache keinen Gärtner, wie man mirs vorwerfen will, und graben mag ich nicht ꝛc.

Ich habe aber bei meinen wenigen müssigen Stunden doch einen kleinen Versuch in dieser Handarbeit vorgenommen. Wolte ich nun Blätter ohne Augen, durch Schnittlinge oder durch Einsenken zu Bäumen machen, nur meine Lust und Freude daran zu haben, sonderlich mit Citronen, Laurus und Lorbeerblättern, ingleichen mit Aepfeln, Birnen, Nüssen, Oliven, Kastanienblättern, wie nicht weniger mit Weiden, Eichen, Lindenblättern ꝛc. so machte ich diesen Versuch. Ich nahm ein schönes, gesundes, und mit einem Worte, ohne Makel und Fehler sich zeigendes Blat, jedoch ohne Auge. Untenher machte ichs gleich und glatt: alsdann ließ ich ein Licht anzünden, und ergriff meine edle Mumie, die ich durch Kunst in Zapfen, wie die Apotheker ihre Pflaster, oder wie man das Spanische Wachs zu formiren pfleget, gebracht, und ließ selbige ein wenig an dem Lichte weich werden. Alsdann vermachte ich damit den Schnitt: damit nichts hinein noch heraus von den Säften kommen möchte. Auf dieses wurde in die Erde, mit einem breiten Gartenschäuflein, ein breites und tiefes Loch gemachet: und das Blat mit dem verwahrten Stengel wurde hineingesenket, so, daß nur der dritte Theil heraus sehen konte. Mithin würde die Erde wol fest an das Blat gedruket: worauf es ein wenig mit Wasser besprizet, und vor der Sonnenhize etliche Tage verwahret wurde. Wann solches verrichtet, so wird man nach und nach wahrnehmen, daß die Substanz des Blates ganz hinweg gehet, und nichts als der mittlere Stengel bleibet, welcher entweder untenher einen Knorren, oder auf der Seiten Wurzeln schläget, und über das Jahr erlanget er neue Aestlein. Allein man betrachte nun diese schöne Curiosität: was hilft sie? Gesezt ich würde auch dieses Rüthlein über sich bringen, so wird doch der, so es sezet, nicht erleben noch erfahren, ob es ein unfruchtbarer oder fruchtbarer Baum werden wird. Die Nachwelt mus solches einstens erfahren, und ist doch rar, daß in keinem einigen Schriftsteller dergleichen Exempel anzutreffen ist. Ich meines wenigen Ortes kan mich nicht überreden, weil das Blat kein Hauptheil des Baumes, ist, daß was besonders aus einem Blate ohne Augen werden soll: allein ich will weder die Sache verwerfen noch behaupten.

Inzwischen wird es weit klüger gethan seyn, wann ich mir ein Blat mit einem Auge erwähle: dann da bin ich versichert, daß ich nicht umsonst arbeite. Ich will aber selbiges also zurichten, und zwar auf zweierlei Weise. Erstlich schneide ich von einem Stämmlein 3. oder 4. Augen mit ihren Blättern ab, oben und unten verwahre ich dieses Stük mit der Mumie, alsdann nehme ich 2. Blätter weg, und laß ein oder zwei Blätter in der Mitte stehen. Den Schnitt verwahre ich abermal mit der Mumie, wie auch die Abschnitte der Blätter: alsdann seze ich das Blat samt den Augen nach der Länge in die Erde nicht zu hoch noch zu tief, wie die Fig. I. die Sache vor Augen stellet. Bei dieser Gelegenheit, weil ich mich des Wortes Mumie so oft bediene, und so oft schon gefraget worden, warum ich dann mein Pech, und was ferners darunter kommt, den Namen Mumie zugeleget, will ich meine Gedanken deswegen eröfnen. Ich hoffe nicht unrecht gethan zu haben: wiewol ich nicht die alte und ausländische Mumie, sondern meine künstliche darunter verstehe, die eben diese Kräfte und Eigenschaften eine Sache von der Fäulung und Nässe zu befreyen als die egyptische hat. Und habe ich gar nicht die Gedanken, als wann selbige zu einem schnellen Wachsthum eine Sache befördern solle, dann dieses hat mir niemals getraumet, sondern sie soll mir nur den Stamm verwahren, daß keine Nässe hinein kommt, auch durch die Sonne nicht verzehret, noch von dem Ungeziefer weggetragen wird, welchen Nuzen die Schiffer und Kufner am besten verstehen, und wol wissen, warum sie zu ihren Schiffen und Fässern Pech nehmen, und solches ist klar und klug genug. Inzwischen habe ich noch was bei den Blättern, die lange Stengel oder Stiele haben, zu erinnern. Nämlich, wann mir dergleichen Blätter in die Hände kamen, so lange Stengel hatten: so senkte ich dieselbige, und legte sie mit dem Stengel krumm unter die Erde, damit der vermumisirte Stiel ein wenig auf einer Seite heraus sahe, auf der andern aber das Blat, und auf solche Weise erlangte es untenher Wurzel. Zum andern, so verfuhr ich auch auf eben solche Weise mit Blättern, die Augen haben, und 2. auch 3. Jahr alt, und mit viel Blättern begabet sind. Nachdem ich alle Schnitte verwahret, so legte ich das Aestlein überzwerg, und breitete die Blätter aus, wie eine Krone: so wurden zuweilen die Blätter samt dem Auge zu Bäumlein. Drittens, so verfuhre ich auch mit denjenigen Stämmlein, da Augen daran waren, auf solche Art. Ich nahm 4. Augen mit Blättern, 3. schnitt ich weg, und verwahrete alle Schnitte mit Feuer und Mumie: alsdann stekte ich dieselbe gleich in die Erde ein, und ließ ein Blat mit dem Auge heraus sehen. Ja zuweilen habe ichs umgekehret, und an dem diken Ort ein Auge mit dem Blat sizen lassen, und die andern verkehret in die Erde und in gerader Linie eingestekt: so hat die Natur eine verkehrte Plantage von selbsten gespielet, und feine Aestlein über sich getrieben.

Was

Eilfte Tafel.

Zeiget, wie man die Blätter, Stämmlein, Aestlein, Zweige und Aeste durch Einlegen und Senken, vermittelst des Feuers und der Mumie, zu Bäumlein und Bäumen machen kan.

Fig. I. Weiset auf die Vermehrung, so durch die Blätter verrichtet werden kan, die untenher keine, zum Theil aber welche Augen haben. Und wann sie mit der edlen Mumie verwahret, und in die Erde gebracht worden, wie sie sich zeigen, verlieren sie theils ihre Substanz, theils aber fallen gar weg, und schlagen die Augen heraus, davon schon bei dem raren Experiment, so mit dem Limonienblat gemachet worden, etwas ist gedacht worden, dahin man seine Augen wenden kan.

Fig. II.

Fig. II. Ist ein langer Zweig oder Ast von einem Birnbaum, welcher vermöge seiner Absäze in viel Theile zertheilet worden, wie aus der Figur zu ersehen.

a. b. Ist ein Absaz, welcher auf beiden Seiten mit der Waldmumie verwahret worden. Auf selbigem ist ein jüngerer Zweig anzutreffen, welcher, wann man die Vermehrung ferners mit demselben anstellen will, nach der Kunst zerschnitten werden kan, wie

c. d. anzeiget.

kk. Ist eine Einkerbung in das Stüklein Astes, so mit Baumwoll, welche mit Baumwachs zuvor ein wenig beschmieret, unterleget, und mit der Mumie alsdann bedeket worden, woraus ein Knorren kommt, und Wurzel schläget.

l. Zeiget die Bedekung der Mumie an.

Fig. III. Zeiget einen langen und hohen Zweig, welcher auf einem Stüklein des Astes fest sizet, und zwei Looß hat, wie e. und f. anzeiget, so mit der Mumie verwahret, und bei dem Loos Wurzeln heraus treibet. Dabei ist die Verbindung samt den angefügten Stelzen klar zu ersehen.

Fig. IV. Weiset, wie an eben diesen grossen Zweige die Blätter allenthalben bis auf die Hälfte sind abgeschnitten worden, und als sie von selbsten abgesprungen, ein gewisses Kennzeichen gegeben, daß er Wurzeln schlagen wolte.

Fig. V. Zeiget wiederum den vorigen Zweig, wie er die Blätter nach weniger Zeit gänzlich verloren, und sich erwiesen, als wolte er nicht mehr ausschlagen, sondern abstehen.

Fig. VI. Bildet abermal diesen Zweig ab, wie er nach etlichen Wochen hat angefangen allenthalben wiederum auszuschlagen.

Fig. VII. Will weisen, wie dieser Zweig wiederum nach etlichen Monaten zu seiner Vollkommenheit gekommen, und sich so gut, als er zuvor war, gezeiget.

g. h. i. Stellet die benöthigten Sachen vor, als die harte Mumie, so in Zapfsen gebracht, samt den Instrumenten, Bast und dergleichen vor.

Fig. VIII. Weiset, wie man mit Einlegen der Zweige auf 1. oder 2. bis 3. Loos die Vermehrung soll anstellen, besonders, wann man sie in der Erden so leget, daß das Ende des Stammes, welcher mit der Mumie verwahret, ein wenig heraussiehet.

scheiden sich von dem hinangebrachten Geblüt die Lebensgeister der succus nutricius der Nerven, in dem Munde der Speichel, in den Augen die Thränen, in den Ohren das Ohrenschmalz, in der Nasen der Roz, und was dergleichen mehr ist. Also weil unterschiedliche Theile auch an einem Baum anzutreffen, die einen unterschiedenen Saft nöthig haben: so sezet sich auch von demselben bei gegebener Gelegenheit ein solcher ab, der zu diesem oder jenem Theil geschikt ist. Auf solche Weise kommt auch dieser nach und nach hervor, der die Wurzeln ausmacht. Als ich nun in meinen Grundsäzen sicher war, so verfuhr ich also. Ich machte an die Blätter mit dem Wurzelmesserlein, das lang und krumm ist, und zwar an dem Rüken des Blates, nahe bei dem Auge einen zarten Einschnitt überzwerg, aber nicht tief, dann sonst wird es vom Winde abgebrochen, unterlegte es mit einem zarten Bindfaden, der mit Wachs ein wenig beschmieret war, oder ich nahm den Bast ganz hart, und legte denselben darzwischen: oder nur ein wenig Baumwolle, mit einem Worte, wann es nur etwas ist, das nicht faulet und nicht hart drüket, darzwischen: alsdann legte ich ein wenig Baumwachs darüber, so war die Operation geschehen. Ich gieng also weiter, und machte an den Augen, die ich zu Wurzeln machen wolte, eben dergleichen Einschnitt, samt einer Einkerbung allezeit auf das andere oder dritte Auge: dann ich muste soviel Raum lassen, daß ich der Erden auch einen Theil geben konte, hob den Schnitt, welchen man ja nicht zu groß noch zu weit machen mus, dann darinn steket die ganze Kunst. Wird der Spalt zu weit gemacht: so kommt nichts heraus, sondern der Schnitt stehet ab. Wird er gar zu klein: so kan nicht genugsame Materie zu Wurzeln sich heraus begeben. So mus er auch nicht zu tief seyn, man mus nur ungefähr den dritten Theil eines solchen Stämmleins zum Schnitt erwählen. Die Handanlegung aber wird alles geben. Dann auch durch unrecht Operiren und Experimentiren wird man klug. Kommt man aber an grössere Stämme: so will es mit dem Messer nicht mehr fort, sondern da mus man den neu erfundenen Wurzelgriffel zu Hülfe nehmen, welcher sich wie ein krummer Hohlmeissel präsentiret, wie aus dem Abriß zu ersehen.

Dieweilen nun mit einer Einstechung, oder mit einer einigen Wurzelschlagung die Natur oder der Stamm, Ast und Zweig nicht bestehen kan: so habe ich, nachdem der Ast, Zweig oder Stämmlein dik gewesen, 3. 4. 6. 12. 15. 20. rc. Wurzeln gegriffelt, damit allenthalben solche knorrigte Materie heraus könte kommen, welches auch geschahe. Der Weg zu verfahren ist also. Ich seze den Wurzelgriffel (deren unterschiedliche seyn müssen, grosse und kleine) nach der Seiten an, und mit dem Hammer treibe ich denselben durch die Rinde bis auf das Holz, und erhebe ihn samt etwas Holz, aber auch nicht zu weit in die Höhe, thue den Wurzelgriffel heraus, und vornenher an der aufgehobenen Rinden oder Theile seze ich mit dem runden Gartenmesserlein die Spize etwas ab, daß es ein wenig breit wird, wie die Figur solches darstellet. Alsdann erhebe man den Schnitt, und schiebe was Baumwolle darunter, mit einem hölzernen oder beinernen Messerlein. Wann nun solches auch verrichtet, so nimmt man Baumwachs oder weiche Mumie, die wie ein Pflaster ist, und bedeket alle Schnitte. Wiewol es besser ist, daß ein jeder Schnitt besonders mit einem Stüklein von dem Pflaster verwahret wird: so kan es die Natur zu ihrer Zeit wegstossen. Ist nun dieses alles wol verrichtet, so wird man von Monat zu Monat wahrnehmen, wie aus und auf dem Schnitt die Wurzeln ihrem Stoff nach hervorkommen. In 2. oder 3. Monaten, ja auch zuweilen in 4. Monaten allererst, kommt diese Callosität zu ihrer Vollkommenheit, (dann wie die Natur eines Baumes ist, darnach würket sie auch, bald geschwind, bald langsam,) und findet man obenauf, wann man den Knoten besiehet, die Punkte der Wurzel. Alsdann ist man versichert, daß anjezo der Knoten zu seiner Vollkommenheit gekommen, und mithin die Wurzel schon vollkommen an dem Baum ist. Ich habe zwar mit dem unguento nutritivo der Natur helfen wollen: allein ich habe mehr Schaden als Nuzen verursachet, und gieng mir mit vielen Künsteleien öfters wie den Chirurgis, die, wann sie dem Schaden am besten helfen wollen, es ärger machen, und aus einem Schädlein einen grossen Schaden machen. Derowegen ist es am besten, man läst die Natur nur selbst würken: sie weis am besten, wie sie sich rathen und helfen soll. Sie hat keinen Doctor vonnöthen; genug, wann der Schnitt als wie eine Wunde von der Luft, Nässe, Regen und Schnee befreiet ist, so würket sie in ihrem Thun alsdann sehr glükselig.

Dieweilen nun die in der Luft und zu ihrer Vollkommenheit gebrachte Wurzeln nicht ferners fortkommen können, indem sie aus solcher zu fernerm Wachsthum nichts antreffen: derohalben müssen sie in der Mutter Schooß gesezet und gebracht werden. Oder will man haben, daß sie sich vollkommen am Baum sollen sehen lassen, so mus Erde daran gebracht werden. Will man nun seine Lust daran haben, und und will die Wurzel vollkommen an dem Baume sehen, und wie sie von demselben herunter hänget: so bringe man, wann der Knoten in seiner Vollkommenheit, einen von Leinwand gewächsten Beutel, nach Maaßgebung, oder ein blechernes Anhängerle mit Erden angefüllet, daran, wie die Figur ausweiset, so wird in weniger Zeit die Wurzel vollkommen heraus wachsen. Alsdann wird der Stamm abgeschnitten, untenher mit der Mumie verwahret, auch mit Stüzen auf beiden Seiten versehen, und auf solche Weise werden sie, es mögen grosse oder kleine Stämmlein und Aestlein seyn, in die Erde gebracht, in welcher sie nach und nach zu vollkommenen Bäumen werden. Was ich aber durch das Wort vollkommen verstehe, ist zwar in meinem kurzen

Bericht

Zwölfte Tafel.

Weiset auf die allgemeine Vermehrung, so mit dem Wurzelgriffel verrichtet wird.

Fig. I. Bildet einen Baum ab, an welchem die Art gezeiget wird, wie man mit dem Wurzelgriffel umgehen soll.

a. Ist der Ansaz des Wurzelgriffels.

b. Wie selbiger durch die Rinde, entweder mit der Hand, oder wann selbige nicht zulänglich, durch den Hammer ferners bis auf das Holz mag getrieben werden.

c. Wie man die erhobene Rinde samt dem Holz ein wenig mit dem Wurzelmesser soll abkürzen, damit der Knorren desto besser hervorkommen möge.

d. Ist das runde Wurzelmesser, wodurch der Schnitt verrichtet wird.

e. Zeiget, wie man unter die erhobene Rinden Baumwoll oder was anders, so die Rinden nur nicht drüket, unterschieben soll.

f. Weiset die Bedekung des Schnittes mit dem ordentlichen Baumwachs.

g. Weiset dem Auge, wie die Bedekung nach und nach weggestossen, und auf der knorrigten Materie die Puncte der Wurzeln zu Gesicht gekommen.

h. Wie endlich die Wurzel aus dieser ersten Materie, entweder nach Verlangen an dem Baume selbst, oder unter der Erden sichtbarlich hervorgekommen.

Fig. II. Giebet einen vergnüglichen Anblik eines Pommeranzenbaumes, welcher Blüte, Früchte, und die verborgene, auch endlich seine vollkommene Wurzel an dem Baum bezeiget; auch wie man durch Hülfe der gewächsten Beutel, oder andern Anhängerl vom Blech, die Wurzel in kurzem hervorbringen kan, daß man sie von dem Baum herunter hangen siehet, wie k. lehret.

ll. Zeigen allerlei Stämme, welche von unterschiedlichen Arten der Bäume abgenommen worden, theils welche die knorrichte Materie auf 2. 3. Wurzeistechungen empfangen, und die allererst in der Erden musten Wurzeln austreiben, theils die schon an den Bäumen Wurzeln gewonnen, und nur durch Hülfe der Kunst in die Erde versenket werden mögen.

mmm. Zeiget an, wie die Blätter, welche die knorrichte Materie durch Hülfe des Wurzelgriffels empfangen, ferner zu ihrer Vollkommenheit durch angezeigte Kunst können gebracht werden.

nnn. Weiset die Wurzeln ganz klar, die sich durch diese knorrichte Materie hervor begeben haben.

ooo. Will dem Gemüthe klar vorstellen, daß, weil sich öfters bei dem abgesezten Blatt, Aestlein, oder Zweiglein eine Fäulung unter der Erden zeiget, es der Vernunft gemäß sey, daß man an derselben unterdessen vermittelst Anbringung der Mumie eine andere Wurzel durch Kunst ansezen soll, damit der Stamm inzwischen seine Nahrung haben kan, bis die knorrichte Materie ganz und gar zu ihrer Vollkommenheit gelanget ist.

pqrst. Sind die nothwendigen Bedürfnisse, die zu dieser Operation besonders erfordert werden, wie aus dem Text selbst klar and deutlich kan ersehen werden.

Bericht schon erkläret worden. Ich verstehe nämlich nicht die Grösse des Baumes dadurch, als wann sie durch solche Operation vollkommen und zum schnellen Wachsthum gebracht würde, wie viele solches sich eingebildet, sich aber in ihrer Meynung deswegen selbst gewaltig betrogen haben. Dann es ist ihnen schon zuvor klar und deutlich bewiesen worden, daß, wann die Aeste, Zweiglein oder Aeuglein alle ihre wesentliche Theile überkommen, sie vollkommen sind. Dann der Stamm oder Zweig ohne Wurzel ist ja nicht vollkommen, und ist kein Baum oder Bäumlein. Erlangt er aber dieselbe, so ist er ein Baum oder Bäumlein vollkommen. Ingleichen die Wurzel ist noch nicht vollkommen: wann aber auf dieselbe der Stamm geimpfet wird, wie wir gleich hören werden, so kan sie auch diesen Namen erlangen, daß es ein vollkommener Baum ist, weil die Wurzel und Stamm mit ihrer Zusammenwachsung ihm die Vollkommenheit geben.

Es ist aber noch etwas hierbei zu erinnern. Nämlich ich habe dabei wahrgenommen, daß an den Stämmen, wo viel knotigte Wurzeln befindlich, wann sie in die Erde versenket worden, untenher das Stöklein, wo keine knotigte Materie anzutreffen war, abgestanden und brandigt, und alsdann zugleich die Materie angegriffen worden. Derowegen habe ich ihnen noch eine Wurzel gegeben, von eben diesem Baume, oder auch von einem andern, und mit einem allgemeinen Einschnitt: habe sie mit der weichen Mumie alsdann verwahret, ihr Stüzen geben, und der Erden anvertrauet.

Dieweil ich aber auch meine Beschwerlichkeit darinn gefunden, weil die Wurzel, wenn sie zu tief in die Erde gesezet wurde, zwischen dem Spalt anlief, und ebenermassen Schaden verursachte, (wiewol es bei vielen angieng) so ergrif ich dieses Mittel, und beschmierte mit der Mumie nur blos die Knoten, und sezte sie also in die Erde. Das that solcher sehr gut, und schlugen die Wurzeln dazwischen alle heraus.

Ist noch übrig die Zeit, wann man solche Wurzelgriflung soll vornehmen. Die beste Zeit ist Junius, Julius und August: was im September und October gemacht wird, treibet nicht mehr aus, wol aber auf das Frühjahr. Und dieser Weg ist sowol an den ausländischen als gemeinen und wilden Bäumen möglich, wie nicht weniger an allen Stauden und Blumengewächsen, verstehe die über Winter verbleiben. Was vor Nuzen aber daraus entstehen kan, soll am gehörigen Orte angedeutet werden.

Vierter Versuch der Universalvermehrung, so durch das Wurzelimpfen verrichtet wird.

Es bleibet schon bei dem wahren Ausspruch: Nihil dici, quod non dictum sit prius, man könne nicht was sagen, nicht ehedessen gesagt worden. Man solte zwar glauben, weil von dem Wurzelimpfen und Wurzelzapfen in keinem Gartenbuch (soviel mir zum wenigsten bekannt ist,) was aufgezeichnet zu finden, daß solche Operation entweder recht was neues, oder etwas unmögliches seyn müste: allein daß diese Manier schon vor mehr als tausend Jahren wissend und üblich gewesen, solches habe ich schon in dem ersten Abschnitt durch das gegebene Gleichnis des Apostels Pauli erkläret. Dieweil aber solche Art und Weise die Bäume zu impfen heut zu Tage nicht mehr ist probirt und versucht worden, da es doch vor diesem sehr im Gebrauch gewesen, und gut gethan hat: als habe ich das Alte hervorgesuchet, und was Neues daraus gemachet. Dann so pflegt es in der Welt zu herzugehen, das Alte mus neu, und das Neue mus alt werden. Dieweilen ich aber wegen meiner weitläuftigen Praxi dieser Sache nicht weitläuftig abwarten konte: so ersuchte ich die curieusen Gartenliebhaber, und bat, sie möchten sich grosgünstig gefallen lassen, mit mir Hand anzulegen, und sich auf alle Weise zu bemühen, daß solche Wurzelimpfung wieder zu einer Vollkommenheit könte gebracht werden. Dann sie hat ihr Fundament sowol in der Natur als in der Vernunft. Als ich mich nämlich in der Natur umsahe, wie dann dieselbige Bäume machet: so wurde ich gewahr, daß sie per insitionem ihre Kunst verrichtete, und impfte den Stamm in die Wurzel, wie solches in obangeführtem Abschnitte ferners zu ersehen. Ja dieses bekräftigte auch die Vernunft gar gerne, daß dieses Vornehmen vortreflich wol gethan wäre, wann man die Aeste und Stämme natürlicher Weise, und die Kunst künstlicher Art auf das principium vitæ impfen würde. Dann die Wurzel ist ja der Brunnen und die Quelle, in welcher und aus welcher der Nahrungssaft hinein und herausfliesset, und zu denjenigen Theilen quillet, dadurch sie ernähret werden, und solches kan ein Kind begreifen. Wer wolte nun deswegen verlacht und getadelt werden, wann er mit einer solchen Sache, die Grund in der Natur hat, einen Versuch anstellet?

Ehe ich aber die Wurzelimpfung vor die Hand nahm, auch ehe ichs andern mittheilte, machte ich mir diesen Begrif, und versicherte mich, daß ich nicht irren könte, daß diese Wurzelimpfung nicht solte ihren Fortgang haben. Dann 1) sahe ich, daß die Natur alle Stämme auf die Wurzel gesezet, und daß ohne Wurzel nichts wachsen könte. 2) So hatte ich aus genauer Besichtigung wol beobachtet, daß die Wurzel mit dem Stamme alle Theile gemein hätte, und der Unterschied nur blos in der mehr oder mindern Festigkeit der Röhrgen und Löcher bestünde. Welcher Bau der Wurzel auch dem Stamme treflich zu statten kommet, weil dadurch die wässerichte Feuchtigkeit mit reichlichen Ueberflus den Stämmen und Aesten, als der Nahrungssaft, kan zugeführet werden. 3) So hatte ich aus der Natur der Wurzel wahrgenommen, daß sie sich mit knorrigter Materie verlaufen,

fen, und daß zwischen einer gespaltenen Wurzel dergleichen Wesen heraus komme, wodurch gleichsam der Stamm sammt der Wurzel zusammen gefüget, so, daß aus zwei Stüken eines wird. 4) So war ich versichert, daß, wann ich ein Stük Wurzel in viel Theil zertheilte, ein jeder Theil wieder austreiben kan, und neue Wurzel empfänget, damit sie ihr Amt wol verrichten könne. Dann ihr Amt bestehet meistens nur darinnen, daß sie den Nahrungssaft aus der Erden empfänget, und denjenigen, die solchen vonnöthen, zuführet ꝛc. Diese und dergleichen Gründe machten, daß ich meinen Versuch vornahm, und probirte, ob ich alle grosse Aeste, Stämme und Zweige durch geschikliche Ansezung der Wurzel zu vollkommenen Bäumen machen könte, welche ferners fortwüchsen und blüheten. Dann ich war schon überzeugt, daß es mir angehen würde: weil der starke Ast schon von selbsten einen grossen Ueberflus des Nahrungsafts in sich hat. Kommet nun solcher unmittelbar in, auf oder an, zwischen die Wurzel, so empfänget der Stamm, welcher aus lauter Röhrgen und Löchergen und dergleichen, wie genug erwiesen worden, bestehet, wegen seiner genauen Vereinigung alsobald den Nahrungssaft, welchen die Wurzel, wann sie in die Erde kommt, gar schnell an sich ziehet, der ferner den übrigen Theilen zugeführet wird. Inzwischen kommt sowol aus dem Stamm, als aus der Wurzel eine knorrigte Materie heraus, welche den Ast umgiebet, und selbigen dergestalt zusammenfüget, daß aus zweien ein Theil wird. Ich verfuhr aber auf nachfolgende Art; insonderheit wann ich Aeste von 12. 15. und mehr Schuhen zu Bäumen haben wolte. Wann ich mir nämlich von solcher Art des Baumes Wurzel verschaffet, (kan solches geschehen, so ist es desto besser; wo nicht, so kan man von andern Bäumen Wurzeln dazu erwählen, die eine Aehnlichkeit mit derselben haben, wie solches bald wird erkläret werden) so schneide ich sie auf 1. oder 2. Schuh lang nach Verhältnis des Stammes oder Asts, und nehme die diken zu den starken, die dünnen aber zu den kleinen Aesten Stämmen. Allein wer recht glüklich darinnen verfahren will, der mus zuvor die zertheilten Stüke Wurzel oben und unten vermachen, und in die Erde sezen, und neue Wurzel schlagen lassen. Solches kan geschehen, wann man im Martio und April die Wurzel sezet: so kan man sie in dem September und October schon wiederum heraus nehmen, und darauf impfen. Oder man leget die Wurzel im Herbste ein: so kan man alsdann im Frühlinge glüklich darauf operiren.

Hab ich nun ein solches geschiktes Stüke Wurzel, so sehe ich, daß dieselbe allezeit ein wenig diker als der Zweig oder Ast ist; damit kan der callus denselben desto besser überlaufen. Es kommt aber zuweilen derselbige aus dem aufgesezten Zweige zuweilen auch aus der Wurzel. Oefters kommen beide mit ihren Säften zusammen, besonders wann der Stamm und Wurzel nicht von einem Baume sind, und machen ei-

 nen

nen Knorren, wie solches aus den gemachten Versuchen kan erwiesen werden. Wann nun geschikte Aeste und Wurzeln also bei der Hand sind: so erwählet man sich einen Einschnitt, deren unterschiedliche sind, wie aus der Tabell zu ersehen, als da ist der gemeine, der Kayserliche, der Grafen, der Edle und der Zwikelschnitt. Alle sind möglich: jedoch mus man einen zu dieser, einen andern zu jener Operation sich erkiesen. Die Erfahrung aber giebet alles am besten an die Hand. In den grossen Stämmen habe ich den Kayser Grafen und Edlen Schnitt gebraucht. Insonderheit habe ich mich an den leztern sehr gewöhnet. Wie aber solcher gemacht wird, zeiget das beigelegte und klärlich ausgelegte Kupfer an. In kleinen Augen ist der gemeine und der Zwikelschnitt zu gebrauchen. Wer sich des gemeinen Schnittes bedienet, der wird so verrichtet, als wie es im gemeinen Pfropfen zu geschehen pfleget; nämlichen, daß ein Spalt in die Wurzel gemachet wird, der aber nicht zu weit und zu tief seyn mus. Alsdann wird an dem Stamm auf beyden Seiten eine Einkerbung, daraus ein breiter Zapfen formiret wird, der aber auch kurz seyn mus, gemachet. Dann wann er zu lang ist, so mus der Spalt auch in der Wurzel lang und tief seyn. Und je grösser die Wunde je langsamer ist die Verheilung. Zu solcher Arbeit, sonderlich bei grossen Stämmen, hat man entweder einen Zirkel oder Maaßstab vonnöthen: deßwegen bin ich genöthiget worden, einen neuen Zirkel zu erfinden, welcher nach allem Vergnügen dergleichen Dienst verrichten könte, wie solches bey dem Gebrauch der Werkzeuge soll berichtet werden. Will man sich aber des edlen Schnittes bedienen, welcher der allerbeste ist, an grossen Stämmen, so leget man den Stamm oder die Wurzel, auf die gefütterte Schnizbank, und auf einer Seite machet man einen langen Schnitt mit dem Schnizmesser, nicht anders, als wie man den ersten Schnitt an einer Feder machet, und da darf der Schnitt schon etwas lang seyn. Wann der an dem Stamme verrichtet ist, so mus oben an der Wurzel dergleichen geschehen, und wird also ein Gegenschnitt gemachet. Alsdann werden sie über und aufeinander geleget. Jedoch mus dieses beobachtet werden, daß ein Schnitt so lang als der andere sey, welches durch den Maaßstab, der schon auf dem Waldcirkel befindlich, kan abgemessen werden. Wann nun diese zwei Stücke auf einander gesezt worden, so wird ein Band in der Mitte geschlagen, damit sie nicht auseinander fallen. Alsdann wird die Mumie warm gemachet, und die Furchen oder Schnitte damit versehen. Dieweil ich aber wahrgenommen und erfahren, daß viele mit dem Feuer nicht wol haben können umgehen, sondern meistens die Stämme verbrennet, dahero sie nicht glüklich in ihrer Verrichtung gewesen: so habe ich weiche Mumie erdacht, wie oben schon ist gezeiget worden, und habe von selbiger nur etliche lange Schnizlein, so gros als es der Schnitt erfordert, abgeschnitten, und etwas weniges bei den Kohlen warm gemacht,

Dreizehende Tafel.

Präsentiret einen neuen Versuch, wie durch Wurzelimpfung, wann selbige wohl zugerichtet worden, grosse Aeste sowohl in Gärten als Wäldern, wann sie zu rechter Zeit eingesezet und darauf geimpfet, und ferner mit Feuer und Mumie geschiklich verwahret werden, alsdann ferners wachsen, blühen und zu ihrer Vollkommenheit kommen können.

AA. Zeiget den allgemeinen Einschnitt an, welcher aber in grossen Dingen nicht gar wohl anzubringen ist. Jedoch habe ich selbigen nicht vorbeigehen wollen; sondern das erste A. weiset auf den Einschnitt, das andere A. auf die Aufsezung des Gegenschnittes, und seine Aufsezung.

BB. Zeiget einen neuerfundenen Einschnitt, dem man den Namen des Kayserschnittes zugeleget hat, und zwar aus dieser genauen Ueberlegung, weil er in den grösten Aesten und Zweigen in den Wäldern, wer wol und mit Verstande damit umzugehen weiß, am vortreflichsten anzubringen ist, und in seinem Gebrauch schnell und behend fort kommet. Der eine Buchstab B. zeiget den schönen Einschnitt, das andere B. den genauern Aufsaz an.

CC. Weiset den Grafenschnitt, hat auch von einem Hoch- und Wohlgebohrnen Verfasser, welcher selbigen höchst rühmlich erfunden, seinen Namen empfangen, und läßt sich gewiß an den grossen Stämmen wol anbringen, wann man mit Verstande damit umgehet. Dabei ist auch die genaue Verbindung zu erbliken.

DD. Ist der Edlenschnitt, welcher nicht weniger von einem Edlen Gartenliebhaber ist ausgesonnen worden. Ist zwar einfach, aber gewiß sehr nüzlich, sonderlich in denjenigen grossen Aesten, so in den Wäldern und Gärten anzutreffen.

EE. Weiset dem Auge den Zwikelschnitt, welcher in dem kleinen Wesen zu gebrauchen ist, wie auch an den grossen Stämmen. Allein man habe auf die Verhältniß wohl acht: die Wurzel muß allezeit diker als der Stamm seyn.

F. Will soviel sagen: Dieweilen diese zwei Theile Wurzeln und Stämme sich wohl miteinander verheirathet haben, so muß auch die Verbindung daselbst ihren Plaz haben. Und kan selbige auf zweierlei Weise geschehen, entweder daß man einen Band mit Bast, oder was sonst beliebet, schläget, ehe man die Mumie anbringet, oder daß nach demselben allererst die Mumie angebracht wird.

G. Wie die Mumie untenher aufgetragen, und die Verbindung über dieselbe geschiehet, alsdann mit dem Knöbel ein wenig befestiget wird, bis die Stelzen daran kommen.

H. Zeiget die Mumie, wodurch Stamm und Wurzel zugleich vereiniget wird, und wie endlich

I. Das Band sammt der Stelzen angebracht, und ganz vollkommene Bäume mit Wurzel und Stamm der Erden anvertrauet werden.

K. Ist die Vorstellung, wie die harte Mumie in der Küche durch Kunst in Zapfen gebracht wird, so eine Aufmerksamkeit haben will.

L. Die gefütterte Wald- und Schnizbank, davon nachgehends geredet wird.

M. Allerlei Wald- und Gartenwerkzeuge, die in grösserer Figur nachgehends erkläret werden.

macht, und auf beiden Seiten, wo der Schnitt ist, aufgelegt. Alsdann habe ich es mit dem Bast zugebunden: und damit es von dem Winde und anderer Gewalt nicht möchte Schaden leiden, so habe ich zwei Stelzen daran gemachet, selbige auch wol verbunden, und alsdann in die Erde versenket, doch also, daß die Schnitte mit der Erden jederzeit horizontal waren. Alsdann habe ich die Erde wol einstossen lassen: und auf solche Weise haben sich diese Zweige in ihrer angefangenen Verbindung miteinander vereiniget. Wie ich mit grossen Aesten und Stämmen verfahren: so verfuhr ich auch mit kleinen, und gab ihnen allezeit nach Maasgebung des Astes und Zweiges Stüzen, das ist, zwei Stäblein, die obenher dik und untenher zugespizet sind, wie aus der Figur besser, als durch die Beschreibung zu ersehen. Wie aber die Wald und edle Mumie, ingleichen die weiche oder der Durchzug zu machen, solches ist schon alles beschrieben worden. Was die harte Mumie belanget, wie sie in Zapfen zu bringen, solches wird aus dem Kupferblatte, wo diese Operation befindlich, zu erlernen seyn.

Ist noch übrig die Zeit, wann solche Arbeiten sollen vorgenommen werden. Ich will mit einem Worte sprechen: Es ist zu grossen Aesten und Stämmen keine erwünschtere Zeit anzutreffen, als der September, October und November. Wann kein starker Winter ist, so kan man wol im Frühlinge, als Februar, Merzen und April eben dergleichen Arbeit vornehmen: aber man findet schon mehr Beschwerlichkeit darbei. Wer im Sommer an kleinen Sachen etwas auf solche Manier thun will, der mus seine Arbeit vor der Sonnenhize verwahren. Sie werden auch meistens ihre Blätter fallen lassen: allein deswegen ist der Zweig noch nicht verdorben, sondern er schläget nach etlichen Wochen, nachdem das Gewächse ist, bald wiederum aus.

Alleine was zu thun? Gesezt wann ich von dem Baume, davon ich Zweige habe, keine Wurzel mehr überkommen kan, wie mus ich alsdann verfahren? So sage ich: Man mus sich ein wenig in der Natur umsehen und erforschen, was sich zusammenreimen möchte. Es entstehet aber hiebei vor allen Dingen die nothwendige Frage: Ob dann die Pflanzen, oder die Bäume und Stauden auch untereinander können verwandelt werden? Vielen kommet diese Frage abgeschmakt und lächerlich vor, daß man solche untereinander und miteinander verwandeln will, und halten es vor unmöglich. Sonderlich will solches denen gar nicht in den Kopf, welche formam occultam supra-elementarem, oder ein immaterialisches Wesen den Bäumen wollen zueignen. Allein weil ich ein materialisches Wesen in den Bäumen und Pflanzen behaupte: so wird es mir gar leicht seyn, solches mit wenigem zu erweisen. Ja ich will mich auch um Kürze willen in dieser Materie nicht zu lange aufhalten. Dann ich mus kurz seyn: weil ich zu vernehmen habe, daß man auf meinen Anfang der Universalvermehrung sehr begierig ist, um zu sehen, wo ich dann mit meiner Meinung hinaus will. Dannenhero will ich mit wenigen sprechen:

(1) Ist die Seel eines Baumes materialisch. So ist sie veränderlich.

(2) So ist die vegetabilische Seele allen Bäumen und Staudengewächsen allgemein: und bestehet der Unterschied nicht in dem Wesen der Seelen, sondern blos in einem gewissen Bau, welcher untereinander den Unterschied machet.

(3) Der Körper des Stammes und der Wurzel samt allen Lebenssäften sind von einander dem Wesen nach nichts unterschiedenes; sondern der Unterschied bestehet nur in zufälligen Dingen. Ich könte wunderliche Veränderungen anführen: es soll aber noch zu seiner Zeit geschehen. Vor diesesmal will ich mich auf die tägliche Erfahrung und gemachte Versuche gründen, und selbige zu Hülfe nehmen. Es ist ja genugsam bekannt, was Palladius Lib. 3. Cap. 17. Constantinus IV. im 10. Buch seines Feldbaues im 38. Kapitel lehret, wie man Feigen auf Mandeln und Ahorn, einen Maulbeerbaum auf Kastanien und Buchbäume; Birnen auf Granaten und Mandelbäume; Zitronen und Lorbeer auf Aepfel, auf Zwetschken und Ahorn: Pfersig auf Weiden; Mandel, Pflaumen, Nüsse und Hagdorn; Granaten auf Weiden; Lorbeer auf Eschenbaum; Zitronen auf Buchsbaum oder Cypressen, Oelzweige auf Reben, Pfersig auf Weinreben &c. pflanzen kan. Und solche wundersame Dinge und seltsame Verwandlungen haben die klugen Leute schon ehedessen vorgenommen, und sind vor keine Fantasten gehalten worden, sondern die kluge Nachwelt mus ihnen Dank davor abstatten, daß sie durch ihren Fleis andern das Licht angesteket haben. Und ich will hoffen, man wird mich auch mit meinen wenigen Gedanken laufen lassen, und bei Ehren zu erhalten wissen.

Gehet nun das mit den Stämmen an, so gehet es nach meiner gegebenen Meinung auch mit den Wurzeln an, und noch besser. Derohalben nehme man nun dergleichen Wurzeln, die nach ihrer Aehnlichkeit sich zusammen schiken, und impfe sie an die Stämme, durch Feuer und Mumie, so wird man gewis wunderbare Dinge antreffen. Ich habe mehr dann achzigerlei Wurzel aus den Wäldern von Bäumen und Staudengewächsen schon beisammen, und habe sie nach ihrem Bau untersucht,

(*) Unter den hier angeführten Aufsezungen sind freilich solche, die der Natur widerstreiten und denen die Erfahrung also auch allerdings widerspricht. Denn die Aehnlichkeit mus doch überall beobachtet werden. Birn und Aepfeläste verschiedener Sorten auf Quittenstämme und umgekehrt, Mandeln und Pfersiche zusammen, verschiedene Pflaumenarten auf die grosse Schlehe (Prunus insititia Linn.) und so ferner zu sezen, gehet wol an. Aber Aeste und Stämme von ganz verschiedenen Geschlechtern, ja sogar Klassen zu sezen, ist widersprechend und unmöglich.

sucht, und weis anjezo schon, was man glüklich zusammen heyrathen und verbinden soll: allein vor diesesmal kan ich nichts davon reden. Die Herren Liebhaber aber wollen so lang Gedult haben, bis der andere Theil nachfolgen wird: so will ich solche Materie, weil ich in diesem ersten Versuch nur meistens meine Sache theoretisch habe vortragen müssen, damit ich inskünftige in der Praxi desto besser mich ausdrüken möchte können, sehr genau untersuchen und durchgehen; besonders weil ich selbst in allem werde Hand anlegen. Zumal weil anjezo die Sache schon kund, und ich nicht mehr, wie ehedessen, meine Sache heimlich halten darf, sondern Arbeitsleute zu Hülfe nehmen, und sie darinn unterrichten werde. Den Erfolg und Nuzen aber davon will ich heilig offenbaren, und mithin will ich auch diesen Versuch beschlüssen.

Ist noch übrig etwas von den Werkzeugen und deren Gebrauch zu reden. Ich habe sie aber eingetheilet in allgemeine, alsdann in Wald- und Gartenwerkzeuge. Die allgemeine sind bekannt, und ist nichts davon zu reden, man kan sie auch an dem Kupferstich genügsam ersehen: die Waldwerkzeuge haben aber deswegen den Namen bekommen, weil man sie zu den Stämmen und Wurzeln in den Wäldern besonders haben mus, und bestehen hauptsächlich in dem Waldmesser, gefütterten Schnizbank, Waldzirkel, Maasstab, Wurzelbank rc. Unter die Gartenwerkzeuge gehöret der Wurzgriffel, allerlei Messer, Oculirgriffel, Hohlbohrer, Spaltmesser rc. rc.

Ich bin willens gewesen, meine bequeme Oculirtasche in Kupfer stechen zu lassen: allein die Zeit hat es nicht mehr wollen zugeben, dann sonst wäre ich mit diesem ersten Theil in diesem Jahr noch nicht zum Vorschein gekommen. Es versichern sich aber die hochgeneigten Herren Interessenten, wann ich werde zu vernehmen haben, daß diese angefangene Arbeit ihnen wird gefällig seyn, und daß ich nicht allzuviel Verdrus von den Gegnern ausstehen mus, daß ich nicht damit aussen bleiben werde. Wie dann schon wiederum einer, mit Namen Herr M. Räthel, Superintendent zu Neustadt an der Aysch, den GOTT alle Tage neu schaft, (wie er sich öffentlich in seinen Christbrüderlichen Anmerkungen rühmet,) mit einem anzüglichen Bogen daher geflogen kommt, und unchristlicher Weise meinen ganzen Saz verkehret, (es mus aber solches seine Gewohnheit seyn, dann er verdrehet seinen eigenen Namen) und mir aufbürdet, ich hätte von einem Vermehrungs Menstruo geschrieben, davon mir aber zur selbigen Zeit nicht einmal geträumet. Er aber rühmet sich, er habe ein Erbsen Menstruum erfunden, wodurch er mit GOttes Seegen die Bäume bald zu ihrem Wachsthum bringen will. Was er aber mit seinen Erbsen, besonders wann er sie in eine Blase wird fassen, in der Welt vor ein leeres Geräusch wird anstellen, wird bald zu vernehmen seyn. Ach wo bleibt nun die christ-

christbrüderliche Liebe! Ich will aber alles bis zu seiner Zeit mit Gedult vertragen: alsdann will ich auch reden. Inzwischen haben sich gewis meine hochgeneigte Herren Interessenten nochmals zu versichern, daß mich von meinem andern Theile nichts als GOttes Gewalt abhalten soll.

Es bestehet aber meine Oculirtasche in nachfolgenden Instrumenten: Erstlich die Tasche, oder das Futteral, worinnen die Instrumenta befindlich, belangend, so siehet sie wie die Tasche der Chirurgorum aus, darinnen sie ihren Barbierzeug verwahren. Es sind aber in derselben nachfolgende Stüke zu finden.

(1) Ein ewiger Kalender auf Helfenbein. Auf einer Seiten ist allezeit ein Monat gestochen: auf der andern Seite ist es leer, damit man was darauf schreiben kan.

(2) Ein Schreibstest, so auch auf eine besondere Weise gemacht ist.
(3) Ein neuerfundener Wurzelgriffel.
(4) Ein besonderer Oculirgriffel.
(5) Ein besonders Oculirmesser.
(6) Unterschiedliche Incisionsmesser.
(7) Ein Hohlbohrer.
(8) Ein besonders Spaltmesser.
(9) Ein Stemmeisen.
(10) Ein Hämmerlein.
(11) Eine Scheere.
(12) Eine helfenbeinerne Spuhle, darauf subtile Bändlein gewunden, deren man anstatt des Bastes sich bedienen kan.
(13) Noch eine andere, darauf die weiche Mumie befindlich.
(14) Ein helfenbeinernes Messerlein.
(15) Ein rares und besonders Messer von Glas zum oculiren.
(16) Auf dieses folget nun eine kurze Erklärung von den beigelegten Instrumenten.

Fünfter Versuch auf die Universalvermehrung, so durch Wurzelzapfen an den grösten Bäumen kan verrichtet werden.

Es ist bekannt, daß sich unterschiedliche Gartenverständige gefunden, die gänzlich verworfen, daß eine Verbindung mit Wurzel und Ast oder Zweigen, oder eine vollkommene Vereinigung angestellet werden könne. Warum aber solches durch die Kunst nicht könne verrichtet werden, und worinnen die Unmöglichkeit bestehen solle, davon ist alles stille. Ich hoffe aber, sie werden noch mit ihrer Meinung heraus rüken. Ich finde keine natürliche Ursache, warum die Natur diese Handgriffe verlassen

Vierzehende Tafel.

Erkläret die gemeinen Wald- und besonderen Werkzeuge samt aller Zugehör, die man bald zu dieser bald zu jener Verrichtung vonnöthen hat.

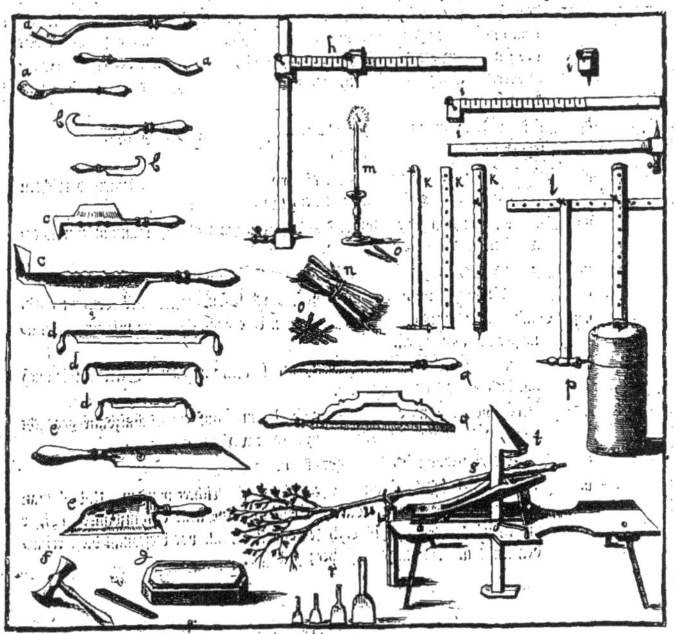

aaa. Legen vor Augen unterschiedliche Wurzelgriffel, so groß und klein, und zu der Grifflung dienlich sind.

bb. Zeigen kleine und grosse Gartenmesser, so rund an dem Haupt sind.

cc. Kleine und grosse Spaltmesser, die man theils in dem Garten, theils im Walde nöthig hat.

ddd. Zeigen auf unterschiedliche Schnizmesser, mit breiten und dünnen Klingen, die man zu allerlei Verrichtungen benöthiget.

eee. Ist ein grosses Spalt- und Waldmesser, wie denn ein allgemeines Kufnermesser mit einer langen Spize in gemeinen Verrichtungen viel gutes schaffet.

f. Be-

f. Bedeutet einen Hammer, so oben und unten breit, doch auf einer Seiten breit, auf der andern in der Rundung was schmälers, und zu allerlei nothwendigem Gebrauch nüzlich ist.

g. Will einen Wezstein anzeigen, auf welchem die Werkzeuge jederzeit scharf gemacht werden möchten; widrigen Falls ist gar nichts gutes damit zu verrichten, wann sie stumpf sind. Auch soll man die Werkzeuge fein rein halten, weil es sonst den Stämmen schädlich.

h. Ist der neuerfundene eiserne Waldzirkel, wie er zusammengesezet ist.

iii. Will eben diesen neuerfundenen und zerlegten Waldzirkel anzeigen, der sich in drei Theil zertheilet, in 2. lange, auf deren einem der Maaßstab, und auf dem andern die Spize ist, wie man den Riß oder Zeichnung sowol an den grossen Aesten als den Bäumen machen soll, entweder mit der eisernen Spize oder mit demjenigen Theil, darein man Bleiweis, oder was anders hineinstekken kan.

k. Ist die erste Erfindung von dem hölzernen Waldzirkel, so zerlegt.

l. Wie er zusammengesezet ist, und

p. Weiset sowol auf die Operation, die er mit seiner Spize im Umriß verrichten kan, als was das Becherl samt dem Stift anzeigen will.

m. Ist das Feuer, wodurch sowol das Licht als die Kohlen, wann man was erwärmen will, verstanden wird.

n. Ist der Bast, so man zu unterschiedlichen Verrichtungen vonnöthen hat.

oo. Zeiget die harte Mumie, so in Zapfen, durch besondere Manier formiret wird.

qq. Sind allerlei Handsägen, darunter oben eine gemachet, die wie ein Schnittmesser zu gebrauchen.

rr. Weisen unterschiedliche Stemmeisen, mit langen und kurzen Stielen, wie auch mit breit- und kurzer Schärfe.

s. Zeiget, wie ein langer Ast von einem Baume auf die Schnizbank gebracht wird, damit selbiger ordentlich zugerichtet werden möchte.

t. Zeiget die Flutterung der Schnizbank an.

u. Ist der Schraubstok, so an die Schnizbank ist gerichtet worden. Und ob man wol im Stande gewesen wäre, unterschiedliche neue Schnizbänke zu dieser Arbeit zu erfinden, so ist doch keine bessere, als vor diesesmal diese erfunden worden. Dann je einfacher; je besser.

sen solle: dann von Natur und in der Natur ist solches befindlich. Der Stamm stehet ja auf der Wurzel, das weis jederman: ja sie sind gänzlich miteinander vereiniget, das ist auch klar. Wird solches durch Kunst verrichtet, so kommt die knorrigte Materie hervor, solches ist auch wahrhaftig. Diese kan ja Stamm und Wurzel vereinigen: dann daß diese zwei Theile, Zweige und Aeste ihren Wachsthum haben, ist gewis. Soll man etwan die Wurzel auf Wurzel impfen, so weis ich nicht, was daraus werden soll; allein ich will nichts destoweniger mit meinem Wurzelzapfen einen Versuch thun, und zweifle ich nicht, die Erfahrung wird es bekräftigen.

Man kan aber auf nachfolgende Art verfahren. Man entblösse eine Wurzel von einem Baum, und lege denselben horizontal ganz heraus, wie Fig. I. zu ersehen. Wann nun solches verrichtet, so schneide man unterschiedlichen Aepfelbäumen gros und kleine Aeste ab. Wann man diese bei Handen hat, so mus man selbige mit Kunst auf die Wurzel zapfen. Damit aber solches mit Geschiklichkeit verrichtet werden möchte, so habe ich unterschiedliche Einschnitte, dieweilen man mit einem nicht bestehen kan, sowol an der Wurzel, als an den Zweigen, ausgedacht. Ich will solche kürzlich durchgehen.

Es kan aber ein Einschnitt nur blos durch eine Durchstechung der Wurzel verrichtet werden. Nämlich, wann ich ein zweischneidig spiziges Messer nehme, und solches durch die Wurzel steche, jedoch nicht gerade in der Mitten durch: alsdann kan ich den Schnitt nach meinem Gefallen erweitern. Soll aber eine solcher Schnitt an dem starken Theil der Wurzel vorgenommen werden: so kan man sich eines stärkern Instruments, als eines Stemmeisens oder dergleichen bedienen, wie K. vor Augen leget.

Will man nun den Ast einzapfen, so machet man einen solchen Einschnitt an demselbigen, wie im gemeinen Pfropfen ist, und A. anzeiget. Auf beiden Seiten aber wird die äussere Rinde hinweggenommen und wo der Stamm auf der Wurzel aufzustehen kommt, da wird die Rinde in etwas weggeschnitten, damit es auf der Wurzel desto besser aufzapfen, und sich mit selbiger vereinigen kan, wie P. weiset.

Dieweilen ich aber mit diesem Schnitt nicht an allen Orten fortkommen konte: so hatte ich nachfolgende versucht. Ich machte einen vierekigten Schnitt, bis auf den dritten Theil in die Wurzel, wie I. anzeiget: alsdann nahm ich meinen Zweig B. und schnitt denselben auf einer Seiten breit, doch nicht gar bis auf das Mark, und machte an der Wurzel oben auf, wo der Auffaz geschicht, ein wenig die Rinden hinweg, und sezte meinen Zweig hinein, wie O. zeiget. Allein dieser leistete mir wiederum keine Genüge: derohalben kam ich auf diesen, wie H. zei-

H. zeiget, der gewis sehr gut und brauchbar ist. Nämlich ich mache einen geraden Einschnitt in die Wurzel; alsdann mache ich eine kleine Einkerbung, und durch dieselbe schneide ich gleich fort, so gros, als es die Nothdurft erfordert. Darauf nehme ich meinen Zweig C. und schneide ihn, wie im gemeinen Pfropfen auf beiden Seiten zu geschehen pfleget, zu, doch also, daß der innere Theil dünne, und der äussere dike zugehet: und nachdem die zarte äusserliche Rinde hinweg genommen worden, so wird er auf die Wurzel gebracht, wie N. darthut. Inzwischen konte ich diesen nicht allenthalben anbringen: derowegen kam ich auf den Zwikelschnitt, wie G. bezeuget, und dieser wird also gemachet. Ich machte in die Wurzel einen gleichen Schnitt, alsdann auf beiden Seiten eine Einkerbung so breit als der Ast ist, wie aus der Figur zu ersehen. An den Ast machte ich auf einer Seiten einen Zwikelschnitt, wie D. haben will, und sezte den Zweig an die Wurzel, wie M. vor Augen leget.

Endlich, als ich an dem diken Ort der Wurzel gleichermassen Wurzel zapfen wolte, so stunde mir von allen diesen Einschnitten keiner an. Derowegen nahme ich einen Holbohrer zu Hülfe, und machte ein rundes Loch in die Wurzel, wie F. klar lehret. In den Ast aber machte ich gleicher Weise einen runden Zapfen, und sezte denselben auf die Wurzel, wie I. solches zeiget.

Als ich nun mit dem Einschnitt fertig war, so war ich auch auf die Verwahrung und Verbindung bedacht. Jene wurde mit der Waldmumie, so Pflasterweis gestrichen, oder wie ein Durchzug befindlich, davon schon oben ist Meldung gethan worden, verrichtet, und kreuzweis damit verwahret, so I. anzeiget: und damit sie nicht vom Winde oder andern Zufällen Noth leiden möchte, so wurden auch Stüzen angebracht, wie M. lehret. Als nun die Aeste, so gros und kleine untereinander waren, nach obbeschriebener Art behandelt wurden: so wurde die Wurzel gleich geleget, so daß sie nur eine Hand tief allenthalben zu stehen kam; und wie sie mit guter Erden verwahret und wol eingedruket war, so lies man sie der Natur über. Wann nun mittler Zeit die Stämme sich mit der Wurzel vereiniget: so kan man sie zu rechter Zeit voneinander theilen. Ein jedes Ende der Wurzel mus alsdann mit der Mumie bedeket, und hineingesezet werden, wo man will, so werden sie ferner fortwachsen. Wie man mit den grossen Wurzeln, so kan man auch mit kleinen und ausländischen verfahren. Zum Exempel, ich will auf Zitronenwurzeln, so in den Kübeln befindlich, Zweige zapfen, so erwähle ich nur nach entblößter Wurzel einen Einschnitt, bringe den Zweig kunstgemäs hinein, verwahre ihn mit der edelsten Mumie, welche eine besondere Kraft, ob sie schon kostbar ist, hat: so wird die Verheilung desto eher verrichtet. Es bestehet aber selbige in nachfolgenden Stüken:

Nimm

Funfzehende Tafel.

Weiset dem Auge das Wurzelzapfen, welches auf den Wurzeln verrichtet wird, so an den Bäumen befindlich, auch daran verbleiben, bis sie ihre Vollkommenheit erlanget.

Fig. I. Zeiget einen grossen Baum an, welchem die Wurzeln entblösset worden, auf welchem sowol allerlei Einschnitte, davon man sich nach Belieben einen erwählen kan, befindlich, als auch wahrzunehmen, wie sich die eingezapften Belzer auf der Wurzel zeigen.

A. Ist ein grosser Zweig, welcher untenher auf beiden Seiten zugeschnitten, als wie man im gemeinen Pfropfen pfleget zu verfahren. Nun ist dieses das vornehmste dabei zu beobachten, daß auf dem Schnitt die äusserliche Rinden ein wenig hinweggenommen wird, damit sie mit dem Spalt sich desto leichter verheilen könne.

K. Zei-

K. Zeiget den Spalt in der Wurzel an, so bei nahe mitten darein gemachet, und in welchen

P. der Stamm hinein geimpfet worden.

B. Ist ein anderer Schnitt, welcher an dem Stamme breit gemacht wird. Alsdann wird

I. ein viereckigter Schnitt an die Wurzel nach Verhältniß des Astes geschnitten, und also, wie

O. erkläret, angebracht.

C. Will abermal einen Einschnitt des Stammes vorlegen, der auf beiden Seiten eingeschnitten wird, auf einer was schärfers zu, so daß die Rinde ganz weg seyn muß, auf der andern Seiten aber wird nur das Häutlein abgesondert, und wird

H. in den gemachten Schnitt der Wurzel also, wie

N. weiset, hineingestekket.

D. Ist ein Zwikelschnitt, wie solcher auf einer Seiten des Stammes, jedoch mit doppelten Schnitten gemachet wird, und wie

G. der Gegenschnitt in der Wurzel seyn soll.

M. Ist die Auffezung des Stammes zu ersehen.

E. Ist ein Ast, der einen runden Einschnitt, nach Verhältniß der Wurzel hat, und der

F. nach der Rundung gestaltet seyn mus.

L. Zeiget seine aufgerichtete Figur an, und zielet zugleich auf die Verbindung des Stammes, so mit einem Kreuzband durch die weiche Mumie verwahret.

M. Weiset, wie man die Stelzen zur Befestigung daran machen soll, damit die Stämme desto fester in der Erden verwahret, wie auch von den Winden und andern Unfällen mögen befreiet seyn.

Fig. II. Weiset einen grossen Zitronenbaum, der sich in der Erde ausgebreitet,

R. auf welchen nach Belieben durch allerlei Einschnitte, Zweige, Aeste und Blätter können geimpfet werden. Dergleichen kan auch

S. an den ausländischen in den Kübeln verrichtet werden. Ja wer sich die Mühe nehmen will, der kan auch solches

T. in Wäldern verrichten.

Q. Weiset die Werkzeuge, als den Holbohrer, das Schnittmesser, den Hammer, Stemmeisen, weiche Mumie, die man dazu nöthig hat.

Nimm Gummi Copal 2. Loth, pulverisire denselben auf das allerzärteste, alsdann nimm Venetianischen Terpentin einen Vierling, laß diese zwei Stüke miteinander zerflüssen. Wann sich der Gummi Copal darinnen solviret hat, so wirf 3. Loth gemeines Wachs darzu. Wann solches auch zerflossen, so lasse es so lange bei dem Feuer abrauchen, bis die meiste Flüchtigkeit des Terpentins hinweg: alsdann kan man Zapfen daraus formiren, oder auf eine andere Weise, als wie einen Durchzug gebrauchen. Wenn man Myrrhen und Aloe, Mastix und dergleichen darunter thun will, ist es desto besser.

Und dieweilen in meinen Schriften auch öfters von einem Balsamo vegetabili ist gesprochen worden, welcher sonderlich zu den grossen Stämmen dienlich, wann sie etwa zu lang in der freien Luft zubereitet liegen möchten, bis man mit den andern fertig ist: so können sie mit nachfolgendem, der ganz zart und subtil ist, mit einem Pensel überstrichen werden.

Nimm gemeines Mandelöl einen Vierling, löse in demselben gekochten Terpentin 1. Loth, so in allen Apotheken zu haben.

Dieses ist ein sehr guter ausheilender Balsam, mus aber nicht zu stark aufgetragen werden.

Nun hätte ich noch 4. andere Arten, die auch rar sind, hieherzusezen, unter welchen eine die fürnehmste ist, und nur blos durch die Mumisirung verrichtet wird. Und wann durch Kunst die Aeste, Zweige, Stämme, so weit als es nöthig, damit überzogen werden, so wird gewis keiner ausbleiben. Allein ich mus mit Gewalt zum Ende eilen. Es versichern sich aber die Herren Liebhaber, daß, was hier unterlassen, in dem andern Theil gewis erfolgen wird. Dann ich habe wegen der Weinberge noch etwas besonders anzuführen, wozu mich der allergnädigste Befehl Ihro Königl. Majestät in Pohlen und Churfürstl. Durchl. zu Sachsen antreibet. Wie dann den 13. December Anno 1712. an sämtliche Weinberg Besizer der Chursächsischen Lande Befehl ergangen, wie man sichs angelegen seyn lassen solle, dieselbigen zu verbessern und zu vermehren; ingleichen was es vor eine Beschaffenheit hat mit der Vergrösserung der Früchte, soviel die Natur zulässet. Daß aber die Pfersig, so gros, als wie die Bomben werden sollen, ist lächerlich. Daß ein Pfersig, der schon so gros als eine starke Faust ist, endlich noch gezwungen werden kan, daß er sich wie ein kleiner Kindeskopf zeiget, ist gar nicht zu verwerfen; ingleichen, daß man die Muscatellerbirnen wie die Frühbirnen in die Grösse bringen kan, wird noch wol zu erweisen seyn. Und wie nicht weniger mit Vermischung widerwärtiger und gegeneinander stehender Erden, so aus der Lehre von den Farben wahrhaftig darzuthun ist, daß man schwarze, gelbe und himmel blaue Nelken hervorbringen kan, davon soll weitläuftig geredet werden. Ich will aber nur einen kleinen Gedanken geben. Man nehme Galläpfel, und mische sie unter etwas, so aus Vitriol Theilen bestehet, so wird eine schwarze hervorkommen? Man nehme Eichenholz, und seze was von einer vitriolischen Erde darzu, und gebe Acht, was sich zutragen wird. Allein dieses wird in dem versprochenen Theile gelehret werden. Will also mit wenigem das lezte Kapitel vor die Hand nehmen, und die gemachten Versuche samt dem Nuzen ein wenig ansehen.

Leztes Kapitel.

Von unterschiedlichen gemachten Versuchen, und von dem ungemeinen und unaussprechlichen Nuzen in Gärten, Landgütern und Wäldern.

§. 1.

Wann Hippocrates Lib. I. aph. 1. spricht: Experientia fallax; so mag ich auch wol sagen: Experimentum fallax. Als aber Lasus einsmals gefraget wurde: Quidnam esset sapientissimum, was das allerweiseste wäre? gab er zur Antwort: Experientia, die Erfahrung. Allein wie hat ein so weiser Mann also reden können, da ihn doch die tägliche Erfahrung gelehret, daß die Erfahrung betrüglich, ungewis und gefährlich sey, und man derselben nicht allezeit Glauben beimessen könne. Vielleicht will er aber soviel sagen: Die Erfahrung, wann sie wahrhaftig und gewis seyn soll, mus den Verstand zur Hülfe haben. Dieser kan das Falsche von dem Wahren unterscheiden, und erweisen, daß die Erfahrung wahr und nicht falsch ist, und kan die Sache alsdann mit wahren Erfahrungen bekräftiget werden. Allein weil auch diese öfters betrüglich, und man bald wegen derselben gewis, bald wiederum ungewis ist, obschon der Verstand alles beitraget, was er nur kan; so ist selbige, in gewissen Stüken, die Wahrheit zu erforschen nicht vermögend, wo nicht der vollkommene Lehrmeister, die Uebung dazu kommt. Nam usus est efficacissimus rerum omnium magister. Quin talibus experimentis, sagt Plinius, optime creditur. Und Cicero redet davon also: Usus omnium magistrorum præcepta superat. Und diesem stimmet Manlius bei:

Per varios usus artem experientia fecit,
Exemplo monstrante viam.

Und endlich, wann man mit einem Worte wissen will, wer dann der wahre, rechte und unbetrügliche Lehrmeister, daß man versichert ist, daß diese oder jene Sache wahr, gewis, beständig und ohne Falsch seyn soll, ist: so ist derselbe die Zeit.

Seris venit usus ab annis, saget der Poet. Und Solon:
Α'εὶ πολλὰ διδασκόμενος, assidue multa addiscens ad senium propero.

§. 2. Wie

§. 2.

Wie man dann klar siehet, daß all unser Thun, was wir nur in der Welt fürnehmen, Stükwerk ist, und man nichts Vollkommenes auf einmal hervorbringen kan; weil, nebst der Erfahrung, Versuchen, auch Verstand, Fleis, Mühe, Arbeit und Uebung nichts gilt, sondern nur die Zeit, welche aber nicht in der Macht und Gewalt eines Menschen bestehet. Diese entdeket zwar alle Dinge, ob sie wahrhaft oder falsch sind: aber indem wir solches glauben, so begehen wir in der Zeit wiederum die grösten Fehler, die wir abermal durch selbige erkennen müssen. Dann man verrichtet öfters eine Sache mit Vernunft und mit der Natur, auf solche Art und Weise, wie sie es selbst vorstellet, und läßet sich auch öfters an, als wolte sie in allen Stüken dem Willen des Künstlers nachleben: ehe man sichs aber versiehet, so verlachet sie die Einbildung desselben. Will man ihr aber Gewalt anlegen, so folget sie ihren Gesezen und vorgeschriebenen Ziel, und thut, was sie will, und läst dem Meister das Nachsehen. Und zwar wenn man solches überleget, so findet man, daß es nicht zu rechter Zeit ist angestellet worden, und dahero fallen wir auf die Gedanken, der Fehler sey in der Natur: allein wollen wir mit der Wahrheit heraus rüken, so müssen wir bekennen, daß wir geirret, nam proprium hominis est errare, Irren ist menschlich. Und ist solches ganz keine Schande: ast in errore perseverare diabolicum. Wann wir sie aber erkennen, und wollens doch nicht sagen, noch weniger suchen den Fehler zu verbessern; so mag dieses alsdann vor teuflisch gehalten werden.

§. 3.

Dieweilen aber beinahe der ganzen Welt bekannt ist, daß ich mich unterwunden, durch Wurzel und Zweige eine Universalvermehrung aller Bäume und Staudengewächse anzustellen, und dabei versichert, daß sie in der Vernunft gegründet ist, auch solches hochverständige und in der Natur wolerfahrne Kunstgärtner selbst bekräftiget, wie aus meiner Vorrede genug zu ersehen: so sind auf solche Gedanken allerlei und unterschiedliche Erfahrungen von sehr feinen und weit hinaussehenden Gartenliebhabern vorgenommen worden, welche gefunden haben, daß die Erfahrung mit den Versuchen die Möglichkeit vor Augen geleget. Und weil man dann Zeugnüsse haben will, (wiewol mir lieber wäre, ein jeder legte selbst Hand an, und gienge mit seiner Sache verständig und bedachtsam um, und wüste sich selbst zu helfen, dann die Handgriffe kan man unmöglich genau beschreiben, so hätte ich nicht Ursache soviel Worte zu machen) so will ich um Kürze willen nur ein und das andere, welches ich jederzeit mit denjenigen Briefen, so ich in Händen habe, belegen kan, hieher sezen. Den 22. May Anno 1716. empfieng ich ein gnädiges Schreiben, von einem hohen Fürsten, mit eigener Hand geschrieben, welches also lautet:

Mein Herr!

„ Ich berichte, was auf Eure vorgeschlagene Methode vor Proben „ sind gemacht worden, und wie sie ausgeschlagen. Den 20. Merz „ 1716. in vollem Schnee und Kälte, so etliche Täge auf einander ge„ folget, habe ich 2. Aepfelbäume, als Sommerborstörfer und einen „ von den grossen Bakäpfeln, 2. Birnbäume, Sommerbergamotten „ und Königsbirn, 2. Apricosen, der eine auf Weinreben, der andere „ auf Zwetschkenwurzel, 1. rothen Pfersig auf Quittenwurzel, item „ ein rothen auf Zwetschkenwurzel, und ein rothen auf Weinstokwur„ zel, und gleich allesamt in ein gut Land gesezet. Als das kalte Schnee„ wetter um etwas nachgelassen, so haben wir den 27. auf das neue „ einen rothen Butigheimer Apfelbaum, neben einen grossen Borstor„ fer Apfelbaum, welcher 10. Schuh hoch war, item einen grossen Mu„ scateller Birnbaum, den 31. einen Pomeranzen Apfel und einen „ Weinapfel, einen Zwergbaum von Glasbirnen, den 1. April, 2. „ von grossen Bakäpfeln, einen weissen Butigheimer und einen Pome„ ranzenapfel, einen Winterbergamotten, einen von den grossen Zuker„ birnen, den 6. April einen rothen Weinapfel, und einen Herzkirschen „ Zweig auf schwarzkirschenwurzel und einen Mespelbaum auch auf der„ gleichen Kirschenwurzel, welche, wie die vorhergehenden, gleich in „ ein gut Land gepflanzet worden, samt dem, so der Herr zum Mu„ ster überschiket; welcher indessen in einem Scherben verwahret wor„ den. Nun kan ich dem Herrn sagen, daß alles noch ganz frisch ist, „ und der Frühbirn, und der grosse 10. schuhige Apfelbaum treibet „ seine Augen sehr stark heraus. Wie er ferner avanciret, soll demsel„ ben Part davon gegeben werden. Dieses mus ich noch berichten, daß „ dieser Tagen abermal ein ziemlicher Frost eingefallen, und starker Reif, „ samt grossen Schnee, so 2. Tage liegen geblieben, ja gar Eis gefro„ ren. Wir haben, als es wiederum warm worden, unterschiedlichemal „ die Bäume betrachtet, welche alle noch grün erfunden. Den lezten „ Tag vor unserm Abmarsch, als den 4. May, haben wir an dem Kir„ schenbaum die Blüte sehen aufbrechen: ingleichen an den Frühbirn, „ und an den Herzkirschen ist eben dergleichen observiret worden ꝛc. „ Auf den Herbst, geliebts GOtt, soll ein agreabler Wald gemachet „ werden, sonderlich auf des Herrn verbesserte Manier, so mir wol„ gefället ꝛc. Ich sehne mich darnach, bis alles in Druk kommen wird. „ Unterdessen ist mir leid, daß ihn so lange incommodiret. Verbleibe „ des Herrn

Freundwilliger und wolaffectionirter allezeit

F. A. H. Z. W.

Ein ander gnädiges Schreiben secundirte das erstere. Wiewol ich weder dieses noch das vorige, oder auch andere, um dieser Ursache willen anführe, als wolte ich mein Communicatum dadurch suchen zu bestärken, und mich nur bemühen, wie ich meine Sache durch hoher Herren Gnade gros machen möchte; da doch bekannt, daß dieser Weg, so durch Feuer und Mumien verrichtet wird, und wo man nicht den Grad des Feüers wol beobachtet, entweder selten, oder wol gar nicht angehet, die wenigsten vergnüget. Ich kan zwar nicht läugnen, daß ich selbst öfters geglaubet, daß ein jeder nicht wol darinnen werde fortkommen können. Derohalben habe ich auch alsobald meine Versicherung gegeben, daß ich denselben nicht allein verändern, sondern auch leichtere Arten vortragen wolle, wodurch die Universalvermehrung könne zu Stande gebracht werden, wie aus diesem angefangenen Werke anjezo zu sehen. Nichts destoweniger aber, weil doch unterschiedlichen auch dieser Weg, und mir selbsten angegangen ist: so habe ich kein Bedenken getragen, solches öffentlich hieher zu sezen, nur um der Wahrheit willen. Dann wann es nicht also wäre, so würden mir auch nicht so gnädige Schreiben zu Händen gekommen seyn. Ich will aber mit gnädigster Erlaubnis auch diese Worte hersezen.

Mein Herr!

„Ich kan mich billig rühmen, die Criticos und Antagonistas wider das „Arcanum die Bäume zu vermehren confundiret zu haben, und muß „sagen: Vivat Herr Agricola, ein Magister in dieser Kunst! „Ich kan sagen, daß mir nach der Lehre des Autoris alle diejenige Bäu„me, welche ich nach seinen vorgeschlagenen Regeln habe operiren las„sen, nicht allein schön frisch, sondern auch die mehreste mit Verwun„derung häufig blühen thun. Und was noch mehrers und rarers ist, „ich habe auf eine Weinstokwurzel einen Ast von einem Maulbeerbaum „appliciret, welcher nunmehr wunderlich schön blühet rc.

Diese haben sich, wie ich nach der Zeit vernommen, zwar anfänglich sehr wol angelassen; allein nach und nach sind welche davon zu Grunde gegangen. Was aber die Ursache, weis ich nicht: inzwischen sollen doch welche, soviel mir wissend, davon gekommen seyn und noch leben. Ich will aber auch meine eigenen Versuche, welche wahrhaftig und gewis sind, und wie ich sie in der Natur befunden, nur daß sie als verjüngt abgerissen, mittheilen. Und diese sind den 19. May Anno 1716. auf öffentlichem Rathhaus in hoher Versammlung der hochansehnlichen Herren Gesändten vor Augen geleget, worauf sie alsdann ferner an einen hohen Ort verschiket worden.

Es ist aber aus meinem oft angeführten kurzen Bericht schon bekannt, daß die ersten Versuche und der mit dem Wurzelimpfen den 4. December Anno 1715. (welches zwar zu dieser Arbeit die allerunbequemste Zeit war,) ist vorgenommen worden. Erstlich hatte ich den Anfang mit den ausländischen Stämmen gemacht, und sowol Citronen als Laurus und Lorbeer ꝛc. Zweige durch Feuer und Mumie auf die Wurzel geimpfet: allein wenige, oder gar keine, wurden auf ihre eigene Wurzel, sondern auf fremde, und wie es mir einfiel, gepfropfet. Dabei nahm ich in der Eile nicht allezeit den Grad des Feuers in Obacht. Ja ich beobachtete es auch so genau nicht, ob ich sie tief oder hoch in die Erde versenkte. Als sie aber eine Zeit lang stunden, konte man keine Veränderung zwar sehen; mit der Zeit aber trieben sie aus, welches doch nach genauer Untersuchung nicht von der Hülfe der Wurzel, sondern von der Wärme des Kellers herrührte. Wie es aber auf den Hornung hinkam, begunten dort und da welche abzustehen, und untenher wurden sie bei der Wurzel schwarz; andere aber waren in einem erwünschten Stande. Als ich nun bei dieser Veränderung die Ursache wissen wolte, so nahm ich ein und das andere Bäumlein heraus. Da fande ich an welchen, daß zwischen dem Schnitt eine Fäulung anzutreffen, und sowol die Wurzel als Stämlein von derselben angegriffen waren. Dieses gab ich der starken Ausdünstung Schuld, als wodurch die Transpiration verhindert wurde. Bei einem andern Bäumlein, so genau untersucht wurde, war der Schnitt zwar gut, und der Zweig gesund; die Wurzel aber war todt. Und als ich dieses abermal genau untersuchte, glaubte ich: Weil ich die Wurzel untenher nicht mit der Mumie verwahret hätte, es möchte zuviel Feuchtigkeit hinein gekommen seyn, welches die Substanz der Wurzel verderbet, und deswegen habe der Stamm nicht können fortkommen. Wiederum bei einem andern, so abgestanden war, fande ich, daß die Wurzel untenher frisch, der Zweig obenher gesund, und mit dem Callo wol überloffen war, oberhalb der Erden aber war der Zweig brandicht, und fieng an abzustehen, war auch mit Schimmel angelaufen.

Diesen Zufall schrieb ich der vielen Nässe und Feuchtigkeit, die theils von dem Begüssen, theils von dem Keller selbst herrührte, zu. Mit einem Worte, ich fand überall meine natürliche Ursachen, und konte mich auch in der That versichern, daß, weil der ungemeine und beständig anhaltende Winter, so bis in den April hinaus langte, verhinderte, daß man die Gartenscherben aus den Kellern in die freie Luft nicht wol sezen durfte, sie darinnen zu schimmeln angefangen haben. Allein es wurden doch sehr viele bei dem Leben erhalten; sonderlich die Citronen und Laurus und Lorbeerzweige. Wie ich nun aus Neugier welche aus der Erden heraus nahm, so beobachtete ich mit gröster Vergnüglichkeit,

daß

daß sie Wurzel gemachet, aber auf unterschiedliche Art und Weise, indem knorrigte Materie mit den Wurzeln sich bald auf, bald unter der Mumie sehen ließ, wie aus der Tab. XVI. Fig. III. IV. V. zu ersehen.

Diese präsentiren grosse und kleine Laurusstämme, welche ich aber nicht auf die Wurzel von diesem Gewächse, sondern, (so ich nicht irre) auf Pflaumenwurzeln mit Feuer und Mumie geimpfet hatte. Auf derselben sahe man mehr als 10. gelbe und länglich-dike Wurzeln liegen, die aus dem callo (kkk) hervorgekommen waren, und zwischen der Mumie waren junge und schöne neugewachsene Würzlein zu sehen, wie III. vor Augen stellet. Nun konte ich bald abnehmen, daß solche nicht von dem ausländischen Gewächs herrührten, dann ihre Wurzeln waren von diesem ganz unterschieden: derowegen brach ich von einem die Mumie herunter, und betrachtete den Schnitt; da hatte die Wurzel den Spalt des Lauri mit dem callo umgeben, und aus demselben waren die frischen Wurzeln herausgestammet, und sahe ich, daß mithin die Verbindung vollkommen miteinander geschehen war. Die Wurzeln, worauf sie geimpfet, waren alle gesund und frisch: theils hatten dort und da grosse und kleine Blätlein ausgetrieben: die Wurzeln selbst aber hatten an allen Orten neue Wurzeln geschlagen. Und diese Besichtigung war mir genug: dann ich konte die Möglichkeit, die in der Natur stekte, genugsam abnehmen.

Als nun in dem April einstens ein schöner Tag war, da man in etwas in die Erde kommen konte, ließ ich frische Aepfel, Birnen, und Apricosenwurzeln ausgraben. Dieselbe theilte ich in unterschiedliche Theile, sezte grosse und kleine Stämme oder Zweige darauf, und verwahrte sie mit der Mumie, wie Fig. I. und II. klar darstellen. Darauf vertraute ich sie der Erden an. Jngleichen nahm ich eine sehr lange Wurzel von den Apricosen, und sezte durch den Zwikelschnitt grosse und kleine Aeste darauf, verwahrte sie mit der weichen Mumie, weil ich die harte vor gefährlicher hielte, kreuzweis, und sezte die Wurzel nach der Länge, aber über eine Hand tief nicht in die Erde, wie Fig. VI. solches vormahlet. Jn dem Monat May wolte der Apfelzweig austreiben, davon in Fig. I. gedacht worden: es gienge aber etwas langsam zu, wie a. anzeiget. Hergegen begaben sich mit aller Gewalt unter der knorrigten Materie aus der Wurzel Nebentriebe heraus, wie c. darthut, und viele frische Nebenwurzeln, wie d. lehret. Grössere Wurzeln kamen unter dem callo hervor, welche von der Ueberlaufung solcher Materie herrühret, wie da haben will. Die grosse Wurzel trieb auch mit Gewalt aus, und bekam dort und da so kleine Blätlein, wie (ff) wahrhaftig vor Augen stellet. Dieweilen nun der Nebenschoß so gewaltig über sich trieb, so konte der Nahrungssaft nicht in solcher Menge in den darauf geimpften Zweig treten: und dieses glaubte ich, wäre die Hauptursache, daß er nicht sowol als andere fortwachsen konte. Im Gegentheil waren andere Zweige desto vergnüglicher anzusehen, als welche, so klein als sie auch waren, doch in der schönsten Blüte stunden, wie (g) in Fig. II. vorbildet. Sie war so vollkommen, als immer welche an einem grossen Aste zu sehen war. Der callus hatte sich auch wol geschlossen, und aus demselben kamen die Wurzeln, wie (h) weiset, die man von der aufgesezten Wurzel gar wol unterscheiden konte, und waren sehr stark. Inzwischen war auch dieses Stük Wurzel frisch und gesund, und wolte auch austreiben, wie (i) erkläret.

Was die grosse Wurzel belanget, so in Fig. VI. zu ersehen, so fieng solche zu Ende des May an, nicht allein an den beiden Enden (oo) einen Knoten zu machen, sondern aus demselben kamen auch neue Wurzeln hervor, wie (r) anzeiget. Aus der Wurzel sowol vorn als hinten und in der Mitten kamen Nebentriebe oder junge Bäumlein hervor, die mit Lust anzusehen waren, wie (pp) weiset. Bei der Verbindung sahe man abermal neue Wurzeln hervorkommen, welche die Vereinigung anzeigten, daß sich diese zwei in eines verwandelt hätten, wie aus den Buchstaben (qqq) zu ersehen. Ja die gros und kleinen Zweige, die darauf geimpfet waren, bezeugten wahrhaftig alles, was man beobachtet, indem sie allenthalben ausgetrieben hatten. Und aus dieser Beobachtung und Besichtigung war alles dasjenige bestätiget, worinnen das vollkommene Fundament der Wurzelimpfung bestunde; nämlich daß die Wurzeln, wann sie in kleine oder grosse Theile zertheilet werden, nicht allein lebendig verbleiben, sondern auch vollkommen ausschlagen, und frische Wurzeln überkommen; ingleichen, daß sich der Stamm mit der Wurzel verheilet, und sich beide miteinander vereinigen, und endlich, daß sie austreiben und blühen, quod erat demonstrandum.

Ehe ich aber was von dem Nuzen aller vorerzählten Arbeiten gedenke, so möchten etliche neugierige Liebhaber etwa wol fragen, wie es doch mit den 6. Hauptstämmen, von Apfeln, Pfersig und Apricosen, so

4. bis

Sechszehende Tafel.

Bezeuget wahrhaftig, wie diese nachfolgende Stüke, so in der Natur befindlich waren, und nach der Natur auf das genaueste nachgestochen sind, durch Kunst sich auf den Wurzeln verheilet, welche geblüht, und oben und unten zugleich ausgeschlagen, welche Stüke auch den 19. May im Jahr 1716. auf dem öffentlichen Rathhause vielen hohen verständigen Liebhabern in Natur vorgeleget worden.

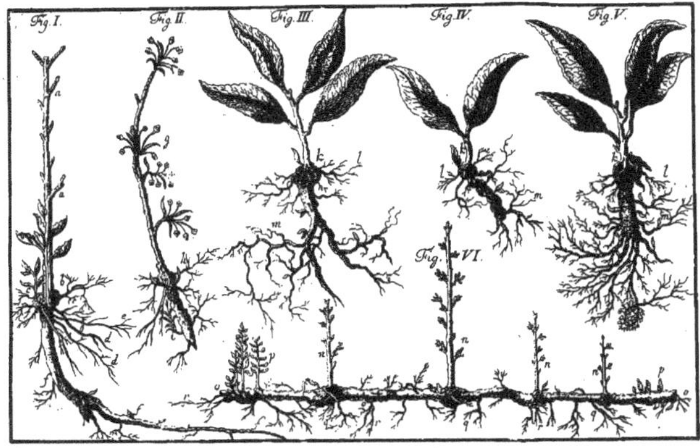

Fig. I.

Ist ein Apfelzweig, so den 17. December 1715. unter dem Camin mit Feuer und Mumie ist gemachet worden, welcher

aa. im Frühlinge hat angefangen auszutreiben, aber sehr langsam hervor gekommen ist.

b. Ist die Mumie, so unverlezt den ganzen Winter über geblieben, jedoch dort und da etwas zersprungen; und haben sich durch dieselbe kleine Wurzeln heraus begeben, welche von dem Knorren, den der Stamm gemachet, hervor gekommen.

c. Weiset auf die ausgeschlagene Zweige, so aus der Wurzel heraus gekommen. Und weil man selbige zu lange darauf hat stehen lassen, so haben sie den Saft an sich gezogen, und den obern ihre Nahrung benommen.

d. Sind

d. Sind neue Wurzeln aus der Wurzel, welche keine Blätlein gemachet haben.

e. War ein langes Würzelgen, so an der Farbe den andern nicht gleich war, und seinen Anfang unter der Mumie genommen hatte, war also zu vermuthen, daß es von dem Stamm hersprossen müßte.

fff. Zeiget das abgeschnittene Stüke Wurzel, worauf der Stamm geimpfet, so Wurzel gemachet, und zugleich dort und da Blätlein ausgetrieben, so vergnüglich anzusehen war.

Fig. II.

g. Zeiget dem Auge einen ausgeschlagenen Apfelzweig, welcher im December nach der Kunst, auf zerschnittene Stüke Wurzel geimpfet, und im May gewaltig schön seine Blüthe gezeiget.

h. Ist die Mumie, durch welche abermal neue Wurzeln, die man an der Farbe erkennen konte, hervorgewachsen sind. An der Wurzel bei dem Knorren konte man kleine Blätlein, so aus derselben hervor wuchsen, sehen. Untenher trieb die Wurzel mit einem kleinen Zweiglein aus, sonst hatte sie allenthalben neue Wurzeln erlanget.

Fig. III.

Zeiget, wie eben durch die Anbringung der Mumie, vermittelst des Feuers, ein Lauruszweig auf eine zerschnittene Pflaumenwurzel geimpfet worden, so den Winter über Wurzel geschlagen, und zwar also: Dieweil dieselbe seines gleichen nicht war, so legten

k. sich 8. bis 9. gelbe kurze Wurzeln auf die schwarze Mumie heraus, so unmittelbar aus des Laurus Stamm heraus kamen. Zwischen dem Knorren waren auch Würzeigen sammt einigen Blättlein heraus gekommen, die aber den andern nicht gleich sahen, wie auch

l. ein Blätlein vor Augen weiset. Die Wurzel aber war mit kleinen Würzlein allenthalben begabet, und man sahe dort und da, wie sie kleine Blätlein machten.

Fig. IV. und V.

Stellen ebenermassen Laurusstämme vor, welche auf zerschnittene Aepfel- und Birnwurzeln durch Feuer und Mumie geimpfet waren, und ebenermassen

k. l. m. oben auf ihre Wurzel ausgetrieben, und untenher schlugen die Wurzeln wiederum Wurzeln aus.

Fig. VI.

War eine lange Aprikosenwurzel, auf welcher zu Anfang des Aprils 4. starke Zweige, von eben demselben Baum, durch den Zwikelschnitt, mit der harten Mumie waren gesezet worden.

nn. Erkläret, wie dieselben anfiengen auszutreiben, und

qqq. lehret, wie sie durch die Mumie und Verbindung neue Wurzeln machten.

ooo. Bildet deutlich ab, wie an allen Orten junge Aprikosenzweige sammt einigen Blätlein heraus kamen.

rrr. An dem Ende der Wurzel war eine starke knorrichte Materie an beiden Orten hervorgekommen, und aus denselben schlugen die neue Wurzeln augenscheinlich heraus.

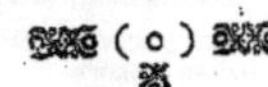

4. bis 5. Schuh hoch waren, und durch diese Wunderkunst zu vollkommenen Bäumen im December vergangenen Jahres gemachet worden, abgelaufen. Dann man hat sich ja gewis versichert, sie werden im Frühlinge ausschlagen, blühen und Früchte tragen. Die Antwort ist diese: Der ungemeine und beständig anhaltende Winter hat sie leider! alle erfröret, die Wurzeln aber haben alle ausgeschlagen, und sind theils Ellen hoch die Zeit aufgewachsen. Ein und der andere hat sich doch bis in den Junius noch lebend erzeigt, und hat wollen austreiben, allein es war keine Kraft mehr da. Dann die grosse Kälte hat die Fasern allzusehr zusammengezogen, daß der Nahrungssaft nicht mehr dadurch hat kommen können. Ich hätte zwar wenig Vergnüglichkeit bei dieser Betrachtung: allein wer will wider den Himmel murren? Ferner fraget sichs: Wie ist es dann mit den Nelkenbelzern ergangen? Die meisten sind gleicherweise verloren gegangen. Einige zwar haben noch das Leben davon gebracht: und kan ich mit Wahrheitsgrunde bekräftigen, daß zwei davon sehr grosse Blumen in diesem Jahr hervorgebracht haben. Es ist genug, daß die Möglichkeit durch solchen Versuch sich bezeiget hat.

Endlich muß man auch der 16. grossen Aeste und Stämme, die durch Hülfe des Feuers und vegetabilischen Mumie an Fichten, Eichen und Buchen in dem Walde zu vollkommenen Bäumen gemachet worden, nicht vergessen. Diese haben sich wunderschön bis in den April gezeiget, und hätte niemand zweifeln können, daß sie nicht im May sich mit ihren Blättern in der schönsten Vollkommenheit zeigen solten; allein es entstunde zu Ende des Aprils ein so ungemeiner Sturmwind, daß ob sie schon Stangen hatten, daran sie gebunden waren, sie doch durch dessen Gewalt alle zerbrochen und niedergelegt wurden. Und dieses hat mich auf diese Gedanken gebracht, daß ich ihnen Stüzen zugeleget habe, welche verhindert, daß ihnen keine grosse Gewalt mehr schaden kan. Inzwischen habe ich in dieser Unvergnüglichkeit doch diese grosse Vergnüglichkeit gehabt, eines theils, daß ich wahrgenommen, daß die grossen Aeste und Stämme den grossen und ungemeinen starken Winter ausgedauert; vor das andere, daß mit meinen Augen gesehen, wie ein grosser Theil der callosen Materie sowol aus der Wurzel, als auch aus dem Stamm und Ast hervorgekommen, so, daß ich gewis versichert bin, wann dieses Unglük nicht darzu gekommen wäre, es hätte sich in diesem Jahre alles vollkommen, so gros auch immer die Wunden mag gewesen seyn, geheilet. Und endlich habe ich an den Stämmen und Aesten wahrgenommen, wie sie sich ein wenig eröfnet, und auszutreiben begierig waren: allein die Erfahrung und die Zeit wird alles inskünftige mehr kund und offenbar machen.

§. 3.

Ist lezlich noch übrig, von dem unaussprechlichen Nuzen etwas zu melden, welchen man von allen diesen erzählten Arten sowol der Verbesserung, als Vermehrung, sowol in den Gärten, als Landgütern und Wäldern haben kan. Ich habe zwar denselbigen in meinem kurzen Bericht weitläuftig genug beschrieben, und ein jeder Liebhaber kan sich den unaussprechlichen Nuzen gar bald selbst vor Augen mahlen, wann er bedenket, daß man alle Blätter, alle Augen, alle Aestlein, alle Zweige, alle Stämme, alle Wurzeln, deren ja unaussprechlich viel, sowol an den ausländischen, als gemeinen und wilden Bäumen anzutreffen sind, zu Bäumlein und Bäumen machen kan. Ja er betrachte nur die unaussprechliche Vermehrung, so er durch den Saamen erlangen kan. Zum Exempel, ich habe einen grossen Apfelbaum, welcher mir 5. Körbe voll Aepfel giebt. Ich will nur sagen, es gehen in einen 400. nun so habe ich ja schon 2000. In einem jeden sind meistens 10. Saamenkörnlein anzutreffen; ich will aber nur die Hälfte nehmen, die davon gut sind: so hat er schon zehen tausend kleine Bäumlein; ist das nicht eine reichliche Vermehrnng? Solte ich nun mit den Blättern oder Augen eine Ausrechnung anstellen, hilf GOtt! wieviel tausendmal tausend würden nicht heraus kommen! Allein ich will solches alles allen Gartenliebhabern überlassen, die werden ihre Rechnung wol von selbsten zu machen wissen, wieviel sie das Jahr über durch ihren Fleis, Mühe und Arbeit erlangen werden. Der Höchste aber, als der gnädige und gutthätige Geber alles Ueberflusses, wolle alles in Gnaden seegnen, damit seine Gnade und unermäsliche Gütigkeit in der ganzen Welt gerühmt, gelobet, gepreiset und auch ewiger Dank davor möge gesagt werden.

Ende des ersten Theils.

Georg Andreä Agricolä

Versuch

einer allgemeinen

Vermehrung

aller

Bäume, Stauden und Blumengewächse.

Zweiter Theil.

IN SILEN
TIO & SPE
QUIE-
SCO.

Georg Andreä Agricolä,

Philosophiæ & Medicinæ Doctoris und Physici Ordinarii in Regensburg,

einer

allgemeinen

aller

Bäume, Stauden und Blumengewächse,

theoretisch und practisch
vorgetragen,

Zweiter Theil,

mit vielen Kupfern erläutert.

Anjetzo
auf ein neues übersehen, mit Anmerkungen und einer Vorrede
begleitet
durch

Christoph Gottlieb Brausern,
Med. Doct. und Pract. eben daselbst.

Regensburg,
verlegts Johann Leopold Montag und Johann Heinrich Gruner.
1772.

Erklärung
des
Titulkupferblates,
so nachfolgende Ueberschrift führet:

In Silentio & Spe quiesco.

Der Grund ist nun gelegt, wie man die Bäume mehren,
Und durch geschikte Kunst zu Wäldern kommen kan,
Ein kurzer Zeitverlauf wird dich, mein Leser, lehren,
Daß ich durch den Versuch dir manchen Dienst gethan.

Pflegt

Pflegt nun ein Akermann der Ruhe zu genüssen,
Wenn er mit saurer Müh zuvor sein Feld bestellt;
Pflegt Hoffnung und Gedult die Arbeit zu versüssen,
Bis ihm die Frühlingszeit die Frucht des Fleißes meldt:

So will auch ich nunmehr der Ruhe mich bedienen,
Nachdem ich manchen Weg zur Bäume Flor gezeigt,
Bis das, was ohne Grund erdacht zu seyn geschienen,
In reicher Fruchtbarkeit zu seinem Wachsthum steigt.

Hiermit, mein Leser, steht dir mein Geheimniß offen:
Laß dir die Probe nur recht angelegen seyn.
GOTT segne den Versuch! so wird mein stilles Hoffen,
Durch tausendfache Frucht so dich als mich erfreun.

Erstes Kapitel.

Begreift in sich eine kurze Wiederholung aller Versuche, welche in dem ersten Theile nach dem Fundament der XI. Tabell befindlich, dabei genau untersuchet wird, ob einer darunter zur Universal- oder ob sie alle nur blos zur Specialvermehrung zu gebrauchen.

§. 1.

Dieweilen in der Vorrede die Ursachen weitläuftig, warum dieser andere Theil kurz zusammen müsse gefasset werden, angezeigt worden: so wird nur etwas weniges aus dem ersten Theile wiederholet, theils wegen des Zusammenhangs, theils aber zu untersuchen, ob von diesen vorgeschlagenen Versuchen einer auf die Universalvermehrung angewandt werden könne, oder ob sie nur einig und allein zur Specialvermehrung dienlich. Dabey aber wird klar gewiesen, wie und wo sie nützlich anzubringen sind.

§. 2.

Es ist aber im ersten Abschnitt des ersten Theils mit vielen Gründen erwiesen worden, daß in allen Bäumen und Staudengewächsen ein bewegliches Wesen anzutreffen, welches sich in alle Theile, die sowol ob- als unter der Erden sind, austheilet, auch sich darinnen wunderbarlicher Weise vermehret. Und weil es elementarisch und materialisch; so läst sich selbiges zertheilen, und bleibet doch, wiewol unbegreiflicher Weise, in seiner zertheilten Substanz vollkommen, so, daß der philosophische Ausspruch an demselben erfüllet wird, daß das Ganze, in einem Theile, und ein Theil in dem ganzen Wesen befindlich.

§. 3.

Es ist aber ferner im 3ten und 4ten Kapitel des 1sten Abschnitts sattsamlich vor Augen geleget worden, daß die Bäume und Staudengewächse auch aus einem organischen, oder auf unterschiedliche Weise gebauten Körper bestehen, in welchem die Lebenssäfte in beständiger Bewegung sind, so lange das principium movens noch mit demselben verbunden ist. Wann solcher aber durch allerlei Zufälle, wie das 5te Kapitel zeiget, dergestalten verdorben wird, daß es seine Verrichtungen und die Geseze, die es in der ersten Schöpfung empfangen, nicht mehr vollbringen kan; so wird es genöthiget seine Behausung zu verlassen. Alsdann sind solche Pflanzenkörper tod, der Fäulung und dem gänzlichen Verderben unterworfen.

§. 4.

Weilen nun auf diesem Grundsaz das Universalwerk beruhet, daß dasjenige, was noch ein lebendiges Wesen in sich hat, wenn die Theile, worein dasselbe würken soll, unverlezet sind, zum Wachsthum durch Kunst gebracht werden kan; so sind auf diese Hypothese allerlei Versuche vorgenommen worden; insonderheit weil in der 9ten Tabelle des ersten Theils der unumstößliche Grund derselben wahrhaftig abgebildet worden; nämlich daß das lebendige Wesen den ganzen Baum oben und unten mit seiner Kraft nicht allein bestrahle, sondern sich auch mit den Lebenssäften vollkommen vereinige, und die organischen Theile des Baumes im Stamm und der Wurzel auf das genaueste miteinander verbunden seyen; ingleichen daß das Untere eben dieses sey, was das Obere ist, nämlich, daß die Aeste und Zweige durch Hülfe des innerlichen Wesens und der äusserlich darzu gegebenen Gelegenheit zu Wurzeln, im Gegentheil die Wurzeln durch geschikte Handgriffe, Kraft des innerlichen Wesens, zu Bäumen werden können. Ob nun schon etliche Unverständige der Meinung seyn, als wolte ich solches nur anstatt eines Circuli philosophici zur Ausflucht gebrauchen: so haben doch solches gar hochverständige Gartenliebhaber von vielen Jahren her in ihrer Praxi schon wahrgenommen, wie solches aus ihren gemachten Erfahrungen, welche ich in der 6ten Tabelle des ersten Theils zusammengetragen, klar am Tage lieget. Warum es ihnen aber nicht in den Sinn gekommen, daß sie ihre gefaste Gedanken an mehrern Bäumen und Stauden versucht haben, weis ich nicht. Dann wann sie diese Kunst der ungemeinen und schnellen Vermehrung beinahe aller Gewächse ausgesonnen hätten, so wäre ich vieler Mühe und Verdrusses überhoben gewesen. Allein mich dünket, es mus ihnen dieses Nachsinnen zu mühsam vorgekommen seyn; dann aller Anfang ist schwer. Weil aber dieses nothwendig hat auf mich kommen müssen: so habe ich auch einen Grund zu der Universalvermehrung geleget, und ich will es erwarten, wer es mir wird über den Haufen werfen können. Wer aber ferners darauf bauen, und ihm fleissig nachdenken will, der wird noch ungemein viel gute Erfindungen darinnen antreffen. Ja obschon ein und andere Ignoranten die Nasen darüber rümpfen; so ist es doch wahr, und wird auch wol wahr bleiben. Und ob sie sich wol werden gelüsten lassen, solches aus falschem Grunde zu widersprechen: so wird doch mein Grundsaz wahr verbleiben.

§. 5.

Es wurde aber nach diesem gelegten Fundament der erste Versuch auf das principium vitæ des Baumes gerichtet, nämlich auf die Wurzel, welche derjenige Theil ist, der dem Baume, Stamm und Äste das Leben geben und erhalten kan. Dann dieses ist das erste, so hervor kommt, und den Nahrungssaft aus der Erden an sich nimmt, wie solches in der 1sten Tabelle im 2ten Kapitel des 1sten Abschnitts im ersten Theil gar fein vor Augen ist abgemahlet worden. So ist auch ferners mit weitläuftigen Versuchen und Historien erwiesen worden, daß nichts ohne Wurzel beständig leben kan, und ist auch solches aus dem 3ten Kap. des 1sten Abschnitts Tab. 2. des obangeführten Theils genugsam zu ersehen. Es bestunde aber der erste Versuch

In der Wurzelzertheilung.

Und zwar machte man sich nach genauer Ueberlegung diesen Vernunftschluß: Wann aus allen Wurzeln der Bäume und der Stauden vermöge künstlicher Zertheilung Schößlinge oder Bäumlein hervor gebracht werden können; so folget nothwendigerweise, daß damit eine Universalvermehrung kan angestellet werden. Dann wann man bedenket, was ein Baum vor eine Menge Wurzeln hat: so will es der Wahrheit nicht entgegen seyn, daß, soviel die Krone obenauf Blätlein, Aeuglein, Aestlein, Zweige und Stämme hat, soviel starke Wurzeln, mittelmässige und kleine Würzlein auch die untere Krone habe. Allein, nach vielen gemachten Versuchen, sahe ich doch, daß diese Manier zum Universalwerk sich nicht schiken wolte. Dann die Wurzel ist deßwegen dem Baume nicht gegeben, daß nothwendigerweise dadurch sein Geschlecht soll vermehret werden. Wiewol bei den alten Botanicis dieses Sprüchwort war: Durch Saamen und Wurzel können alle Dinge vermehret werden. Dann sie wusten von keinem andern Weg. Was aber das erste belanget, nämlich den Saamen, daß man dadurch eine Universalvermehrung vollkommen erhalten könne, davon habe ich im 1sten und 2ten Kapitel des 2ten Abschnitts weitläuftig geredet, und bleibt solches unwidersprechlich. Was das andere betrift, die Vermehrung der Wurzel, so mus solche Uebung in alten Zeiten sehr im Gebrauch gewesen seyn, wie solches auch aus der H. Schrift zu erweisen. Warum aber diese beide Manieren bei vielen so vor verächtlich, sonderlich bei dem gemeinen Volke und Bauersleuten gehalten wird, daran glaube ich, ist nichts anders als die grosse Faulheit Schuld. Dann es ist ihnen lieber, wann alles von selbsten hervorkömmt; indem sie zuweilen wahrnehmen, daß ganze Wälder dort und da von selbst hervorkomnen, ob sie schon nicht wissen, wie. Also meynen sie, es sollen ihnen auch alle andere gute Bäume ohne Mühe hervorstammen. Aber weit geirret. Die wilden Bäume wollen und sollen, wann man sie vermehren will, eben als wie die zahmen behandelt werden. Ja man wendet ein, es lohne sich der Mühe nicht, daß man sich so schleppen und plagen, und die Wurzel von den abgehauenen Bäumen ausgraben, zerschneiden, verpichen und wiederum einsezen soll. Ey, sagt der Bauer, lieber unter dem Zaun sizen geblieben, und den Flug der Maykäfer betrachtet, ist besser als sich so abarbeiten. Allein verständige Besizer der Landgüter und Wälder sollen bedenken, warum dann die Wurzeln so lange Zeit, ja zwanzig, dreissig, und mehr Jahre, frisch unter der Erden bleiben. Hätten sie kein Leben, so würden sie längstens verfaulet seyn, und würde ein Hausvater einen solchen ausgehauenen Raum und Plaz längst zu einem Acker oder sonst zu was Nüzlichen gemacht haben; da doch die Wurzeln aus der Tiefe zu ihnen heraus ruffen und schreien: Eröfnet doch unsere Gefängnüsse, und machet, daß wir Luft und Sonne geniessen mögen; es soll durch uns eure Mühe und Arbeit genugsam belohnet werden. Wer aber hat dieses stille Seufzen zu Herzen genommen? Niemand. Derohalben habe ich gedacht, ich wolte mich darum annehmen, und diesen Gefangenen mit meinem Versuch eine Erlösung machen.

§. 6.

Ob nun wol ich anfänglich geglaubet, ich wolte und könte durch die Wurzelzertheilung eine Universalvermehrung anstellen: so stunden mir doch in der Handanlegung viel Dinge im Wege, daß ich daraus schon abnehmen konte, ich würde müssen auf andere Gedanken kommen, wolte ich anders meinen Grundsaz gesichert wissen. Und zwar eines Theils, weil viel Bäume und Staudengewächse anzutreffen, die wenig Wurzeln haben, wie solte man mit selbigen zurechte kommen? Andern Theils, weil ich wuste, wie hart es mit manchen Gartenliebhabern würde zugehen, bis man die Erlaubnüs von ihnen erhielte, von Citronen, Apricosen, oder andern guten und fruchtbaren Bäumen starke Wurzeln auszuhauen. Sie solten glauben, ihre Bäume würden noch dasselbige Jahr zu Grunde gehen. Allein die tägliche Erfahrung hat doch schon zur Genüge gezeiget, daß, wann welchen Bäumen die Wurzel zu rechter Zeit beschnitten, und der Schnitt gebührend verwahret wird, alsdann der obere Theil mehr Nahrung und Wachsthum überkommt. Dann es ist zu wissen, daß die Wurzeln eben wie die Aeste ihre Vermehrung, und folglich auch ihre Nahrung haben müssen. Bedörfen sie nun zu ihrer Nothdurft wenig, so können sie alsdann den reichlichen Ueberflus den Stämmen überlassen. Und ist an den Wurzeln als etwas besonders wahrzunehmen, daß, soferne man den Stamm bis auf die Wurzeln abhauet, doch das Leben in ihnen bleibet, und sie sich ernähren und

ver-

vermehren, ohngeachtet niemand weis, zu was Ende und Nuzen solches geschieht. Weil ich dann gestehe, daß dieser Weg nach genauer Untersuchung zu der Universalvermehrung nicht tauglich: so möchte man wol fragen: Warum ich dann diese Manier vorgetragen, ja gar mit Kupferstichen zu mehrerer Erkäntnüs ausgezieret hätte? Ich antworte aber, daß, obschon mit selbigem keine Universaloperation anzustellen ist, doch sehr viel Specialverrichtungen damit vorgenommen werden können, die höchst nüzlich und erspriesslich sind.

§. 7.

Ich will aber den Nuzen, so durch die Zertheilung der Wurzel geschehen kan, erstlich in den ausländischen Bäumen vorstellen. Denn hat ein Gartenliebhaber viele Citronen, Limonen, Pomeranzen, Laurus, Granat, Lorbeer und Cypressen, rc. rc. so ist bekannt, daß die Gärtner dieselbe alle drei oder vier Jahre versezen, und selbige von dem Ueberflus der Wurzel befreien. Wann sie nun solches nach ihrer Art verrichtet: so haben sie die abgeschnittenen Wurzeln entweder verbrennet, oder auf die Mistſtätte getragen, nicht erwegend, wieviel hundert Citronen und Pomeranzenbäume sie hinweggeworfen. Weil aber solche Wissenschaft den Liebhabern bishero verborgen gewesen, so ist ihnen auch solches wol zu verzeihen. Nun sie aber solches wissen, so werden sie eine wenige Mühe und geringe Kosten nicht ansehen, und das, was ich ihnen vorjezo vorstelle, beobachten. Allein es steken die meisten Kunstgärtner in dieser Einbildung, man könte in der Gärtnerei nichts mehr erfinden, welches ihnen nicht zuvor bewust wäre. Wer ist aber, der sich in seiner Kunst der Vollkommenheit rühmen kan? Ich glaube, ehe etliche Jahre noch verflüssen, wird man noch Wunder sehen und hören, was in der edlen Gärtnerei passiren wird. Ich weis zwar gar wol, wie sich welche Gartenliebhaber verstellen können. Ehe sie eine Sache wissen, machen sie ein ungemeines Wunder davon; wird sie ihnen alsdann gezeiget, so sprechen sie; Das haben wir schon längst gewust. Warum habt ihr es dann niemals practiciret? Indem ich solches schreibe, so fället mir dieses Histörgen ein. Als ich vor etlichen Jahren die verkehrte Pflanzung, welche dazumal ganz unbekannt und nie erhört war, in meinem Garten vornahm, so kam ein Gartenfreund hinein, dem zeigte ich an einer langen Stange 160. Aepfelbelzer, die alle auf verkehrte Weise gepfropfet und ausgeschlagen, einige aber darunter geblühet. Wie er nun solche ansahe, fiel er auf seine Knie nieder und sagte: O! Weil die Bäume schon verkehrt wachsen, so mus auch die ganze Welt verkehrt werden. Und als er bat, man möchte ihm solche Art mittheilen, so schlug ich ihms auch nicht ab. Wie ers nun wuste, verachtete er solches, und sagte: Er hätte solches schon vor vielen Jahren gewust. So glaube ich, wird es mit der Wurzelvermehrung und mit allen andern Versuchen auch gehen. Anfänglich haben es welche Liebhaber vor unmöglich, ja vor abgeschmakt gehalten, indem sie sich das Gleichnüs vorgestellet: So wenig aus einem abgeschnittenen Halse eines Menschen ein Kopf mehr herauswächset, so wenig wird auch aus einer abgeschnittenen Wurzel ein Stämmlein oder Bäumlein hervorkommen. Alleine meine und anderer Gartenliebhaber gemachte Versuche können die Wahrheit an den Tag legen, wovon auch in der 10den Tabelle im 3ten Abschnitt die Sache auf das wahrhaftigste schon ist abgemahlet worden. Ich will aber den Nuzen samt dem Handgriff hiemit anzeigen. Wann der Citronen- oder Lorbeerbaum, welcher etliche Jahr nicht versezet, aus dem Kübel oder Gefäß heraus genommen wird; (ist er aber sehr hart in einander verwachsen, so werden die Wurzeln mit einem Handbeil oder starken Gartenmesser um und um hinweggenommen) und ein Gartenliebhaber findet viel starke Wurzeln gleich oben bei dem Stamm: so darf er ohne Bedenken etliche starke Wurzeln, wann er nur die Hauptwurzel nicht verlezet, hinwegnehmen, und den Schnitt darauf fleissig mit der Mumie verwahren, so bringt es dem Baume keinen Schaden, sondern aus obangezogenen Ursachen mehr Nuzen. Hat man nun eine gute Menge Wurzeln beisammen, so richtet man selbige auf nachfolgende Art zur Mumisation zu. Man nimmt der Wurzel die allzu überflüssigen und verwirrten Fäsergen hinweg, und diese sind nicht zu gebrauchen: alsdann werden die gereinigte Wurzeln nach Belieben zertheilet. Ich habe sie auf einen kleinen Finger lang geschnitten, zuweilen auch was längers, und nachdem sie oben und unten poliret oder gleich gemachet, so habe ich sie alsdann oben und unten mit nachfolgender Mumie verwahret. Ich nahm ein halb Pfund Jungfernpech und einen halben Vierling weisses Wachs darzu, liesse es in einem ablänglichen Töpflein auf einer Kohlpfanne zerfliessen. Wann es alsdann abgekühlet, daß kein Dampf noch Rauch mehr davon gieng, wie aus der 17den Tabelle zu ersehen, so taucht man die Wurzel oben und unten darein, jedoch muß der untere Theil tiefer als der obere eingetaucht werden. Nach diesem läst man es ein wenig abtröpflen, und wirft die Wurzel in ein kaltes Wasser, wie solches aus dem Abriß zu ersehen. Hat man nun eine gute Quantität von den vermumisirten Wurzeln beisammen, so werden dieselbe entweder in Verschläge, Scherben oder gar in die Beete versezet. Man kan sie nach der Länge hinein steken, so daß das mumisirte oben mit was Wurzel heraus sieht; alsdann wird die Erde wol an die Wurzel gedrüket und fest gemacht. Wer sich die Mühe nehmen, und kleine Stüzen daran binden will, daß es desto fester in der Erde halten möchte, thut wol. Beliebt einem aber die Wurzel nach der Länge in die Erde hinein zu legen, damit nichts davon zu sehen, der mag auch nicht unrecht daran seyn. Allein solche müssen nicht tiefer als eines Fingers breit liegen: dann sonsten werden sie erstiken. Dabei mus man ein Stäblein als ein Merkzeichen darzu steken. Wann nun auch solches geschehen, so kan man sie etliche Täge vor der Sonnenhize befreien, und

Siebenzehende Tafel.

Bildet dem Auge vor, wie man alle ausländische Bäume und Staudengewächse durch die Wurzelzerschneidung reichlich vermehren kan.

A. Zeiget dem Liebhaber eine Stellage mit unterschiedlichen aus den Kübeln oder Kasten ausgehobenen fremden und ausländischen Bäumen.

a. Pomeranzen.
b. Limonien.
c. Zitronen.
d. Adamsäpfeln.
e. Cedrus.
f. Cypressen.

g. Granaten.
h. Mastirbaum.
i. Storarbaum.
k Olivenbaum.
l. Laurocerasus, ꝛc. ꝛc. ꝛc.

B. Weiset auf einen grossen Pomeranzenbaum, welcher etliche Jahre nicht versezet worden. Dieser wird von dem Gärtner zur Frühlingszeit beschnitten: und weil er sehr mit Wurzeln überzogen, so werden welche grosse abgehauen, und zu der Zertheilung und Mumisirung zusammen geleget.

C. Zeiget die Wurzeln an, die von den ausländischen Bäumen abgenommen worden, und wird eine jede Art besonders geleget. Wiewol man Zitronen und Pomeranzenwurzeln noch wohl mag zusammen legen: dann wann selbige gleich untereinander geschnitten und gesezet werden, so bringets doch keinen Mangel.

D. Ist ein Korb, darein von ein und andern ausländischen Bäumen die Wurzeln zur Zubereitung besonders geleget werden.

E. Sind zertheilte Zitronen und Pomeranzenwurzeln, welche nach Verhältnis eines langen und kleinen Fingers lang sind geschnitten, und oben und unten wohl gleich oder glatt gemachet worden.

F. Ist die Kohlpfanne mit der edlen Mumie. Wiewol ich ehedessen zur selbigen den Gummi Copal, welcher jeziger Zeit in sehr hohem Preis ist, genommen; so kan doch anstatt desselben anjezo das schönste Jungfernpech und etwas weisses Wachs darzu erwählet werden. Will man ein wenig Aloe darunter thun, damit die Würmer desto mehr Abscheu davor haben, so ist es gar wohl anzuwenden.

G. Stellet den Gärtner vor, welcher die Wurzel oben und unten in die Mumie stösset, und selbige wohl damit verwahret. Und damit sie von der Luft nicht möchten ausgetroknet werden, bis er sie in die Erde bringet, so wirft er sie in ein frisches Wasser.

H. Ist ein Napf mit frischem Wasser angefüllet, worinnen die Wurzeln, welche vermumisirt worden, geleget werden, theils, damit sie bald abkühlen, und die wenige Wärme, so sie durch die Mumie empfangen, ihnen nicht schädlich seyn möge, theils, daß die Mumie desto geschwinder erharte.

I. Weiset die Gartenscherben und Trögerl, worein die vermumisirten Wurzeln gesezet werden, also, daß etwas von der Wurzel sammt der Mumie hervor stehet.

K. Sind wohl zugerichtete Gartenbeete, welche mit zubereiteten und vermumisirten Wurzeln von unterschiedlichen obangezogenen ausländischen Gewächsen angefüllet sind.

L. Sind die Gartenbeete, welche man bedeken kan, wann etwa die Hize oder die Nässe allzu beschwerlich den Wurzeln zusezen will, daß man sie vor derselben verwahren kan.

M. M. Zeiget auf die Kästen, worinnen die edlen Bäume gestanden: und nachdem sie von überflüßigen Wurzeln befreiet, so werden sie wiederum mit guter und darzu gehöriger Erde angefüllet, eingesezet und an ihre Stelle gebracht, wo sie den Sommer über zu verbleiben haben.

in einem schattigten Orte mit Wasser begiessen. Was aber in die Beete gesezet wird, solches mag auf eine Zeit mit Bretern bedekt werden.

§. 8.

Hiebei entstehet von einem guten Freunde die Frage: Ob ich auch solche vorgeschlagene Art an den ausländischen, als Citronen ꝛc. ꝛc. und andern Bäumen selbst probiret und wahrhaftig befunden habe? Darauf gebe ich zur Antwort: Daß ich solches mit Wahrheitsgrunde bezeugen kan; und habe ich unterschiedliche ausgeschlagene Wurzeln von den ausländischen Gewächsen an hohe Liebhaber nicht allein verschikt, sondern ich kan auch selbige einem jeden noch in meinem Garten vor Augen stellen, und sind mir schon viele Liebhaber nachgegangen, welche den guten Erfolg davon gleicherweise gesehen haben. Allein man wolte es dabei noch nicht bewenden lassen, sondern wissen, ob auch alle kleine und grosse zertheilte Wurzeln zugleich ausschlagen? Mithin versezte ich, daß ich aus den Versuchen zwar soviel erfahren, daß die starken Wurzeln eher, die mittlern darnach, und die kleinen allererst das andere Jahr Nebenschößlinge machten, indessen bleiben sie frisch. Ob solches darum geschieht, weil sie noch nicht Saft und Kraft genug haben, Nebenschosse auszutreiben; oder ob eine andere Ursache darunter verborgen, solches wird die Zeit offenbaren. Endlich wird noch diese Frage vorgelegt: Ob diese Nebenschößlinge so an den Wurzeln hervorkommen, wilde oder zahme Bäume abgeben? So antworte ich: Daß ich es mit der Erfahrung weder bejahen noch verneinen kan; ich halte aber davor, wann sie von gebelzten Citronenbäumen sind, so haben sie eine mittlere Natur an sich genommen, das ist, ihre Früchte werden noch wol angehen können. Dann der gute Belzer, der soviel und lange Jahre auf dem wilden Stamme gestanden, und sich mit demselben vollkommen vereiniget, giebt doch seinen guten Saft, vermöge des Umlaufes der Säfte, auch abwärts der Wurzel zu, und im Gegentheil der Saft, der in den Wurzeln befindlich, steiget aufwärts: daraus ist wol zu schlüssen, daß durch solche Temperirung und Vermischung der Säfte was bessers hervor kommen kan.

Allein über dieses mus eine genaue Erfahrung den Ausspruch geben. Ist also hiemit mit wenigen der herrliche Nuzen gezeiget worden, den man mit Zertheilung der Wurzel bei den ausländischen Gewächsen erlangen kan.

§. 9.

Nun will ich weiter gehen, und in der Kürze den Nuzen bei guten und fruchtbaren Obstbäumen betrachten. Es ist zwar schon erwähnet worden, wie ungerne ein Hausvater zugiebet, die Bäume zu entblössen, und ihnen die starken Wurzeln hinweg zu nehmen. Geschieht nun solches nicht, daß man etwas Wurzel den Bäumen hinwegnehmen kan: so fället auch diese Vermehrungsart von selbsten weg. Zudem findet man, daß unsere Obstbäume alle meistens geimpfet sind. Dahero entstehet dieser Zweifel: Wann von einem solchen Baume z. E. von einem Pfundbirnbaum, welcher auf einen Wildling gepfropfet worden, eine starke Wurzel hinweg genommen wird, ob man versichert seyn kan, daß nicht anstatt der Pfundbirnen gemeine Holzbirnen aus solchen Wurzeln hervorkommen? Solches kan ich abermal weder verwerfen noch behaupten, sondern ich mus warten, bis ich älter werde, daß ich solches von meinen Bäumen erleben möchte. Dann bishero hat von dieser Materie niemand nichts geschrieben noch aufgezeichnet hinterlassen. Endlich hat doch dieser Weg noch diesen Nuzen, daß, wann zum Exempel ein Baum, wie es gar oft zu geschehen pfleget, von oben abstehet, oder erfroren, oder schon so alt ist, daß man selbigen nicht länger in dem Garten haben mag, sondern selbiger abgehauen werden mus, man alsdann die Wurzel ausgraben, und selbige zurichten und mumisiren kan: so überkommt man alsdann auf einmal eine solche Menge, daß man auf viel Jahre damit vergnüget seyn kan. Und haben sie keine gute und angenehme Früchte: so kan man sie durch oculiren alsdann verbessern (*).

§. 10.

Eben dergleichen Schwürigkeit findet sich bei diesem Weg in der Vermehrung der Weinberge. Dann wer wird wol die Wurzel seinen Weinreben gerne benehmen? Zwar wann die Weinstöke behauen werden, so überkommt man etwas Würzel. Wer nun häuslich seyn will, der zerschneide selbige, und versehe sie mit der Waldmumie, das ist, mit dem allgemeinen Pech, und steke sie in die Erde, so treiben sie aus. Jedoch kan diese Manier zu solcher Zeit nüzlich seyn, wann die grosse Kälte die Weinstöke erfröret. Alsdann kan man die Würzel herausgraben, und, wie bewust, zertheilen, vermumisiren und einsezen: so kan man doch zu was kommen, daß einem nicht viel kostet, und darf einem andern guten Freunde nicht viel gute Worte darum geben.

§. 11.

Am allerbesten aber ist diese Art der Wurzelschneidung noch in den Wäldern anzubringen. Dann nachdem man das Holz gefället, und in einem Forst ein grosser Bezirk ist abgemessen und öde gemachet worden, so, daß in solchen Holzstätten nichts als Stöke zu sehen sind: da träget sichs öfters zu, daß kluge und verständige Forstmeister befehlen, man soll solche Stöke weghauen; sonder Zweifel, weil sie wissen, daß wann die Stöke gar zu lange stehen bleiben, sie anfangen in die Fäulung zu kommen.

(*) Was der Herr Verfasser hier vorträgt, findet nicht statt. Die Triebe eines wilden Stammes behalten sowohl in Blat als Rinde und Frucht ihre wilde Art, wann gleich bessere Sorten oben darauf gesezet worden sind, es sey durch Impfen, Pfropfen, Okuliren, oder wie es Namen haben mag, und wird die Wurzel eines Holzbirnbaumes niemals Pfundbirnen tragen, obschon vorher Pfundbirnen darauf gepfropfet worden.

men. Weil nun in das Mark der Stöke Regen, Schnee und andere beschwerliche Witterung hineindringen kan: so wird dadurch die Wurzel unter der Erden auch angegriffen und brandicht, und wird also dadurch verhindert, daß keine junge Meisen anfliegen können.

§. 12.

Bei diesen Gedanken will ich dasjenige kund thun, was ich öfters, wann ich durch einen Forst gekommen, worinnen die Stöke von dem gefällten Holz so häufig da stunden, mir dabey habe in den Sinn kommen lassen. Wie wann ein Forstmeister doch einstens einen Befehl ergehen liesse, man solte an solchen Stöken, nachdem der Stamm hinweg, mit Schnizmessern oder dergleichen Instrumenten die Platten obenher gleich machen, alsdann selbige mit Pech überziehen, damit in das Mark und in das Holz keine Feuchtigkeit sich hineinsezen könte; ich versicherte mich, es würden solche Stöke von untenauf häufig wiederum austreiben, sonderlich was die Eichen, Birken, Erlen, Aspen, Wildäpfel und Birnbäume ꝛc. betrift, und in kurzem ein anfliegender Wald sich zeigen. Und solte mich dieses sehr vergnügen, wann sich über diesen Versuch ein Förster einstens mit seinen Forstknechten und Holzhauern machen wolte, damit man erforschen könte, ob diese Meinung nur in blosser Muthmassung, oder in der Wahrheit selbst bestünde.

§. 13.

Allein wiederum auf unsere Wurzelarbeit zu kommen, so pflegen manche Herrschaften, so ohnedem mit wenigem Holz versehen, vor die Nachkömmlinge, damit ihnen auch was überbleiben möchte, ihre Bäume sehr zu verschonen, dieweil sie der Meinung sind, daß, wann viel Wurzeln ihnen benommen würden, ihnen der ganze Baum zu Schanden gehen, und mithin sie mehr Verlust als Nuzen überkommen möchten, indem sie lange Zeit warten müsten, bis sie so grosse Bäume erhalten könten. Nun kan ich solchen Gedanken nicht gar entgegen seyn: dann es ist bekant, daß mancher grober Holzbauer, der keinen Verstand mit dem Wurzelaushauen hat, sonderlich wann er die abgehauene Wurzel nicht mit der Mumie verwahret, ein solches Unheil anrichten kan, daß man über solche Arbeit nicht allein höchst verdrüßlich werden, sondern auch grosse Reue darüber tragen mus. Diesen aber wird der Rath mitgetheilet, daß sie solche Versuche unterlassen, und nur allein zu solcher Zeit brauchen, wann in ihrem Gehölze zuweilen windfällige, wipfeldürre und schneebrüchige Bäume anzutreffen, die sie aus vielen andern Ursachen, welche jezo anzuführen viel zu weitläuftig wären, ausreuten müssen. Denn da können sie ja solche Wurzel herausgraben, und zu ihrem Nuzen, auf beschriebene Manier, zurichten und einsezen lassen.

§. 14.

Wann ich dann endlich sagen soll, wo diese Wurzelscheidung am besten anzubringen wäre: so halte ich davor, daß diejenigen den besten Nuzen tragen solten, welche einen grossen Kreis der Bäume in ihrem Forst abgemessen haben; die können ihre Wurzeln ohne Bedenken abhauen lassen. Allein da kommen abermal Gegner genug, die sprechen: Was wird aber diese Arbeit vor Mühe und Unkosten verursachen? Wie tief wird man nicht müssen hineingraben, bis man sie mit Stumpf und Stiel wird können herausbringen? Allein es ist bewust, daß die Bäume in Wäldern nicht allezeit tiefe Wurzeln schlagen; sondern sie breiten sich meistens nach der Breite aus. Dahero ist einem Würbelwinde die Kraft nicht benommen, solche mit der Wurzel heraus zu heben. Gesezt aber, man hat mit einer Sache etwas Mühe und Unkosten aufzuwenden, genug, daß nach und nach der reichliche Nuzen solches alles wiederum nach Vergnügen ersezet. Wer nun Lust hätte solchen Versuch ins Werk zu richten, derselbe könte ungefähr also verfahren.

1.) Mache man sich eine tiefe Einlage im Walde, die man zu seiner Zeit mit Bretern verwahren kan.

2.) Möchte man die ausgehauenen, ja auch die zugerichteten Wurzeln hineintragen, und so lange darinn verwahren, bis man Gelegenheit hätte, selbige zu rechter Zeit, sowol zuzurichten, als in die Erde zu sezen.

3.) Was die Zeit betrift, so kan solche Arbeit im Herbst und im Frühlinge, ja auch wol um Johannis vorgenommen werden. Findet aber jemand, daß die Witterung zu seiner Arbeit, es mag bald zu dieser oder jener Jahrszeit seyn, nicht günstig ist, so behält man dieselbige in seiner Einlage.

4.) Ist der Handgriff zu wissen nothwendig. Davon ist zwar in dem ersten Theile im 3ten Abschnitt Tab. 10. schon genug geredet worden; in dieser 15. Tabell aber ist der Gebrauch derselben abgebildet, und wird einen aus viel erheblichen Ursachen das wenige Geld nicht reuen, so er auf den ersten Theil wenden wird. Dann ohne denselben wird er nicht wol zurecht kommen können.

5.) So ist auch die Mumisation daselbst schon weitläuftig beschrieben. Selbige kan zwar nach eines jeden Gefallen und selbst erwählten Erfindung vorgenommen werden. Wann ich aber eine solche Arbeit im Walde solte fürnehmen, so liesse ich mir einen kupfernen ablangen Kessel mit Handhaben machen, und einen eisernen Dreifus darzu, unter welchen ich Holz oder Kohlen legen könte, und erwärmte alsdann denselben, wann er zuvor mit gemeinen schwarzen Pech, bis über den dritten Theil angefüllet worden, und wann es zerflossen, so kan man selbigen absezen, und etwas abkühlen lassen, alsdann kan man die Wurzel hineinstossen. Wann es kalte Zeit ist, so hat man nicht nöthig, daß man

Achtzehende Tafel.

Weiset, wie man die öden Holzstätte, ausgereutete Wälder und Feldhölzer durch ausgehauene Wurzeln, durch künstliche Zubereitung, Mumisirung und Einsezung wiederum ersezen soll, daß dadurch lustige Wälder aufgebracht werden können.

A. Zeiget einen Ort an, wo die Bäume gefället worden, und nichts als Stöke samt den frischen Wurzeln anzutreffen, welche durch den Forstknecht oder Holzbauer ausgehauen werden. Und weil genugsam bekannt, daß die Wurzeln in den Wäldern nicht so gar tief hinunter gehen, sondern vielmehr in die Weite sich ausbreiten, auch zu dieser Wurzelschneidung diejenigen die besten, die dik und nahe an dem Stamme sind, (dann je tiefer man zur Wurzel gräbet, je dünner und weniger trift man alsdann an) wann man die

Hauptwurzel nicht heraus bringen kan, so kan man solche wol stehen lassen, und selbige nur vermumisiren, sich aber mit denjenigen Wurzeln, die man mit leichter Mühe haben kan, begnügen lassen: man wird doch eine gute Menge erlangen, wodurch die ausgeödete Holzstätte können besezet werden.

Zeiget eine lange, dike und starke ausgehauene Wurzel an, welche vermittelst der Säge in unterschiedliche lange und dünne Stüke, ehe man sie auf die Wurzelbank bringet, abgesäget worden.

Weiset den Nuzen der neuerfundenen Wurzelbank. Wie sie aber recht gemacht soll werden, daß es wol in ihrem Auf- und Zuthun befindlich seyn mag, solches ist an dem angeführten Orte des ersten Theils zu finden.

Hier will man nur anzeigen, wie eine abgeschnittene Wurzel nach der Länge zwischen die Eröfnung der Wurzelbank hineingesteket wird, welche von dem Forstknecht sowol oben als unten mit dem Schnizmesser glatt und eben gemachet wird. Dabei hat man sich sowol im Sägen als Poliren wol in Obacht zu nehmen, daß man die Rinde an den Wurzeln nicht allzuviel beschädige: dann wann selbige bald dort bald da herunter gerissen wird, ob sie schon mit der Mumie verwahret wird, daß keine Fäulung darzu kommen kan, so wird sie doch darinnen verhindert, daß sie sobald nicht Nebenschose schlagen kan. Dann sie mus beflissen seyn, die Wunde mit knorrigter Materie erstlich zu verheilen. Was vor Wurzeln aber wol zubereitet worden, die werden demjenigen gegeben, welcher vermumisiren soll.

Ist der kupferne Kessel, in welchem die Mumie zerflossen ist, dergestalten, daß man die Wurzeln nicht eher hinein dunket, als bis kein Rauch mehr aus demselben gehend verspüret wird.

Sind die vermumisirten Wurzeln, welche, wenn sie zu einer solchen Zeit gemachet worden, da es noch kühl ist, daß die Mumie bald abkühlen kan, so hat man nicht nöthig, selbige in ein Wasser zu werfen. Wann es aber im warmen Wetter verrichtet wird, so kan man eine Boding mit Wasser zur Hand schaffen, und selbige hinein werfen, um sie abzukühlen.

Sind die gemachten Gruben, darein man die grösten Wurzeln stossen kan.

Sind die starken vermumisirten Wurzeln, wie sie in die Erde gesezet, und wie man selbige in etwas aus derselben hervor sehen kan.

Ist ein Feld, welches zu einem Holzwachs ist zugerichtet worden, in welches ungemein viel zubereitete Wurzeln durch Kunst sind hinein gesenket worden, welche schon beginnen auszuschlagen, und einen Anfang zu einem lustigen Walde vor Augen stellen.

man sie ins Wasser wirft, sondern man kan sie auf ein Paar Stänglein legen, damit selbige abkühlen. Allein zur Sommerszeit hat man Wasser vonnöthen.

6.) Ist noch übrig, wie man die Wurzel einsezen soll. Solches ist schon gesaget worden, daß es auf zweierlei Manier geschehen könne. Die erste kan also verrichtet werden, daß man die zugerichtete und mit Mumie wohl überzogene Wurzel gerad oder gleich hineinsezet: und deswegen müssen auch die Gruben tief darzu, jedoch nach Maasgebung der Wurzel, gemacht werden. Wann aber die Wurzeln hineingestekket worden sind, so mus man dieses dabei in Acht nehmen, daß der obere vermumisirte Theil mit der Wurzel ein wenig heraus siehet: alsdann kan man die Erde mit einem Stempel wol nieder und einstossen. Die andere aber ist, daß man die Wurzel nach der Länge einleget. Wann nun solches beliebig, so hauet man nach der Länge Furchen, und leget die Wurzel hinein, jedoch nicht zu tief, alsdann bedekket man selbige ebenermassen mit der Erde.

7.) Was die Verwahrung belanget, daß, wann die Wurzeln hervortreiben, sie von dem Wild oder andern Vieh nicht alsobald möchten abgefressen oder vertreten werden, davor lasse ich einen jeden Hausvater sorgen. Und soviel von der ersten Vermehrungsart.

§. 15.

Nun will ich zu dem andern vorgelegten Versuch mich wenden, davon im 3ten Abschnitt Tab. II. ist gedacht worden. Er wird betitult:

Das Zweigschneiden und Einsenken.

Bei dieser Arbeit entstehet abermal die Frage: Ob diese Manier etwa diejenige wäre, welche zu dem Universalwerke dienlich? Darauf wolte ich mit ja antworten, wann ich nicht eine besondere Schwürigkeit darinnen angetroffen. Denn

1.) Haben alle Bäume und Staudengewächse ihre Aeste, Zweige, Stämmlein, und kleine Aestlein. Nun kan kein Aestlein bestehen, wann es nicht auf einem Stämmlein; und kein Stämmlein ist zu finden, so nicht auf dem Zweige; und kein Zweig, welcher nicht auf dem Ast; und kein Ast, der nicht auf dem Hauptstamme ruhet. Und dieses ist allgemein.

2.) So können alle solche Aeste und Stämme dergestalten geschnitten werden, daß jederzeit eines auf dem andern, als auf einem Grunde zu ruhen kommt. Zum Exempel: Ich habe einen langen Ast oder Zweig, und will selbigen vermehren; so fange ich von einem kleinen Aestlein an, und schneide es überquer, so daß es auf dem Stämmlein ruhen kan, wie solches aus dem 3ten Abschnitt Tab. II. Fig. 2. c. d. besser zu ersehen, als mit vielen Worten zu erklären. Und wann ich

ich ein Stämmlein habe, so schneide ich solches, daß von dem starken Zweige untenher etwas daran sizen bleibet, wie a. b. in dieser obangezogenen Figur zeiget. Und will ich einen Zweig absezen, so mus er auf einem Ast ruhen, wie solches eben in dieser Tabell Fig. 3. e. & f. vorstellet.

3.) So ist auch der Handgriff schon in dem ersten Theile, wie sie sollen mit der Mumie und mit Stüzen verwahret und in die Erde gebracht werden, damit sie untenher Wurzel schlagen und austreiben können, weitläuftig beschrieben worden.

§. 16.

Nun will ich aber die Ursache geben, warum ich diese Erfindung nicht zu der Universalvermehrung annehmen will; weil ich nämlich aus vielfältiger Besichtigung und Erfahrung wahrgenommen, daß die untere basis begierig ist, sich selbst zu vermehren, und mehr vor sich, als vor denjenigen Zweig, so über derselben befindlich, arbeitet. Dann er treibet zwar auf beiden Seiten eine callose Materie heraus, aus welcher die Wurzeln hervorkommen, und wann er genug Nahrungssaft erlanget hat, so eröfnen sich alsdann auf demselben die Löchergen und aus denselbigen wachsen Nebenschößlinge heraus: inzwischen wird dem darauf befindlichen Zweige nichts zugeführet; derohalben stehet er auch nach und nach ab. Ich habe doch dieser Sache in etwas abgeholfen, und habe der basi sowol, als dem Aestlein oder Zweige untenher einen Einschnitt gegeben, und selbigen unterleget und mit der Mumie verwahret: sodann hat der Zweig und die basis zugleich Wurzeln erhalten. Alsdann habe ich der basi die Nebenschößlinge weggenommen: so haben sie endlich zugleich ihr Amt an dem darauf ruhenden Aste ausgeübet.

§. 17.

Was aber ferners den Nuzen dieses Zweigschneidungsversuches anlanget, so läst er sich sowol an den ausländischen, edeln Obst- als an den wilden Bäumen, und zugleich an den Weinreben sehr wol practiciren. Nur dieses ist das verdrüßlichste, daß er etwas mühsam ist; und, wann man nicht alles gar wol beobachtet, viel Stämme ausbleiben. Habe also um solcher Ursache willen selbigen zu dem Universalwerke auch nicht erwählen wollen.

§. 18.

Ueber dieses ist auch in dieser angeführten Tabell etwas von dem Einsenken gedacht worden. Nun ist gewis, daß diese Manier einen ungemein guten Nuzen hat. Und wann sich alte und grosse Stämme so wie die jungen beugen liessen, so wolte ich mir keinen bessern Weg verlangen, als eben diesen. Dann durch selbigen wolte ich gar bald meinen Endzweck erreichen. Weil aber dieser bei dem lezten und besten Versuche sehr viel wird beitragen: als will ich selbigen bis auf diese Zeit versparet wissen. Endlich, weil sehr viel über den gemachten Versuch der Blätter, die ich auf die Augen geschnitten, wie in Tab. II. Fig. I. zu sehen, gelachet, und selbigen als eine eitele Sache verworfen, sonderlich wann man grosse Pläze mühsamer Weise damit anfüllen wolte: so bekenne ich gar gerne, daß, weil man anjezo weit was bessers weis, man dergleichen Erfindung gar leichtlich entbehren kan; inzwischen hat doch mancher Liebhaber seine Freude und Lust daran, und vergnüget sich, wann er siehet, daß auch aus einem Blätlein ein Bäumlein geworden. Dann in der Gartenlust ist das Sprüchwort wahr: Varietas delectat; und bin ich versichert, daß ein Gartenpatron öfters auf ein so kleines Bäumlein, weil es von seiner Hand gesezet worden, mehr Fleis wendet, auch mehr Freude darüber hat, als an seinen grösten Bäumen. Hiemit will ich auch diesen Versuch, als der ebenermassen nur zur Specialvermehrung dienlich, verlassen, und mich zu dem nachfolgenden wenden.

§. 19.

Belangend nun den dritten Versuch, welcher genennet worden:

Das Wurzelgriffeln.

So war dieser Weg derjenige, welcher die ersten Gedanken zu der Universalvermehrung gegeben, und welcher die Welt in vieles Nachdenken gesezet, mich aber vielen hundert tausend Urtheilen unterwürfig gemacht. Ich habe zwar dazumal, als ich mein Einladungsschreiben den 15. Jan. Anno 1715. zum erstenmal ausfliegen liesse, kein anders Absehen gehabt, als nur zu vernehmen, was die hochverständigen Gartenliebhaber vor Urtheile darüber würden ergehen lassen: und weil selbige wenig mehr zu haben, als habe ich solche wollen beidruken lassen.

All und jeden, welche Landgüter und Gärten besizen, oder Liebhaber der Obstbäume und fruchtbaren Staudengewächse sind, wird hiemit kund und zu wissen gemacht:

Daß aus der unbetrüglichen Wahrheit der Natur ein wunderbarer Universalweg zu hunderttausendfacher Vermehrung sowol aller ausländischen, als einheimischen und wilden Bäume und Staudengewächse erfunden worden, vermittelst dessen man, an allen Ort und Enden der ganzen Welt, alle und jede Augen, Zweige, Stämme und Aeste, deren viel hunderttausend an Bäumen und Stauden anzutreffen, innerhalb zwei, drei, oder bei einigen auf das längste in vier Monatfrist in so viel hunderttausend besondere Bäume und Stauden, zu allen Zeiten, bis in den spaten Herbst, mit geringen Unkosten und wenig Mühe verwandeln und bringen soll, so daß von einem jeden Auge, Zweige und Stamme die Wurzeln am Baume von selbst herunter hängen, ohne daß man gespaltene Töpfe oder etwas sonst dergleichen anbringen darf. Und solcher neuen Universalvermehrung ungemeiner Nuzen bestehet

Erstlich in Lustgärten.

Daß, wer nur etliche ausländische Bäume und Stauden, als Pomeranzen, Citronen, Limonen, Granat und Mandelbäume ꝛc. ingleichen Cedern, Cypressen, Scharlach, Lorbeer, Myrten, Oliven, Tamarisken, Lerchen, Terpenthin und Palmbäume ꝛc. Sinnstauden ꝛc. hat, von denselben viel tausend Augen, Zweige und Stämme, nach obbeschriebener Kunst absezen kan, daß sie dasselbe Jahr wol antreiben, und das andere und dritte Jahr, wenn anders das Clima oder Himmelsgegend es zulässet, blühen und Früchte tragen.

Zum Andern in Landgütern.

Daß, wenn jemand nur zehen oder zwanzig fruchtbare Obstbäume und ein gut Stück Landes dabei hat, er in einem Jahre davon ganze Felder und Wiesen, Berge und Thäler zu fruchttragenden Obstgärten machen, und nach dreien Jahren die Früchte in der grösten Menge davon genüssen kan.

Zum Dritten in Wäldern.

Daß durch diese Kunst und Wissenschaft der Mangel des Holzes an allen Orten ersezet werde, und, wo nur ein kleiner Wald anzutreffen, aus demselbigen in einem, oder längstens zwei Jahren, ein zwei oder drei Wälder angeleget werden können, so in vier bis fünf Jahren den vollkommensten Wald übertreffen.

Wer nun diese höchst nuzbare und einträgliche Wissenschaft erlernen will, der kan sich bei demjenigen, so sich mit eigener Hand und Pettschaft unterschrieben, anmelden, von welchem man alle vergnügliche Nachricht deswegen haben kan.

Aus diesem wird ja jedermann sehen, daß ich keinen Vorsaz gehabt, um Geld meine Gedanken mitzutheilen, dann ich habe nichts verlanget; sondern aus Curiosität, um nur zu hören, was man doch von solcher Erfindung urtheilen möchte. Wie dann gar bald die wunderlichsten Urtheile darüber ergiengen. Die meisten hielten es vor ein leeres Geschwäz und eitle Grillen. Dann sie sagten: Wie solte man sich viel gutes versprechen können von einer Sache, die da keinen Nuzen geben kan? Und was solten die Aeste mit den Wurzeln in der Luft machen? Da werden sie wenig zu ihrer Nahrung finden; sondern sie werden vielmehr durch selbige, wie auch durch Hize, Kälte, Feuchte und Nässe vertroknen, verderben und zunichte werden, ꝛc. ꝛc. Allein als dieser Brief unversehens in die allergnädigste Hände einer mächtigen Monarchin dieser Welt kam: so sahe Sie, als eine höchstverständige Gartenliebhaberin, solche geringe Gedanken dergestalten allergnädigst an, und urtheilte darüber, daß etwa solches nicht also müste zu verstehen seyn, als wie es blos im Drucke befindlich. Dahero ergieng der allergnädigste Befehl, man solte mich darum befragen, und meine Erklärung darüber anhören: davon sowol in meinem kurzen Bericht, als anderswo mit mehrern ist erwähnet worden. Nun kam aus dieser wenigen Sache, als wie aus einem kleinen Fünklein, ein weitläuftiges Wesen; ja es entstunde daraus ein solches Feuer, welches beinahe nicht zu löschen war. Ich erklärte mich aber, daß solche Wurzelschlagung nur materialiter und virtualiter, und nicht formaliter und actualiter an den Bäumen zu beobachten und zu betrachten wäre. Das ist: Die Wurzeln kommen zwar so weit an den Bäumen von selbsten durch die gemachte Operation in solcher Vollkommenheit hervor, daß man den Anfang derselbigen Wurzeln auf dem callo alle sehen und zählen kan: alsdann aber müssen sie abgeschnitten und in die Erde gesenket werden. Wie aber solche Verrichtung vorzunehmen, und wie der Wurzelgriffel beschaffen, wie der Schnitt mit demselben mus gemachet, ingleichen wie die Stämme vermumisiret, abgesezet und eingesezet sollen werden, solches weiset die 12te Tabell sehr klar und weitläuftig.

§. 20.

Bei dieser Manier der Wurzelgriffelung kommt abermal die Frage aufs Tapet: Weil sich dieser allenthalben practiciren läst, ob nicht dieser wol der Universalweg seyn und verbleiben wird? In Wahrheit, wann nicht ein Umstand noch dabei wäre, so könte solcher vor andern davor passiren. Allein das langwierige Warten machet die Sache verdrüslich. Dann welche ausländische, ja auch welche gemeine Bäume, als die Tannen und Fichten, wollen ihren callum öfters nicht in drei Vierteljahren, ja zuweilen in Jahr und Tag zu ihrer Vollkommenheit bringen, und bis man endlich selbige in der Vollkommenheit wahrnehmen kan, so gehen wol zwei Jahr dahin, und solches ist verdrüslich. Derohalben will ich ihn auch nicht vor einen Universal- wol aber vor einen nüzlichen Specialversuch halten lassen. Inzwischen können die Liebhaber selbigen mit gutem Nuzen gebrauchen. Ob es schon etwas langsam damit zugehet, so hat man doch die Bequemlichkeit dabei, erstlich daß man den Schnitt, wann er mit der Mumie bedekt ist, nicht viel wahrnimmt; ferners, daß der Stamm oder Ast, bis er zu seinem vollkommenen Wurzelschlagen kommt, inzwischen blühet und Früchte träget. Sonderlich ist auch zu dem lezten Versuch solches ein guter Behuf, und kan selbiger an den starken Aesten und Stämmen, da man kein Loos mehr finden kan, gar wol vorgenommen werden, wie solches an seinem Ort erinnert werden soll. Und damit die Gartenliebhaber die Sache noch besser verstehen möchten, so habe ich ihnen zu Liebe diesen Weg in der 17den Tabelle nochmalen vortragen wollen.

§. 21.

Wann ich nun einen starken Ast bearbeiten will, so lasse ich mir auch einen breiten und starken Wurzelgriffel, wie aus Tab. 14. aaa. zu ersehen, machen, seze denselbigen an einen gewissen Ort an, und treibe ihn mit dem Hammer durch die Rinde, bis auf das Holz, und hebe auch etwas davon, aber nicht gar zuviel, mit demselbigen auf. Alsdann unterlege ich es mit Werk oder Flachs, oder endlich mit einem Hölzgen oder dergleichen. Darauf nehme ich die Spize von dem gemachten Einschnitt hinweg, und verwahre es mit der Mumie, wie ich solches klar in dem ersten Theil im 3ten Abschnitt und der 12ten Tabell beschrieben. Kommen nun die calli oder die Wurzelknöpfe hervor, und siehet man die Puncte der Wurzel darauf, wie aa. in beigelegter Tabell bezeuget: so wird unter den Knöpfen der Stamm abgeschnitten, folglich vermumisiret, wie bbb. zeiget. Und wer die Mühe und wenigen Kosten nicht scheuet, der kan Stüzen auf allerlei Weise daran machen, wie ccc. es haben will: so werden die calli untenher ferners vortreiben, und die Mumie alsdann hinwegstossen, und mit Lust allenthalben ihre Wurzeln hervorbringen, wie ddd. vor Augen weiset. Und ich versichere, daß einen jeden die Handhabung lehren wird, wieviel gutes mit dieser neuerfundenen Wurzelgriffelung auszurichten ist. Dann man kan ja alle Blätlein, Stämmlein, Aestlein alsobald darzu bringen, daß sie einen Grund zum Wurzelschlagen machen. Werden sie alsdann noch darzu auf das Loos geschnitten, und mit der Mumie verwahret: so darf man nicht zweifeln, daß dasjenige, so also behandelt worden, nicht fortkommen und ausschlagen solte.

§. 22.

Endlich kan ich auch dieses nicht gar vorbei gehen lassen, daß welche darüber gelachet, daß ich untenher an die callosen und wurzelknotichten Bäume noch andere Wurzeln auch von andern Bäumen geimpfet: allein darzu hat mich die Noth getrieben. Dann ich sahe, daß am meisten untenher eine Fäulnis entstunde. Selbiger abzuhelfen, kam ich auf diese Gedanken. Nun ich aber sicher bin, daß, was ich mit der Mumie versehe, der Fäulung widerstehet, und die Wurzelknöpfe unter der Mumie frisch und gesund erhalten werden, dadurch sie endlich austreiben, und nach Hinwegstossung der Mumie die Wurzeln in der Erde sich ausbreiten: so hat man solcher Weitläuftigkeit nicht mehr vonnöthen. Allein man siehet daraus, was eine neue Erfindung vor Betrachtungen verursachet. Inzwischen kan ich doch bezeugen, daß dieser Weg auch angehet, und habe öfters gesehen, daß diese zwei Theile gänzlich miteinander sich vereiniget und verwachsen haben. Ob aber dadurch dem Baume mehr Nahrung zukommen solle, weis ich noch nicht: des Versuchers fleissiges Nachsehen wird die Gewisheit an den Tag legen. Und mithin will ich auch diesen Versuch, als einen Particularweg verlassen.

§. 23. Auf

Neunzehende Tafel.

Zeiget die Art an, die dikesten Aeste und Stämme, an welchen man die Loose nicht mehr erkennen kan, mit dem Wurzelgriffel dahin zu bringen, daß sie den Anfang der Wurzel an den Bäumen von sich geben, damit sie, wenn sie alsdann abgesezet und vermumisiret werden, ferners Wurzeln schlagen, blühen und Früchte tragen.

Wiewol in der XII. Tafel alles klar und weitläuftig, wie die Vermehrung der Bäume mit dem Wurzelgriffel soll vorgenommen werden, abgebildet worden; so haben sich doch welche nicht darein finden können, weil alles nur im Kleinen zu sehen war. Ja es haben ungewaschene Zungen sich gar verlauten lassen, der Verfasser wüste selbst nicht, was er in dieselbige Tafel gesezet. Allein wer mich vor einen Geken halten will, mag selber einer seyn. Dann wer

 klug

klug ist, wird gar wohl wissen, daß ein Künstler solche unbekannte Dinge nicht allezeit so genau in dem Kupferstiche ausdrüken kan, so sehr er es auch verlanget und wünschet. Derowegen habe ich es allhier was grösser und vollkommener wollen vor Augen stellen.

Fig. I. An diesem Stamme sind sehr viel Knorren oder Knöpfe abgebildet, welche vermittelst des Wurzelgriffels sind gemachet worden, die alsdann

A. ausschlagen. Dieser dike Ast, wann er solche Wurzelknöpfe erlanget, wird vom Baume abgeschnitten, und wo sonst ein Abschnitt anzutreffen, da wird selbiger mit der Mumie verwahret.

Fig. II. Zeiget auf den Ast, welcher die Wurzelknöpfe hat. Diese aber sind

B. mit der Waldmumie bedeket.

Fig. III. Will weisen, wie man dem grossen Ast, wer anders soviel darauf spendiren will,

C. eine Stelze geben kan, damit er desto fester im Grunde bestehen bleibet, und von der äusserlichen Gewalt nicht so geschwind hin und her kan beweget werden. Es ist zwar niemand an die Manier der Stelzen gebunden; er kan sie wie bei

D. F. breit machen lassen. So kan man auch über dieses mit der Verbindung verfahren, wie man will, ob man Bast, Stroh, Strike, oder Weidenruthen nehmen will. Mit einem Wort, wann man nur etwas hat, wodurch man die zwei Stelzen fest machen kan, daß sie nur auf eine Zeitlang dauern, so ist es schon genug.

Fig. IV. Ist ein ausgeschlagener diker Ast, welcher die Wurzeln durch die Mumie, die durch die innerliche Kraft und Gewalt des Baumes von dem Stamm weggestossen,

E. E. aus der knorrigten Materie hervor giebet, so man augenscheinlich sehen kan. Dabei sind

G. unterschiedliche Werkzeuge beigeleget, sonderlich der starke Wurzelgriffel samt dem Hammer.

H. Zeiget den angelegten Wald, welcher auf diese Manier angerichtet worden, an, so sich sehr fein vorstellet. Und wird man mit Vergnüglichkeit sehen, wann ein solcher starker Ast einmal in das Treiben kommet, was er vor einen schnellen Wachsthum bezeiget, sonderlich wann die Stämme von solchen Bäumen, die ohnedem begierig sind, sich bald in die Luft zu schwingen.

§. 23.

Auf diesen folget nun der vierte Versuch, welcher genennet worden

Das Wurzelimpfen.

Bei diesem entstehet alsobald die Hauptfrage: Ob dieser vor den Universalweg passiren soll? Ich antworte schnell mit nein. Allein warum habe ich dann ein so grosses Wesen davon gemacht, und die ganze Welt versichert, daß dieses die beste Manier, zu der hunderttausendfältigen Vermehrung wäre; und wann dieser nicht angienge, so wäre doch keiner mehr zu erdenken und auszusinnen, weil die Welt stünde; und anjezo mus ich öffentlich erkennen, daß dieser ebenermassen zu der Universalvermehrung nicht dienlich sey? Mithin macht mich ja meine begangene Unvorsichtigkeit, Unbedachtsamkeit und Unerfahrenheit bei der Nachwelt und allen hohen Gartenverständigen zu einem unauslöschlichen Schimpf und Spott. Allein wem GOtt eine Gabe zum erfinden gegeben hat, der wird wissen, wie einem zu Muthe ist, wann er auf etwas neues kommt, daran die Vorfahren nicht gedacht. Gewiß er ist vor Freuden seiner nicht mächtig. Dieses habe ich zwar leider! an meinem wenigen Ort bei diesem Saz selbst erfahren. Dann als ich so unversehens auf selbiges gekommen, (wie solches im kurzen Bericht ist angeführet worden,) so habe ich eine solche innerliche Süssigkeit gehabt, die ich nimmermehr mit der Feder ausdrüken kan; ja eine solche unaussprechliche Freude, daß mir GOtt soviel Gnade geben wolte, daß ich dem Publico und so vielen hohen und niedrigen Gartenliebhabern was gutes vortragen könte. Und in so vielem Nachdenken, ja in solcher innerlich wallenden Einbildung wurde von der Vernunft mein Verstand eingenommen: wiewolen meine Absicht niemals war, eher solches öffentlich mitzutheilen, als bis ich alles wol erfahren hätte. Allein, wie öfters erinnert worden, eine einige Viertelstunde bei einem gewissen Gespräch, worinnen ich wegen der innerlichen Begierde und Freude mich nicht länger enthalten konte, machte mich unglüklich, indem ich frei heraus sagte: Daß ich in meinem Gehirn die Einbildung verschlossen hätte, eine hunderttausendfältige Vermehrung mit allen Bäumen anzustellen, welche auf Ansezung ihres Lebens, vermittelst des Feuers und der Mumie zu vollkommenen Bäumen werden könten, welche nach der Zeit blühen und Früchte tragen würden. Diese Rede kam alsdann zu einem hohen Patron, welcher nicht nachließ, bis ich ihm solches offenbaren muste, welcher mir auch einen gnädigsten Beifall gab. Dieses blieb nicht lange verschwiegen, so kam es an hohe Höfe und hochverständige Gartenliebhaber, welche solches nicht verworfen haben, wie solches aus der Vorrede des ersten Theils zu ersehen. Dieweilen aber welche unter denselbigen in den Gedanken waren, ich würde zu dieser Arbeit, die zwar nach meiner Meinung auf dem blossen und festen Grunde des lange practicirten Fundaments der Gärtnerei bestunde, die Chymie zu Hülfe nehmen; und doch diesen hochverständigen Gartenliebhabern das Gegentheil bewiesen wurde: so haben sonderlich (Tit. Tit.) Seine Hochgräfliche Excellenz, Herr Maximilian Breuner, Seiner Kayserlichen Majestät geheimer Rath, hochseeligen Angedenkens, eine grosse und ungemeine Freude darüber bezeuget, und mir noch darzu mit unterschiedlichen Erfindungen der Einschnitte und andern mehr ihren hohen Rath, so deswegen auch der Grafenschnitt betitult wurde, mit höchstem Eifer an die Hand gegeben. Wie dann dieses auch seine gnädige Worte in seinem gnädigen Sendschreiben an mich waren: Dessen Geheimnüs habe ich zu meiner höchsten Zufriedenheit empfangen, und ist fast unbegreiflich, daß durch so viel tausend Jahre und soviel Millionen Menschen niemanden diese Erzeugung eingefallen, welche doch in der Natur also gegründet, daß sie einem jeglichen vernünftigen Sinn hätte beikommen sollen, 2c. 2c. Und solche schöne Urtheile wurden mir von ungemein vielen Gartenliebhabern zugeschiket. Ich aber, der ich ohnedem mit der Gewisheit dieser Sache eingenommen, wurde dadurch dergestalt gestärket, daß ich glaubte: So wahr die Sonne am Himmel, so wahr würde die Wurzelimpfung zu der Universalvermehrung der beste seyn. Nachdem ich aber wahrnahm, daß ich öfters nicht Wurzeln genug haben, auch durch Benehmung derselben von unverständigen Leuten die Bäume gewaltig Schaden leiden könten: so unterfieng ich mich die hohen Liebhaber zu bitten, ja gar bei Verlust ihrer Seeligkeit sie zu ermahnen, sie solten geruhen, solches als ein Geheimnüs vor sich zu behalten, und ja nicht in den Druk kommen lassen; gab aber davor alsobald eine Versicherung, daß, sofern die Natur diesen Weg nicht allenthalben annehmen würde, ich gewis einen andern sichern Weg nach dem Fundament, welches anjezo in der 11. Tabell befindlich, aussinnen und mittheilen wolte. Allein meine Bitte fand nicht allenthalben Plaz; sondern es kam gar bald selbiges in Frankfurt und Leipzig im Druk heraus. Dieweil aber solches Exemplar nicht vollständig war: so gab ein sehr tiefsinniger, und in seiner Kunst (nach seiner Einbildung) höchsterfahrner Gärtner mein mitgetheiltes Copey in vergangener Michaelismesse in Leipzig abermal in Druk heraus, und wurde eine Vorrede beigedruket, darinnen dieser hocherfahrne Gärtner jedermann versichert, daß er solche Vorschläge nicht allein von mir bekommen, sondern auch, nachdem er selbsten Hand angeleget, alles richtig funden; und sezet ferners hinzu: Daß er in Wahrheit Bedenken tragen würde, seinen Nächsten, den er gleich wie sich zu lieben verbunden wäre, mit Unwahrheit zu hintergehen; ja er suche dadurch seines Nächsten Nuzen, welches er hierinnen seinem eigenen vorziehe. Endlich empfiehlet er diese Erfindung mit nachfolgenden Worten: Lese diese Vorschläge nur fleissig durch, und bediene dich der Anweisung, du wirst Wunder sehen, und mir viel Dank vor diese Bekanntmachung abstatten.

§. 24.

§. 24.

Dieweil nun der bekannte Kunstgärtner im öffentlichen Druke bekennet, daß er die Wurzelimpfung so vielfältig erfahren, und probiret hätte, und daß man ihm glauben dörfte, daß diese Manier zu der Universalvermehrung allenthalben angienge: so will ich anjezo kein Bedenken mehr tragen, jedoch, auf seine Verantwortung, solches Geheimnüs selbst druken zu lassen. Lege aber dabei meine schuldige Danksagung ab, daß dieser fleissige Kunstgärtner mit soviel Mühe und Vorsichtigkeit diese meine vorgeschriebene Kunst zu einer solchen Vollkommenheit gebracht, daß sich nun jedermänniglich darauf verlassen kan; welches ich, die Wahrheit zu gestehen, mir nicht getraue zu behaupten. Bleibet also in diesem Stüke dem Schüler dasmal der Ruhm, daß er über seinen Meister ist.

§. 25.

Folget nun das mitgetheilte von Wort zu Wort, wie ich es auf Verlangen der Liebhaber einem jeden habe zugeschiket. Die Aufschrift war nachfolgende:

Eröffnetes Geheimnis, betreffend die neuerfundene und nieerhörte Universalvermehrung aller Bäume und Staudengewächse, entdeket von Georg Andrea Agricola, Phil. & Med. Doct. & Phys. ord. in Regenspurg, die 2. Aprilis Anno 1716.

Vorrede.

Hochgeneigter Gartenpatron!

Es ist sowol an Kayserlich, als Churfürstl. und anderer hohen Potentaten furnehmen Höfen schon genugsam demonstriret und bekant gemacht worden, daß diese Wissenschaft der Universalvermehrung aller Bäume und Staudengewächse nicht aus der Chymia oder Alchymia, sondern aus der allgemeinen Gartenkunst herstammet. Obschon in dieser Gartenwissenschaft die Principia und Fundamenta insgesamt einfältig scheinen: so sind sie doch in fine gewis wahrhaftig und beständig. Man erwege nur, was dieser, welcher einen Wildling gespaltet, alsdenn einen Pfropfreis hineingesenket und verbunden, vor seltsame Gedanken mus gehabt haben, um sich zu persuadiren, daß durch diese einfältige Vereinigung dieser zweien Stämme ein vollkommener und grosser Baum in kurzer Zeit daraus werden solte? Was vor eine besondere Administration mag dieses wol in aller Augen causiret haben, da man mit Vergnüglichkeit erfahren, daß aus eines Baumes Aeuglein, so blos in die gespaltene Rinde gesezet, in zwei Jahren ein so grosser vollkommener Baum solte werden, so blühen und Früchte tragen würde? Was vor ungemeine Speculation mus denn dieser in den curieusen Gemüthern erweket haben, der versichert, daß durch einen Spalt oder Einschnitt in einen Ast, etwas weniges dazwischen liegend vermittelst eines Topfes mit Erden daran hangend, in etlichen Monaten Wurzel in der Menge von selbigen solten herunter hangen, und wenn er abgeschnitten in die Erde versenket, ein grosser Baum daraus werden solte? Ja mit einem Worte, man sehe die sämtliche Operationes, die sowol in der Verbesserung als Vermehrung sind anzutreftreffen: so stehen sie alle auf schwachen Grunde, in der Praxi aber sind sie doch gewis, wahrhaftig und beständig, wie solches der ganzen Welt genugsam bekant ist. Dieweilen nun meine neuerfundene Universalwissenschaft von Vermehrung aller Bäume und Staudengewächse aus diesen wahrhaften Gartenprincipiis hergenommen: so mus nothwendig folgen, daß diese Kunst infallible beständig seyn mus, welches sowol die Probe, als die Experienz, selbst genugsam bezeugen wird.

Uebrigens ist nur dieses zu verwundern, daß so viel tausenderlei Dinge in der Gärtnereikunst sind tentiret und probiret worden; und niemand hat von dieser Operation, so viel ich durchlesen, und mir wissend ist, etwas geschrieben: derohalben muß es etwas neues und ein unerhörtes Inventum seyn und bleiben. Ja welches noch das gröste Argument ist, so habe ich mehr als etliche hundert Personen angehört; und niemand ist auf dieses gefallen, sondern sie sind alle so weit entfernet als Regensburg von Rom.

Schlüslich wird hiemit mein hochgeneigter Gartenliebhaber auf das freundlichste ersuchet, Sie wollen diese wenige Blätter oft und mit guter Attention überlesen, damit meine Meinung genugsam möge capiret werden. Solte aber was obscures darinnen befindlich seyn: so bitte ich solches nur frei zu entdeken, es soll alsobald eine Erläuterung darauf erfolgen.

Der Höchste aber, als der Anfänger der edlen Gartenkunst, wolle dieses Werk unter den Händen durch vieles Experimentiren seegnen, damit es zu seiner höchsten Vollkommenheit ausschlagen, blühen und Früchte tragen möge! Ich aber befehle meine Wenigkeit zu immerwährendem Angedenken, und verharre

Meines hochgeneigten Gartenpatrons

Regensburg, den 9. Martii
Anno 1716.

Dienstergebenster

Georg Andreas Agricola.

Eröffnetes Geheimnis, betreffend die Universalvermehrung aller Bäume und Staudengewächse.

Dieweil des Erfinders Absicht ist, dieses Werk, davon die Welt noch niemals was gehört oder gesehen, kurz zusammen zu fassen; als wird dieses Geheimnis mit dreimal sechs Worten vorgestellet.

Impfe an die Stämme frische Wurzel,
Verwahre sie mit der vegetabilischen Mumie,
So werden aus selbigen vollkommene Bäume.

Und dieses ist der natürlich- wahrhaft- und begreifliche Weg zu der Universalvermehrung in der ganzen Welt, wo nur Bäume und Stauden mögen anzutreffen seyn. Und wenn die Natur diese neue Erfindung wider alles Vermuthen verlassen solte: so wird kein anderer Weg zu dieser Universalvermehrung können erfunden werden, so lange die Welt stehet.

Physicalische Gründe, dadurch erwiesen wird, daß diese Wissenschaft der Vermehrung aller Bäume gewis, wahrhaftig und beständig, auch allenthalben practicabel ist.

Erstlich müssen alle verständige Naturkündiger zugeben, daß die Wurzel aus einer ganz andern Substanz und Wesen bestehe, als der Stamm, der über der

Wurzel

Wurzel befindlich: und ist der Stamm nicht eine Verlängerung der Wurzel, wie die meisten davor halten, sondern er ist in der Natur, sonderlich in seinem Keim, wie solches aus vielen Versuchen zu seiner Zeit wird erwiesen werden, ein abgesondertes Wesen, welches aber durch genaue Verbindung der Natur sich also vereiniget, daß es das Ansehen hat, als wären Wurzel und Stamm ein Stück.

2. So ist auch wahr, daß die Wurzeln, sie mögen gros oder klein seyn, gleichsam wie die Blutigel, den Nahrungssaft aus der Erde an sich ziehen, und nach sattsamer Zubereitung bringen sie den Ueberfluß des Nahrungssafts demjenigen, so über der Wurzel stehet.

3. So ist unwidersprechlich, daß die kleinsten Wurzeln aus eben solchen Theilen bestehen als die grossen, und was diese in ihrem Amt verrichten, eben denselbigen Nuzen, nämlich den Saft an sich zu ziehen, geben auch die kleinesten nach ihrer Proportion.

4. So ist bekannt, daß der Stamm, so über oder auf der Wurzel stehet, aus lauter Drüsen, Röhrgen und Wassergängen bestehe, welcher Saft aus der Wurzel empfängt, und ferner den übrigen Theilen zuführet.

5. So bezeuget die Erfahrung, daß die Wurzel einen Knoten machet, und wenn sie versezet wird, so verheilet und verwächst sie so gut als ein anderer Theil am Baume.

6. So giebt man abermal gerne zu, daß vom Herbst bis auf den März hin der meiste Saft in der Wurzel wie auch in den Aesten genug zu finden. So bald der Baum austreibet, so ist die Kraft nicht so stark mehr in der Wurzel und dem Stamm, sondern in den Blättern, Blüthen und Früchten, und was dergleichen Gründe mehr anzuführen wären. Aus diesen Vordersäzen folget nun nachfolgender wahrhafter Schlus: Wer nach der Natur an die Stämme, Aeste, kleine Stämmlein und Zweiglein, Augen und Blätter, frische und mit vollem Saft angefüllte Wurzeln nach der Kunst impfet, ferners die Zusammenfügung mit der Mumie wohl verwahret, daß die Stämme unter der Erden vor der Fäulung befreiet sind, und durch diesen Balsam die Verwundung zu schneller Verheilung befördert, und machet, daß sich ein Knoten bald zeiget; so kan nichts folgen, als daß der Nahrungssaft, der aus der Erde durch die Wurzel angezogen worden, den Ueberflus unmittelbar dem Stamm, der zugleich in, als auf der Wurzel ist, und dieser den übrigen Theilen des Baums mittheile. Woraus nothwendig folget, daß der Stamm auf der Wurzel mus austreiben, blühen und Früchte tragen.

Practik.

Dieweilen keine Handarbeit ohne Instrumenten kan verrichtet werden, als werden zu diesem Werke sowohl gemeine als auch besondere Werkzeuge erfordert. Die gemeinen bestehen in Hauen und Schauffeln, kleinen Sägen, in groß und kleinen Gartenmessern, Hammer, Scheeren, groß und kleinen Schnizmessern; die besondern in besondern Stemmeisen, so höchst nüzlich zu den Bäumen im Walde, dann einem Schraubenstok, so zu den Stämmen von grossen fruchtbaren Obstbäumen, als auch in den Wäldern höchst dienlich, ferner einem besondern Zirkel, runden Stöken zum Knieffeln, Feuer und Licht, und der vegetabilischen Mumie.

Folgen nun die Handgriffe, wie man sich in der Vermehrung aller exotischen Bäume und Staudengewächse zu verhalten hat.

Die Hauptregel von allen ausländischen Gewächsen bestehet darinnen, daß man sie nicht eher als im Frühlinge, zu Ende des Aprils oder im May, auf nachfolgende Art soll operiren. Inzwischen sind die übrigen Monate nicht ausgeschlossen, wann man nur mit Geschiklichkeit damit weis umzugehen. Zum Exempel: Es will jemand Pomeranzen, Zitronen, Lorbeer, Laurocerasus, Granatenbäume, mit seinen Blättern, Aesten, Zweigen und grösten Aesten zu vollkommenen Bäumen machen, daß er den ganzen Baum darauf wenden will, der verfahre also:

1. Schneide er bei der Wurzel den ganzen Stamm ab, alsdann reinige er die Wurzel von allem Koth wohl ab. Wann solches verrichtet, zerschneide man die Wurzel auf unterschiedliche Weise. Die großen brauche man zu den großen Stämmen, die mittelmäßigen zu den erwachsenen Aestlein, die kleinen zu den Stämmlein, und denn die gar kleinen zu den Blättern. Dabei ist zu wissen, daß wann eine Wurzel sehr lang, solche in drei, vier und mehr Theile, nach Art und Manier, wie es die Natur zuläßt, kan zerschnitten werden. Der Schnitt mus aber allzeit untenher mit der Mumie verwahret werden.

2. Wenn nun die Zubereitungen mit den Wurzeln gemachet worden, so nimmt man den Stamm oder Ast, so man operiren will, und schneidet solchen ein. Wenn solches verrichtet, so mache man einen Schnitt in die Wurzel und stecke oder impfe dieselbe an den Ast. Und damit er nicht von der Wurzel entfällt, so wird die Wurzel mit Bast fest zusammen gebunden: darauf wird ein Licht angezündet, und die Mumie an selbigem etwas warm gemacht, und man überziehet selbigen Ast und Wurzel, so weit der Schnitt und Band gehet. Mithin hat der Stamm seine Wurzel, und wird sodann in die Erde gesezet: so bekommt er durch die Wurzel den Nahrungssaft, und fängt an sich zu verheilen und auszutreiben, auch endlich zu seiner Vollkommenheit zu kommen.

Folgen einige nöthige Anmerkungen.

Erstlich, wenn man viele Wurzeln beisammen hat, und selbige nicht füglich auf einen Tag gearbeitet und angeimpfet werden können: so soll man sie in die Erde einschlagen, auch wohl vor der Luft bewahren. Wenn der Baum seine Wurzeln durch Kunst empfangen, und er nicht alsobald an seinen Ort gesezet werden kan: so mus er gleich eingeschlagen werden, damit ihm weder Luft noch Kälte oder Sonne schädlich seye.

2. Mit der Mumie hat man sich dergestalten vorzusehen, daß man sie nicht zu hizig auf den Stamm oder Wurzel bringet, denn sie wird alsbald erwärmet, läßt sich ziehen wie ein Bindfaden, und wenn es nur etwas warm ist, so ist sie am besten. Die Praxis aber wird den Handgriff selbst zeigen.

3. Wenn man untenher den Stamm einschneidet, so mus man sehen, daß der Kern nicht zu viel verlezet wird. Denn wenn das Mark Noth leidet, so komt gar bald eine Fäulung oder Brand an den Baum. Dieser kleine Theil, so in die Wurzel kommt, muß fein dünne seyn: so kan die Verheilung desto besser darauf erfolgen.

4. So ist dieses der Hauptpunkt, daß die Wurzel, die an den Ast oder Stamm geimpfet wird, auf das allergenaueste aufpasset: damit der Saft, so aus der Wurzel aufwärts steiget, in den Baum fliessen kan, und dieser, so von dem Baum herunter sich circuliret, wiederum der Wurzel zukomme. Und durch diese gänzliche Verbindung wird der Baum bald zu seiner Vollkommenheit gelangen.

5. So hat man sich wegen der Messer, so man sowohl zum Schneiden, als Hauen und Sägen bedienet, wohl vorzusehen, daß man sie rein und sauber halte, auch mit reinem Tuche solche fleißig abwische. Denn das Eisen greiffet an, und verursachet viel Schaden.

Erste

Erste Frage. Was zu thun, wenn jemand den ganzen Baum nicht darauf spendiren will?

So lasse man sich belieben, so viel Zweige und Stämmlein, als der Baum entbehren kan, abzuschneiden, und nehme so viel Wurzeln von demselbigen, als seyn kan, jedoch nicht die Hauptwurzel, damit der ganze Baum nicht Schaden leide oder verderbe.

Zweite Frage. Was aber zu thun, wenn der Citronen- oder Pomeranzenbaum gar keine Wurzeln hat, auch sonst keine dergleichen Art, weder von Wildling noch andern, erhalten kan?

So mus man sich um solche Bäume umsehen, so sich mit selbigen vergleichen können. Als da sind sonderlich der Lauro cerasus, der Lorbeer selbst, rc. welche man allenthalben haben kan. Von selben nehme man die Wurzel, und impfe sie an den Citronenbaum. Wenn aber auch jemand mit diesen nicht solte versehen seyn: so nehme man Quittenwurzeln, ingleichen Wurzeln von Pflaumen und Kirschen, und impfe sie an die Stämme, so werden sie nicht allein wol gerathen, sondern sie werden auch sehr dauerhaftig seyn und einen herrlichen süssen Geschmak erlangen. Die Praxis aber wird den Liebhaber selbst auf allerlei gute Gedanken bringen, davon ich jezt um Kürze willen nichts melden will. Genug, man hat ein gutes und wahrhaftes Fundament, auf welches genugsam zu bauen ist.

Edle Mumie zu den ausländischen Bäumen.

Gummi Copal, so bisher um solchen aufzulösen gänzlich vor ein Geheimnüß gehalten worden, ¼ Pfund, pulverisire und zerstoß denselben aufs allerkleinste, und schlag ihn durch ein klares Sieb. Alsdenn nimm venetianischen Terpentin 1½ Pfund, und zerlasse solchen in einem starken irdenen Topf oder Gefäß, bei gar gelinder Glut. Wenn er weich und zerflossen, so wirf den pulverisirten Gummi Copal hinein, rühre solchen mit einem hölzernen Stok stets untereinander, gieb nach und nach stärkere Glut, so wird er sich nach und nach gänzlich auflösen. Alsdenn lasse den Terpentin wol verrauchen, wenn er will dik werden, welches man durch die Probe haben kan. Hat er nun seine rechte Dike, so läst man ihn darauf erkalten. Ist er zu tractiren, so können Stänglein, wie spanisch Wachs, daraus formiret, und zum Gebrauch verwahret werden.

Nothwendige Anmerkungen.

Bei der Mumie ist dieses noch hauptsächlich zu erinnern, wegen des Feuers, damit ja im Hause kein Unglük geschehen möge. Denn wenn man nicht vorsichtig umgehet, so kan man gar bald ein Feuerwerk machen.

1. Soll die Zubereitung und Kochung derselben, entweder mitten auf dem Heerd, oder Kamin, oder in freyer Luft geschehen.

2. Soll man eine Sturze oder Dekel bei der Hand haben, daß man alsobald, wenn der Terpentin Feuer fängt, könne zudeken. Man hat sich nicht zu fürchten, wenn es gleich ein wenig angezündet wird: nur die Sturze behend darüber gedekt wird, ist es wieder gedämpfet. Ich habe solchen mit Fleis öfters angezündet und herumgerühret, so lange, bis er fast nicht mehr brennen wollen, und mithin habe ich denselben desto eher inspissiret. Allein er ist schwarz worden, so aber zur Sache nichts thut, und ist mir in gewissen Stüken lieber gewesen, als wenn er durchsichtig ist.

Der herrliche Nuzen dieses Balsams oder Mumie ist nicht zu beschreiben. Seine Tugend aber bestehet, nur mit wenigen etwas davon zu gedenken, darinnen. Erstlich, ist es das beste Wundmittel, denn er ist keiner Verderbnüß unterworfen, wie andere Gummi, läst auch nicht zu, daß eine Fäulung zwischen den Stamm und Wurzel kan kommen: damit wächst der Knorren schnell und verheilet sich, und auf solche Weise erlanget der Stamm eine gänzliche Verbindung mit der Wurzel. Zweitens, giebt er Kraft und Stärke dem Baume, und befördert das Wachsthum.

Zum andern, an Obstbäumen.

Erstlich, was die Operation oder Einschneidung betrift, so wird solches verrichtet, wie oben bei den Pomeranzenbäumen ist angezeiget worden.

2. Zudem so kan die Verbindung und die Zusammenhaltung auch noch mit Bast bei den kleinen und mittelmässigen Stämmen geschehen. Wo die Stämme aber oder die Wurzel zu dik, und man die Festigkeit mit dem Bast nicht zwingen kan: so nimmt man fest zusammen geflochtenes Stroh oder Weidenruthen, und treibt sie fest zusammen, alsdann kan mans mit Bast etwas verbinden.

3. Wird der Einschnitt mit der Mumie, die zwar auf andere Weise zubereitet wird, verstrichen und alsdann in die Erde gebracht.

Garten und Waldmumie, zu den gemeinen Obstbäumen, Bäumen und grossen Stämmen im Walde sehr nüzlich.

Nimm gemeinen Terpentin 1¼ Pfund, gemeines Pech 2. Pfund. Wenn der Terpentin in einem Topf bei der Glut zerflossen, wie eben bei der edlen Mumie ist gezeiget worden: so wird alsdenn das pulverisirte Pech hinein geworfen, und wenn es durch die Wärme wol miteinander vereinigt worden, und ziemlichermassen eingekocht, so kan mans zum Gebrauch verwahren.

Nota. Will man diese Materie in Form zum Theil wie das Spanische Wachs ist, bringen, so stehets zu Belieben, damit kan man die kleinen Stämme versehen. Sonst kan mans nur im Topf, oder in einer kleinen Schüssel auf einem Kohlfeuer fliessen lassen: alsdann nimmt man einen Pensel, und verstreichet die Verbindung damit, wie oben schon gewiesen worden.

Unterschiedliche Anmerkungen.

Erstlich ist bei den Obstbäumen, sonderlich bei den grossen Aesten und Stauden vornämlich die Zeit wol zu beobachten. Die beste aber ist der October, November und December, weil in solcher Zeit die Natur am allermeisten in der Erde beschäftiget ist. Es ist auch im Hornung, Merz und April noch dienlich und gut, aber wegen der Hize und aufsteigenden Safts etwas mislicher.

2. Wenn man viel Aepfel und Birnbäume haben will, und man hat von zahmen Bäumen nicht Wurzeln genug: so kan man von wilden Birn und Aepfelbäumen solche aus den Wäldern hernehmen, ingleichen Wurzeln von Quitten, die gar edle Früchte geben. In der Noth nimmt man Wurzeln von den gemeinen Bäumen in den Wäldern, als den Ahorn, Eschen, Hagenbuchen, rc. Ferners wenn man nicht Wurzeln genug hat von Pfersig, Apricosen, rc. so kan man nur die Wurzeln von Pflaumen, Kirschen, Spillingen nehmen, und solche an die Stämme impfen. Es wird alles kommen, es mag so wunderlich aussehen, als es anfänglich immer will.

An die Kastanienstämme sind die Eichen oder Buchenwurzeln am besten zu impfen, die Maulbeer auf welsche Nußwurzeln, die Aepfel auf Hagedornwurzeln, Haselnüsse auf welsche Nußwurzeln. Mit einem Wort, ein jeder verständiger Gartenliebhaber wird sich schon zu helfen wissen, wenn er nur Lust hat der Sache ferner nachzusinnen.

3. Was die Instrumenten, und sonderlich die Schraubstöke belanget, daß die grossen Stämme wol zu dirigiren und zu operiren seyn möchten, so habe ich solches wollen abreissen; allein jeder kan sich welche von selbsten erfinden, wie es ihm beliebig. Nur ist dieses dabei zu beobachten, daß man den Stamm an seiner Rinde im Einschrauben nicht verleze: derohalben kan er mit etwas Tuch umwikelt werden. Ich habe mich zeithero solcher Schraubstöke, wie die Schreiner haben, bedienet.

Drittens in Wäldern.

Die Unentbehrlichkeit der Wälder und des Holzes ist zwar der ganzen Welt bekannt: aber den Mangel gleichsam mit fliegendem Wachsthum zu ersezen, ist bis anhero unbekant und verborgen geblieben; diese Kunst aber entdeket es. Wer nun einen Wald will anlegen, der mus schon, wie in meinem Gedrukten ist gemeldet worden, einen kleinen Wald zum wenigsten haben. Von solchen Bäumen, wie sie nur Namen mögen haben, werden die grösten Stämme, sonderlich zur Herbstzeit, wenn das Laub von den Bäumen, abgehauen und an einen Ort eingeschlagen, damit sie von der grossen Kälte, Regen oder Sonnenschein möchten befreiet seyn. Alsdann haue oder grabe man etliche Bäume mit der Wurzel aus, haue die grosse Wurzel ab, und zertheile sie nach Proportion, damit eine jede Wurzel sich wol nach der Grösse und Stärke des Baums daran schiken möge. Man kan auch die grossen und langen herauslaufenden Wurzeln von den Bäumen ohne Bedenken abstemmen und herausgraben: denn wenn die Hauptwurzel nicht berühret wird, so bringts dem Baum keinen Schaden. Im Hornung, Merz und April gehets auch an; nur ists wegen der Hize der Sonne was mißliches. Die Praxis aber wird alles offenbaren.

Wenn man nun seine Wurzeln in der Menge zurecht gebracht; so schlägt man sie, wann man sie nicht alsobald brauchet, in die Erde, damit sie fein frisch bleiben. Ja von längst abgehauenen Bäumen sind die Wurzeln, wenn sie anders noch frisch, auch dienlich darzu.

Handgriff.

Der Einschnitt in die Wurzel, wie auch die Formirung des Asts und des Stamms, verhält sich eben wie mit den obangezogenen Citronen und Birnbäumen. Die Verbindung betreffend, weil der Bast und die Strike zu kostbar, so flechtet man Stroh wie Strike zusammen, oder man füget Weidenruthen wie Strike untereinander, damit die Stämme wol fest zusammen gedrehet werden, der Steken aber bleibet am Stamm, und wird mit Bast oder andern dergleichen fest gemachet. Darauf nimmt man die obbeschriebene Mumie, wie bei den Obstbäumen ist beschrieben worden. Und wenn man noch mehr sparen will, so kauffet man das allergemeinste Pech und den allerschlechtesten Terpentin, und versichet damit die Zusammenfügung. Jedoch habe man wol acht auf die Hize der Mumie; denn wenn sie allzu warm aufgetragen wird, so wird die Wurzel sammt dem Stamm und ihrem Saft schadhaft, und kommt der Baum alsdenn nicht fort. Es ist besser, daß sie wol kühl möge appliciret werden, und ist sicherer, man trage die Mumie von der Wurzel aufwärts zum Stamm, so ist die Hize inzwischen schon etwas vergangen.

Was den Werkzeug betrift, so sind die Schnizmesser darzu am besten und gemeinsten, wie auch das grosse Stemmeisen. Wie man sie legen oder Schraubstöken helfen will, damit der Baum oder Ast fein gut zu operiren liege, solches wird ein jeder selbst können aussinnen, wenn man nur einmal Hand angeleget hat. Und weil man das Fundament hat, so ist leztlich ein grosser Wald darauf zu bauen. Man lasse sich auch mein Gedruktes, sonderlich was von Wäldern ist gesagt worden, empfohlen seyn.

Von dem besondern Zirkel will ich noch was melden. Dieweil schon öfters ist erwähnet worden, daß die Kunst meistens darinnen bestehe, daß alles wohl auf einander sich füge und passe, auch die Wurzel fein eben, wie auch am Stamm der Einschnitt und Zapfen fein glatt und rein sey, alsdenn wohl verbunden, und die Mumie nicht zu hitzig aufgetragen werde; und weil es sonderlich an den grossen Stämmen oder Bäumen einen grossen Verdruß machet, daß, wenn man glaubet, es ist ein Ort so hoch als das andere, es doch, wenn es darzu kommt, unrecht ist: derohalben ist dieser neu erfundene Zirkel sehr gut darzu. Nämlich, man schlägt mitten in dem Stamm bei dem Abschnitt die Spize des Zirkels stark ein, und nachdem man groß oder klein die Einkerbung machen will, so fähret man mit dem andern Theil herum, so überkommt der Ast durch das spizige Eisen einen Kreiß, darnach man seine Arbeit richten kan.

Nota. Bey der Waldmumie wird bei der Operation eben dieses in der Verrauchung des Terpentins müssen beobachtet werden, was oben ist gedacht worden.

Das andere eröffnete Geheimnis bestehet darinn, wie man alle und jede Blätter, Augen, Zweige, Stämme und Aeste, deren viel hundert tausend an Bäumen und Stauden anzutreffen, innerhalb zwei oder drei, oder bei einigen auf das längste in vier Monat Frist in so viel hundert tausend besondere Bäume verwandeln kan, daß die Wurzeln vom Baume von selbst herunter hangen und ausschlagen.

Dieses ist die allerleichteste Operation, die jemals ist gefunden worden. Nämlich, man machet in den Stengel des Blatts einen Schnitt überzwerch, nicht zu groß oder zu weit hinein, sonst ist die Arbeit vergebens. Alsdann lege man in den Spalt ein wenig Baumwolle, und bedeke den Schnitt mit einem Baumwachs; und auf solche Weise werden alle Stämme und Aestlein behandelt. Nur dieses mus beobachtet werden, daß man in die Stämme nicht zu tief hinein schneide, sonst werden sie durch den Wind zerbrochen. An grossen Stämmen kan man zwanzig oder mehr Einschnitte machen, wie solches in dem Gedruckten ist beschrieben worden. Die Zeit ist im März, April ꝛc. Wenn aber der Saft schon vorhanden, oder vollkommen in den Stamm tritt, so stehe man still. Die allerbeste Zeit ist der Junius und Julius, da wird man Wunder sehen.

Wann nun eine callose Materie heraus wächset, und das Baumwachs gestossen wird, so wird selbe von Monat zu Monat grösser, endlich siehet man die Spize der Wurzel. Damit sie aber desto eher hervor kommen mögen, so beschmiere man die Sache öfters mit diesem beschriebenen unguento nutritivo, so wird man die Wurzel materialiter sehen, formaliter aber in der Erde.

Nimm 4. Loth Venetianischen Terpentin.
3. Eyerdotter.
2. Quintlein Mastix.
2. Quintlein Myrrhen.
2. Quintlein Weyhrauch.

Mache ein Sälblein daraus, und nenne solches Nahrungssälblein.

Hat

Hat nun der Stamm, der Zweig, das Blat, seinen vollkommenen Callum überkommen, so wird es alsdenn abgesezet, und der Abschnitt mit der Mumie verschlossen, so treibet der Callus, welcher gleicherweise mit der Mumie ein wenig versehen wird, seine verschlossene Wurzeln, so bishero materialiter in demselben verborgen, alsdenn formaliter unter der Erde in kurzer Zeit heraus, und zeiget sich mit aller Vergnüglichkeit.

Dieweilen aber dieses bei ein und andern sehr langsam pfleget heraus zu gehen, so ist dieses der allersicherste Weg: Man nehme solche callose Stämme und impfe an den Abschnitt Wurzeln auf oberwähnte erlernte Manier, verbinde sie wohl nach bewußter Art, so wird solches gewis mit GOtt wohl ausschlagen, blühen und Früchte tragen.

§. 26.

Und dieses waren die ersten Gedanken von der Universalvermehrung, welche, weil ich darzu genöthiget worden, daß ich solche kund und zu wissen machen sollte, und man mir auch nicht so viel Zeit ließ, der Sache zu selbiger Zeit besser nachzudenken, ich mich endlich entschlossen, einem jeden auf Verlangen zuzuschiken, jedoch mit dieser Versicherung, daß, wann dieser Weg nicht allenthalben angehen solte, ich mich um dero deponirtes Geld so lange bemühen würde, bis ich so viel in dieser Materie ausgedacht, daß man Vergnüglichkeit davor haben möchte. Indem ich aber in meinem Vorbericht des ersten Theils mich deutlich erkläret, daß, wo ich wider mein Vermuthen würde geirret haben, ich nach Erkenntnis der Sache selbiges zu offenbaren, zu verbessern und zu widerlegen beflissen seyn wolte, und weil ich nun aus viel allegirten Ursachen nach der Zeit versichert worden, daß diese Wurzelimpfung nur ebenermassen unter die Specialversuche zu zählen: so mag solches auch dabei sein Bewenden haben, und soll von mir auch anjezo der lezte Versuch vorgenommen werden.

§. 27.

Dieser wird nun betitult:

Das Wurzelzapfen.

Dieser Weg kommet zwar selten vor; wer aber selben nach der 15den Tabelle, allwo er weitläuftig ist beschrieben worden, probiren, und sich den Schnitt H darzu erwählen wird, mithin acht, neun, und auf beschriebene Manier mehr Stämme auf eine Wurzel zapfen will, der wird seine Lust daran sehen. Und hiemit will ich die Particularversuche auf das Universal verlassen, und mich zu dem lezten Weg wenden, und selben nach allen Umständen beschreiben. Obwolen eine erzverleumderische Zunge sich unverschämter Weise an einem hohen Orte verlauten lassen, daß kein einiger Mensch gestehen könte, daß ein einziges Stük von allen obangeführten Versuchen wahrhaftig und probat sey: so sage ich hiermit doch nochmals, daß alle diese vorgelegten Versuche wahrhaftig

haftig sind, und ich mit meinen Händen alle selbst gemachet, und den wahren Erfolg davon gesehen. Es wird auch zu seiner Zeit einem jeden Liebhaber in grosser Menge auf Verlangen gezeiget und vor Augen geleget werden: alsdann wird man mir es auch nicht verargen können, wann ich ihre boshafte und ehrabschneiderische Beinamen ihnen wiederum in ihren Busen zurükwerfe. Inzwischen will ich mir wieder solche boshafte Gemüther zu allen Zeiten mein Recht vorbehalten haben. Jedoch ersiehet man daraus der Welt grossen Undank. GOtt aber alles befohlen!

Zweites Kapitel.

Von demjenigen Versuch, welcher unter allen vor den besten, sicherst- wahrhaftigst- und practicabelsten zu der Universalvermehrung beinahe aller Vegetabilien kan gehalten werden.

§. I.

Dieweilen der Welt genugsam bekant, daß ich meinem Werk jederzeit das Wort Universal beigeleget habe, so ist zu wissen, daß selbiges in zweifachem Verstande gebrauchet werde. In dem ersten Theile ist solches Wort collective genommen worden, so daß man nicht blos durch einen einigen Weg eine Universalvermehrung anstellen kan; sondern wann man alle Particularmanieren, die ich vorgeschlagen, zusammen nehmen wird, alsdann kan man eine Universalvermehrung aller Bäume und Staudengewächse mit selbigen vornehmen. In diesem Theile aber, und sonderlich bei dem lezten Versuche, wird anjezo das Wort Universal distributivè erkläret, und will soviel haben, als daß dieser einige Weg an allen und jeden Bäumen und Staudengewächsen ohne Unterschied zu hunderttausendfacher Vermehrung practicabel und dienlich kan gefunden werden. Wiewol mir nicht verborgen, daß, als in einer gewissen Versammlung diese Frage vorgeleget wurde: An detur modus artificialis universalis multiplicandi arbores & frutices distributivè sumptus? Ob es nämlich einen einfachen künstlichen Weg alle Bäume und Staudengewächse zu vermehren gebe, alsobald welche zur Antwort gegeben: Solcher gehörte unter die Undinge, es wäre ein Chimäre, und den Fabeln Aesopi nicht ungleich. Nun mus ich solchen Personen ihre Freude gönnen: dann sie können oder wollen meine Meinung nicht begreifen. Nichts destoweniger will ich mir äusserst angelegen seyn lassen, soviel die Kürze der Zeit und die Gemüthsbewegungen, womit mich die Uebelgesinnten täglich zu stöhren suchen, werden zulassen, solche Unglaubige mit meinen Worten und Erfahrungen dahin zu bereden und zu bringen, daß sie mit mir einstimmig werden möchten.

Zwanzigste Tafel.

Zeiget die Wurzelimpfung und Zapfung, und weiset nochmalen, daß selbige Verrichtung thunlich ist, vor so unmöglich sie auch welche halten. Und habe ich diese Verwachsung mit meinen Augen also, wie es abgebildet, gesehen.

A. A. Sind zwei starke und hohe Aeste, welche

B. B. auf die Wurzeln durch Einschnitte gesezet worden. Der erste, so den edlen Schnitt, wie aus der XIII. Tafel zu ersehen, anzeiget, verwächset sich am allerersten und besten, und ist derselbige Schnitt zu dieser Arbeit besonders nüzlich und dienlich. Obschon der gemeine geschwinder von der Hand gehet; so hat er doch sehr viel Schwierigkeit, bis er sich mit dem Aste vereiniget, indem er sehr viel zähe Materie vonnöthen hat, bis sich vermittelst derselben diese zwei genau miteinander vereinigen können. Dabei gehet viel Zeit vorbei, und stehet auch der Ast deswegen in grosser Gefahr, welches man bei dem edlen Schnitt nicht zu besorgen hat.

C. Ist die Verwahrung, welche nur mit der weichen Mumie, die man Pflasterweise aufstreichet, verrichtet wird, damit bei Gelegenheit die überflüßige Feuchtigkeit etwas Luft hat, und der Stamm in- oder an der Wurzel nicht ersuket werden möge.

D. Stellet wahrhaftig einen grossen und langen Zweig vor, welcher sich auf solche Art verlaufen und zusammen gewachsen, wie die Figur solches vor Augen stellet. Dann

E. aus dem Schnitt von unten herauf kam die knorrigte Materie ganz rundlich und knöpfiz hervor. Obenher ließ sich ebenermassen bei der Zusammenfügung dergleichen sehen. Diese sind endlich nach und nach zusammen gekommen, und haben die Hohlung des Schnittes gänzlich angefüllet, daß man den Absaz des hinein gesenkten Zweiges nicht mehr hat sehen können.

F. Aus der obern knorrigten Materie sind abermal kleine und besondere Wurzeln hervor gekommen. Und kan ich mich nicht genugsam wundern, wie daß ein unverschämter Gärtner gesprochen: Es wäre weder mir noch andern diese Operation angegangen; da ich doch mit Wahrheitsgrunde sagen kan, daß es sowol mir als andern wol gelungen, und, wann man aufs nächste davon etwas zu sehen verlanget, man damit dienen kan, wie zwar solches schon geschehen, wie aus der XVI. Tafel zu erlernen. Und wann man sich ins künftige mehr Zeit zu solcher Arbeit nehmen wird, als es bishero geschehen, so wird man einem jeden gar gerne damit aufwarten.

G. Diese Figur zeiget die beste Art zum Wurzelzapfen an, davon in der XV. Tafel bei dem Buchstaben

H. ist gedacht worden, und

I. wie es mit der Verbindung und Stelzen versehen. Wie dann endlich

K. die Vereinigung beider Theile an den Tag leget. Wer diese Art also practiciren, und die Wurzel nach der Länge gleich abgeschnitten an einen Zweig zapfen, und selbige nach Gebühr verwahren und einsezen will, derselbige thut auch nicht unrecht, und kan gar glüklich seine Zweige fortbringen.

Damit ich aber ihre Gemüther desto leichter bewegen möge, so will ich vor diesesmal nur vier allgemeine Grundsäze ihnen vorlegen, alsdann die Anwendung auf die Vermehrung aller Bäume und Staudengewächse machen: sodann will ich gewis glauben, daß niemand meinen neuen und künstlichen Weg zu der Universalvermehrung verwerfen wird.

Erste Regel.

Was bei einem, solches ist bei allen anzutreffen.

Zweyte Regel.

Was von einem, solches wird auch von allen gesagt.

Dritte Regel.

Wie ein, so müssen alle auf gleiche Weise tractiret werden.

Vierte Regel.

Wie sich der Erfolg bei einem, so mus sich selbiger bei allen bezeigen.

Wann ich nun diese allgemeinen Grundsäze auf mein Universal wahrhaftig werde angewendet haben: so hoffe ich dasjenige zu erhalten, darnach so ungemein viele Gartenliebhaber Verlangen tragen.

§. 2.

Ich will aber mit kurzem die Universalregeln wiederholen, und die Anwendung auf die Bäume und Staudengewächse richten. Die erste lautet also:

Erste Regel.

Was bei einem, solches ist bei allen anzutreffen.

Nun wird erstlich von einem jeden Baume gesprochen, daß er lebe: so ist ja nothwendig daraus zu schlüssen, daß ein lebendiges Wesen in ihm seyn mus, wodurch er leben kan. Und der Beweis ist vom Gegentheil herzunehmen, nämlich von dem Tode. Dann wann von ihm gesprochen wird: Er ist verdorret und abgestanden; so mus nothwendigerweise das erste gewis und wahr seyn. Weil nun dieses von einem Baume gesagt wird, daß ein Leben in ihm sey: so ist wahrhaftig wahr, daß von allen kan gesagt werden, sie haben ein lebendiges Wesen in ihnen. Zum andern, so hat ein jeder Baum einen organischen, oder einen auf gewisse und besondere Art und Weise beschaffenen Körper, in welchen die vegetabilische Seele würket. Selbiger ist zwar der äusserlichen Form nach von einem und dem andern unterschieden; dem innerlichen Wesen aber nach bestehet ein Baum aus wässerigten, irrdischsalzig- schwefligt- und balsamischen Theilen. Wie nun einer aus allen diesen bestehet; also sind alle Bäume aus diesen Bestandtheilen zusammengesezt, und sind dieselbigen in allen Bäumen und Staudenwerke, doch ein Theil bei einem mehr als bei dem andern, anzutreffen, welches schon längstens aus chymischen Gründen ist erwiesen worden. Und mithin bleibet die Regel wahr: Weil von einem Baum kan gesagt werden, daß er Seel und Leib hat; so kan solches von allen Bäumen und Staudengewächsen gesaget werden.

Die andere Regel lautete also:

Was von einem, solches wird auch von allen gesaget.

Dieweilen ich nicht glaube, daß jemand seyn wird, welcher mir einen Baum oder Staudengewächse nennen oder weisen kan, welcher, wann er nur 3. 4. oder 5. will nicht sagen 9. 15. 20. und mehr Jahre alt ist, nicht ein Loos, oder, wie andere sprechen, ein Glied, einen Absaz, oder ein Jahr besizen sollte. Obschon einige einwenden, der Palmbaum, Cedern, Calappus- oder Klapperbaum, der die Cocosnüsse träget, Caranna, Drachenbaum wären mit dergleichen Absäzen oder Gliedern nicht versehen: so ist doch solches falsch, und darf man nur einen Blik in die rare Natur- und Materialkammer des D. Valentini hinein thun, so wird man alles aus den schönen Kupferstichen ganz anders ersehen. Und wann man auch dieses nicht zum Beweis hätte: so würde solches einem jeden die Vernunft sehr genau beweisen. Dann wo an einem Baume ein Aestlein ist, an welchem den Sommer über ein Trieb hervor kommet: da mus selbiger im Winter still stehen. Dieser Jahrgang verschlüsset sich, wie man solches an den Bäumen und Staudengewächsen augenscheinlich sehen kan. Das andere Jahr darauf, wann das Loos obenher wiederum austreibet, hinterlässet einen Absaz: und solches wird jährlich an einem Baum und Staudengewächse beobachtet. Indem nun bei einem Baum die Loose allenthalben befindlich: so kan ich auch solches von allen Bäumen sagen, bleibet auch solches richtig und fest, bis jemand das Gegentheil wird darthun. Allein es ist schon ein Gegner fix und fertig, der da spricht: Die Aloe, die Jucca gloriosa, und andere mehr rc. wachsen jährlich, und haben doch keine Loos. Wohl! Darauf dienet zur Antwort: Daß bishero nicht von denjenigen Gewächsen, die nur Blätter tragen, (wer aber ein Blat vor einen Absaz annehmen, und selbiges mit Kunst absezen will, der kan sein Heil auch versuchen; ich zweifle gar nicht, wann einer ein Aloeblat abschneidet und vermumisiret, daß selbiges so gut als die Opuntie ihre Wurzel schlagen wird) sondern von denjenigen, welche mit Aestlein, Zweigen und Stämmen versehen sind, geredet worden. Nächst diesem werden auch alle diejenige Gewächse ausgeschlossen, die nur jährlich hervor kommen, und die den Winter über nicht beständig verbleiben. Ist also dieses abermal unumstößlich: Weil ein Baum voller Loos und Absäze ist, so sind alle Bäume und Staudengewächse damit begabet.

Die

Die dritte Regel.

Wie ein, so müssen alle auf gleiche Weise tractiret werden.

In dem vorhergehenden ist erwiesen worden, daß alle Bäume mit Loosen tausendfach versehen sind, in welchen das principium vivens wohnet. Nun kan man ein Aestlein von einem Baume nehmen, welches 2. oder 3. Loose hat, und an selbigem untenher dasjenige bis zu dem Loos wegschneiden: so bleiben 2, oder 3. Loose abgesezet, welche alsdann verwahret und eingesezet werden. Weil nun an einem Aste über 50. 60. Loose und darüber anzutreffen sind, welche alle auf diese Manier tractiret werden können, wie aus nachfolgendem Kupferblate wird zu ersehen seyn: als kan man diese Art an allen Bäumen und Staudenwerke, sie mögen alsdann 100000. oder Millionen Loose haben, ausüben. Hat also dieses abermal seine Richtigkeit.

Endlich ist noch die vierte übrig, die lautet also:

Wie sich der Erfolg bei einem, so mus sich selbiger bei allen bezeigen.

Nun ist aus der vielfältigen Erfahrung wahr, daß ein Loos, Absaz, Glied oder Jahr, Wurzel und Zweige zugleich in sich hält, und nach Beschaffenheit, oder besonderer Zubereitung, sobald an statt der Wurzeln einen Schoos, als an statt desselben eine Wurzel hervor bringet. Diese Sache besser zu erläutern, will ich ein allgemeines Exempel vorstellen, so allen Bauern und Weingärtnern bewußt ist. Nämlich, sie nehmen eine lange Weinrebe, als welche sehr viel Absäze hat: diese beugen sie nur in die Erde, so wird aus solchem Loos allenthalben Wurzel genug hervor kommen. Hätten sie aber selbige nicht der Erde anvertrauet: so wären aus selbigem Loos Schooße oder Weinreben heraus gewachsen, welches nicht zu widersprechen ist. Weil nun bei einem Loose die Wurzeln heraus kommen können: so werden aus allen, welche hervor kommen, wann man sie nur durch Kunst auch darzu zuzurichten weis, wie solches die Erfahrung schon bezeuget hat, und durch unausgeseztes Versuchen noch mehr und mehr bestättiget werden wird, so daß jedermann erfahren wird, wie der Erfolg bei einem Loos, so sich selbiger bei allen bezeigen werde.

§. 3.

Ehe ich nun die Schnitte der Loose an einem Aste klar vor Augen lege, so will ich doch die Frage erörtern: Was dann eigentlich ein Loos an einem Baume oder Staudenwerk sey? Es kan aber selbige ohngefähr auch auf nachfolgende Weise erkläret werden: Daß nämlich ein Loos ein gewisser Theil eines Baumes sey, an welchem die Natur ein ganzes Jahr arbeitet, bis selbiges zu seiner Vollkommenheit kommet;

und in demselbigen sind die wesentlichen Theile des ganzen Baumes anzutreffen.

Dieweilen nun das Loos ein Theil des Baumes ist genennet worden; so möchten einige wol einen ganzen Ast oder Zweig anstatt desselbigen nehmen, allein ich verstehe nur denjenigen Raum, welcher sich zwischen Absäzen, Jahren oder Zirkeln befindet, wie die nachfolgende Tabelle die Sache besser erläutern wird.

Ferners ist gesaget worden, daß die Natur ein ganzes Jahr an einem solchen Loos arbeite, bis sie selbiges zu seiner Vollkommenheit bringet. Es finden sich zwar welche, die da sprechen, daß die Natur an einem Baume gar vielfältig zwei solcher Loose in einem Jahre hervor bringe. Nun will ich solches nicht gänzlich widersprechen: allein solches geschicht nicht alle Jahre, sonder nur meistentheils in unglükseeligen Jahren, wann etwa das Ungezieser den zarten Stämmen ihre Loose oder die ersten Jahre abgefressen; darauf sich dann die Natur wiederum erholet, und sich solche Zweige um Johannis wiederum ansezen, und bis auf den späten Herbst treiben. Alsdann stehen sie still; den Frühling darauf aber treiben sie aus, und sezen einen neuen Schoos an, welcher auch einen neuen Punkt schläget, rc. rc. Ueber dieses ist gesprochen worden, daß in demselben die wesentlichen Theile befindlich. Weil nun solches wahr, und schon überflüßig ist erwiesen worden: so will ich vor diesesmal nicht viel Worte mehr davon machen, sondern mich lediglich auf das vorige berufen.

§. 4.

Dieweilen aber die heutige Welt gar so curieus und subtil ist, und den Ursprung von allen Dingen wissen will; so haben einige Gartenliebhaber gefraget: Wie ich dann auf das Looschneiden und Mumisiren gekommen? Darauf möchte ich wol antworten: Wann etwas seyn soll, so mus es sich wunderlich schiken. Dann als ich mein Wesen vor etlichen Jahren mit der verkehrten Pflanzung der Bäume hatte, wie solches der 8ten Tabelle des ersten Theils angezeiget worden: so war ich beflissen auf einen langen und wohlgeschlachten Stamm mit verkehrter Impfung sehr viel Zweige aufzusezen, welche alle zugleich in demselbigen oder nachfolgenden Jahre blühen solten. Nun konte ich mir die Rechnung leicht machen, daß das erste Loos keine Tragprobste könte herfür bringen: dann aus der gemeinen Gärtner ihrer Pfropfart, die nur das erste Loos nehmen, und selbiges auf einen Wildling zu pfropfen gewohnet sind, konte man genugsam erlernen, daß man öfters in 3. 5. 8. 10. Jahren kaum eine Blüthe, will geschweigen eine Frucht, sehen kan. Dieses trieb mich abermal dahin, den Baum auf das genaueste zu betrachten, und zu beobachten, wie und wo dann die Tragzweige am besten anzutreffen wären. Und als ich die Stämme wol untersuchte, fand ich alsdann die Absäze, und konte selbige zuweilen bis auf

16. und

16. und 17. Jahre hinaus zählen und wahrnehmen. Als ich aber einstens in meinem Garten ein wol gesundes und aufgewachsenes Bäumlein betrachtete, so 13. Jahre alt war, und ich dasselbe auf das allergenaueste ansahe: so wurde ich gewahr, daß 7. Loos oder Absäze an dem langen Hauptstamme als wie Kreise zu sehen waren. An den Hauptästen waren aber nur 6. Loos oder Jahre zu zählen. Als ich diese Jahre zusammen addirte, und der Sache ferners nachdachte: so konte ich mich besinnen, daß ich denselben Baum um solche Zeit geimpfet hatte. Vergnügte mich demnach, daß ich aus diesem das Alterthum eines Baums ziemlichermassen errathen konte. Und als ich einstens die hohe Gnade hatte, in einem sehr hochberühmten Kloster, nahe bey der Stadt, bei Ihro Hochwürden und Gnaden, Herrn Prälaten, meinem gnädigen Gönner, in seinem schönen und wolangelegten Obstgarten auf und nieder zu spazieren, und ich besonders die Loose an einem Baume so klar erblikte, versezte ich; Wie ich einen jeden Baum erkennen wolte, wie alt er wol wäre. Darauf wurde ich zu einem Baume geführet, welchen der gnädige Herr eben dazumal hatte sezen lassen, als er zu dieser wolverdienten Ehrenstelle gelanget, welches mir aber unwissend war: und als ich daran mein Meisterstüke machen solte, so betrachtete ich den längsten Ast auf das genaueste; und als ich 15. Jahre an dem Aste zusammenbrachte, so gab ich noch 6. Jahre dem Hauptstamme zu, und sagte, daß er 21. Jahre alt wäre. Darauf versezte er: Ich hätte es nicht getroffen. Als ich fragte: Wie groß der Fehler? so gab er zur Antwort: Um 1. Jahr hätte ich zu wenig gesagt. Darauf sagte ich: Eines ist keines. Und dieses ist der Ursprung von dem Loos, welches bishero niemand so genau betrachtet.

§. 5.

Bei dieser Erklärung der Looschneidung aber möchte wol jemand fragen: Wie sich dann selbige, die ich zuvor zu der verkehrten Pfropfung ausgesonnen habe, anjezo so geschwinde zu der Universalvermehrung habe schiken müssen; und wann ich dann solches gewust, warum ich dann begierigen Gartenliebhabern solche nicht zum ersten angezeiget, sondern mit Warten ihre Gedult so lange Zeit misbrauchet? Darauf dienet zur Antwort: Daß ein jeder Kluger und Verständiger daraus urtheilen und abnehmen wird, was es doch mit neuen Erfindungen vor eine Beschaffenheit habe. Es lieget ja öfters einem Erfinder die Sache vor seinen Füssen, er stösset sie aber weg: dieweil er sie nicht davor hält und zu gering schäzet; hergegen suchet er sie in allen Winkeln weitläuftig vergebens. Ja man siehet öfters die Erfindung mit äusserlichen Augen, und mit den innerlichen will mans nicht wahrnehmen. Und solches ist GOttes Wille, daß man sichs um eine gute Sache sauer werden lassen, und es nicht allezeit nach der innerlichen Begierde des Menschen ergehen: sondern nach und nach das Werk zu seiner Vollkommenheit gelangen soll: wie man solches an den herrlichst- und nüzlichsten Erfindungen kan wahrnehmen. Dahero ist auch niemand unglükseliger als derjenige, der etwas neües und gutes erfindet: nicht allein weil er öfters viel Zeit, Mühe und Unkosten auf seine Erfindung vergebens spendiret; sondern er auch zulezt, wann ers auch in den Stand gebracht, zu Danke der Welt Undank bekommet. Und auf solche Weise ist es mir auch mit dieser Sache ergangen. Ich wuste wol, daß es in der Natur gegründet, daß man durch Kunst eine Universalvermehrung anstellen kan: und ob ich schon vielfältig mit dem Loos und Jahrschneiden umgieng, so wuste ich doch nicht, daß darinnen das wahre Fundament der tausendfachen Vermehrung steken solte. Endlich als ich einstens die allzuüberflüssigen und unruhigen Gedanken weglegte, und mir in einer kleinen Ruhe zum Nachdenken Zeit ließ: da kam ich unversehens auf dieses Looßschneiden, und wurde darinn gestärket, daß in diesem die Kunst der hunderttausendfachen Vermehrung aller Bäume und Staudengewächse steke. Welchen ich auch als einen wahrhaften Versuch vor Augen lege, und hiemit den Anfang machen will.

§. 6.

Wie werde ich mich aber deutlich genug ausdrüken, daß man mir nicht abermal unverschämter Weise vorwirft, man könte meine Sachen nicht verstehen, oder man müste sich allezeit um einen lateinisch- oder teutschen Dolmetscher umsehen. Mich dünket immer, Klugen sey es klar genug: wer es aber vorsezlicher Weise nicht verstehen will, und alle Dinge verachtet, und eine Sache nicht recht lesen oder anschauen will, dem mag es immer dunkel und unverständig vorkommen, ich bekümmere mich wenig darum. Inzwischen wird doch die Wahrheit Wahrheit bleiben. Damit ichs nun aufs deutlichste mache, so will ich die 21ste Tabelle zu erklären vor mich nehmen. Ich ließ mir einstens einen sehr starken und langen Ast von einem Apfelbaume abschneiden, wie Fig. 1. anzeiget, und an demselbigen hatte ich auf nachfolgende Weise meine Betrachtung und Belustigung. A. B. war die Länge des Astes; da fieng ich an die Loose oder die Jahre von oben herunter zu zählen, und fand 12. Absäze. Der andere längste Zweig C. D. hatte 11. Loos an der Länge gleich herunter, der Nebenzweige waren 19. Der Zweig E. hatte 25. Loos, an dem Zweige G. H. befanden sich 11. Absäze. Alsdann waren kleinere Aestlein, als einer, da waren nur 3. Loos zu zählen, und an den übrigen 10. Absäze, so, daß in allem 97. Loose an diesem Aste anzutreffen waren. Wann ich nun 20. solche Aeste zusammen bringe, so habe ich 1940. Loos, und folglich kan ich auch soviel Bäumlein daraus bringen, welches ja vergnüglich genug ist. Allein man kan einwenden, ein Loos giebet oder treibet nur ein Auge, und hat man also lange darauf zu warten, bis ein Baum daraus wird; und ist diese Erfindung nicht besser, als wann ich etwas von dem Saamen zielen wolte, oder wenn ich ein Auge auffseze oder pfropfe. Darauf antwortete ich: Wer ja Lust hat auf mehr Loos seine Stämme zu schneiden, der kan es auch thun. Er kan z. E. den ganzen Ast A. B. nehmen, so 12. Jahr alt ist, wann nur obenher das erste und andere Jahr, ingleichen alle andere Nebenäste weggeschnitten werden. So kan man auch den Zweig C. D. und ebenermassen die ersten Jahre hinwegnehmen; so bleiben doch 9. Jahre. Nun hat man schon Vortheil genug, wann man in einem Jahre einen Zweig zu einem Baume machet, welcher alsobald 9. Jahre alt ist, und seine Grösse und Stärke hat. Und auf solche Weise kan ein jeder Liebhaber kleine und grosse Bäume sich machen, wie es ihm nur beliebet: wie solches die Praxis weitläuftiger, sowol an edlen als gemeinen Zweigen, bezeigen wird.

§. 7.

Bei dieser Loosbetrachtung möchte man ferners fragen: Ob dann dieses an allen Bäumen und Staudengewächsen genau zutrift, daß, da ein Zweig, der auf einem Raume, welcher 10, mehr oder weniger Jahre alt ist, stehet, mit eben soviel Loosen und Jahren mus versehen seyn. Z. E. Auf dem Raum 10. 11. in Fig. 1. welches soviel Jahre auf sich hat, stehet ein Zweig, der ist 11. Jahre alt: mus denn also solches zu allen Zeiten und allenthalben so gewis eintreffen? Solches kan nicht behauptet werden: dann man trift auf einem Raum, der 11. Jahre alt ist, einen Zweig an, der nur 4. Loos hat, rc. rc. Dieses kan zwar überhaupt gesagt werden, daß auf einem Raum, welches man zum Grund nimmt, kein älterer Zweig, als derselbige ist, kan gefunden werden. Z. E. Ein Raum, welcher 11. Jahre alt ist, kan unmöglich einen Zweig darauf haben, welcher 13. oder 15. Loos hat: dann sonst wäre die Tochter älter als die Mutter. An den Jahren können sie wol gleich seyn, welches man vielfältig antrift, aber nicht darüber. Nämlich, wann der Hauptzweig 12. Jahre alt ist, so kan der darauf stehende Zweig nicht 15. oder 20. Jahre seyn: oder wann die Hauptzweig 3. Jahre, so kan der Zweig darauf nicht 7. Jahre alt seyn. Dieses ist zwar in der Natur befindlich, daß auf einem Raum, so 9. Jahre alt ist, ein Zweig kan gefunden werden, der nur 1. 2. oder 3. alt ist, u. s. w. Und solches kommt daher, daß die Natur nach ihrem Gefallen, (dann sie will sich nicht also binden lassen, sondern frey handeln,) bald zu dieser, bald zu einer andern Zeit Zweige hervorbringet. Wann es aber ordentlich zugehet, so wird man das finden, was ich geschrieben. Dieses ist auch merkwürdig, daß man ein Aestlein an solchen alten Aesten antrift, die nicht grösser, als eines Fingers lang befindlich, und doch so alt sind, als der grosse Zweig: und kan man durch die Absäze dieselben Jahre sehr genau erkennen. Wer es auf solche Weise nicht glauben will, der schneide ein solches kleines Aestlein entzwey, so wird er soviel Puncte als Jahre darinnen antreffen. Welches mir zu den ganz kleinen Zwergbäumlein die beste Gelegenheit gegeben hat: davon in dem versprochenen Kapitel soll gehandelt werden.

§. 8.

Dieweilen ich nun an diesem Aste A. B. in Fig. 1. die Zweiglein alle zerschnitten vorgestellet: so will man auch wissen, was ich dann damit haben will. Es soll soviel anzeigen, daß ein jeder Abschnitt auf ein Loos geschnitten. Damit man aber mich wol vernehmen möge, wie man dann auf ein und mehr Jahre oder Loose recht schneiden soll, so wird nachfolgendes betrachtet. Z. E. Ich nehme den Zweig L. M, welcher 10. Jahre austräget. Von diesem will ich ein Loos absezen: so mus solches also geschnitten werden, daß oben und unten der Theil verschlossen bleibet, und solches ist das genaueste. Wann ein Loos also geschnitten, daß es allenthalben mit seinen Jahren verwahret ist: so wird wol keines zu Grunde gehen. Derowegen verfahre ich also: Wo der n. 10. ist, dem schneide ich das Stüklein N hinweg: und wo der n. 9. oberhalb desselben Gliedes wahrzunehmen ist, da schneide ich den Theil O gleicher Weise hinweg, so bleibet mir das vollkommene Loos, N. O. und dieses ist ein wolgeschnittenes Loos. Ferners, will ich den Zweig auf 5. Loos schneiden, so seze ich bei 8. wie 1. weiset, abermal das kleine Stüklein ab, und bis auf den 3. wo Q ist, da schneide ich denselben Theil wiederum ab: und auf solche Weise ist das Loosschneiden richtig beobachtet worden. Wie dann solches aus den übrigen Figuren kan ersehen werden, die von 1. Loos bis auf 10. Loos deswegen sind beigesezet worden. Und hiemit will ich dieses Kapitel von der Loosschneidung überhaupt beschlüssen, mit dieser Erinnerung, daß, wie solche an einem Zweige vorgenommen wird, selbige auch an allen Aesten und Zweigen, sie mögen von fremden, gemeinen oder wilden Bäumen herkommen, kan verrichtet werden.

Drittes Kapitel.

Wie nach dieser neuerfundenen Manier alle ausländische Gewächse reichlich und überflüssig können vermehret werden, daß sie nach und nach wachsen, blühen und Früchte tragen.

§. 1.

Dieweilen sowol in dem ersten als auch in diesem Theile man sich öfters des Wortes ausländischer Bäume bedienet: so möchten welche Gartenliebhaber wol wissen, was dann wol vor Bäume und Gewächse unter dieselben zu zählen seyn möchten. Ich zweifle gar nicht, daß die fürnehmste Stelle den Pomeranzen, Citronen,

Limo-

Ein und zwanzigste Tafel.

Erkläret die allgemeine Art, so betitult wird, das Loos oder Jahrschneiden, welches an allen und jeden Bäumen und Staudengewächsen in der ganzen Welt kan vorgenommen werden.

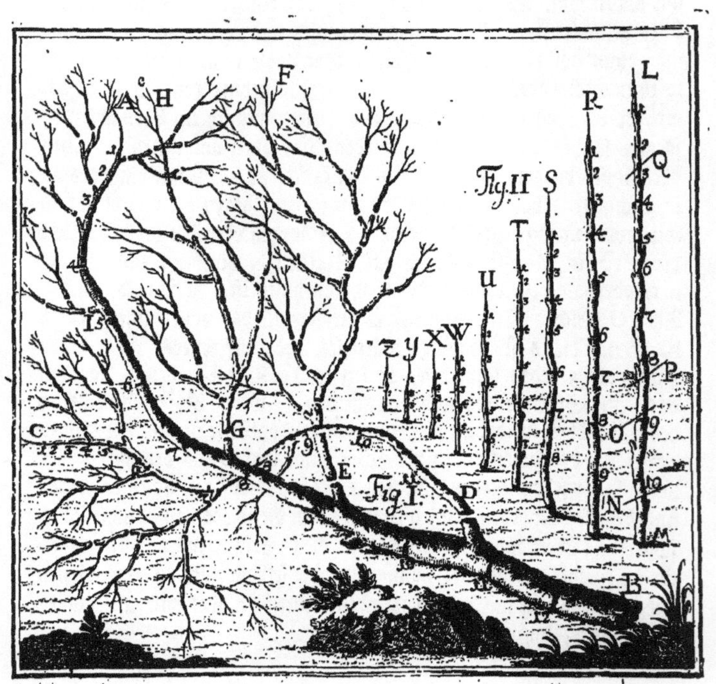

Fig. I.

Leget vor Augen einen grossen, langen und mit vielen Aesten ansgebreiteten Ast von einem Apfelbaum, an welchem die Loos oder Jahre auf das genaueste gezählet und geschnitten worden.

A. B. Weiset die Länge des Astes, an welchem 12. Jahre oder Absäze zu finden sind, wie man solches an der Zahl gar wol erkennen kan. Und diese Jahre an dem Hauptstamm werden die basis genennet, worauf ein anderer Zweig ruhet,

ruhet, wie solches aus 10. und 11. zu ersehen. Dieser Absaz wird öfters im Text basis oder der Grund betitult, indem auf selbigem

C. D. der Zweig ruhet, welcher 11. Jahr alt ist, und mus solches Auge alsobald in dem ersten Jahre mit dem ersten Loos fortgewachsen seyn: welches selten geschicht, sondern man nimmt wahr, daß der Zweig meistens um ein Jahr weniger Loos auf sich hat, als worauf er sizet. Doch ist auch dieses nicht allgemein: dann die Natur spielet nach ihrem Gefallen, wie solches genugsam ist erkläret worden.

Es haben sich aber A. B. an diesem Aste nachfolgende Loos befunden. An dem Hauptaste hat man 12. Loos oder Jahre, an dem C.D. 11, an den Nebenzweigen 19, an dem Zweige E. F. 24, und mit einem Worte, an dem ganzen Aste 97. Loos gefunden. Wer nun aus einem jeden Loos ein Bäumlein zielen will, der bekommet so viel kleine Bäumlein. Wer aber grössere haben will, der bekommet weniger, aber desto grössere. Z. B. Er kan den grossen Stamm A. B. wann die Nebenäste weg sind, schon darzu nehmen: so hat er einen Baum, der schon 12. Jahr alt ist. Oder er nehme den Zweig C. D. und werfe die Nebenäste weg: so hat er einen Baum von 11. Jahren, hat also schon Vortheil genug.

Fig. II.

Will die Sache noch besser erläutern, indem selbige allerlei Zweige vorstellet, welche ihre Jahre anzeigen, nachdem ihnen die Nebenäste sind benommen worden. Wer also auf ein Jahr schneiden will, der mus es also schneiden, wie Z. haben will; wer auf zwei Jahr, wie Y. zeiget; wer auf drei Jahr, wie X. lehret; auf 4. Jahr, wie W. anzeiget, ꝛc. und so fort. Dann wann es zum Einsezen kommet, so mus zum wenigsten ein Loos unter der Erde befindlich seyn: sind aber zwei oder drei darunten, so ist es desto besser.

L. M. Bemühet sich ein Loos noch klärer dem Auge vorzumahlen, und lehret, wie ein Loos recht beschaffen seyn soll. Nämlich ein Stüklein oder Absaz soll oben und unten verschlossen seyn. Zum Exempel, den Raum in der 11. Fig. an dem Zweige L. M. will ich zu einem vollkommenen Loos schneiden: so schneide ich bei 10. untenher, wie N. zeiget, das Stüklein N. M. hinweg, bei 9. aber denselben, wie O. weiset, gleicherweise ab, so ist dieses Stük ein vollkommenes Loos. Alsdann nehme ich das Theil O. P. weg, und von 8. bis auf Q. sind 5. vollkommene Loos auf einem Raum wol geschnitten. Ueberhaupt, durch Ansehen wird man mich besser als durch viel Worte verstehen.

Limonien, Citronlimonien und den Adamsäpfeln wird zukommen: alsdann werden sich nachfolgende ebenermassen die Ehrenstelle ausbitten, als die Aloe, Yucca glorioſa, der Lauro-ceraſus, Granaten, Myrten, Mastix, Cypressen, Feigenbaum, Cedern, Cardamomenbaum, Johannesbrod, Oleander, Judasbaum, Olivenbaum, Brustbeer, Kapern, zahme und wilde Opuntie, vergöldter Bux, Agnus caſtus, Alcea arboreſcens, Jasmin, Genester, Rosmarin, Monatrosen, x. x. In Summa, man könte einen ganzen Catalogum solcher raren und fremden Gewächse zusammenbringen: insonderheit, weil täglich in grosser Herren Gärten die Anzahl sich vermehret. Bei diesen angeführten fremden und ausländischen Gattungen aber hätte ich Gelegenheit genug, weitläuftig zu seyn, und selbe ihren Eigenschaften nach zu beschreiben, sonderlich, wie selbige sowol natürlich als künstlicher Weise bishero sind vermehret worden, fürnämlich was die Pomeranzen und Citronen betrift: Allein weil so herrliche und hochberühmte Scribenten schon genugsam davon geschrieben, sowol im vergangenen als jezigen Jahrhundert, so will ich solches alles vorbeigehen, und nur eines einigen und vortreflichen Italiäners, F. Auguſtini Mandirolæ, Minoritenordens und der H. Schrift Doctors gedenken, welcher, nachdem er 30. Jahre lang dem Gartenbau obgelegen, endlich aus eigener Erfahrung in welscher Sprache ein Buch ausgefertiget, dessen dritter Theil insonderheit von der Art und Weise, wie Citronen und Pomeranzen zu vermehren handelt. Dieser giebet nachfolgenden Vorschlag unter andern, wie durch die Zweige der Citronen eine Zielung kan vorgenommen werden, und spricht also. Die welsche Manier ist diese: Im April, wann bei ihnen die Luft nunmehro gelinde und lieblich, so pflegen sie ohnedem die Orangerie, (unter welchem Worte Citronen, Limonien und Pomeranzenbäume mit allen ihren Gattungen zugleich verstanden werden,) zu säubern und auszupuzen. Alsdann schneiden sie von den Stämmen, die wol geschoben, eine gute Menge gerader und glatter Zweige, welche nicht länger, als etwan eines Fusses lang sind: selbigen schaben sie die Rinde unten zwei oder drei Zoll ab, schneiden auch oben die Gipfel weg, und pflanzen sie in wolzubereitete Erde, vier Zoll tief, und ein bis zween Fuß weit von einander. Solten sich einige blosse Knöpfe daran finden, selbige nehmen sie gleichfals hinweg, auch warten sie derselben nachmals fleissig ab, bis sie, wo nicht alle, dennoch zum Theil anschlagen und Wurzel bekommen. Diejenigen nun, welche unter ihnen Wurzel sezen und antreiben, warten sie ferners also ab, daß die Erde obenherum öfters aufgelokert, und die Pflanzen in Mangel des Regens fleissig begossen werden. Bei solcher Abwartung pflegen die von Citronen und ihrer Art im dritten, die von Limonien aber und ihrer Art, im fünften Jahr ihre Früchte zu bringen. Sothane Früchte sind an sich köstlich, und bedarf man hiebei keines Oculirens. Was aber die Pomeranzen anlanget, spricht dieser Herr Pater ferners, da trift diese Regel nicht ein; sondern weil sie hart

hart Holz haben, so schlagen sie gar schwerlich an. Dannenhero ist es nöthig, daß dieselbe entweder aus dem Kern aufgebracht, oder um die Zeit zu gewinnen, auf die Stämme von Adamsäpfeln oculiret werden: welche Worte bei Herrn Elsholz mit mehrern in seinem Gartenbau Seite 240. anzutreffen.

§. 2.

Herr von Hochberg in seines adelichen Land- und Feldlebens ersten Theile im sechsten Buche Kap. 36. Seite 615. beschreibet eben diese Manier mit nachfolgenden: Im Auswärts, wann die Kälte vorbei, daß man den Citronen und Limonien die schönen, geraden und glatten, an den Spizen stehenden Aestlein (zur Zeit, wann man die Bäume ohne dieses säubert, und ihrer unnöthigen Geilheit entlediget) etwa einen Schuh lang absondert, die Schelfen von jeglichen zwei oder drei Finger breit wegnimmt, solche bis zween Finger in die Spize (die auskeimen soll) in gute fruchtbare Erde im abnehmenden Monden einlegt, oder nur die Rinde unten zwei Finger breit beschabet, zugleich die Giebel, auch die gleichen Knöpfe und Aeuglein wegschneidet, und also frisch in gute Erde vier Finger tief hinein, und zwei Schuh weit voneinander einsezet. Sobald sie anfangen zu treiben, welches ein Zeichen ist, daß sie eingewurzelt haben, mus man die Erde oben subtil auflokern, alle Abende begüssen, und alles Unkraut ausjäten, also wachsen sie geschwinder als die gesäeten. Am besten ist, wann man sie grubet. Das Umsezen ist nicht allezeit nöthig, und gedeihen fast lieber, wann man sie an einem Orte lässet. Alle Arbeit dabei erfordert schön- und stilles Wetter; so aber (spricht er gleicher Weise) bei den Pomeranzen nicht eintrift, weil sie dergestalten selten gedeihen, und nur entweder vom Kern oder auf Adamsäpfel müssen gebelzet seyn. Nichts destoweniger sezet er noch dieses hinzu: Also kan man auch von Myrten, Lorbeer, Oleander, Granaten, Cypressen und dergleichen, im Frühlinge fingerslange Zweiglein abbrechen, ihnen den Gipfel abschneiden, sie reihenweis auf Kästen mit guter Erde steken, und in den Schatten stellen: so bewurzeln sie, wo nicht alle, doch guten Theils. Gegen den Winter sezet man sie ins Pomeranzenhaus, rc.

§. 5.

Aus diesem ist genugsam zu erlernen, daß ja verständige und kluge Gartenliebhaber schon haben wahrgenommen, daß auch Zweige, wann sie schon nicht mehr an der Mutter befindlich, nichts destoweniger in sich die Eigenschaft oder Kraft haben, von selbst Wurzel zu schlagen, und von selbsten sich bemühen sich zu vermehren. Und weis ich also nicht, warum ich so unglükselig seyn mus, daß mich welche unverschämte und grobe Gärtner vor einen Narren halten wollen, daß ich solche Manier abermal bekräftige, und daß ich nach genugsamen Beweis behaupte, daß

in

in allen Blättern, Aestlein, Zweigen, Aesten und Hauptstämmen Wurzeln befindlich, welche vor sich herauskommen, welches ich ja selbst in der Praxi wahrgenommen habe.

Dieweilen ich aber von Profeßion kein Gärtner bin, so müssen alle meine Gedanken Fabelwerk, ja unmögliche und f. v. verlogene Dinge seyn. Hätte aber solchen Saz ein Hofgärtner mit seinen Helfershelfern erfunden: O wie würde selbiger sobald bis an den Himmel erhaben, ja die fürnehmste Stelle unter den Göttern ihm angeboten worden seyn! Nun ich aber dergleichen gute und practicable Vorschläge dem Publico zum besten vortrage: so kan man mich nicht schimpflich und verächtlich genug tractiren. Aber still! Ich höre eine Stimme von dem beherzten Naturalisten, welcher mir zuruft, ich solle behend zu meiner Kreisserin laufen, es möchte sonst das Kind in der Geburt wiederum allzu lange steken bleiben; er wäre ja gewohnet zu lästern, und wann er nichts würde antreffen, so müste er plazen, besonders weil er schon ein vortrefliches Meisterstüke mit seiner ehrabschneiderischen Zunge über den ersten Theil abgestattet hat. Allein wisse du hectischer Naturalist, daß die Lilien nicht zu allen Zeiten blühen, und glaube, daß dieses ein schlechter Akersmann seyn mus, der nicht die rechte Zeit der Erndte erwarten kan; alsdann wird er schon seine Sichel wol zu wezen und anzuschlagen wissen.

§. 4.

Ich will mir aber die Freiheit nehmen, und des P. Mandirola Manier der Vermehrung, die er bloß mit den Citronen und Limonienzweigen vorgenommen, welcher der Herr von Hochberg ebenermassen nachgefolget, ein wenig überlegen. Er saget, daß er im April schöne gerade, glatte und wolgeschobene Zweige von Citronen und Limonien erwählet, und schlüsset die Pomeranzenzweige aus, und zwar um dieser Ursache willen, weil sie hart Holz haben. Allein ob dieses die wahre Ursache ist, warum die Pomeranzenzweige nicht Wurzeln schlagen, daran zweifle ich: dann ich habe schon weit härteres Holz, als diese haben, nach meiner Art vermumisiret, so haben sie doch Wurzeln gewonnen. Derohalben stehe ich in den Gedanken, wann Herr P. Mandirola seine Pomeranzenzweige untenher verwahret, daß in währender Zeit, bis sie zu der Wurzelschlagung gekommen, keine böse Feuchtigkeit ja Fäulung darzu hätte schlagen können: so wolte ich versichern, daß die Pomeranzenzweige ebenermassen hätten Wurzeln gemacht; sonderlich wann sie auf ein Loos wären geschnitten worden. Wie ich dann solches wahrhaftig bezeugen kan, daß es mir ist angegangen: und ein jeder Liebhaber, wann er es zu rechter Zeit wird vornehmen, wird es mit mir in der That erfahren.

§. 5.

Nächst diesem habe ich ferners der Sache nachgedacht, und erwogen,

gen, warum dieser hocherfahrne Herr P. Mandirola seine Stämme untenher entblösset und auf 2. oder 3. Zolle die Rinde beschabet, indem ja die tägliche Erfahrung bezeuget, daß das Holz, so mit keiner Rinde, als worinnen die besten Feuchtigkeiten und Nahrungssäfte enthalten, umgeben, desto geschwinder von der Nässe und andern Zufällen angegriffen, und gar bald zum Brande und Fäulung gebracht wird, insonderheit, wann das Mark angegriffen wird. Und indem es ganz nicht verwahret, so gehet endlich diese Verderbnüß den vollkommenen Zweig durch, und mus solcher nothwendig absterben.

Darüber aber machte ich mir diese Gedanken: Weil ihm beliebet hat, auf einen gewissen Raum die Rinde dem Zweige untenher abzuziehen, daß er solches um dieser Ursache willen etwa verrichtet, damit durch den gemachten Schnitt der Rinden und derselben Hinwegnehmung ein Plaz verbleiben solte; dann so klug war dieser erfahrne Herr Pater gar wol, daß er nicht glauben konte, daß aus dem blossen Holze, worüber keine Rinde mehr befindlich, Wurzeln solten hervorstammen, aus welchen ein succus roridus herausfliesset und hervorkommt, welcher sich um den Abschnitt der Rinde sezen müste, aus welchen alsdann die Wurzeln hervorstammen könten. Gesezt nun, daß solches die Natur zuwegegebracht, und an diesem Orte auch würklich ausgetrieben, so sind doch die 2. Zoll, die ohne Rinden waren, verloren und umsonst gewesen, und war also solches nur eine vergebene Arbeit. Ja man möchte sagen, daß das Holz dem Zweige vielmehr Schaden als Nuzen verursachet, indem solches in die Fäulung gerathen, die Rinden gleicherweis damit verdorben hat, wie solches allbereit oben ist angezeiget worden. Allein ich will einem jeden seine Meinung lassen, und die meinige zu behaupten suchen.

§. 6.

Bei solcher Beschaffenheit aber will ich den Anfang von den ausländischen Blättern machen; und weil ich Meldung gethan, daß auch ein Blat bei gewissen fremden Gewächsen gar wol vor ein Loos passiren kan, so will ich solches vornehmen, und in der That und Wahrheit erweisen, wie die Blätter Wurzeln machen. Es ist zwar bekannt, wie zu allen Zeiten die Neubegierde der menschlichen Gemüther im Pflanzenreich hervorgebliket, indem sie ja schon vor vielen Jahren gesuchet, ein Blättlein zu einem Baume zu machen, welches Herr P. Mandirola mit einem Limonienblat practiciret hat, und lauten die Worte in seinen herrlichen Schriften zu teutsch also: Ich habe ein Kunststük probiret, die Citronen, Limonien, und andere dergleichen Blätter einzusezen, folgendergestalt: Ich habe ein Geschirr zugerichtet, mit der besten durch ein enges Sieb gelassenen Erde, und habe in solchem Geschirr rund herum die Blätter dieser Art Bäume mit dero Stielen so tief in

die

die Erde gesteket, daß der dritte Theil derselben mit Erde bedeket gewesen. Auf dieses Geschirr habe ich ein Krüglein mit Wasser dergestalt gefüget, daß die Tropfen auf obbesagte Weise in die Mitte des Geschirrs gefallen, wobei ich allezeit die Orte, so das Tröpflein aufgefressen, mit frischer Erde wieder angefüllet. Auf solche Weise sind sie mir nicht allein leicht gekommen, sondern sie haben auch schöne Rüthlein über sich getrieben, rc. rc. Nun habe ich solches, wiewol mit grosser Gedult nachgemacht und wahrgenommen, daß durch das vielfältige Auftröpfeln die Substanz des Blates ist faul worden, und sich nach und nach verzehret hat, bis endlich ein Rüthlein ist stehend geblieben, wie solches im ersten Theil aus Tab. 5. zu ersehen. Allein weil man nach der Zeit wahrgenommen hat, daß aus der callosen und untenher zusammengesezten Materie, sowol Wurzeln als Stämme hervorgekommen, so kan man anjezo auf nachfolgende Manier alle und jede ausländische Blätter zu allen Zeiten dahin bringen, daß sie zu Bäumlein werden. Zu dieser Arbeit erwähle ich mir den Julius, August und November. Wer aber Verwahrungs- und Glashäuser hat, derselbige kan es auch im Winter vornehmen, so treiben sie im Frühlinge desto lieber aus. Wer aber im Frühjahr gleicherweis damit umgehen mag, wird wol etwas erlangen, aber nicht so gewiß, welches der harten und abwechslenden Witterung, die um solche Zeit sich meistens bezeiget, zuzuschreiben ist.

§. 7.

Wann ich dann nun Willens bin, auf das deutlichste zu lehren, wie alle und jede ausländische Blätter, die den Winter durch ausdauren können, zu Bäumlein werden sollen, also daß sie ihre ganze Substanz verlieren, und sich nur als ein kleines Rüthlein darstellen, wie solches Kunststük von P. Mandirola in dem vorhergehenden §. wie auch in dem ersten Theil im 3ten Kap. des 3ten Abschnittes weitläuftig ist mitgetheilet worden: so will ich anjezo meine Art anzeigen, wie durch die Mumisation aus einem jeden ausländischen Blätlein aus dem Grunde heraus ein Bäumlein stammet, und daß das Blätlein still stehet, und das herauswachsende Stämmlein mittler Zeit zu einem grossen Baume wird. Ich verfahre aber also: Ich nehme ein Pomeranzen, Citronen, Lorbeerblat, rc. rc. welches kein Auge hat, wie aus nachfolgender Tabell zu sehen, und A anzeiget, solches mache ich untenher an dem kleinen Herzblätlein B ganz eben, alsdann tunke ich solches in die erwärmte edle Mumie bis auf den dritten Theil hinein, wie C. D weiset, so wird selbiges gebührend in eine wol darzu bereitete Erde, so weit es vermumisirt ist, hineingesenket. Wann es nun einige Zeit darinnen befindlich, so stosset sich nach und nach die Mumie von selbst hinweg, und kommet eine callose Materie hervor, aus welcher Würzelgen, auch zugleich ein Stämmlein sich hervorgiebet, wie E. F. klärlich vor Augen stellet. Dieses wächset je länger je höher hervor, bis es endlich zu einem Bäumlein wird, wie solche lustige Figur im 2ten Abschnitte Tab. 5. des ersten Theils befindlich, und im Kupferstiche zu sehen ist. Daß aber dieses Kunststük nicht allein an den Pomeranzen und Citronenblätern, sondern auch an andern angehet, so weiset H. G. dem Auge ein Lorbeerblat, welches vermittelst der Mumisation untenher Würzelgen und den Anfang zum Stamme überkommen, wie nicht weniger ein verjüngtes Blat von der Yucca gloriosa I, welches untenher ebenermassen Würzelgen erlanget, aber bishero nichts weiters hervor getrieben. Was aber die Natur noch ferners wird vornehmen, soll zu seiner Zeit berichtet werden. Ueber dieses habe ich von Rosmarinblätlein was versucht, und aus Kurzweil solche Blätlein vermumisiret und eingesezet: so habe ich auch Würzlein daran wahrgenommen, wie K. L. bezeuget. Dergleichen Versuche habe ich mit gros und kleinen Myrtenblätlein, wie auch mit den vergöldten Buxblätlein vorgenommen, und haben ebenermassen angeschlagen. Endlich hat mich die Curiosität zu einigen Nelkenblätlein getrieben: und als selbige auf eben diese Manier sind tractiret worden, so habe ich auch Wurzeln untenher gesehen, wie M. N. wahrhaftig abbildet. Ob nun gleicher Weise vollkommene Nelkenbelzer werden daraus werden, solches will ich mit Verlangen erwarten. Jedoch erblike ich schon wiederum einen auf der Seite, der zu dem andern spricht: Das ist abermal der Mühe werth, daß man Bissard und Piccotblätlein zu Nelken machen soll; da man doch durch den allgemeinen Weg, welcher den gemeinen Gärtnern und Weingärtnern schon bekannt ist, dieselben schneller und geschwinder zur Vollkommenheit zu bringen weiß. Ja wann es endlich die Blätlein von denjenigen Nelken wären, welche ein gewisser Hofgärtner vor kurzer Zeit durch seine Schüler ausgesendet hat: alsdann möchte man so grosse Arbeit darauf spendiren. Dann selbe müssen über des Henkers Gewalt schwarz, blau und gelb seyn. Ferners waren nach seinem geschriebenen Laufzettel siebenfärbige zugleich, schwarz und weiß, gelb und schwarz, blau, weiß und purpurfarb und welches, das allerrareste, so muste eine Nelke darunter seyn, welche alle Monate blühete, und dabei solte allezeit eine andere Nelke an der Farbe hervorkommen. Ja, ja, an diesen Nelkenblättern wäre das Kunststük zu brauchen gewesen!

§. 8.

Dieweilen ich nun die Freude mit der Vermehrung der ausländischen Blätlein noch nicht verlassen kan: so will ich ferner meine Gedanken anzeigen, wie solche Blätter, die ein Auge haben, und noch auf ihren Stämmlein stehen, zu schneiden seyn. Soll nun solches recht verrichtet werden; so nimmt man ein Pomeranzenzweiglein, welches viel Augen hat, mit ein oder zwei Blätlein, wirft vorne und hinten ein Blat weg, und läst das mittlere stehen, wie O. darthut. Alsdann

schnei-

Zwei und zwanzigste Tafel.

Stellet dem Gesichte mit besonderer Vergnüglichkeit allerlei ausländische Blätter vor, die ohne und mit dem Auge durch die Vermumisirung Wurzeln überkommen haben.

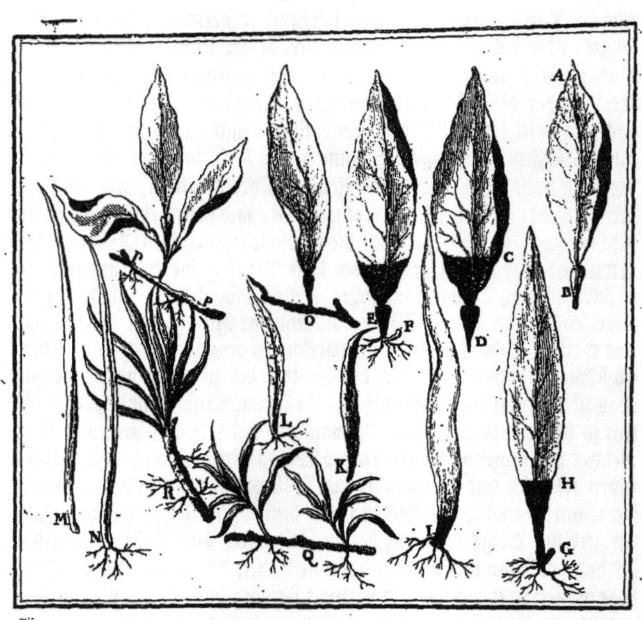

A. Weiset auf ein Pomeranzenblat ohne Auge, welches

B. untenher noch sein Herzblätlein hat.

C. D. Will eben dieses Blatt anzeigen, und dabei vormalen, wie es bis auf den dritten Theil mit der edlen Mumie ist verkleidet worden.

E. Giebet zu erkennen, wie das Pomeranzenblat zu seiner Zeit untenher einen Knorren und Würzen hat, aus welchen

F. der Anfang zu einem Stämmlein zugleich sich hervor begeben.

G. H. Zeiget auf ein vermumisirtes Lorbeerblat, welches durch Hinwegstossung der Mumie Würzlein, und einen Anfang zum Zweige gemachet.

I. Ist ein verjüngtes abgebildetes Blatt von der Jucca gloriosa, welches ebenermassen von der Mumie überzogen worden, und Würzlein gemachet, aber bishero noch keinen Punct noch Anfang zu einem Zweige von sich bliken lassen. Was daraus ferners herstammen wird, soll zu seiner Zeit kund und zu wissen gemacht werden.

K. L. Stellet Rosmarinblätlein vor, welche vermumisirt waren, und untenher kleine Würzlein geschlagen. Dergleichen habe ich aus Lust und Kurzweil mit Myrten- und andern kleinen Blättern mehr verrichtet.

M. N. Will meine Begierde weisen, wie so gar aus Nelkenblätlein Nelken zielen will. Und als solche nach bewuster Art zugerichtet, so habe ich ebenermassen kleine Würzlein wahrgenommen. Wie es ferner damit wird zugehen, wird die Zeit offenbaren.

O. Will ein Blat mit einem Auge, so noch auf seinem Stämmlein stehet, vor Augen legen, dabei noch zwei Augen befindlich, welchen aber die Blätter benommen sind. Alsdann sind sie mit der Mumie überzogen, und gebührend in die Erde gesezet worden.

P. P. Weiset klar, wie aus und um die abgebrochenen Augen die Wurzeln aus den geschnittenen Pomeranzenzweiglein sind hervor kommen.

Q. Will dergleichen Gartenkunst anzeigen, so sich mit einem Rosmarinstämmlein hat zugetragen, welches aus den Absäzen allenthalben Wurzeln hervor gebracht hat.

R. Hat einen vollkommenen Nelkenbelzer wollen vorstellen, welcher um Johannis herum ist abgerissen, untenher glatt gemachet, mit der edlen Mumie verwahret und eingesezet worden. Als nun selbiger eine Zeitlang in der Erde gesteket, hat er bei dem Loos allenthalben Würzlein gemachet, und auf solche Weise hat er sich vermehret. Wer nun Lust hat, auf solche Manier seine Nelken zu vervielfältigen, der wird gar bald einen ungemeinen Vorrath erlangen.

schneide mans auf die Augen, so, daß an dem Stämmlein allezeit zwei sizen verbleiben, jedoch diese ohne Blätter. Darauf verwahre mans mit der edlen Mumie, so werden aus den Augen, die ohne Blätter sind, Wurzeln hervorkommen, wie solches P. P. dem Gesichte klar darstellet. Solches kan auch mit andern ausländischen Stämmlein vorgenommen werden, wie Q. haben will. Endlich habe ich einen abgebrochenen Nelkenbelzer beilegen wollen, welcher vermumisirt in die Erde gesteket worden, aus dessen Loos dort und da Würzelgen sind hervorgekommen. Allein es soll anderswo zu seiner Zeit mehr davon geredet werden: vor diesesmal aber will ich die Loosschneidung an den ausländischen Bäumen vor die Hände nehmen.

§. 9.

Gleichwie ich keinen Gartenliebhaber verdenken kan, welcher begierig ist, etwas von seinen Gewächsen lieber geschwinde als langsam in der Vollkommenheit zu sehen; als will ich dann meinen Versuch mit der Loosschneidung gleicherweise mittheilen, wie man in kurzer Zeit grosse Pomeranzenzweige zu vollkommenen Bäumen bringen kan, welche alsdann blühen und die edelste Früchte tragen. Und solches wird die beigelegte 22ste Tabelle in etwas weitläuftiger erklären. Ich nehme aber von einem Pomeranzen, Citronen, oder Limonienbaume einen langen Zweig, wie A. B. weiset. Je länger derselbige ist, je grösser wird der Baum daraus, und schneide selbigen auf das Loos. Wer das erste Loos, so ganz genau an dem Hauptstamme ist, wol treffen kan, der hat an der Länge des Zweiges einen guten Vortheil: wo aber nicht, so suche er das nachfolgende. Wann solches verrichtet, so schneide er alle Nebenästlein, die zwei, drei oder mehr Jahre haben, hinweg, die abgeschnittene Zweige und Aestlein aber verwahre er, und schneide sie wiederum auf die Jahre: so überkommet er kleine Pomeranzenbäumlein. Die gar kleinen Zweiglein, so abermal weggeschnitten werden, mag man auf die Augen mit oder ohne Blätter, wie oben angezeiget worden, schneiden, und mit der edlen Mumie verkleiden. Auf solche Weise kommet ja nicht ein Blätlein umsonst, sondern alles kan vermehret und zu Bäumen und Bäumlein gemachet werden, so wahrhaftig eine lustige und rare Kunst, dergleichen noch niemand also practiciret hat.

§. 10.

Wann nun ein solcher Zweig von den Aestlein, so etliche Jahre auf sich haben, befreiet worden, (dann wann an dem langen Zweige A. B. Augen, die nur ein Blat haben, befindlich, solche kan man gar wol stehen lassen, wie C. D. lehret,) alsdann beuget man untenher denselben in einen kleinen halben Zirkel, wie an Fig. I. II. in dieser Tabell zu ersehen. Wann solches geschehen, so kan ein kleines Stüklein von einem entzwei geschnittenen Zweiglein genommen, und an die Krümme B. geleget werden, wie E. anzeiget. Ueber dasselbe wird ein Bindfaden gewikelt, und auf der andern Seite F wird wiederum ein kleines Hölzlein geleget, und um dasselbe nochmalen der Bindfaden geworfen: alsdann wird derselbe auf G. hinüber gezogen, und mit H. I. abermal unterleget. Dann solche Unterlegung geschieht um dieser Ursache willen, damit von dem Bast oder Bindfaden der Stamm oder Zweig nicht möge eingeschnitten oder beschädiget werden. Wann nun solcher zugerichtet ist, so wird er in die edle Mumie, die schon oft genug beschrieben worden, nachdem solche wol abgekühlet ist, eingetunket, und der Erden zulezt anvertrauet.

§. 11.

Hat nun ein solcher Zweig sich in dem Schoos der Mutter eine Zeitlang aufgehalten: so suchet er sich in derselben festzusezen, und beginnet sowol durch die Loose, als auch aus den Löchergen der Rinde, nachdem er dort und da die Mumie hinweggestossen, Wurzel zu schlagen, wie Fig. 2. K. zu ersehen. Und dieses ist die Loosschneidung und Beugung der ausländischen Zweige, an welchen, wann alles, was ich vorgetragen, wird beobachtet werden, ein jeder Gartenliebhaber seine Lust und Nuzen haben wird. Allein es ist noch eine Frage übrig: Wie man dann mit denjenigen langen Stämmlein, welche kein Loos haben, verfahren soll, damit sie doch fortkommen möchten? Darauf dienet zur Antwort, daß, wann man sie auf die Augen schneidet, und mit der Mumie überziehet und einsezet, sie am besten fortkommen. Es ist doch mislich, indem viel zurüke verbleiben, weil sie auch sehr zart sind: wo aber ein Absaz oder Jahr dabei ist, da wird es selten fehlen, aus obangezogenen Ursachen. Ja es ist auch dieses merkwürdig, daß diejenigen Stämme, die auf das Loos krumm gebeuget worden, lieber kommen, als die, so auf das Jahr geschnitten, und gleich grade eingesezet worden. Es kan auch unter andern Ursachen diese seyn, daß, weil bei dem ersten die Fasern bei dem Loos obenauf besser zusammengedrükt sind, untenher sich dieselbigen destomehr erweitern. Mithin sezet sich der Nahrungssaft desto eher hinunter, und durch desselben Ueberflus kommet die Materie der Wurzeln desto geschwinder hervor, und treibet seine Wurzel vollkommen heraus. Gleichwie man aber mit einem ausländischen Zweige umgehet: so kan man mit allen auf eben solche Manier verfahren.

§. 12.

Ehe ich dieses Kapitel beschlüsse, so will ich meine natürliche verkehrte Plantage hinzuthun, die ich mit einem Pomeranzenzweige gemachet, und selbige vor Augen stellen. Ich nahm im August einen ziemlichen starken Pomeranzenzweig, wie in Tab. 23. in Fig. 3. an L. M. zu ersehen: denselbigen hatte ich, wie ich gewohnet und im Gebrauch habe, alle Nebenäste, aber nicht seine Augen, benommen, und

dem-

Drei und zwanzigste Tafel.

Weiset mit wenigen einige grosse und lange Zitronen- und Pomeranzenzweige, die sehr viel Jahre auf sich haben, und durch Loosbeugung zu vollkommenen Bäumen geworden, ingleichen einen Zweig von der natürlich verkehrten Pflanzung.

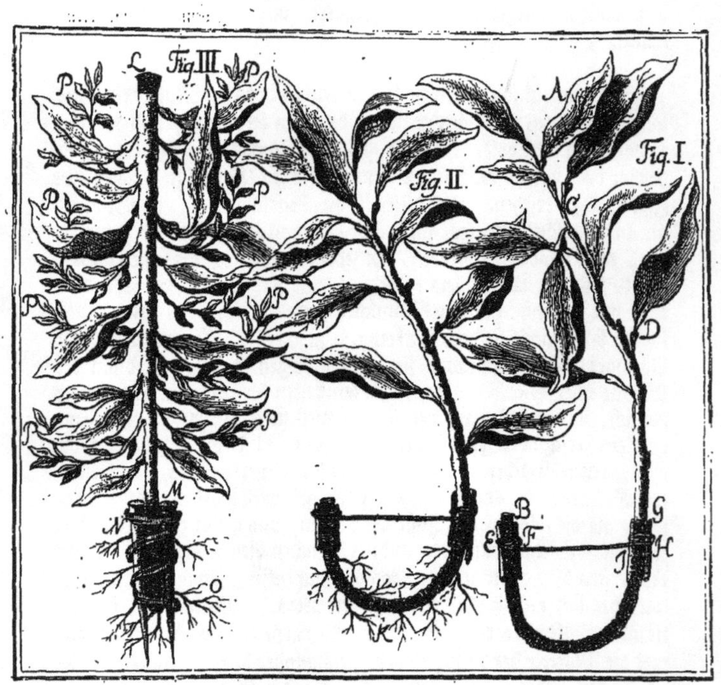

Fig. I.

Weiset auf einen Pomeranzenzweig, der sehr viel Loos und Jahre auf sich hat, welchem aber

A. B. alle Nebenästlein und Zweiglein sind weggenommen worden.

C. D. Erklären so viel, daß man die Augen mit einem Blat den Stämmen gar wol lassen kan. Wann sie aber Zweiglein von ein oder zwei Loosen haben,

 so

so will es nicht wol mit selbigen fortkommen; dieweilen der Zweig noch nicht so viel Saft und Kraft hat selbige zu ernähren; derohalben müssen sie abgeschnitten werden.

E. F. Zeiget, wie man mit klein = zerschnittenen Hölzlein oder Zweiglein den Stamm unterlegen soll, damit er nicht von der Schnur oder Bast allzusehr möchte zusammengedrükt werden.

G. Ist der Bindfaden oder die Schnur, womit die Krümme bezwungen wird, damit sie so lange fest halte, bis sie vermumisirt und in die Erde gebracht worden.

H. I. Wollen auf der andern Seite die Unterlegung dem Auge vorbilden.

Fig. II.

Ist abermal ein mit der edlen Mumie sehr wol bekleideter Pomeranzenzweig, welcher auf obbeschriebene Manier von seinen starken Nebenzweiglein befreiet, dessen Schnitt aber wol verkleber oder verwahret worden. Als dieser ein halb Jahr in der Erde gesessen und ausgeschoben, alsdann sehr genau untersuchet worden: so waren unter der Mumie theils bei den Loosen, theils aus den Pünktgen, die an den Stämmen zu finden,

K. Wurzeln reichlich hervor gestammet.

Fig. III.

Mahlet in besonderer Curiosität

L. M. einen starken Pomeranzenzweig ab, welcher eine natürlich verkehrte Pflanzung anzeiget. Dann es ist schon bekannt, wie sich viel Liebhaber mit Verkehrung der Augen und Zweige allerlei lustige Bäume zuwege gebracht, welche verkehrt ausgeschlagen. Wie ich dann ebenermassen eine grosse Freude daran gehabt. Endlich bin ich auf die Gedanken gerathen, daß ich einen Versuch thun wolte, ob ich nicht natürlicher Weise, ohne so viele Bemühungen, Zweige verkehrter Manier zielen könte, welches auch gerathen, und sind lustig anzusehen, wie die Figur abbildet.

Dieser Zweig aber war ebenermassen oben und unten auf Loose geschnitten, und von seinen übrigen Nebenästlein befreiet. Alsdann ward er in die edle Mumie eingedunket,

N. mit Stelzen und Bändern versehen. Wie er nun in der Erde wol

O. Würzelein überkommen hatte, so kamen die Augen allenthalben in ihrem Wachsthum hervor, und wurfen

P. P. P. P. ganz gekrümmet und in einem halben Zirkel gebogene Zweiglein hervor, so lustig, als mans in der künstlichsten Verkehrung nimmermehr wird wahrnehmen können. Wer es mit grössern oder kleinern Stämmlein versuchen will, dem wird es hoffentlich auch nicht mißlingen, sondern er wird alle Freude und Lust daran wahrnehmen.

demselben richtig auf die Loos geschnitten. Und nachdem er oben und unten wol vermumisiret, auch mit Stüzen und guter Bindung, wie N. und O. anzeiget, wol versehen worden: so wurde er verkehrt in die Erde versenket, so daß der dike Theil über sich, und der dünnere unter sich zu stehen kam. Darauf muste nothwendiger Weise folgen, daß die Augen mit den Blättern abwerts sehen musten. Als nun untenher die Wurzel durch Hinwegstossung der Munie hervorkommen: begunten die Augen alsdann auszuschlagen, und trieben ziemliche Aestlein heraus, wie P. P. P. solches vor Augen stellet. Und ich versichere, daß die nachdenkende Gartenliebhaber mit ehesten die wunderlichsten Dinge nach dieser gegebenen Erfindung werden hervorbringen. Will also, um Kürze willen, nicht mehr viel Worte davon machen. Wer aber in diesen und andern Arbeiten der Vermehrung und Verkehrung inskünftige weitläuftig bemühet seyn will, der mus auch sonderlich zu den ausländischen ein gutes Verwahr- oder Glashaus haben. Ich will demnach mein geringes Glashaus, welches ich in der höchsten Geschwindigkeit mitten im December des vergangenen Jahres habe erbauen lassen, damit ich mit meinen gemachten Versuchen desto besser fortkommen möchte, in etwas abbilden: damit man mir ja nicht vorwerfen kan, sein deponirtes Geld wolle bei mir schimmlich werden.

§. 13.

Indem ich solches ins Werk richte, so will ich vor allen Dingen die hochgeneigten Gartenliebhaber ersuchet haben, daß sie sich von meinem geringen Glashause nicht eben die Gedanken machen, als wann ich es um dieser Ursachen willen in Kupfer stechen liesse, damit man solches nachbauen solte, indem ich gar wol weis, wie in grosser Herren hochberühmten Gärten selbige so kostbar und herrlich zu finden sind: sondern warum ich es thue, geschiehet nur denen zu Liebe, welche eben so wenig Raum, als ich in meinem Garten, und eben soviel als ich auf solche Kostbarkeit zu wenden haben. Wer es nachmachen will, dem stehets zu Belieben: wer es verbessern will, thut noch besser: und wer eine ganz neue und weit bessere Erfindung ausdenken will, der thut am allerweislichsten. Es hat aber mein Glashaus in der Länge 16. und in der Breite 12. Schuh, wie A. B. und A. C. vorstellet. Die Höhe bey der Mauren ist 8. und die Höhe bei dem Glasfenster ist 12. Schuh hoch, wie C. D. und A. D. ausweiset. Was nun das Holzwerk betrift, so war solches mit starken Riegelwänden auf der Seiten wol verwahret, und in dieselben wurden lange Stöklein oder Hölzer eingezapfet. Zwischen dieselben wurde der Laim oder Thon mit Stroh vermenget und eingetreten geworfen, alsdann mit Brettern verkleidet. Obenauf wurde ein doppelter Boden gemachet, und ebenermassen mit Thon darzwischen eingeleget, damit die Wärme auf keine Weise sobald durchgehen möchte. Aeusserlich war es ferner mit Fensterläden, und oben und unten mit Handhaben wol versehen, um selbige nach Belieben wegzunehmen.

Und damit ja niemand durch Unvorsichtigkeit im Abheben der Läden die Fenster einschlagen möchte, so habe ich eiserne Stangen lassen durchgehen, damit sie darauf ruhen können. Was die Fensterscheiben betrift, so habe ich solche aus gewissen Ursachen rund, und nicht von grossem Waldglas machen lassen: und will es die Zeit anjezo nicht zugeben, zu erörtern, ob die rund- oder langen Glasscheiben besser sind; es soll aber bei einer bequemen Gelegenheit davon geredet werden. Untenher an den Glasfenstern ist noch ein kleines Fensterlein anzutreffen, welches nach Belieben eröffnet wird, damit ein frischer Luft, wann es nöthig ist, hineingelassen werden kan.

§. 14.

Ferners, was das innerliche Glashaus belanget, so ist gleich bei dem Glasfenster ein wolangelegtes Mistbett zu sehen: wobei ich anjezo gute Gelegenheit hätte, von selbigem was weitläuftigers zu reden, damit mein anmaslicher Gegner wahrnehmen könte, daß er nicht allein so hoch vernünftig wäre, Mistbette anzugeben, oder daß man ein solcher Ignorant wäre, daß man nicht wissen solte, was selbige vor eine Würkung zu thun vermögend sind. Allein es soll ihm in demjenigen Theile, welcher von dem schnellen Wachsthum der Gewächse handeln wird, das Gegentheil vor Augen geleget werden. Nächst dabei ist ein Gestelle zu sehen, so stuffenweis erbauet ist, worauf die Gartenscherben sammt den Kästlein, worein die mumisirten Zweiglein, Aestlein und Blätter befindlich, gesezet werden. Ueber dieses ist auch in dem Glashause ein Schlangenofen erbauet, welcher um und um ins gevierte herumlaufet, und dasselbe in einer gleichen Wärme erhält. Ich hätte zwar eine ganz neue Erfindung, welche nicht so weitläuftig wäre, auch mit wenigerm Holze eine solche gemäßigte Wärme dem Glashause mitgetheilet hätte, und welche sowol nüzlich als erfreulich gewesen wäre, abbilden und beschreiben wollen: allein, weil alle Sachen leider! übereilet werden müssen, so bleiben die besten Gedanken öfters zurüke, jedoch soll es zu seiner Zeit kund werden. Nächst diesem so kommet der Ofen unter der Erde zwar innerlich zu stehen, aber äusserlich wird er geheizet. Oben auf der Platten des Ofens habe ich eine Kuppel sezen lassen, damit der Rauch desto besser darinn spielen kan, welche in dem Kupferstiche vergessen. Auf dieselbige ist der von eisernen Blech gekrümmete Schlauch gesezet worden, welcher innerlich eine Klappe hat, um damit das Feuer zurüke zu halten. An diesen werden grosse und weite töpferne Röhren, alsdann kleinere gestossen, und selbige mit Thon wol verstrichen, damit der Rauch nicht durchgehen kan, und solche werden um das Glashaus um und um geführet, und gehet endlich aussenher hinauf wie ein Kamin in die Höhe. Oben darauf aber wird ein eiserner Schlauch mit zweien Löchern, damit der Wind dem Rauche nicht hinderlich seyn möge, gesezet, wie solches alles weitläuftiger aus beiliegender Tabell zu ersehen ist. Und mit diesen wenigen will ich auch dieses Kapitel beschliessen.

Vier-

Vier und zwanzigste Tafel.

Entwirft mein weniges Glashaus, so ich in der Eil vergangenen December habe erbauen lassen, damit ich in meinen Versuchen desto glüklicher fortkommen könte.

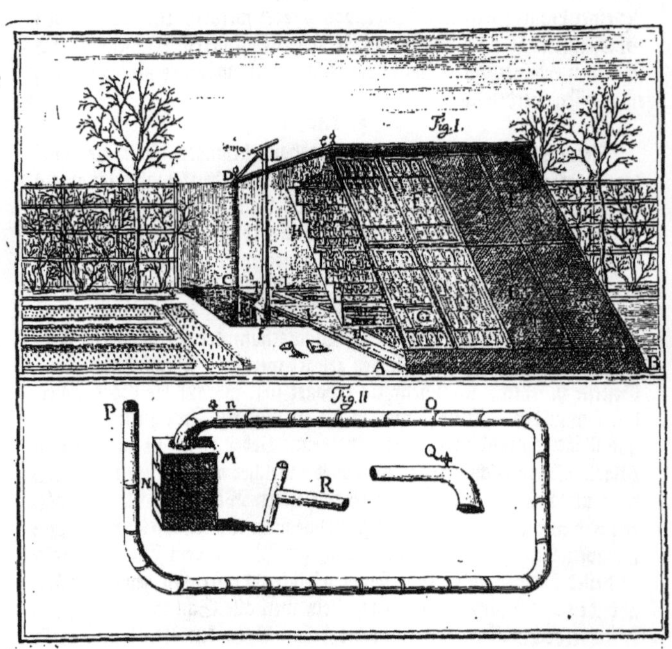

Fig. I.

Zeiget die Länge des Glashauses an. Wiewol man auf diese Länge, die in dem Text befindlich, nicht gehen darf: dann ich habe mich in allem nach meinem kleinen Raum richten müssen.

A. C. Will die Länge vorstellen, und

C. D. die Höhe der Mauern.

E. E. Weisen auf die äusserlichen hölzerne Läden, dadurch die Fenster bedeket werden.

F. F. Sind die Glasfenster, so mit runden Scheiben aus gewissen Ursachen sind gemachet worden.

G. Bedeutet das kleine Fensterlein, dadurch man nach Belieben Luft machen kan.

H. Ist die Stellage, welche mit Gartenscherben, in welchen auf bewuste Manier ausländische Blätter, Zweig und Aeste befindlich, angefüllet ist.

I. Will den Ofen anzeigen, wie er untenher in der Erde, und innerlich im Glashause stehet, und wie selbiger

L. L. L. L. vermittelst der in einander gestossenen thönernen Röhren wie eine Schlange in dem Glashause um und um gehet, bis er endlich über sich als wie ein Camin in die Höhe gehet.

K. Stellet den äusserlichen Theil des Ofens vor, wie man allda einheizen und Feuer einlegen soll. Dabei ist angezeiget

K. die Grube, samt der Stuffen, wie man hinunter gehen soll.

Fig. II.

Zeiget den Schlangenofen klärer, wie seine Figur im Glashause herum laufet.

M. Ist der Ofen, welcher unter der Erde befindlich, und innerlich mit allgemeinen Kacheln aufgerichtet, äusserlich aber mit Steinen aufgeführet ist, welcher untenher einen kleinen Rost hat, und dabei

N. ein blechernes Ofenthürlein, mit einem Schüblein verwahret.

n. Dieses weiset die von schwarzem Blech gemachte Röhre. Diese mus auf eine erhabene Kuppel, welches in dem Kupferstiche anzuzeigen vergessen worden, gestellet werden, damit der Rauch wol spielen und über sich ziehen kan. Dann sonst schläget aller Rauch zurüke, und gehet nicht durch die Röhren durch.

O. Sind die von Thon gemachte Röhren, dabei zu beobachten, daß die ersten allezeit grösser und weiter, als die nachfolgenden seyn sollen, welches ein verständiger Hafner zwar von selbst schon wissen und beobachten wird.

P. Will haben, daß man

R. den Schlauch, so von eben solchem schwarzen Blech ist, auf das Ende der thönern Röhren sezen soll, damit der Wind dem Rauche nichts möge in den Weg legen können.

Q. Ist der von eisernem Blech gemachte krumme Schlauch, mit seinem Ventil, welcher auf die Kuppel des Ofens ist gesezet worden.

Diese eingelegte Tafel weiset die bedekte Seite des Glashauses, mit dem äusserlichen Ofen und Mistbeet, wie es in und ausser dem Glashause befindlich.

Fig. I.

A. Ist der äusserliche Ofen, allwo ein kleiner Vorschuß befindlich, auf welchem ein von Holz aufgeführter Camin, so innerlich mit Laim beschlagen, durch welchen der Rauch, so aus dem Ofen heraus gehet, gefangen wird, und über sich gehet.

B. Ist der Schlauch, der von der thönernen Röhre, die innerlich herum lauft, heraus gehet, wodurch der Rauch seinen Ausgang nimmt.

C. Zeiget das hölzerne Dächlein an, welches über die Tiefe des Ofens gehet, damit von dem Regen nichts in die Grube kommen kan.

D. Ist ein Fensterschüblein, so man nach seinem Gefallen eröfnet, wann Rauch oder Dunst im Glashause entstehen soll, oder wann man vor gut ansiehet, etwas weniges frische Luft hinein zu lassen.

E. Holz zum einheizen.

F. Weiset auf die eröfneten Fenster des Glashauses, damit man die innerliche Beschaffenheit wahrnehmen kan.

G. Mahlet ein grösseres Luftfenster vor, welches man zu seiner Zeit eröfnet, wann man die grossen noch nicht aufmachen will.

H. Ist die Thüre, allwo man in das Glashaus gehet.

I. Giebet die Stellage zu erkennen, auf welchem allerlei ausländische Gewächse anzutreffen, auch von den operirten Zweigen und Aestlein.

K. Weiset das Mistbeete, wo allerlei vermumisirte Belzer eingesezet worden.

Fig. II.

Giebet die Erfindung zu erkennen, wie ein Mistbeet im Glashause ist angeleget worden, damit ohne viel Beschwerlichkeit immer frischer Dünger hinein, und das verdampfte heraus genommen werden kan.

I. Soll einen Rost von Holz gemachet anzeigen, auf und in welchen ein geflochtener Korb gesezet wird.

M. Ist ein ablanger und wohl zusammen geflochtener Korb, mit fett- und wohl durchgesiebter Erde, allwo die zubereiteten und mit der Mumie verkleideten Zweige verwahret werden. Dieser Korb wird in den Rost eingesezt.

N. Zeiget die Tiefe an, in welche der Dünger hinein gebracht wird.

O. Giebet die äusserliche Eröfnung zu erkennen, durch welche der Dünger ein und ausgebracht wird.

P. Ist der Dünger, der immer frisch kan untergeschoben, und, wann er das sal volatile urinæ genugsam ausgedunstet, ein neuer davor hinwider gestossen werden.

R. Sind die Treppen, da man zu dem Dünger gehen kan.

L. Ist die Falle, damit die Höle, wo der Dünger lieget, verwahret ist, theils daß man selbige so bald nicht kan wahrnehmen, und der flüchtigste und beste Theil nicht möge vergebens wegfliegen.

T. T. Sind abermal solche kleine Körbe, welche auf andere Manier zu gebrauchen, und wird in demjenigen Theile, welcher von dem schnellen Wachsthum der Vegetabilien handeln soll, mehr davon zu finden seyn.

Viertes Kapitel.

Weiset, wie durch den lezt vorgeschlagenen Versuch die fruchtbaren und einheimischen Obstbäume unzählbar vermehret, und Gärten, Wiesen und Wälder damit angeleget werden können.

§. 1.

Dieweilen wenig Menschen gefunden werden, welche an einem köstlich- schön- und fruchttragenden edlen Obstbaume, so sich mit seinem Ueberfluß der Früchte herrlich darstellet, nicht ihre sonderbare Hochachtung und herzliche Freude bezeigen solten, theils weil er lustig und lieblich anzusehen, theils, wann man seine edle Früchte genüsset, er des Menschen Herz erquiket und erlabet: als haben sich zu allen Zeiten hocherfahrne Gartenliebhaber mit vielen Nachsinnen sehr bemühet, wie ein solcher schöner Baum wegen seiner köstlichen Frucht vermehret werden könte, damit ja sein Geschlecht nicht vergehen möchte. Nun hat ihnen zwar die Natur und Vernunft den Weg alsobald angezeiget, daß die Vermehrung auf keine Weise reichlicher, besser, und ohne viele Mühe und Arbeit, als durch den Saamen geschehen könte, wie davon schon in dem ersten Theile im 2ten Abschnitt weitläuftig ist geredet worden. Und daß solcher Weg sowol vor diesem gebraucht worden, als noch heute zu Tage in Gewohnheit ist, solches bezeuget Herr von Hohberg in dem andern Theile, in dem vierten Buche im 2ten Kap. seines adelichen Landlebens, wann er mit nachfolgenden solche Vermehrung anpreiset.

Man hat sich wahrhaftig über die göttliche Weisheit und Allmacht zu verwundern, daß aus einer ziemlich grossen Bohnen ein Stämmlein, einer oder anderthalb Ellen lang, daß ein jedes zweijähriges Kind tragen kan, entspringet; aus einem viel kleinern Birn- oder Apfelkern aber ein solch hoher und grosser Baum erwächset, der auf 15, 20 oder mehr Wägen nicht möchte aufgeladen werden, dessen Stamm manchmal so dik wird, daß ihn drei oder vier Männer hart umarmen; so hoch, daß er über 20 Klaftern hoch aufsteigen; so breit, daß 20 Mann und mehr unter seinem Schatten ruhen können; und soviel Früchte bringet, daß man oft von einem Baume zwei, drei und mehr Wägen beladen kan. Und ist nur dieß wundersam, daß nur von einem Birnen- und Apfelbaum, wann man alle Kerne davon anbauen wolte, man leichtlich einen Forst, auf mehr als 1000 Schritte lang und breit, ja noch mehr besezen und zurichten könte.

§. 2.

Allein, obschon einige Liebhaber noch heute zu Tage gefunden werden,

den, die Hand anlegen, das Kernobst einzusezen: so bezeugen sie doch keinen besondern Eifer noch Fleiß, etwas ferners, als nur darauf zu Belzen oder zu Oculiren, mit ihnen vorzunehmen. Dann sie stehen schon in diesem Vorurtheil, und werden sich es auch nicht benehmen lassen, daß alles, was aus dem Saamen der Aepfel und Birnen, sie mögen so herrlich und köstlich seyn als sie immer wollen, hervorwächset, zu einem Wildling wird, von welchem ein geringes und schlechtes Obst herkomme. Ganz einer andern Meinung aber ist Herr von Ranzau, Königlicher Statthalter in Holstein, wie solches obangezogener Herr Verfasser bezeuget, der da spricht: Das Kernobst halte ich wol dafür, was von edler Art ist, dörfte eben so wenig abgebelzet werden, wann mans allein desto öfter, das ist, drei oder viermal unsezen wolte, so würde ihre Frucht so geschlacht und wolgeschmakt seyn, als das Obst gewesen, daraus der Kern genommen worden.

Dieses bestätiget auch Joh. Royer, daß ihm etliche solche versezte Kernbäumlein geblühet und schöne Früchte getragen, daß er sich darüber verwundern müssen, ganz anderer und fremder Art, dergleichen er vor nie gehabt, also haben sie sich verändert durch den Kern, rc. rc. Und ich will mit GOtt die Gewißheit noch abwarten, indem ich vor drei Jahren über hundert Kerne von dem schönsten Obst habe eingestekket, welche alle meistens gekommen sind. Diese habe ich gleichermassen im ersten Jahr versezet: das andere Jahr darauf habe ich ihnen alle ihre Aestlein, ja den Hauptzweig selbst, bis auf ein Auge gestuzet, die Schnitte aber wol verwahret: das dritte Jahr habe ich sie wiederum zu rechter Zeit versezet, und heuer werde ich sie wiederum bis auf 2. oder 3. Augen stuzen. So vermerke ich doch, daß sie immer geschlachtere Stämme und weniger Stachel hervorbringen. Ob aber auf solche Manier der Natur kan geholfen werden, werde ich oder die Meinigen oder andere mit GOtt erleben.

§. 3.

Dieweilen aber den menschlichen Gemüthern, sonderlich, wer mit dem Gartenwesen umgehet, die Begierde zum schnellen Wachsthum gleichsam eingepflanzet ist, so, daß sie dasjenige, was sie pflanzen, säen und einsezen, gleich in ihrer Vollkommenheit sehen wollen, und vermeynen, sie können unmöglich so lange warten, bis die Natur ihren Lauf vollbracht hat, so bedenke doch ein jeder nur selber, daß wir, da wir aus Mutterleibe gegangen, auch klein gewesen, und viel Jahre vorbei geflossen, bis wir zu unserer Grösse und Vollkommenheit gekommen. Also ist es auch nothwendig, daß man mit der Natur ebenermassen Gedult habe, nach dem gemeinen Sprüchwort: Natura non facit saltum. Und wir Menschen sind ja nicht Meister, aber wol Diener der Natur.

In-

Indem uns aber doch der gütige GOtt mehr Freiheit und Lust in dem Gewächsreich, als in den andern zweien zulässet, daß wir nach unserer geziemenden und zuläßigen Begierde darinnen handeln können, wie wir wollen, so sind auch deswegen so vielerlei Künste, sowol in der Verbesserung, als Vermehrung entstanden, und werden noch täglich mehr erdacht werden. Wie ich dann auch hier meine Universalvermehrung der Bäume und Stauden eben so gut, als bei den ausländischen anbringen will, welcher im Loosschneiden, Beugen, Vermumisiren und Einsezen bestehet. Man hat ja nicht nöthig, diese und die andere vorgelegte Manieren, wie ein überkluger verlarvter Gärtner, etwa vor ein Unding und Fabelwerk in der Welt auszuruffen, besondere Atteste allenthalben deswegen herumzuschiken, und die Sache im höchsten Grad zu verachten; man sehe sich nur in einem und dem andern Schriftsteller, welcher von Obstgärten geschrieben, ein wenig um, so wird man bald finden, daß sie auf gewisse Art solches schon vorgenommen haben. Und will ich nur abermal den obangeführten Verfasser, welcher wegen seiner Hochachtung fast in allen Händen ist, aufschlagen, der spricht im 18den Kapitel der obangezogenen Stelle also: Es haben etliche Bäume die Natur an sich, daß, wann man ihre gerade, frische aufschüssende Zweige nimmet, sie oben und unten stuzet, und in die Erde sezet, also, daß man das untere Theil auf einen frischen, feuchten, mit Kühkoth vermischten Laim stellet, und Haber und Gerste herum säet, und die Grube nachmals zufüllet und wol vertritt, obenauf aber auch einen laimichten, feuchten und umgekehrten Wasen schlaget, sich solcher Zweig bewurzelt und oben austreibet. Auf diese Weise kan man Feigen, Rosen, Aepfel, Mespeln, Kirschen, Maulbeer, und sonderlich die Bäume, die Mark in sich haben, fortpflanzen. Ob nun der Haber und Gerste ein grosses zu der Wurzelschlagung beitragen, und daß man die Stämme, die nicht verwahret, auf Kühkoth blos sezen soll, will ich anjezo so genau nicht untersuchen, genug, daß ein jeder Liebhaber schon daraus ersehen kan, daß, so gut die abgeschnittenen und in viel Theile zerlegte Wurzeln wiederum ausschlagen können, so gut auch die in viel Theile zertheilte Aeste und Stämme Wurzeln erlangen können. Und hat solches schon zu der Zeit angehen können, da man ganz keine Aufmerksamkeit auf das Loosschneiden, noch auf eine Verwahrung gemacht, (darinnen das gröste Meisterstük bestehet,) wie vielmehr wird solches seinen erwünschten Erfolg anjezo erreichen, wann man alle Obsicht darauf hat, welche die Natur haben will?

§. 4.

Ich will aber diese Art abermal mit wenigen wiederholen. Erstlich, will man grosse Gärten, Felder und Berge mit Bäumen besezen, so mus man sich eine grosse Menge langer, starker und wolgewachsener Aeste und Zweige von guten Aepfeln und Birnen, Mandeln, Kastanien, Nüssen, Apricosen, Pfersig, Maulbeer, Kirschen, Weichseln, Amarellen, Haselnüssen, Pflaumen, Mirobalanen, Misveln, Cornelbaum, Quitten, ꝛc. ꝛc. an die Hände schaffen. Entweder hat ein Hausvater schon von selbst einen gros angelegten Obstgarten, so hat er nicht nöthig einen guten Freund darum anzusprechen, ist er aber nicht damit versehen, so mag er aufs Betteln ausgehen; dann einem Gartenliebhaber ist solches keine Schande, und mag er sich sonderlich, wann man im Frühlinge die Bäume ausschneidet, und ihnen die allzuüberflüßigen Aeste und Zweige benimmet, solche zuführen lassen. Will er nun ein grosses Werk damit anlegen, und einen grossen Garten, so verstehet sichs von selbst, daß er einen guten Vorrath der Aeste und Zweige darzu haben mus. Vor allen Dingen aber entstehet die Frage: Welche Zeit dann zu dieser Arbeit wol am besten ist? Ich, soviel ich in der kurzen Zeit, da ich mit dieser Sache umgehe, wahrgenommen habe, sage, daß der Herbst die beste Zeit darzu ist, und habe ich vergangenen Herbst vor und nach Allerheiligen viel tausend Stämme auf das Loos geschnitten und vermumisiret, und sehr viel in den freien Plaz, sonderlich die langen Stämme, so in Zirkel gekrümmet, jedoch mit Stroh verwahret, eingesezet; die mittlern, kleinern und gar zarten Stämmlein aber habe ich in meine gemachte Einlage gebracht, wie aus beigelegter 25sten Tabelle zu ersehen, wie auch alles dorten weitläuftig beschrieben worden. Ich habe mir zwar zwei Einlagen in meinem Garten richten lassen, eine unter dem freien Himmel, die andere aber unter der Sommerlaube. Diese ist mehr troken, jene aber hat mehr Feuchtigkeit. Dahero habe ich auch die diken, starken und lange Stämme und Aeste in dieselbige verwahret, und will erwarten, welche mir am besten anstehen wird.

§. 5.

Allein man möchte fragen: Warum ich dann nicht alle Zweiglein und Aestlein gleich in das freie Feld oder Plaz gesezet? So dienet zur Antwort: Daß ich solches um dieser Ursach willen gethan, weil die grosse Kälte und harte Witterung solchen zarten und subtilen Stämmlein sehr schädlich ist. Derohalben laß ich sie lieber in einer guten und wol durchschlagenen Erde stehen. Untenher haben sie noch darzu einen Dung, obenauf sind sie wol mit Brettern und Erde oder Dung verwahret, und empfangen Luft, soviel ihnen nöthig ist. So werden sie auch nicht eher ausgesezet, als bis mitten oder zu Ende des Aprils. Inzwischen haben sie zu der Wurzelschlagung unter der Erde das halbe Jahr durch Bequemlichkeit genug, und sind von allen beschwerlichen Witterungen befreiet. Alsdann wann der balsamische Frühling kommt, und sie ausgesezet werden, so treiben sie sowol unten als oben aus: und deswegen ziehe ich den Herbst und Winter der Frühlingszeit vor. Dann

wer

Fünf und zwanzigste Tafel.

Giebet die in meinem Garten aufgeführte Retirade, sammt der Einlage, darinnen viel hundert vermumisirte Stämme eingesezet, und den Winter durch verwahret werden, zu erkennen.

A. A. A. A. Weisen die Länge und die Breite der lustigen aufgebaueten Retirade im Garten.

B. B. Zeiget die bedekte Einlage, welche sowol mit Queerbalken als Bretern wol versehen, daß man sicher darauf gehen und stehen kan.

C. Will die Eröfnung der Einlage vorstellen, welche mit einem Dekel versehen ist, welchen man nach seinem Gefallen eröfnen und zumachen kan.

D. Ist die Einfahrt in die Einlage, welche vermittelst der Leiter geschehen kan.

E. Stellet Dünger vor, womit obenauf die Einlage beleget wird, daß durch die Furchen der Breter keine Kälte hinunter dringen mag. Ich habe noch zum Ueberflusse vorhero die Breter mit Erde belegen, alsdann den Dünger darauf tragen lassen.

F. F. Weiset die untere Tiefe der Einlage. Ich habe selbige über anderthalb Mann tief graben lassen. Untenher ist erstlich Küh- und Pferdmist auf etliche Schuh hoch geleget worden, alsdann beinahe auf drei Schuh hoch eine trokene und wol durchschlagene Erde, welche in der Einlage als wie die Beete angerichtet worden.

G. G. G. Giebet die wolangerichteten Beetlein zu erkennen, als in welchen allerlei Stämme, sowol die in Zirkel gebogen, als die nur gerade und gleich waren, sind eingesezet worden.

H. H. H. Sind die gemachten Wege zwischen den Beetlein, da man darzwischen gehen kan, um selbige mit etwas Schnee zu versehen, wann sie gar zu troken seyn, auch nachzusehen, ob der Stamm nicht anlaufet, 2c. 2c.

I. Ist ein Beetlein, in welchem Blätter mit Augen mit der Mumie verkleidet anzutreffen, ingleichen Stämme, die auf ein, zwei und drei Jahre geschnitten und vermumisiret sind.

K. Zeiget ein anders Beet an, in welchem gezirkelte Stämme von Aepfeln, Birnen, Apricosen, Pfersig, Nußbäumen, Maulbeer und dergleichen, vermumisirt worden.

L. Ist noch ein zugerichtetes Beetlein, in welchem zuvor Pfähle sind eingeschlagen und Latten darüber genagelt worden, daß sie

M. M. ein niedriges Geländer formiren. Ueber dieselbigen werden die lange Zweige und Stämme, die sich nicht haben in Zirkel bringen lassen, erstlich in die Erde wohl tief, so weit sie mit der Mumie versehen, gesteket, alsdenn überzwerch auf die Latten geleget, damit sie nicht mögen Schaden leiden. Ich hätte die andere Einlage darzu können machen lassen, welche sich in der freien Luft befindet: allein ein jeder kan aus dieser leicht abnehmen, wie jene mus angeleget werden.

wer seine Aeste allererst im Merzen und April von den Bäumen überkommet, und sie nach bewuster Art schneidet, verwahret und einsezet: dem werden sie zwar kommen, aber es ist mißlicher. Dann der Saft gehet mehr über sich, und die grosse Hize, die sich zuweilen im Merzen und April einfindet, troknet den Saft aus. Allein man kans probiren: mus mans doch mit denjenigen Bäumen wagen, die Wurzeln haben, und läst man sich es doch nicht befremden, wann selbige verderben.

§. 6.

Der Proceß aber der Looschneidung und Mumisation ist nachfolgender. Wann man dike Stämme, lange Aeste und Zweige beisammen hat, so nimmt man die geschlachtesten und geradesten besonders, suchet untenher das Loos, auf solches wird alsdann geschnitten, wie oben weitläuftig ist angezeiget worden. Alsdann werden auch bis obenauf die starken Nebenzweige denselbigen hinweggenommen. Findet man aber Aestlein daran, die nur ein oder zwei Jahr alt sind, dieselbigen kan man dem starken Aste oder Stamme wol lassen: dann er hat schon soviel Saft und Kraft, daß er die Augen erhält und ernähren kan. Dieses aber kan man an langen Aesten, die viel Loose haben, gar füglich vornehmen, und ihnen das erste, oder nach Beschaffenheit auch das andere Jahr hinweg nehmen, den Schnitt alsdann mit Baumwachs oder Mumie verwahren: dann wegen ihrer zarten Natur stehen sie im Winter gerne ab, auch werden die andern Loose öfters ebenermassen damit angegriffen, und gehet zuweilen der ganze Zweig deswegen zu Grunde.

§. 7.

Nachdem man nun einen langen Ast oder Zweig mit vielen Loosen oder Jahren wol beschnitten: so versuchet man denselben, ob er sich untenher noch wol beugen läst oder nicht. Kan man solchen noch ohne Schaden in den halben Zirkel bringen, so ist es gut und wol: dann alle Stämme, Aeste oder Zweige, sie mögen ausländisch, einheimisch oder wilde seyn, kommen auf solche gekrümmte Weise desto gewisser fort. Wie aber die Beugung und Unterlegung sowol mit den Hölzlein oder anstatt derselben mit den Stüzen geschehen, ingleichen wie man die Krümme mit Bast, starken Bindfaden, oder geflochtenem Stroh, Weidenruthen und was dergleichen mehr ist, verwahren soll, wird die 26ste Tabelle weitläuftiger vor Augen legen und erklären; davon zwar schon genug bei der Zirkelbeugung der ausländischen Zweige ebenermassen gehandelt worden. Und will ich hier nochmalen erinnert haben, daß, wie die Beugung in die Krümme mit einem grossen Aste oder Zweige vorgenommen wird, so solche auch mit einem kleinen Stämmlein und Aestlein verrichtet werden kan. Solte aber der Ast oder Zweig schon so stark seyn, daß man selben in die Krümme nicht mehr zwingen kan: so schneidet man selbigen nur blos auf das Loos, und verwahret den

Schnitt mit der Mumie, und macht nach Belieben Stüzen daran, damit die Aeste und Stämme in der Erde desto fester stehen mögen.

§. 8.

Wann nun die Aeste und Stämme wol auf das Loos geschnitten, und untenher wol glatt gemacht, auch nach Gebühr gekrümmet worden sind: so kan man die Mumisation vornehmen, und solche mit zerlassenen algemeinen Harz oder Pech überziehen, damit die Nässe oder Feuchtigkeit dem Zweige oder Stamme, bis er seine Wurzel durch die Loose von sich stösset, nicht schaden, er auch in seiner Verrichtung nicht gehindert werden möge. Allein darüber wird zwar ein heftiges Gelächter und hönisches Gespötte von einigen klugen Gärtnern ausgestossen, welche sagen; Wie! sollen wir mit dem stinkenden Schusterpech umgehen? O pfuy! das stinket zu grob, und wann einer die Schwindsucht nicht schon vollkommen am Halse hätte, so müste er sie durch selbiges erlangen. Weg mit dem Schusterpech! Wir nehmen davor schönes Wachs, Honig, Unschlit, Waldrauch, Weyrauch, Schwefel, Salz, Vogelleim, Terpentin und Baumöl, und machen eine gute Salbe daraus, das giebet noch einen feinen Geruch, und kostet fein viel. Bleibet vom Baumöl noch was übrig, so kan die Gärtnerin noch einen guten Sallat davon machen. Hole der Henker das Schusterpech! Allein, mein lieber Gärtner, es ist mir wenig daran gelegen, daß ihr ein so unzeitiges Gelächter über das Harz und Pech habt, sonderlich weil es in eurem Lexico nicht zu finden, daß das Harz oder Pech eine Mumie heissen soll. Wann euch aber solte wissend seyn, aus was vor Stüken die wahre Mumie bestehe, und man euch es erklären solte, daß eben diese Stüke von Pflanzen so gut, als das Harz und Pech herkommen, und solche nur dem Grad nach voneinander unterschieden, so würdet ihr euer Spotten und Lachen bald einziehen. Allein weil es mir so beliebet, so soll auch das Harz und Pech noch ferners die vegetabilische Mumie betitelt werden. Aber zur Sache selbst zu kommen, so wird ein grosser eiserner oder kupferner Kessel, oder auch ein gros und starker Topf von Thon genommen, und mit gemeinem schwarzen Pech, (wer aber was bessers darauf wenden will, der nehme feines Harz oder Scheffelpech, und nach Belieben gelb Wachs darunter) bis an den dritten Theil voll angefüllet; alsdann läst man selbiges bei einem Kohlfeuer in freier Luft nach und nach zerfliessen. Wann es zerschmolzen, so kan man das Feuer hinweg thun, und so lange stehen lassen, bis es keinen Dampf mehr von sich giebet. Nach solcher Abkühlung kan man mit einem starken und auf besondere Weise darzu gemachten Pensel von Sauborsten, die langen und die krummen Aeste, Zweige und Stämmlein auch Aestlein verkleiden, und alle Schnitte wol verwahren, wie solches die beigelegte Tabelle noch ferners belehren wird.

Sechs und zwanzigste Tafel.

Will den hochgeneigten Gartenliebhabern klärlich vor Augen stellen, wie man die starken Stämme, Aeste, Zweige und Aestlein von guten und fruchtbaren Obstbäumen vermumisiren, und die Gärten, Felder und Berge damit besezen soll.

A. A. Weiset, wie der Hausvater einen in der Krümme gebogenen langen Apfelzweig hat, welcher wol verbunden und mit der Mumie recht verkleidet ist. Dabei will er den Gartner oder Weinzierl erinnern, er soll auf die Wärme seiner Mumie wol acht haben, daß er selbige nicht allzu warm auftrage, dann daran lieget sehr viel.

B. B. Stellet einige sehr starke Zweige vor, die zwar in Zirkel gebogen, und denen anstatt der Hölzlein, die man sonst pfleget unterzulegen, Stelzen sind gegeben worden, damit sie in der Erde desto fester stehen möchten, sonderlich, welche auf die Felder und Berge gesezet werden.

C. Ist ein starker und ebener Ast, welcher ebenermassen mit Stelzen versehen.

D. Weiset, wie ein starker Zweig aus dem Loos Wurzeln schläget, wodurch der Stamm beginnet zu wachsen.

E. Ist ein diker Ast, an welchem kein Loos mehr zu erkennen, sondern nur die Aeste geschnitten worden.

F. Ist der Dreifus, sammt dem Feuer, worauf der eiserne oder kupferne, auch nach Belieben nur von Thon ein Topf kan gesezet werden.

G. Ist der Kessel selbst, in welchem das gemeine Pech zerlassen wird, so ich die Mumie heisse, obschon dieses Wort einige verlarvte Gärtner anstinket.

H. Ist der Pensel, welcher auf eine besondere Art, nämlich, daß die Sauborsten nicht nach der Länge, sondern in der Krümme und in der Mitten zusammen gebogen und alsdann verbunden werden, sonst gehet es auseinander, und die Borsten schwimmen im Pech herum.

I. Weiset, wie man die grossen Stämme mit dem Pensel vermumisiren soll, und wie man alsdann sowohl die kleine als grosse Zweige in das Wasser ein wenig zu erfrischen sezen kan.

K. Zeiget die Boding oder Schäffel mit Wasser an, darein die Stämme um abzukühlen gesezet werden.

L. L. Weiset auf sehr lange Aepfel, Birnen, Hasel- und Welsche Nüsse, welche untereinander auf ein Feld oder Aker gesezet worden, die wie ein Wäldlein sich vorstellen.

M. M. Bildet vor, wie man die kurze wohlverwahrte Aeste einsezen soll, und wie sie nach ein oder zwei Jahren ausschlagen.

N. N. Sind eben solche starke und kurze Aeste, von allerlei fruchtbarem Obst, welche man auf erhobene Orte und Berge gesezet, welche auch nach und nach austreiben, und zu grossen Bäumen werden.

§. 9.

Ist noch übrig mit wenigen zu gedenken, wann und wie man die Aeste und Stämme einsezen soll. Die Zeit belangend, so habe ich schon gemeldet, daß der Herbst und der Anfang des Winters die beste Zeit darzu ist: ich will aber den Frühling nicht gar ausschliessen. Sonderlich, wer seine vermumisirte Stämme den Winter über in den Einlagen verwahret hat, der kan gar sicher selbige in der Mitte des Aprils herausnehmen und einsezen: so werden sie wol kommen. Wer aber Stämme im Merzen schneiden und gleich einsezen will, kan es ebenermassen versuchen: die Erfahrung wird ihm alsdann ferners schon weisen, was er ins künftige thun oder lassen soll. Was aber die Einsezung selbst belanget, so ist bekannt, daß man sich nach dem Zweige, ob er gerade oder in der Krümme befindlich, richten mus; denn hernach wird auch die Grube gemachet. Die gekrümmten müssen also gesezet werden, daß der Abschnitt auf der einen Seite mit der Erde horizontal zu liegen kommt. Ich lasse gerne dasselbe Ende ein wenig über die Erde heraus sehen, aus vielen Ursachen, davon die Kürze der Zeit zu reden nicht leiden will. Die andern aber werden einen Schuh tief gerade eingesezet, und allezeit die Grube mit einer guten Erde zugefüllet: alsdann wird ihnen ein Stänglein zugegeben, und wol angebunden, auch den ersten Winter werden sie mit Stroh eingebunden, so werden sie untenher Wurzeln schlagen, und über sich gar wol austreiben. Und durch diese Erfindung können Gärten, Felder und Berge mit Zweigen und Aesten reichlich und überflüßig angesezet werden, welche in kurzem vollkommene Bäume vorstellen.

§. 10.

Zum Beschlus will ich noch hinzufügen, daß man auf eben solche Art und Weise lebendige Zäune und Gehäge von Meelbeeren, wilden Cornellen, Schlehendorn, Hagdorn, Stechpalmen, Weinschierling, ꝛc. und in die Gartenspalieren von Haselnüssen, Quitten, Johannsbeeren, Rosenstauden, Hinbeeren und dergleichen pflanzen kan. Sonderlich wann sie in dem October gesezet, und den Winter über mit ein wenig Stroh und Mist bedeket werden; so werden sie gar wol fortkommen. Und hiemit will ich den Baumgarten verlassen, und mich ein wenig in den Wald begeben.

Fünftes Kapitel.

Giebet durch den neuerfundenen Weg einen neuen Vorschlag an die Hand, die ausgehauene Wälder und leere Stätte mit Stämmen, Aesten und Zweigen zu ersezen, welche zu Bäumen werden, und mittlerzeit einen lustigen Wald vorstellen.

§. 1.

Wann man einige Scribenten, welche von den Wäldern, wie sie anzurichten und aufzubringen sind, geschrieben, aufschläget: so geben sie insgesammt diesen einigen natürlich- und wahrhaften Vorschlag, daß man nämlich durch Hülfe der Saamen, welche man von den Waldbäumen sammlen mus, solche aufbringen und anlegen soll. Davon sonderlich dasjenige zu lesen, was ein hochadeliches Mitglied der hochlöblichen fruchtbringenden Gesellschaft, davon im ersten Theile im 2ten Abschnitt ebenermassen Erwähnung gethan, in seinen bekanten Werken weitläuftig beschrieben hat, welches alles wol zu billigen ist. Dieweilen aber nicht zu läugnen, daß solche Erziehung und Aufwachsung der Bäume sehr langsam zugehet, und unser Leben kurz ist, und wir Menschen begierig seyn, dasjenige, was unsere Hände arbeiten und pflanzen, auch mit unsern Augen vor unserm Absterben in der Vollkommenheit stehend zu sehen und zu betrachten: so hat das Dichten und Trachten der Menschen durch Kunst etwas, worauf man sonst nach dem Lauf der Natur sehr lange warten müste, bald zu seiner Vollkommenheit zu bringen kein Ende. Wie dann in einem gewissen Sendschreiben eine hochgräfliche Person sehr beklagte, daß bishero niemand keine andere Erfindung, als nur mit den Saamen Wälder anzurichten, und leere und ausgehauene Oerter mit Bäumen zu erfüllen, ausgedacht hätte. Dannenhero bin ich auch dadurch angefrischet worden, und habe mich öfters in die Förste und Wälder begeben, und bin der Natur nachgegangen, um zu erforschen, wie man doch auf andere Weise möchte dahin gelangen können, Wälder bald in ihre Vollkommenheit zu bringen. Und weil ich dazumal schon von dem Wurzelimpfen die Gedanken hatte: so hielte ich anfänglich davor, daß dieses der allerbeste Weg seyn würde, Bäume bald in ihre Vollkommenheit zu bringen, davon im ersten Theile dieses Versuches mit mehrern ist gesagt worden. Allein als ich selbst Hand angeleget, fand ich sehr viel Schwierigkeiten dabei. Und ob es sich schon practiciren läst, und auch die Natur solches zugiebet, daß sich Stamm und Wurzel miteinander verheirathen, vereinigen und verwachsen: so muste ich doch endlich wahrnehmen, daß solches zu keiner Universalvermehrung dienlich sey. Und weil ich mit den

Wur-

Wurzeln dazumal mein Wesen hatte: so fiel mir ein, daß die Wurzelzertheilung weit besser sich zu dem Universal schiken möchte. Und welches sehr besonders war, als ich mit diesen Gedanken in einem Tannenwalde herumritte, und betrachtete, daß derselben Wurzeln so gar nicht tief in die Erde hinunter giengen: so stieß ich unversehens auf einen alten Bauer, der einen ziemlichen grauen Bart und Haare hatte. Mit diesem ließ ich mich in ein Gespräch ein, und sagte: Lieber Vater, habt ihr wol jemals gehöret, daß, wann man die Wurzeln von Fichten, Tannen und Föhren in viel Stüke zerhauet, selbige alsdann wiederum austreiben, und Bäume daraus werden? Darauf stund der Bauer lange still, und sagte nichts. Endlich gab er zur Antwort: Herr, ich weis mich zu besinnen, daß ich von meinem Vater etlichemal gehöret, als sein Junker ihm in einem ausgehauenen Walde ein Stük Landes gegeben, er solle selbiges zu einem Aker machen, so hätte er die Stöke sammt den Wurzeln ausgehauen, die kleinzerhaueten Wurzeln aber hätte er eingeakert, und sein Getreide darauf angebauet. Des andern Jahrs darauf, als er in der Brach lag, schlugen in grosser Menge Tannen- und Föhrenbäumlein hervor, und machten einen kleinen Wald. Der Vater sagte zu uns: Buben, wann ich euch nicht Brod schaffen müste, so wolte ich aus unserm Aker jezo einen schönen Wald zielen. Allein er hieb die ausgeschlagenen Stüke Wurzeln wiederum aus, und behielt seinen Aker. Diese Erzählung gefiel mir wol, gab ihm ein kleines Trinkgeld, und lies den alten Vater gehen, und ich passirte weiter. Als ich ins Dorf kam, gieng ich ins Wirthshaus, ein wenig auszuruhen, und erzählete die Historie dem Wirthe. Etliche Bauern höreten dieses mit an; darauf sagte einer: Dieses habe ich niemals gehöret, soviel aber weis ich, daß mein Nachbar, so ein alter Mann, und ich noch ein Jüngling war, dike Aeste und Stämme abgehauen und eingesezet hat, und die haben ausgetrieben, und die Leute haben sich darüber verwundert. Ich sagte: Von was vor einem Baum die Aeste gewesen? Da versezte er, daß er solches nicht mehr wüste. Ich hatte daran auch meine Vergnüglichkeit, und als ich nach Hause kam, so blätterte ich in einem alten Griechischen Autor herum, welcher ein Schüler des Aristotelis war, in demselbigen fande ich nachfolgende wenige Worte, in welchen alle Weisheit und Kunst der Vermehrung kurz enthalten war. Ich will aber diese Worte vor diesesmal mit Fleis in seiner Sprache hersezen:

Αἱ γενέσεις τῶν δένδρων καὶ ὅλως τῶν Φυτῶν, ἢ αὐτόματοι, ἢ ἀπὸ σπέρματος, ἢ ἀπὸ ῥίζης, ἢ ἀπὸ παραςπάδος, ἢ ἀπὸ ἀκρέμονος, ἢ ἀπὸ κλωνὸς, ἢ ἀπ' αὐτȣ τȣ ςελέχȣς ἐςίν. ἢ ἔτι τȣ ξύλȣ κατακοπέντος εἰ μικρά, &c. &c. &c.

In demjenigen Theile aber, welcher von dem Versuche sicherer Proben und Wahrheit handeln wird, sollen sie weitläuftiger erkläret werden, und will erwarten, ob solches auch unter die gelehrten Narrheiten, wie ein Erzspötter vorgiebet, zu zählen ist.

§. 2.

Gleichwie ich aber meinen wenigen Vorschlag, wie man mit ausgehauenen Wurzeln einen Wald anlegen soll, im vorigen, wie auch in diesem Theile mit allen Umständen erzählet; auch, wie man durch Bedekung und Glatmachung der abgehauenen Stöke durch die Schößlinge einen fliegenden Wald möchte zuwege bringen, genugsame Anleitung gegeben: als will ich anjezo meinen lezten Versuch im Walde anbringen, und sehen, wie durch das Loosschneiden und Zertheilung der starken Aeste und langen Stämme, dike und wolbesezte Wälder in kurzem können angeleget werden.

§. 3.

Es wird aber ein Grundherr und Forstmeister vor allen Dingen sein Land zu betrachten haben, was selbiges vor Waldbäume ehedessen hervorgebracht, und ob dieser abgeödete Ort mit Eichen, Tannen oder Birkenbäumen vor diesem besezet gewesen. Ist er nun darinn gewis, so mus er wiederum dergleichen Stämme und Aeste solcher Bäume dahin pflanzen: solte aber die Natur allerlei Bäume untereinander hervor gebracht haben, so mag man derselben nachfolgen, und allerlei Zweige, Aeste und Stämme von mancherlei wilden Bäumen untereinander wiederum dahin sezen, nicht zweiflend, weil ehedessen die natürlichen Bäume ihren Nahrungssaft aus der Erde überkommen haben, daß auch die, so durch Kunst gepflanzet sind, den ihrigen darinnen antreffen werden, damit sie Wurzel schlagen und wachsen können.

§. 4.

Es ist aber schon zum öftern Meldung gethan worden, daß der Herbst zu dieser Loosschneidung die allerbeste Zeit ist. Und obschon zuweilen auch in diesen Monaten eine sehr üble Witterung einfället, daß man im Walde nicht Gelegenheit hat, solche mit Bequemlichkeit zu verarbeiten: so wäre meine geringe Meinung, man liesse im Walde einen flüchtigen Schupfen von Brettern aufschlagen, damit unter denselbigen die abgehauenen Stämme, Aeste und Zweige von den Bäumen gebracht würden; so blieben sie troken liegen, und wären von dem Ungewitter befreiet. Alsdann könnten unterschiedliche Einlagen gemacht werden, die ebenermassen mit Brettern zu bedeken und zu verwahren wären, in welche die zugerichteten und mit der Mumie überzogene Stämme und Aeste geleget und aufbehalten, bis ein gutes und angenehmes klares Wetter vermerket würde; da sie dann herausgenommen und an gehörige Orte versezet werden könten. Solte es sich aber schiken, daß man aus vielen Ursachen solche gar nicht wolte in die Erde sezen, so kan man solche den ganzen Winter in der Einlage ruhen lassen, und gebührend abwarten, und alsdann im Früh-

Eingelegte Tafel, welche die Art zeiget, wie man dike Stämme und Aeste, an welchen man die Loos nicht mehr erkennen kan, vermumisiren, den Winter über in der Einlage verwahren, und dann zu rechter Zeit wiederum einsezen soll.

A. Zeiget die Waldeinlage an, zwar ohne Schupfen, wiewol es aus vielen erheblichen Ursachen besser wäre, wann man eine darüber machen wolte, in welcher sehr viel zubereitete, wolgeschnittene und mit Mumie versehene Stämme und dike Aeste den Winter über verwahret, alsdann zu rechter Zeit wiederum heraus genommen, und ordentlich in die Erde gesezet werden.

B. Weiset auf diejenigen Stämme und Aeste, die mit Stelzen versehen, verbunden, und dadurch geschikt gemacht worden, daß sie in den Boden können versenket werden.

C. Bildet einen Arbeiter vor, wie er ein Feld, welches zu einem neuen Walde gewidmet ist, durch Gruben machen zugerichtet.

D. Sind die Stämme, welche ordentlich eingesezet, und mit der Erde wiederum zugefüllet worden.

E. Will vor Augen weisen, wie ein Tagwerker selbige mit einem hölzern Einstosser befestiget und wol verwahret.

F. Giebet auch an Tag, wie man auf den Bergen dergleichen Versuche machen, und allerlei Stämme und Aeste von fruchtbaren Bäumen dahin sezen kan. Wie aber eigentlich die Stämme sollen aussehen, und wie man theils in Zirkel bringen soll, wird nachfolgende Tafel lehren.

linge in den Boden bringen. Solche und dergleichen Anstalten lasse ich zwar den Forstmeistern und andern verständigen Hausvätern lediglich über, als welche dergleichen Sachen mehr und besser ausgeübet haben, als ich. Dieses aber wird noch vor allen Dingen vorausgesezt, daß der Plaz, wo der neue Wald angeleget werden soll, von den Stöken und überflüßigen Wurzeln befreiet seyn und rein gemacht werden mus. Wer aber Wurzeln Aeste und Stämme untereinander sezen will, dem stehets auch frei. So mus auch über dieses das Land so beschaffen seyn, daß mit leichter Mühe tiefe Gruben gemachet, und die Zweige, Aeste und Stämme bequem hineingesenket werden können.

§. 5.

Was nun die Art des Looßschneidens und Beugens an den wilden Bäumen betrift, so wird selbiges eben auf solche Weise vorgenommen, als wie bei den ausländischen und edlen Fruchtbäumen. Nämlich man nimmt sehr lange Zweige, wie schon öfters ist erwähnet worden, und schneidet ihnen alle Nebenäste und Zweige weg. Die abgeschnittene Nebenäste und Zweiglein aber werden, wie bewust, abermal von ihren Nebenästlein befreiet, und zu kleinen Bäumlein, die man dort und da hinsezen kan, gemacht, wie solches aus der Fundmentaltabell der Looßschneidung bekannt ist. Wann nun ein solcher langer Zweig, durch solche Hinwegnehmung der Nebenäste, seine Richtigkeit hat, so wird er gebogen, wann es anders wol füglich seyn kan: wo er aber schon zu stark, so läst man selbigen also paßiren, und richtet denselben, wie aus Fig. 3. zu ersehen. Hat er nun durch Unterlegung und Verbindung, wie A. A. und B. anzeiget, seinen rechten Zirkel, (wie und mit was aber die Verbindung geschieht, solches habe ich auch schon zum öftern wiederholet. Nämlich, wer keine Kosten darauf spendiren will, kan Weidenruthen oder zusammengeflochtenes Stroh anstatt der Strike nehmen,) so wird er alsdann mit der Mumie verkleidet, wie solches alles aus den vorhergehenden noch wird bekant seyn.

§. 6.

Dieweilen aber solche hohe Zweige wegen der starken und gewaltigen Sturmwinde in die Erde wol solten befestiget seyn, damit sie von denselben nicht möchten Anstoß leiden: so kan man ihnen zwei gute Stüzen geben, wie aus der 4ten und 5ten Figur zu ersehen. Wer es darauf wenden, die Kosten nicht scheuen, und ihnen Stangen und Pfäle beistekenn und selbige anbinden wolte, der würde sehr schöne gerade und geschlachte Bäumlein zielen, welche zum Bauholze mitlerzeit dienlich wären. Allein solche Dinge lasse ich abermal einem jeden Hausvater über, der am besten wissen wird, warum er einen künstlichen Wald anlegen will. Und auf solche Art und Weise kan man viel tausend Zweige, theils die gerade, theils die gekrümmt seyn, in der schönsten Ordnung in die abgeödete Oerter einsezen: so wird man in kurzer Zeit lustige und wolangelegte Wälder überkommen.

§. 7.

Ist noch übrig, daß ich von den grossen Stämmen und Aesten, welche keine Loose mehr haben, was gedenke. Es ist gewiß, wann ich nicht so gewisse natürliche Gründe hätte, wodurch ich mir die Möglichkeit vorstellen könte, daß ein grosses dik- und abgesetztes Stüke Holz solte können ausschlagen; ingleichen, wann ich nicht welche Kluge und Verständige, die viel hundert Jahre vor mir gelebet, und die gesprochen, daß solches seyn könte, vor mir hätte, so müste ich meine Sachen selbst vor ein Fabelwerk halten. Indem es aber in der Natur und Vernunft wol gegründet ist, so will ich auch ohne Bedenken meine wenige Gedanken ferners, wie man einen langen Stamm, er mag von Tannen, oder Birken, oder Eichen, rc. rc. seyn, welcher auch schon die Dike eines halben Manns hat, zurichten soll, offenbaren. Nämlich, ein solcher langer und diker Stamm, weil man kein Loos, Jahr noch Absaz mehr an ihm erkennen kan, soll auf fünf oder sechs Schuh geschnitten, und oben und unten wol eben und gleich gemacht werden. Die polirten Platten kan man alsdann mit der Waldmumie überziehen, an dem Orte aber, wo er soll eingesezet werden, soll er bei einem Schuh hoch verminisiret werden. Alsdann müssen ihm Stüzen entweder nach der Länge oder Breite gegeben werden. Die breiten Stüzen können, wann der Grund sehr hart ist, und man in die Tiefe nicht wol kommen kan, die langen aber, wo die Erde loker ist, gebraucht werden. Wie tief aber man solche Stämme sezen soll, solches stehet zu Belieben. Wann sie zwei oder dritthalb Schuh tief gesezet werden, wird es wol genug seyn. Schlüßlichen ist wegen der starken Aeste noch was zu gedenken, wie man solche schneiden soll. Selbige werden meistentheils, weil man auch mit dem Loose nicht mehr gewiß ist, blos auf die Nebenäste geschnitten, wie k. k. k. solches in der 1sten und 2ten Figur andeutet. Dann es ist aus denjenigen Zweigen zu ersehen, daß meistentheils die Aeste nahe bei dem Loos oberhalb hervorkommen; also kan man das Loos unvermerkter Weise treffen. Und dieses wären meine wenige Gedanken von Anlegung der Wälder. Solte ich was bessers mitlerzeit durch die Erfahrung erlernen, werde ich solches getreulich meinen hochgeneigten Patronen mittheilen. Und weil ich mich im Walde viel bemühet, so will ich anjezo in die Weinberge gehen, in guter Hoffnung, daß durch den edlen Rebensaft meine matte Glieder wiederum möchten gestärket werden.

Sieben und zwanzigste Tafel.

Machet den Forstmeistern gute Hofnung, wie man durch abgeschnittene lange Aeste, wann sie auf das Loos geschnitten, ordentlich gekrümmet und mit der Mumie wol verkleidet, ingleichen wie durch Stämme, wann sie eines halben Manns Dike auf etliche Schuh lang geschnitten, vermumisiret und mit Stelzen versehen werden, in kurzem vollkommene Wälder erlangen kan.

Fig. I.

Zeiget einen sehr diken Stamm und Ast an, welcher, weil man kein Loos mehr an ihm erkennen konte,

K. K. auf die Aeste geschnitten, und welchem, nachdem er oben und unten und an allen Orten, wo ein Schnitt geschehen,

I. mit der Mumie versehen,

G. H. und zwar um dieser Ursach willen, weil das Erdreich hart und fest, überzwerg Stelzen gegeben worden.

Fig. II.

Stellet ebenermassen einen sehr diken abgesezten Ast vor, welcher ohne Loos ist, allein selbiger ist nach bewustem Unterricht

K. K. auch auf die Aeste geschnitten, alsdann

F. mit langen Stelzen versehen, und

I. oben und unten ist er mit der Mumie versehen.

Fig. III.

Giebet an die Hand, wie man einen langen, geraden und sehr geschlachten Ast im Walde, an welchem man zwar noch seine Loos erkennet, aber weil selbiger nicht mehr in die Krümme kan gebogen werden, vermumisiret und mit langen Stelzen versehen hat, damit er vor der Gewalt des Windes desto sicherer stehen kan. Ist aber das Erdreich sehr hart, daß man nicht wol in die Tiefe hinein kommen kan, so werden ihm Stelzen nach der Quere angemachet, wie aus der ersten Figur zu ersehen.

Fig. IV.

Weiset den Liebhaber auf einen langen Ast, dem alle Nebenäste weggenommen, und welcher zu einem Bauholze kan gezielet werden. Dieser wird in die Krümme Zirkelweise gebogen, weil er noch jung ist, auf beiden Seiten aber werden ihme gerade Stelzen gegeben, und ordentlich alsdann wieder mit der Mumie versehen. Dabei kan man wahrnehmen, wie er

D. durch die Loos Wurzeln geschlagen.

Fig. V

I. Ist ein langer und von allen Nebenästen befreiter Ast, an diesem sind

c. c. c. die Loos sehr wol zu erkennen,

A. B. giebt seine Verbindung, samt der Unterlegung mit kleinen Hölzlein an den Tag, ingleichen wird auch die Mumisirung desselben eben durch diese Buchstaben angezeiget. Aus diesem kan man auch erlernen, wie man mit den grossen Stämmen und Aesten verfähret und umgehet, so verfähret man auch mit mittelmäßigen und kleinen. Und solches sind die wenigen Gedanken, um Wälder anzulegen.

Sechstes Kapitel.

Lehret, wie man nach der lezten Manier, nämlich durch das Loosschneiden, neue Weinberge anlegen soll, daß sie dasselbe Jahr noch austreiben, und das andere darauf reichlich Trauben bringen können.

§. 1.

Es verdiente ein Weingarten, wegen seiner Nuzbar und Anmuthigkeit, und der Wein, wegen seiner herrlichen Kraft und Tugend, weil er des Menschen Herz erfreuet, gar wol, daß man viele Worte davon machen solte: allein es ist dieses schon allen Menschen zur Genüge bekant, also, daß man nur darauf begierig seyn mag, wie man eine so herrliche und nüzliche Sache in grosser Menge haben kan. Deswegen haben sich zu allen Zeiten kluge und verständige Liebhaber der Weingebürge hervor gethan, welche sich bemühet, allerlei Kunststüke auszusinnen, wie die Weinreben verbessert und vermehret werden möchten, welche nüzliche Gedanken auch auf die Nachkömmlinge, ihnen zum ewigen Ruhm und Danke, gekommen. Und damit man ja in fernern Nachdenken auf deren Vermehrung nicht saumselig noch nachläßig seyn möchte, so haben sogar Seine Königliche Majestät in Pohlen und Churfürstl. Durchl. zu Sachsen, den 13. Decembris Anno 1612. an die sämmtliche Weinbergbesizer der Chursächsischen Landen Befehl ergehen lassen, und dieselbigen ermahnet, daß sie sich es wol angelegen seyn lassen solten, die Weinberge nach Möglichkeit sowol zu verbessern als zu vermehren. Nun wolte ich mich vor den glükseligsten schäzen, wann ich auch bei diesem hohen Befehl als der geringste etwas nüzliches und ersprießliches beitragen könte. Dann ich habe die hohe Gnade und das Glüke gehabt, daß ich etliche Jahre in Sachsen auf den weltberühmten Universitäten, Wittenberg und Leipzig, Studirens wegen mich aufgehalten, und viel tausend gutes daselbst genossen, welches ich auch vor aller Welt billig zu rühmen habe; insonderheit aber, daß Seine Königliche Majestät in Pohlen und Churfürstliche Durchlaucht in Sachsen, mein allergnädigster König und Herr, auf mein allerunterthänigstes Ansuchen, mein weniges Werk mit allergnädigstem Privilegio hat begnadigen wollen, davor ich auch in allertiefster Devotion den allerunterthänigsten Dank abstatte, nichts höhers wünschend, als daß ich mit meinen wenigen Gedanken dem edlen Sachsenlande was nüzlich- und vergnügliches davor erweisen könte. Ich will aber meine wenige Meinung, über die Vermehrung der Weinreben, dem gemeinen Wesen zum besten entdeken, nicht zweifelnd, daß GOtt selbige seegnen wird; und will eine milliontausendfache Vermehrung der Weinreben, die bishero niemals ist practiciret worden, soviel mir wissend ist, vortragen.

§. 2.

Allein, ich will erstlich nicht gar verbeigehen die Manier der Verbesserung, wie selbige von den Alten ist verrichtet worden. Bei dem bekanten Columella und Palladio findet man nachfolgendes: Wer die Weinreben verbessern will, der kan den Stok nach der Quere von unten an bis oben, so hoch als einem gefället, an einem festen Orte durchbohren, und unten Belzzweige hineinsteken, daß er das ganze Loch ausfüllet, alsdann wird der Zweig gesäubert, und von allen groben Rinden unten entlediget, aber nicht gar geschälet, noch die Augen verwüstet. Darnach wird der Zweig vier Finger hoch oben abgeschnitten, und ein oder zwei Augen gelassen, das Loch wiederum mit Wachs und Laim vermacht, und mit Rinden und Tüchern sorgfältig verbunden, daß keine Feuchtigkeit noch Winde hineindringen. Alsdann kan man den Stamm vorher etwan einen Schuh hoch über der Erde abschneiden, und den Zweig von dem nächsten guten edlen Stoke nehmen, durchschieben, (weil die Augen noch gar klein und subtil seyn) aber nicht abschneiden, und ein Paar Jahre also an seiner Mutter lassen, bis er des neuen Safts gewohnet, hernach wird er abgeschnitten, :c. :c. Dieweil man aber unterschiedliche Schwürigkeiten bei dieser Verbesserung wahrgenommen hat, so sind die neuen Liebhaber hergekommen, und haben die Reben wie die Bäume in die Spalte gepfropfet. Allein ist dieß der Unterschied, daß die Weinstöke von der Erde ganz entblößt, einen halben Schuh oder etwas weniges mehr darunter abgeschnitten, und also, (doch mit Verschonung des Marks) gespalten, und zwei Zweige zugerichtet und mit der Rinde auswärts gekehret werden. Darnach haben sie es sachte verwahret und verbunden, wie die Baumbelzer, aus dem Grunde aber hat man nur zwei Augen an jedem Zweige heraus ragen lassen, alsdann mit Erde bedeket. Weil ihnen aber diese Art auch nicht gefallen, so haben andere dieses Kunststük erfunden: Sie machten eine weite und tiefe Grube um den Stok, den sie belzen wolten, an welchem sie seine Aeste mit den Spizen voneinander breiteten, und aufwärts beugten. Vier Finger oberhalb der Krümme, einen Schuh tief unter der Erde, wurden die Aeste glatt abgeschnitten, mit einem scharfen Messer drei Finger tief gespalten, und wurde ein Zweig zweiekicht geschnitten, daß beiderseits die geblieben Rinde mit des Stammes Rinde übereinstimmte. Und mus auch Zweig und Stamm von gleicher Grösse erwählet werden. Darauf wurde es nach Gebühr verbunden, und mit Erde verschüttet, daß allein zwei Augen aus der Erde sich hervor thaten, wie solches mit mehrern in unterschiedlichen Autoren zu finden. Und wann solches mein Vorsaz wäre, so wolte ich gewiß noch ein seltsames Belzen auf die Weinreben hinzuthun: allein ich will solches mit Stillschweigen vorbei gehen, und mich zu der Vermehrung, als welche mein Zwek ist, wenden, und sehen, wie selbige bishero ist tractiret worden, und in unterschiedlichen Scribenten zu finden.

§. 3.

§. 3.

Die Schriftsteller, welche von der Art neue Weinberge anzulegen geschrieben, melden gar wol, daß die Vermehrung von den Reben, oder Würzelgen, oder Bogen geschehen kan. Was nun ihre Manier betrift mit den Säzreben, so ist selbige von meiner Manier nichts entfernet, nur daß sie die Reben nicht genau oben und unten auf die Loos oder Augen geschnitten, und selbige verwahret. Und wären nur die zwei Stüke von ihnen wol beobachtet worden, so hätten sie nicht Ursache gehabt, sich darüber zu beschweren, daß ihnen soviel Schnittlinge oder Säzreben wären ausgeblieben. Ferners so will ich betrachten, wie heute zu Tage die Vermehrung mit der Wurzel vorgenommen wird. Es bestunde aber dieselbe nur darinn, daß sie von andern Orten, oder sonst von guten Freunden, Reben mit Wurzeln kauften und an sich brachten: und wann sie selbige eingesezet, so hat sich der Weinberg auf solche Weise vermehret. Welches gar wol paßiren kan, und ist das gar eine sichere Vermehrung, darüber man nichts einzuwenden hat. Was aber das Einlegen oder Bügerlegen belanget, so haben sie auf nachfolgende Weise ihre Vermehrung damit angestellet. Nämlich, sie haben von einem Weinstoke guter Art jährlich von den besten und trächtigsten etliche Reben unabgeschnitten zur Erde in eine darzu bereitete Grube gebeuget, mit Erde angefüllet, und zwei oder drei Augen oben heraus ragen lassen, und sind also zwei Jahre liegen geblieben, bis sie von der Mutter gleichsam entwöhnet, und ihre eigene Nährung aus der Erde gesögen. Sobald sie aber Wurzeln gewonnen hatten, wurden sie abgeschnitten und verpflanzet: und auf solche Art und Weise erlangten sie von den besten und edlesten Weinstöken junge Würzlinge, rc. Und soviel von den bekannten Manieren der Vermehrung der Weinreben, soviel ich vor diesesmal habe aufgezeichnet finden können. Nun will ich meine hundert tausendfächige Vermehrung vortragen.

§. 4.

Zu dieser grossen Anzahl aber zu gelangen, so ist dieser der gewisseste und wahrhaftigste Weg, wann man die Weinbeerkörner oder den Saamen nimmt, aus welchen ja noch eine grössere Menge Weinreben geziegelt werden kan. Wer nun dieses höret, wird sprechen: Das ist was altes, und man hat es lange gewußt. Ist wahr! Allein niemand hat es doch, soviel mir wissend ist, practiciret; sondern nachdem der Wein gepresset worden, hat man den Stok zerhauen und ihn weggeworfen. Dieses ist zwar nicht zu läugnen, daß diesen natürlichen Weg GOtt geboten hat, und ist auch gar kein Zweifel, daß Noah und alle Patriarchen ihre Weinberge durch den Saamen vermehret, wie ich dann weitläuftig im 2ten Kapitel des 2ten Abschnitts Seite 90. solches angezeiget und erwiesen habe. Weil dann das Alte mus neu werden, so so will ich auch bestens diesen herrlichen Weg anpreisen. Und habe ich die Hofnung gehabt, ich wolte in dem vergangenen October einen ganzen Aker mit solchem Saamen anfüllen: allein es waren leider! die Trauben sowol gerathen, daß selbige nicht den Menschen, sondern s. v. den Schweinen sind zum besten gekommen. Mus also meine Freude bis auf das zukünftige Weinlesen versparen: alsdann, wann GOtt will, und ich lebe, so will ich dieses Vorhaben ins Werk sezen. Wie aber solches am füglichsten geschehen soll, solches habe ich schon in dem ersten Theile gar klar entdeket, wie Seite 90. weiset: und wann man also damit verfahren wird, so wird alsdann diese versprochene Anzahl der kleinesten Weinreben hervorkommen. Allein dieses Vorhaben wird man mit nigen Worten über den Hausen werfen, wenn man spricht: Wilde Ranken und Herlinge hat man so genug, und darf man auf so schlechtes Wesen nicht so lange warten, noch soviel Zeit darauf spendiren. Lieber nicht so hizig, gemach kommet man auch weit. Glaubet, daß in dem Saamen der Weinbeere öfters so ein herrlicher Stok darunter befindlich, dergleichen ihr etwa in dem ganzen Weingebürge nicht werdet antreffen. Und gesezt, daß ihr nichts als geringe Weinreben durch den Saamen erlanget, so kan man sie ja durch das Embrassiren und Caressiren dergestalten in kurzem verbessern, daß der Herr des Weinberges die gröste Freude und Nuzen davon haben wird. Lege man nur Hand an, so wird man in kurzem einen Ueberfluß empfangen, darüber man GOttes Gnade und Seegen wird hoch zu rühmen haben.

§. 5.

Ob nun wol dieser Weg der Vermehrung durch den Saamen der zahlreichste und der beste, der von GOtt verordnet ist: so hat doch der Höchste auch in der Natur zugelassen, daß man mit seinem Geschöpfe künstlich und vernünftiger Weise darf umgehen, und versuchen, ob man durch Fleis, Mühe und Arbeit etwas desto geschwinder zu seiner Vollkommenheit bringen kan. Und wer nur Hand daran leget, dem wird es auch wol gelingen. Gleichwie aber welche das Rebenschneiden practiciret, und von den Säzlingen und nach ihrer Art eine nüzliche Vermehrung, wie oben angeführt worden, angestellet: so will ich auch meinen Handgrif der Loos- und Rebenschneidung vortragen. Ich habe zwar die Probe an meinen Weingeländern, oder wie sie sonst genennet werden, an den Weinheken, nachfolgender Weise gemachet. Zu Ende des Octobers, und wie alles Laub von denselben abgefallen war, habe ich bis auf drei Augen oder Loose untenher die langen Reben abgeschnitten, die obersten schwachen Gipfel aber, so die Alten flagella genannt, habe ich weggethan: dann sie sind zu zart, und können die Winterskälte nicht vertragen. Wann ich nun eine gute Menge solcher Sazreben beisammen hatte, so hatte ich aus einer solchen langen Rebe vier, fünf bis

sechs

sechs Säzlinge gemachet, also, daß nach Belieben bald ein Säzling zwei, bald drei Augen hatte. Das schneide ich sehr genau auf das Loos: und auf solche Weise hatte ich mir eine sehr grosse Menge zusammen gebracht. Alsdann habe ich die Waldmumie warm gemacht, und nachdem sie ihre rechte Abkühlung hatte, habe ich sie oben und unten damit verkleidet, zwar also, daß ich wol über den dritten Theil selbige vermumisiret hatte. Diese habe ich in meinem Garten in die Erde nach der Länge eingesezet, und ein Auge heraus sehen lassen, zwei aber sind in den Boden gekommen, theils in die darzu bereiteten Beete, theils aber habe in den Einlagen verwahret, um zu sehen, welche am besten in diesem anblikenden Frühlinge werden ausschlagen. Und damit ich desto besser im Einsezen möchte zurechte kommen, habe ich mir einen Rebenbohrer von Eisen machen lassen, welcher untenher spizig und obenauf rund, wie ein grosser Zimmermannsbohrer, und zwei und eine halbe Spanne lang war. Obenher hatte ich ein starkes Querholz machen lassen, und damit ich viel Bohrer bei der Hand haben möchte, lies ich welche von Eichen Holz machen. Wann ich nun mit selbigen in die Erde die Löcher gemacht, so sezte ich die mumisirte Sazreben auf zwei Loos hinein, und das dritte Auge lies ich heraus sehen, wie schon gemeldet, alsdann habe mit guter Erde selbige Löcher angefüllet. Als das kalte Wetter einfiel, lies ichs mit Stroh bedeken, und auf solche Weise stehen sie den ganzen Winter ohne Schaden.

§. 6.

Allein was die Reben in den Weingärten betrift, da ich wol weis, daß es wider alle Regel der Weingärtner ist, daß man nicht zu Ende des Octobers die Reben beschneiden soll, so kan man solche Reben und Zweige nicht eher bekommen, als wann im Merzen die Weinreben beschnitten werden. Nun lasse mans darauf ankommen, und mache jemand mit mir nachfolgende Probe. Im Frühjahre, wann man die Reben schneidet, so bringe man eine grosse Menge solcher abgeschnittenen Reben in sein Gebiethhaus, und wann man nicht genug von seinem Weingarten überkommet, so sehe der Hausvater, wie er selbige von andern guten Freunden überkommen mag. Wiewol wissend, daß die Weingärtner die Macht nicht haben, solche Sazreben zu verkaufen, dieweil sie sonst den Stöken zuviel gutes Holz hinweg nehmen. Allein will einer was rechtes anlegen, so mus er mit einem guten Vorrath der abgeschnittenen Weinreben auch versehen seyn, er mag sie nun hernehmen wo er will. Ich meines Ortes wolte sehr bemühet seyn, solche abgeschnittene Reben zu erlangen, welche man bei den Häusern, Gärten und Stadtgräben auferziehet, die öfters an Art und Fruchtbarkeit die edelste sind.

§. 7.

Wann man nun mit einer grossen Anzahl abgeschnittener Reben versehen ist, und eine gute Witterung einfället, so kan man auf nachfolgende Art und Weise, wie aus der 28sten Kupfertafel zu sehen, sein Werk und Arbeit vornehmen. Erstlich mus man etliche Leute haben, welche sich auf das Looßschneiden verstehen, und welchen es gezeiget worden, und soll der Schnitt nicht nach der Quere abhängig, sondern gleich oben und unten durchgehen, auch an dem Loose, sowol an dem obern als untern Theile bei dem Loose, etwa einen Daumen breit Holz gelassen werden, wie A. B. weiset. Alsdann mus man auf die Reben acht haben und betrachten, ob sie lang oder kurz seyn, viel jung oder altes Holz haben. Sind nun viel Augen an den Reben, und will man sie auf drei Loose oder Augen schneiden, so ist es wol gethan. Dann wann zwei und mehr Augen unter die Erden kommen, so ist es desto besser. Sind sie aber klein, so schneide man sie auf zwei Augen, und lasse ein Auge unten, und das andere übersich heraus sehen. Findet man viel jung Holz daran, welches leicht zu erkennen: so mag mans damit wagen, ob sie kommen oder nicht. Allein auf das alte und starke Holz hat man sich zu verlassen. Wann nun eine gute Menge solcher Sazreben beisammen, wie C. weiset, so wird es dem Weingärtner zur Mumisation gegeben, und dieser stellet seine Sache also an.

§. 8.

Insonderheit mus der Herr des Weinbergs den Weingärtner mit aller Zubehör zuvor versehen, welche zwar in wenigen bestehen, nämlich in einem Dreifus, kupfernen Kessel oder starken irdenen Topfe, Mumie oder schwarz Pech, und Reben- oder Wurzelböhrer, 2c. Hat er nun solche bei Handen, so sezet er seinen kupfernen Kessel auf den Dreifus, wie D. weiset, machet ein Feuer darunter, und füllet bis über den dritten Theil selbigen mit der Waldmumie an. Wann selbige nach und nach zerschmolzen, so wird das Feuer untenher weggenommen, oder man kan nach Belieben den Kessel wegnehmen, der deswegen mit einer Handhabe mus versehen seyn. Ist nun die Mumie wol abgekühlet, so tauchet der Weingärtner oben und unten seine Sazreben hinein, wie E. zeiget: alsdann leget er die mumisirten Reben auf die Erde, damit sie erkalten mögen, wie F. vor Augen leget. Wann aber der Kessel oder Topf mit der Mumie will kalt werden, so kan man selbigen wiederum auf den Dreifus sezen und mit neuem Pech anfüllen, so wird die Arbeit fein hurtig von statten gehen. Und auf solche Weise werden alle zugerichtete und wolzugeschnittene Reben mit der Mumie versehen, damit, wann sie in den Boden kommen, sie von der Nässe und Feuchtigkeit keinen Schaden leiden mögen.

§. 9.

§. 9.

Ehe nun diese Arbeit, nämlich die Mumisation, vorgenommen wird, so ist ohnedem schon von selbsten bewust, daß der Ort oder der Weinberg, wohin solche Säzreben nach der ordentlichen Reihe gesezet werden, erstlich wol eingehauen oder gehaket werden soll. Wie aber solches zu verrichten, ist bekant. Nämlich, daß man auf anderthalb Schuh tief solchen umhauet, und das oberste zu unterst gekehret werde. Damit der Grund von oben, da er allzeit am besten, hinein zur Wurzel, und die untere Erde herauf komme und von der Sonne und Gewitterskraft möge gekochet und gemildert werden, so kan man alle Steine, und was untauglich, heraus klauben. Die Erde, damit sie sich desto besser miteinander mische, mus einmal von unten nach der Höhe, zum andernmal nach der Quere gehauen, und allezeit gleich und sauber zugeebnet werden. Und wäre wol gut, wann solche Schößlinge in einen guten und fruchtbaren Boden zu stehen kommen möchten, dieweil zu ihrer Nahrung eine mürbe, fruchtbare, geile und leimigte Erde gar dienlich ist. Ist nun solches verrichtet, wie G. G. vorbildet, und alles in dem Stande, daß man seine vermumisirte Säzreben kan umsezen, so entstehet die Frage: Wie weit sie sollen von einander gesezet werden? Am besten ist es, wann solche reihenweis einen halben Schuh weit voneinander gesezet werden: dann wann sie im andern und dritten Jahre sehr stark austreiben solten, kan man sie alsdann ausheben und versezen. Ehe aber und bevor die vermumisirten Säzreben mit der Mumie in den Boden kommen, so wird der Rebenbohrer I. zu Hülfe genommen, und werden die Löcher in den Boden gemacht, in welche man die vermumisirten Schößlinge gerade und nicht nach der Länge hinein sezet, wie K. die Bedeutung giebt: alsdann werden solche Löcher mit der Erde wiederum angefüllet und wol niedergestossen.

§. 10.

Wann man nun auf solche Manier ein neues Weingebürge anrichten will, so mus die Gelegenheit des Ortes vorhero wol erwogen werden. Sonderlich, wie ich schon erwähnet, mus man die vermumisirten Säzreben in einen geschlacht- und fruchtbaren Grund bringen: und wann man eine solche Lage erwählen kan, die nicht gar zuviel und allenthalben von der Sonne kan beschienen werden, so ist es vor die Säzlinge desto besser. Denn es ist zu besorgen, wann der Grund zu troken und gar zu laimicht, und die Hize der Sonne gar zu heftig, es möchte alsdann der Saft in den Reben, ehe sie aus dem Loose Wurzeln geschlagen, ausgetroknet werden, welches alsdann der Kunst und Wissenschaft fälschlich zugeschrieben würde. Und wann es möglich, so sollen solche neue Weinberge wol gegen Morgen angeleget werden. Allein dieses kan man einem Hausvater, der Lust und Liebe zu einer solchen Arbelt hat, zu selbst eigener Ueberlegung gar wol überlassen, nicht zweifelend, daß er alles wol prüfen wird, ehe er grosse Unkosten vergeblich angewendet, und sich wol vorsehen wird, damit er der Nachbarschaft, ihn auszulachen, keine Gelegenheit geben möchte. Und mit diesem wenigen will ich auch diesen Weg, die Weinberge mit den Sazreben auf das Loosschneiden zu vermehren verlassen; hergegen noch eine andere und unbekante Art mit Zertheilung der Wurzel an die Hand geben.

§. 11.

Die Vermehrung aber, durch die Zertheilung der Wurzel, kan auf nachfolgende Weise zuwege gebracht werden: Wann man nämlich grosse und lange Wurzeln in viel kleine Stüklein zertheilet, aus welchen zertheilten Wurzeln, sie mögen lang oder kurz seyn, wann sie vermumisiret und ordentlich eingesezet werden, allenthalben Weinreben hervorsprossen, welches wahrhaftig bishero niemanden in den Sinn gekommen, noch vielweniger jemals practiciret worden. Dann man hat sich mit dem holdseligen Gleichnis beholfen: So wenig aus dem Rumpf des Menschen, wann der Kopf abgehauen, ein neuer Kopf heraus wächset: so wenig wird aus einer zerschnittenen Wurzel eine Weinrebe wachsen. Wie reimt sich das aber! Genug, daß es probat ist: und ich habe es mit meinen Augen gesehen, und der das Experiment machen wird, soll es auch in der That und Wahrheit erfahren.

§. 12.

Allein man ist alsobald sehr bekümmert, wo und wie man ohne Nachtheil der Weinstöke genugsame Wurzeln, damit man einen Weinberg anlegen soll, hernehmen mus. Mich dünket, dieses wäre der beste Vorschlag, wie man behende eine grosse Menge Wurzeln überkommen könte. Es ist zwar schon von selbst bewust, daß man im späten Herbste die Weinstöke behauet und behaket, auch die umkriechende Wurzeln allenthalben abschneidet. Nun diese ausgehauenen Wurzeln kan man zusammen tragen, und wann der Hausvater von seinen Reben nicht genugsam überkommen kan, so mag er seine Nachbarn darum ansprechen, die werden ihm solche nicht versagen. Hat er nun eine gute Menge beisammen, so mus er sie in dem Gebiethhause, oder wol gar im Keller, oder in einer Grube oder Einlage, damit sie nicht durch die Luft ausgetroknet werden, verwahren; besonders wann keine gute Witterung zum Mumisiren und Einsezen sich bezeigen will. Sobald aber ein klarer Tag und trokenes Wetter sich einfindet, so mus man seine Arbeit auf nachfolgende Weise vornehmen. Erstlich schneidet man seine Wurzeln meistens auf eine gute Spanne lang, auch wol kürzer: und solcher Schnitt mus oben und unten gleich, und nicht nach der Quere gemachet seyn. Diese geschnittene Wurzeln werden alsdann sorgfältig zusammen geleget, damit man weis, welches der obere oder untere Theil

Acht und zwanzigste Tafel.

Giebet eine neue Manier an die Hand, wie man durch das Loosschneiden auf die Weinreben, so im Merzen, wie auch durch die Zertheilung der Wurzeln, so durch Aushauen im Herbst verrichtet wird, neue Weinberge kan anlegen, daß sie dasselbe Jahr austreiben, und das andere darauf ihre Trauben bringen.

A. B. Weiset auf die Personen, welche die abgeschnittenen Reben auf das Loos, wie gebührend, schneiden.

C. Sind zusammen gebrachte Reben, die von den Weinstöken abgeschnitten, und auf die Loos accommodiret werden.

D. Zeiget den kupfernen Kessel an, so auf einen Dreifus gesezet, welcher mit der Waldmumie ist angefüllet, dem auch nach Gebühr Feuer gegeben, und nachdem es gelinde geschmolzen, so werden alsdann die auf das Loos beschnittene Weinreben hinein gestossen und vermumisiret, wie

E. weiset.

F. F. Machet die Erklärung auf die vermumisirten Reben und Wurzeln, wie sie ordentlich sollen geleget werden, damit man erkennen kan, welches der oberst oder unterste Theil ist.

G. Stellet vor, wie der Weinzierl den Acker oder Weinberg umhauet, auch wiederum gleich machet, damit in solche umgeworfene und gleich gemachte Erde die vermumisirte Reben und Wurzeln nach der Kunst mögen eingesezet werden.

H. Zeiget an die Reben und Wurzelbohrer, damit man in die Erde Löcher machet, um desto behender seine mit Mumie überzogene Reben und Wurzeln einzusezen.

I. I. Will unterschiedliche Weinzierl vorbilden, welche zum Theil mit den Wurzelbohrern Löcher machen, und ihre Wurzeln und Reben einsezen, auch selbige wiederum mit Erde bedeken.

K. Zeiget die Weinberge an, so auf diese neue Kunst sind angeleget worden, wie nicht weniger

L. L. Diejenige Pläze des Weinberges, die wenig Sonne haben, darein die Sazreben und Wurzeln gesezet, selbige aber gute Feuchtigkeit von einem Schloß, aus welchem das ausgeschüttete Spielwasser und dergleichen herabfliesset, geniessen, davon sie nun gewaltig zunehmen.

M. Bildet schon den Nuzen ab, welchen der Hausvater sowol von seiner Arbeit, als ausgesäeten Saamen, und von den zertheilten Reben, ingleichen von den zerschnittenen Wurzeln der Weinstöke tausendfältig zu geniessen hat.

ist. Gesezt aber, daß sie unversehens untereinander geworfen werden, so, daß man nicht weis, welches das obere oder das untere ist, so kan man sie nichts destoweniger einsezen: dann sie kommen doch, jedoch verkehrt treiben sie aus, wie solches auch bei den Sazreben gleicherweise ist vermeldet worden.

§. 13.

Wann man nun eine gute Menge solcher zerschnittenen Wurzeln beisammen hat, so werden sie in die zerstossene und wol abgekühlte Waldmumie oben und unten etwas eingetauchet, untenher aber was mehrers als oben auf. Wann nun solches auch verrichtet, so werden sie in den ebenen und gleich gemachten Weinberg gebracht: und nachdem man zuvor mit dem Wurzelbohrer Löcher gemacht, so werden sie alsdann hinein gesezet, so, daß man etwas von der vermumisirten Wurzel aus der Erde heraus gehen läst. Die Löcher werden mit guter Erde zugefüllet und wol eingestossen, und auf solche Weise werden sie zur Frühlingszeit austreiben, und man wird schöne Weinreben dadurch erlangen. Dieweilen aber auch bewust, daß welche ihr Weinberghauen bis in die Fasten versparen, so ist die Frage: Ob solche Arbeit auch im Frühjahr kan vorgenommen werden. So dienet darauf, daß solches ohne Bedenken geschehen kan: allein es gehet etwas langsamer im Wachsen zu, und ist wegen der Hize auch was mißlicher. Jedoch zweifle ich nicht, daß die meisten, wo nicht alle, werden ausschlagen. Die Herbstzeit aber ist die beste darzu: dann im Winter erfrieret und verdirbet keine Wurzel.

§. 14.

Schlüßlich ist noch die höchst nothwendige Frage übrig: Ob man versichert ist, daß man sowol aus den zerschnittenen Reben als Wurzeln einstens so gute Trauben erlange, als von deren guten Weinstöke sie genommen worden; auch ob sie wol so reichliche Trauben, als wie andere Weinstöke, hervor bringen? Darauf mus ich wol anworten, daß ich bishero davon nichs gewisses behaupten kan: inzwischen weis ich auch keine Ursache zu geben, warum die Wurzeln sowol als die abgeschnittenen Reben ihre gute Eigenschaft durch die Mumisation verlassen sollen. Dann behält ein Belzer, wann er gepfropfet wird, seine angebohrne Kraft und Tugend: so will auch glauben, daß es bei denen Reben und Wurzeln der Weinstöke eintreffen wird. Die Erfahrung aber wird es mit GOtt in kurzem bekräftigen oder verwerfen. Und dieses soll auch vor diesesmal von der herrlichen und reichlichen Vermehrung der Weinstöke genug seyn. Ich will mich aber wiederum zu den ausländischen, wie auch zu den Obstbäumen wenden, und ein und andere besondere Versuche, die durch Verbesserung und Vermehrung zugleich, vermittelst des Careßirens und Embraßirens, kan verrichtet werden. Und solches wird das nachfolgende Kapitel anzeigen.

Siebendes Kapitel

Handelt von einer neu- und seltsamen Verbindung und Zusammenheyrathung unterschiedlicher Stämme, so durch das Caressiren und Embrassiren zugleich verrichtet wird, vermittelst dessen unterschiedliche fruchtbare Stämme mit mancherlei Obst von unten herauf stammen, so vergnüglich anzusehen.

§. 1.

Ich darf wol frei und öffentlich sprechen, daß es einem grossen und recht eifrigen Liebhaber der Gärtnerei zuweilen nicht besser, als demjenigen, der sich in die Chymie oder Goldmacherey verliebet, ergehet. Beiderseits haben weder Tag noch Nacht eine Ruhe; sondern sie sind dergestalt begierig, die Geheimnisse der Natur auf das genaueste zu untersuchen, und mit Zerlegen und wieder zusammen zu sezen ihr Werk in eine Vollkommenheit zu bringen, und lassen sichs öfters so ernstlich angelegen seyn, daß man vermeinen solte, sie wolten einen Meister der Natur abgeben; allein am Ende bezeiget sich das Gegentheil. Man hat aber inzwischen dem Höchsten vor solche hohe Gnade zu danken, daß er dem Menschen soviel Gewalt und Freiheit gegeben hat, daß man mit seinem Geschöpfe so künstlich und wunderlich umgehen kan, als einem nur beliebet.

§. 2.

Gleichwie aber die Gabe der Erfindung gar wol mit einem Regen verglichen werden kan, welcher das Erdreich reichlich und überflüssig befeuchtet, worauf hunderterlei nüzliche Kräuter und Blumen hervor kommen: also hat es auch mit neuen und nüzlichen Gedanken die Beschaffenheit, daß aus einem guten viel andere nüzliche erfolgen. Wie dann zu ersehen, was aus dem Looßschneiden, vermittelst der Operation, so man das Careßiren und Embraßiren betitult, vor eine besondere Vermählung erfunden worden. Diese aber kan auf dreierlei Weise verrichtet werden, theils mit Stämmen, die blos auf das Loos geschnitten; theils mit Zweigen, die zuvor durch den Wurzelgriffel erlanget, und theils mit Aesten oder Zweigen, die von den Gewächsen nicht abgeschnitten werden, bis sie sich an denselben verwachsen, wie aus nachfolgendem mit mehrern zu ersehen.

§. 3.

§. 3.

Erstlich, was die Stämme anlanget, welche durch die Loosschneidung vermittelst der Careßirung zusammen geheirathet werden, so ist schon in dem ersten Theile solches im 3ten Abschnitt Tab. 7. erkläret worden, was eigentlich das Careßiren oder Liebkosungsimpfen vor eine Verrichtung sey: will also den Leser dahin verwiesen haben. Ingleichen kan man auch an dieser angeführten Stelle erlernen, was dann das Embraßiren oder Umfassen vor eine Verrichtung ist. Wann nun solches bekannt, so will ich mich nur alsobald zu der Sache selbst ohne weitern Umschweif wenden und sagen: Man soll im Herbst, so besser, oder auch im Frühlinge, so zwar mißlicher, zwei gesunde und wolgeschlachte gleiche Zweige, die sowol an der Grösse als Dike einander gleich sind, nach bewuster Manier auf das Loos schneiden, die überflüßigen Nebenzweige hinweg nehmen, wie aus der beigelegten Tabell Fig. 1. zu ersehen. Damit ich aber den Gartenliebhabern die Sache noch deutlicher zu verstehen geben möchte, so habe ich solche Copulation oder Zusammenheirathung, so durch dieses Kunststük des Liebkosens verrichtet wird, in der 2ten Figur noch klärer abbilden und vorstellen wollen. Nämlich A. B. und C. D. in der 2ten Figur zeigen Zweige an, die untenher auf das Loos geschnitten und vermumisiret worden. Diese Zweige werden inwendig an dem Orte, wie es e. e. e. in beiden Figuren andeutet, etwas von der Rinde, bis auf das Holz, weggeschnitten, und von dem andern Zweige ingleichen: mithin werden sie gleichsam, wie man zwei Hände zusammen thut, aufeinander geleget, alsdann mit Bast zugebunden, wie f. weiset. Wann solches verrichtet, so werden oben und unten kleine runde Blöklein darzwischen geleget, damit oben und unten die Stämme wol auseinander getrieben werden: schliessen sich die zwei Schnitte desto besser zusammen, wie aus g. zu sehen. Sind nun solche unterleget worden, so wird der Schnitt mit dem Verband und der Mumie verwahret, und mit Stüzen versehen, wie k. weiset. Alsdann werden sie in die Einlage gebracht, und im Frühlinge in das Land gesezet: so treiben sie nicht allein durch die Loose Wurzeln aus, wie i. i. erkläret, sondern sie verheilen sich auch miteinander durch die callose Materie, damit aus zweien eines werden kan, und solches wird das einfache Careßiren genennet. Wer nun diese Liebkosung verdoppeln will, kan solches durch selbsteigenes Nachdenken gar leicht verrichten. Dann ich mus mich der

Kürze befleissen, will ich anders in der versprochenen Zeit mit meiner wenigen Arbeit an das Tageslicht kommen.

§. 4.

Ich will aber weiter gehen, und durch das Loosschneiden weisen, wie man durch Hülfe des Embraßirens zwei drei nnd vier Stämme zusammen verheirathen soll, wie aus Fig. 3. 4. und 5. zu ersehen, und zwar an solchen Zweigen, die gleicherweise auf das Loos sind geschnitten worden, wie aus der 3ten und 4ten Figur solches wahrzunehmen ist. Die 5te Figur stellet die Schnitte vor, wie man sowol zwei, drei, als fünf Zweige durch das Embraßiren oder Zusammenfassen verheirathen kan. Und solches kan also geschehen: Z. E. Man will nur zwei Zweige durch das Embraßiren zusammensezen, so werden sie nur kreuzweise geleget, und wie sie sollen zusammen gehen, da wird die Weite mit der Kreide oder mit einem Stift auf beiden Stämmen gezeichnet: alsdann wird an beiden Stämmen eine Einkerbung gemachet, wie k. k. in der 4ten Figur vorbildet, doch nicht tief, bis auf den 3ten Theil des Holzes, aber nicht weiter hinein. Darauf werden sie verbunden, vermumisiret und eingesezet. Auf solche Art und Weise verfahre ich auch mit Zweigen, da man drei durch die Embraßirung zusammenbringen will. Da wird in den mittlern Zweig L. wie die 3te Fig. haben will, welcher der stärkste unter diesen dreien ist, vorn und hinten eine Einkerbung gemacht: wie auch dergleichen Einkerbung in den übrigen Zweigen, aber nur auf einer Seite, geschehen mus, wie aus der 4ten Figur zu ersehen. Wann nun die Einkerbung just, so durch die Anmerkung der Kreide, oder dergleichen am besten verrichtet werden kan, vollbracht, so werden die Zweige also übereinander geleget, daß der starke Stamm in der Mitte gleich zu stehen kommt, und die andern zwei kreuzweise geleget werden. Alsdann kan man sie verbinden, vermumisiren, und mit Stüzen verwahren und einsezen: so werden aus allen Loosen der Zweige Wurzeln hervorkommen, worauf sich die Schnitte mit calloser Materie verlaufen und gänzlich vereinigen. Wer aber fünf Zweige nach dieser Art zusammen verbinden will, der wird aus der 4ten und 5ten Figur solches gar fein erlernen können. Dann M. zeiget einen starken Zweig an, in welchem sich sowol im vordern als hintern Theile zwei Einkerbungen, eine über sich, die andere unter sich gewendet, zeigen: und n. n. n. sind die andern Stämme, die nur auf einer Seite eingekerbet sind. Und solche werden in die Einkerbung des grossen Stammes

mes sehr genau und wol aufpassend, geleget, alsdann verbunden, und ebenermassen behutsam mit der Mumie überzogen, und mit guten Stüzen versehen, wie o. o. in der 5ten Figur weiset. Und wann sie wol gewartet und verwahret werden, sonderlich den Winter über in den Einlagen, so überkommen sie auch Wurzeln durch die Loose, und treiben wol aus, wie P. P. vormahlet.

§. 5.

Auf dieses will ich nun diejenigen Zweige, welche durch das Wurzelgriffeln, da die Wurzel schon den Anfang an den Bäumen erlanget, vornehmen. Diese Zweige kommen eher und gewisser, als die, so nur blos mit dem Loos gemachet worden. Die Ursache ist von selbst bekannt. Es werden aber solche abgesezte Zweige abermals theils durch das Careßiren, theils durch das Embraßiren zusammen vermählet. Die 6te Figur weiset abermal die Art des Liebkosens. Nämlich, es wird von beiden Theilen der Zweige die Rinde sammt dem Holz in etwas hinweg geschnitten, so, daß diese beide Zweige glatt und wol auf einander passen, wie Q. in dieser Figur haben will. Der Schnitt aber mus oberhalb der Wurzel können verrichtet werden, wie die 7de Figur und R. R. dem Auge vorhält. Wann nun dieses alles mit guter Vorsichtigkeit geschehen, so wirft man den Zweigen ein Verband an, und verwahret sie mit der Mumie. Wer zu mehrerer Versicherung die Stüzen nicht vergessen will, thut wol daran. Ist aber ein Gartenpatron willens drei und mehr solche wurzelknöpfigte Stämme zusammen zu fügen, so ist die Einkerbung, wie aus der 8ten Figur zu sehen. Die Zusammenfügung der Bindung, Verwahrung und Befestigung mit den Hölzern kan an der 9ten Figur gar schön erkennet werden. Wann nun dieses alles wol mit gutem Fleisse verrichtet worden, so darf man sich versichern, daß diese Zweige gar geschwind durch ihre callose Materie Wurzeln heraus treiben, wie aus S. S. S. zu ersehen. Ja sie überkommen das andere und dritte Jahr Früchte, welches lustig und vergnügt anzusehen, sonderlich weil allerlei Stämme oder Zweige der Obstfrüchte sind zusammen verheirathet worden.

§. 6.

Ist noch übrig, wie man sonderlich ausländische Stämme von unterschiedlichen Früchten durch das Liebkosen und Umfassen oder Umarmen soll zusammen bringen, sonderlich daß selbige noch an ihren Hauptstämmen unabgeschnitten befindlich sind. Diese Manier ist sehr practicabel und probat, und kan auf nachfolgende Art und Weise verrichtet werden. Nämlich, man sezet Zitronen und Pomeranzen, oder Limonpomeranzen und Limonzitronen, oder nach Belieben gar viererlei, Pomeranzen, Zitronen, Limonien und Adamsäpfel, rc. rc. nahe zusammen: alsdann erwählet man dort und da gerade, gesunde und starke Stämme, sowol von Pomeranzen, Zitronen, Limonen und Adamsäpfeln, und benimmt selben die Nebenäste: mithin leget man solche kreuzweise, nachdem es sich füglich schiken will, (wie aus dem vorhero beschriebenen Handgrif schon alles bekannt;) die Aeste sowol von dem Limonien als Zitronen auf den Pomeranzenzweig. Bald können auf den Limonizweig Aestlein von den Adamsäpfeln und Pomeranzen geleget, alsdann eingekerbet, und nach obbeschriebener Art verbunden, und mit der edlen Mumie verstrichen werden, wie aus der 10den Figur zu ersehen. Dabei wird man aber erinnert, daß die Mumie nicht allzuwarm aufgetragen werden soll: dann sonst leidet der Stamm Schaden, und wird nichts daraus.

Schlüßlich will ich mit wenigen diese Erinnerung an die hochgeneigten Gartenliebhaber noch ergehen lassen, daß sie nicht Zweige und Aeste mögen zusammen heirathen und vereinigen, die nicht einerlei Natur oder Gemeinschaft haben. Dieses gehet wol an, wann man Pfersige mit Pflaumen, Kirschen und Weichsel mit Amarellen, grosse und kleine Birnen mit und untereinander, dergleichen allerlei Arten Aepfel, endlich Aepfel und Birnen zusammen verbindet. Wer aber Apricosen, Nüsse und Aepfel will zusammen verbinden, der wird eine böse Ehe anrichten. Im übrigen, wer mit Lorbeeren, Laurus, Granaten und andern dergleichen ausländischen Gewächsen sich eine Lust machen; wie nicht weniger, wer allerlei Nelken auf diese Manier auf einen Stok zusammen verbinden; ferners viererlei Rosen auf einen Stok, ingleichen mancherlei Weinreben auf einen Weinstok bringen will, solche lustige Gedanken werde dem hochgeneigten Liebhaber zu seinem Belieben gänzlich überlassen. Dann ich will nur eine Einleitung hiemit dargelegt haben, und mit diesem Careßiren und Embraßiren mich zu dem Nachfolgenden wenden.

Neun und zwanzigste Tafel.

Giebet eine sehr rare Erklärung von sich, wie man durch eine seltsame Verbindung zwei, drei und viererlei Arten, sowol von ausländischen als gemeinen Stämmen kan zusammen durchs Caressiren und Embraßiren verheirathen, welche zugleich allerlei Früchte hervor bringen.

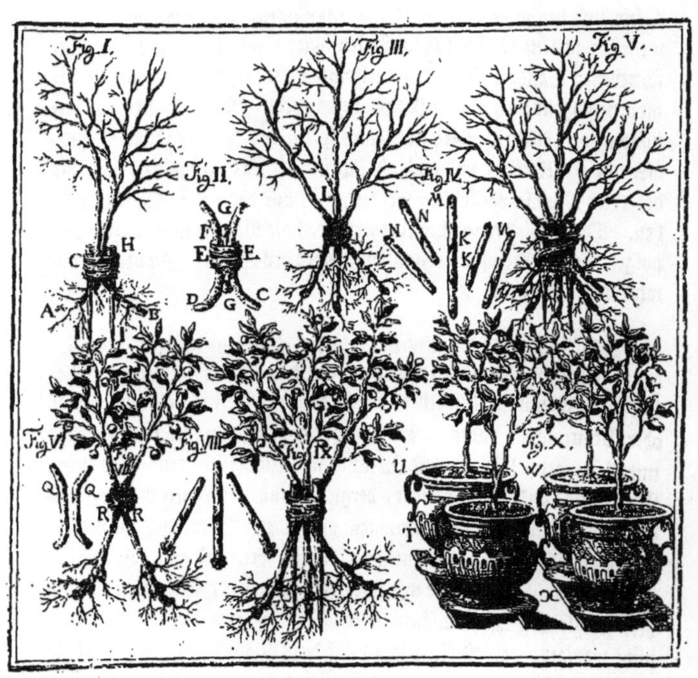

Fig. I. A. B. Weiset zwei Zweige, welche sehr accurat auf das Loos geschnitten und mit der Mumie versehen.

C. Zeiget die genaue Vereinigung, so durch das Careßiren verrichtet wird.

H. H. Wie sie verbunden, vermumißiret und mit Stelzen versehen worden,

I. I. wie nach der Zeit die Wurzeln aus dem Loos sind hervor gekommen.

Fig. II. C. D. Mahlet zu mehrerer Erkänntnis die zwei vermumisirten Zweige vor.

E. E. Wollen die genaue Vermählung mit einander anzeigen.

F. Will haben, daß man mit der Mumisation, wie auch mit der Verbindung vorsichtig soll umgehen.

G. G. Stellen vor Augen die runden Hölzlein, die man zwischen die Zweige gesezet, damit sie oben und unten von einander gehen.

Fig. III. Sind drei Stämme oder Zweige, so auf das Loos geschnitten, und durch das Embraßiren sind vereiniget worden.

I. Ist der mittlere Zweig, so der stärkste, auf welchem die übrigen zwei Zweige eingekerbt liegen.

Fig. IV. Lehret, wie fünf auf das Loos geschnittene Zweige durch die Operation des Embraßirens oder Zusammenfügung können vermählet werden.

M. Ist der stärkste Stamm, welcher viermal ist eingekerbet worden, zweimal für sich, und zweimal hinter sich.

K. K. und N. N. N. wollen die einfache Einkerbung in den Zweigen vorbilden, wie selbe nach der Quere, links als rechts, eingekerbet werden.

Fig. V. Zeiget die fünf auf die Loos geschnittene Zweige, wie sie vereiniget, alsdann vermumisiret, verbunden und mit Stelzen versehen werden, und wie sie, nachdeme sie eine Zeitlang in dem Boden gestanden, durch und neben dem Loos Wurzeln empfangen.

Fig. VI. Weiset, wie man Zweige, die durch den Wurzelgriffel Knoten zum Wurzelschlagen erlanget, durch das Careßiren vereinigen soll.

Q. Q. Stellet den Schnitt, so sehr gleich und eben seyn soll, vor.

Fig. VII. Sind zwei wurzelknotigte Zweige, die durch das Careßiren sind miteinander durch Feuer und Mumie und die Verbindung verheirathet worden, wie R. R. weiset.

Fig. VIII. Zeiget die Einschnitte an, wie man vielknotigte Wurzelzweige mit einander vereinigen soll.

Fig. IX. Stellet dem Auge den vollkommenen Baum vor, der unterschiedlichen knotenhaftigen Wurzelstämme, wie sie in kurzem Wurzeln schlagen, und allerlei Früchte daran sich darstellen.

Fig. X. Ist die rare Vermählung von vier unterschiedlichen ausländischen Bäumen, als von Pomeranzen, T. von Zitronen, V. von Limoni, W. von Adamsäpfeln, X. deren Zweige sind dergestalten durch das Embraßiren an den Aesten verkuppelt worden, daß sich auf einem Pomeranzenbaume, Zitronen, Limonien und Adamsäpfel darstellen. An einem Limonibaume kan man Adamsäpfel zeigen. An einem Limonibaume kan man Adamsäpfel, Pomeranzen und Zitronen erbliken, ꝛc. ꝛc.

Achtes Kapitel.

Will denen curiosen Gartenliebhabern einen neu- und nie erhörten Versuch mit kleinen Aestlein, die kaum eines Fingers lang sind, und doch sechs, sieben, zehen, bis achtzehen Jahre alt sind, um ganz kleine Zwergbäume zu zielen, an die Hand geben, welche durch künstliche Mumisation zu Zwergbäumen werden.

§. 1.

Wann alle Creaturen von dem allmächtigen Schöpfer Himmels und der Erde zeugen: so wollen die Bäume und Stauden auch nicht die geringsten seyn, als welche die Allmacht und Weisheit des grossen GOttes, die nicht zu ergründen noch zu erforschen, eben so gut als andere Creaturen dem Menschen vor Augen legen. Ja ich bin versichert, daß, wann ein Mensch Methusalems Alter sollte überkommen, und hätte die ganze Zeit seines Lebens nur seine Betrachtung einig und allein an den Bäumen und Staudengewächsen gehabt, er nimmermehr im Stand seyn würde, ihr verborgenes Wesen, Kraft und wunderbare Tugend zu erforschen. Ich will aber nur von einem einigen Aestlein eines Apfel- oder Birnbäumleins etwas melden, welches soviel tausend Gartenliebhaber angesehen, und doch noch nie keiner recht betrachtet, was die Natur mit einem so kleinen Aestlein, so innerlich mit vielen Puncten geziert, haben will, geschweige noch andere Wunderdinge, die ich an den Bäumen beobachtet, daran noch kein Mensch gedacht, welche ich, weil ich sehr unglükselig in meinem guten Vorhaben bin, und so unschuldiger Weise soviel Beschimpfung und Lästerung mus über mich ergehen lassen, mit Stillschweigen übergehen werde. Insonderheit ruffet ein verlarvter Gärtner allenthalben aus: Was ich schreibe, wäre weder der Natur noch der Vernunft gemäß. Allein habe Gedult, mein Bursch, es werden andere gar bald vor mich was bessers reden, und in kurzem jedermann vor Augen weisen, daß dasjenige, was man vor Undinge ausruffet, in der Natur sich reichlich zeigen wird. Indessen will ich meinen hochgeneigten Liebhabern meine wenige Gedanken, die ich mit vielem Nachdenken von diesen kleinen und knötichten Aestlein zuwegen gebracht, offenbaren. Dann ich bekenne, daß ich öfters auf zwei und mehr Stunden lang, als wie eine Bildsäule, unter den Bäumen stille gestanden, und nach der Bäume Sprache im Stillschweigen und tiefesten Nachdenken mit ihnen geredet habe. Wie ich dann in solcher süssen Gemüthsruhe viele Dinge erforschet, davor ich auch meinem Schöpfer jederzeit ewigen Dank abgestattet. Als ich aber einsten mich in das weltberühmte Kloster Prüfening zu Ihro Gnaden, Herrn

Prälaten, als meinem sehr gnädigen Gönner, in seinen sehr grossen und wolangelegten Obstgarten verfügte, und in demselben mit vielen Gedanken überlegte, worinnen doch der Bäume Wesen bestünde, und wie solches recht zu erforschen wäre, so erblikte ich im Herumspazieren unversehens an vielen Aepfeln, Birnen, Belzweichseln, Belzkirschen und Amerellen sehr artige knötigte und gleichsam zusammen gedrukte Aestlein, die eines guten Fingers lang, und auch beinahe von derselben Dike waren. Als ich nun selbige wol betrachtete, und anfänglich nicht wuste, was doch die Natur mit so kleinen knötigten Aestlein haben wolte: so brach ich endlich eines ab. Und als ich den Baum fragte, so gab er mir zur Antwort: Diese wären sein besonderer Hinterhalt, und wann es die Noth erforderte, so könte er aus einem so kleinen Zweiglein neun, zehen, funfzehen und zwanzig Aestlein hervor bringen. Und ich war von Herzen erfreuet, daß ich auf so gute Gedanken gerathen, und paßirte in der Stille nach Hause.

§. 2.

Als ich nun diese Sache äusserlich eine Zeitlang wol betrachtete, und alle Knoten öfters abzählte: schnitt ich endlich ein solches knotigtes Aestlein nach der Länge voneinander. Da fand ich soviel Puncte darinnen, als äusserlich Knoten waren. Solche hielte ich vor Jahre, und damit ich unter die Sache recht kommen möchte, gieng ich in meinen Garten, und suchte an unterschiedlichen alten Birn- und Aepfelbäumen eben dergleichen Aestlein. Und als ich selbige antraf, segte ich einen langen Ast miteinander ab, wie die 2te Figur und A. B. vor Augen leget. Diesem nahm ich alle Nebenäste weg, wie c. c. c. anzeiget; so blieben unterschiedliche rundknotigte Aestlein dort und da sizen. Nun stellete ich mit demselbigen Aste und Zweiglein eine solche Untersuchung an, um zu erforschen, ob die Loose oder Jahre mit den Aestlein der Jahre, darauf sie befindlich, miteinander einstimmen möchten: und als ich das erste Loos ansahe, so waren auf demselben nur einfache Augen zu sehen, welche keine Erhöhung hatten. Als ich das andere Loos besahe, so waren die Augen schon mehr erhoben: und als ich selbige nach der Länge voneinander schnitt, so fand ich einen starken Punct, welcher mit den äusserlichen einfachen Knoten überein kam. Und weil noch ein spiziges Auge oben darauf saß: so konte man leicht schliessen, daß es in das andere Jahr gieng. Und solches wurde noch mehr bekräftiget, weil es auf dem andern Loos auch aufsaß. Ich gieng weiter, und suchte das dritte Loos am Stamme. Auf diesem war abermal ein so knotenhaftiges Aestlein zu sehen, welches zwei vollkommene Knoten und obenauf seine Spize hatte. Dieses nahm ich herunter, und schnitt es wie voriges entzwei: da waren zwei starke Puncte zu sehen, und mit den obrigen warens drei Jahre, so wurde solches auch durch das dritte Loos bestätiget. Ich suchte das vierte, fünfte, sechste Loos, und wo ich ein solches Aestlein antraf, da fand ich allezeit soviel Knoten äusserlich, als innerlich Puncte, und soviel Jahre, als auf dem Loose, wo es stunde, zu zählen waren. Diese schöne Uebereinstimmung stärkte mich in meiner Meinung, daß dieses ein besonderes Kunststüklein sey, die langen Aeste aus den kleinen Aesten zu erkennen, wie alt der Stamm seyn möchte: wiewol ich nicht verbergen kan, daß sich auch öfters solche knotigte Aestlein auf dem sechsten und siebenden Jahre sehen lassen, die nur drei und vier Jahre alt sind. Allein dieses kommt daher, wann die alten abgestossen, und inzwischen junge davor heraus gewachsen. Will man aber ein förmliches Urtheil von solchen Aestlein ergehen lassen: so mus man sich nicht übereilen, sondern die vor- und nachgehende Aestlein und Loose zuvor betrachten, damit man nicht Gelegenheit zu einem Gelächter geben möchte. Und soviel von der Gewißheit der Jahre, so man an den knotigten Aestlein antrift.

§. 3.

Als ich nun diese theoretische Betrachtung geendigt hatte, war ich begierig zu wissen, ob dann auch aus allen Absäzen Zweiglein würden hervor kommen; und weilen ich dazumal meine Freude mit der verkehrten Pflanzung hatte, auch, ehe ich solche knotigte Aestlein wahrgenommen, schon die Augen, die zwei Jahre alt waren, aufgesezet, und befunden, daß sie doppelte Aestlein gemacht hatten, wie aus dem ersten Theil im 2ten Abschnitt 2. Kap. Tab. 8. Fig. 2. zu ersehen, so impfte ich solche knotigte Aestlein, die sieben bis neun und mehr Jahre alt waren, auf die Stämme, und da wurde ich gewahr, daß selbe aus allen ihren Absäzen Zweiglein austrieben, so mich sehr vergnügte, und hatte darob allerlei Betrachtungen, wie ich verkehrte und buschichte Bäume zielen wolte, ꝛc. ꝛc. wovon in dem ersten Theil schon Erwähnung gethan worden.

§. 4.

Als ich nun einstens in dem Loosschneiden begriffen war: so kamen mir unversehens solche knotigte Aestlein unter die Hände. Da fiel mir ein, ich wolte doch durch das Mumisiren versuchen, ob ich auch wol aus solchen kleinen Aestlein gar kleine Zwergbäumlein zielen könte: passirte demnach abermal zu dem gnädigen Herrn nach Prüfening, und bath um Erlaubniß, daß ich solche knotigte Aestlein (dann ich kan sagen, daß ich an keinem Orte dergleichen so grosse knotigte Aestlein als daselbsten angetroffen, und diese, so auf der Tabell zu finden, sind nach der Natur, sowol der Figur als der Grösse nach, abgebildet) abbrechen möchte, welches mir dann gar willig erlaubet wurde. Darauf nahm ich

ich mir nochmal die Zeit, mit höchster Vergnügung selbige äusserlich und innerlich zu betrachten. Wie dann an Fig. 5. zu ersehen, daß sich äusserlich 9. Knötgen zeigen, die man deutlich abzählen konte. Alsdann schnitte ich sie entzwei, wie aus der 4ten Fig. zu ersehen: da war bei einem jeden Absaz ein Flek, und in demselben ein Pünktlein zu sehen. Und ein solcher Knoten wird in einem Jahr von der Natur vollendet: derohalben in einem jeden das punctum saliens, (dann ich soll nicht mehr cicatricula oder gemmula sagen, und diese Redensart stinket den verlarvten und boshaftigen Gärtner ebenermassen wie das Schusterpech an, ob er gleich damit an den Tag giebet, daß er eines so wenig als das andere verstehet,) anzutreffen, als welches Gelegenheit giebet, daß aus einem jeden solchen Knoten Wurzeln und Zweiglein können hervor kommen, wie solches ferner wird angezeiget werden. Und indem ich in der innerlichen Betrachtung begriffen bin, so kan ich nicht ausdrüken, wie herrlich und vortreflich man die Punkte der Jahre an einem knotigten Kirschenästlein gesehen habe, wie solches Fig. 6. vor Augen stellet. Dieses Aestlein, so nicht grösser, als wie es abgemahlet, hatte doch 9. Jahre auf sich, welche Seltenheit mit mir sehr viel gute Freunde mit grosser Vergnüglichkeit betrachtet haben.

§. 5.

Dieweilen ich nun eine grosse Freude an diesem kleinen knotigten Aestlein hatte: so ließ ich mich auch keine Mühe verdrüssen, sondern nahm die Aestlein, und machte sie untenher ganz eben, schnitte aber keinen Knoten entzwei. Alsdann tauchte ich selbige auf zwei solche Knötgen in die edle Mumie ein, machte kleine Stüzgen daran, mit Bast verbunden. Darauf sezte ich sie in mein Mistbeete in das Glashaus ein. Diese treiben schon ein wenig aus, und haben einen guten callum untenher gemachet, so, daß es nicht lange wird anstehen, daß sie Würzlein erlangen werden. Alsdann hoffe ich, sie werden eine solche Figur machen, wie Num. 2. den Liebhabern vormahlet.

§. 6.

Endlich ist auch diese Frage noch zu erörtern übrig: Ob man auch solche kleine Zwerglein von den ausländischen, als Pomeranzen- und Zitronenbäumen haben kan? Allein das kan ich nicht behaupten, dann ich habe keine alte und sehr hoch gewachsene Pomeranzenbäume. Wer aber mit dergleichen versehen, der wird mehr Bericht davon erstatten können, ob man an denselbigen so alte zusammen gesezte Aestlein findet. Ich zweifle zwar sehr daran: soviel ich aber in der kurzen Zeit habe abmerken können, so sind sie an keinen reichlicher, als an den Aepfel- Birn- und Kirschbäumen, Kastanien, welschen Nüssen und Apricosen zu finden.

Dreißigste Tafel.

Will die Allmacht GOttes aus einem kleinen Aestlein anzeigen, und zugleich zu Gemüthe führen, wie öfters eine wichtige Sache so lange kan verborgen bleiben, bis man selbige erforschet, wodurch man endlich die Gelegenheit überkommen, aus selbigen ganz kleine Zwergbäumlein zu zielen, die in kurzem tragen und Früchte bringen werden.

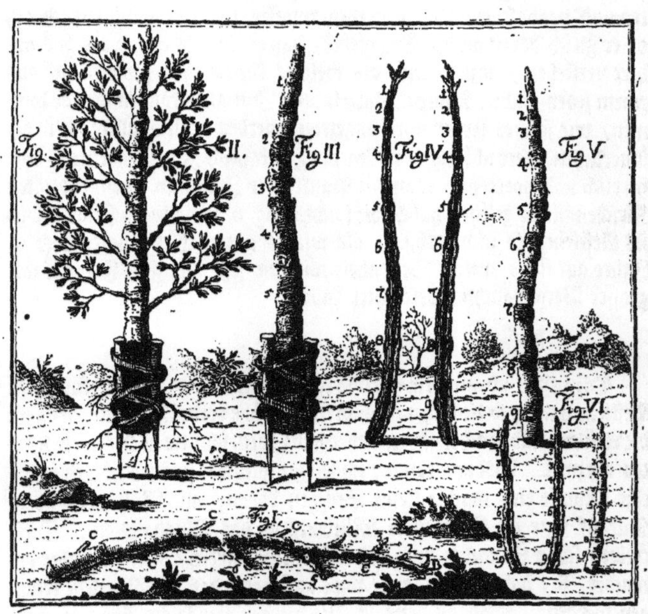

Fig. I.

A. B. Leget vor Augen einen langen Birnenast, welchem alle Nebenäste sind weggenommen worden, wie c. c. c. c. anzeiget. An selbigem werden erstlich die Loose an dem Stamm vorgebildet, wie es schon in der Haupttafel des Loosschneidens klärlich ist gezeiget worden. Alsdann werden die Augen, die sich auf einander gesezet, und nach und nach knotige Aestlein gemachet,

machet, auf dem Loos vorgestellet. Als 1. 2. 3. 4. 5. 6. Das erste Auge hat keinen Knoten noch innerlichen Punkt in sich, dann es sizet platt auf dem Ast auf. Das andere hat einen äusserlichen Knoten, und eine Knospe oben darauf, ist also zwei Jahr alt. Das dritte hat zwei Punkte innerlich, und zwei Knoten äusserlich, und eine Knospe oben darauf, ist also drei Jahr alt, und so fort, ꝛc.

Fig. II.

Zeiget ein vollkommenes und knotenhaftiges Aestlein an, so mit allen Zubehörungen wol versehen, auch, nachdem solches schon eine Zeit lang in der Erde gestanden, Wurzeln ausgetrieben, und fänget darauf an aus allen Zwischenknöpflein, Zweiglein und Aestlein hervor zu schieben.

Fig. III.

Bildet die vollkommene Länge und Dike ab, wie solche alte und knotigte Aestlein in der Natur aussehen, und wie viel Jahre sie auf sich haben, auch wie sie vermumisiret und mit Stelzen versehen werden.

Fig. IV.

Will nicht weniger mit Verwunderung ein solches kleines, doch altes Aestlein, vor Augen stellen, welches von oben aus gleich durchgeschnitten worden, so 9. Jahr alt war, und solches war sowol aus den äusserlichen Knoten als äusserlichen Punkten, die man allenthalben durchlaufen sahe, zu erkennen.

Fig. V.

Stellet dem Auge ein solches knotigtes Aestlein, wie es natürlich in der Länge und Dike aussiehet, und wie es von dem Baume abgenommen worden, mit seinen äusserlichen Knoten, und soviel hat man auch innerliche Punkte wahrnehmen können.

Fig. VI.

Will das höchstvergnügliche Experiment vorstellen, welches man mit einem so kleinen knotigten alten Aestlein, so von einem Weichselbaum, gemachet. Selbiges war an der Grösse der Abbildung gleich, und hatte doch 9. Jahre auf sich, und wie es von einander von oben gleich ausgeschnitten war, so sahe man auf das accurateste die schönsten braunen Punkte darinn, so an der Zahl 9. waren, worüber sich alle, die es ansahen, verwunderten.

den. Allein an den leztern sind sie nicht so lang, auch mit so vielen knotigten Aestlein, als die ersten, nicht versehen. Neugierige Liebhaber aber werden, wann sie sich in diese Sache einmal verlieben, schon selbst besser nachsehen, und weit andere seltene Dinge erfinden und machen, als ich vor diesesmal in der Eil vortrage. Hiemit will ich auch den Beschluß machen, und noch etwas weniges von der monstrosen Erzeugung der Bäume, so durch die Loosbeugung geschehen kan, reden, und davon wird in nachfolgenden gehandelt.

Neuntes Kapitel.

Zeiget noch was seltenes, ja gar was monstroses an, wie man nämlich durch abgeschnittene Zweige und durch Beugung der Loose und der Verbindung, Mumisirung, und verkehrter Einsezung monstrose Bäume zielen kan.

§. 1.

Dieweilen ich versprochen in diesem Kapitel zu weisen, wie man monstrose Bäume mit ausgeschnittenen verkehrten Zweigen durch Kunst zielen soll: so ist wol nöthig, daß ich mich erstlich ein wenig erkläre, ob ich dieses Wort eigentlich oder uneigentlich nehme, und wie selbiges auf meine Arbeit angewandt wird. Bekannt ist es, daß dasjenige eigentlich ein Monstrum betitult wird, welches durch die Natur, jedoch durch ungleiche Vermischung und Geburt, mit einer häßlichen und abscheulichen Gestalt, daß, wer es nur ansiehet, über seine Ungestalt erschrikt, und in eine grosse Verwunderung gebracht wird, und also von seiner ordentlich- und natürlichen Form und Gestalt abweichet, hervor gebracht wird. Und solche monstrose Dinge werden in allen dreien Reichen angetroffen, sowol in dem Thier, Gewächs, als Mineralreich. Und wem solte es unwissend seyn, wieviel die Natur öfters menschliche Monstra hervorgebracht hat? Bald hat diese und jene Mutter ein Kind mit zwei Köpfen, vier Händen und vier Füssen an das Tageslicht gebracht: eine andere ist mit einem Kinde, so einen Kopf und ein Auge, mit zwei Händen und vier Füssen gehabt, erschröket worden. Und wer wolte alle solche monstrose Geburten, die man dort und da aufgezeichnet und abgemahlet antrift, erzählen? Ja man will behaupten, daß viehische Menschen von den Thieren sollen zur Welt gekommen, und per congressum hominis & equæ eine Mißgeburt gefallen seyn, deren Kopf, Hals und Hände menschlich, das übrige aber einem Pferde ähnlich gewesen. Ingleichen von einer Geis ein halber Mensch und ein halber Geißbok hervor gekommen seyn, und was dergleichen fabelhafte Mißgeburten mehr erdichtet werden. Allein dieses kan

kan man gar leichtlich zugeben, daß öfters Kälber mit zwei Köpfen und acht Füssen, ingleichen welches ohne Kopf und mit sechs Füssen zur Welt gekommen. So ist auch wegen solcher monstrorum das Gewächsreich berührt. Es haben sich Wurzeln, sonderlich die Rettigwurzel, so in Harlem gefunden worden, wie eine natürliche Hand, mit fünf Fingern präsentiret, so sehr wundersam anzusehen, und in den Ephemer. Germ. A. VI. observ. 1. in dem Kupferstiche auf das genaueste zu finden. Wie viel Wurzeln könten angeführet werden, die sich wie die verlarvten Gesichter bezeuget haben, ꝛc. Ja das mineralische Reich ist auch nicht von solchen Monstris befreiet, davon Kircher. in mundo subterraneo nachzusehen ist. Allein was ich durch Kunst gedenke hervor zu bringen, ist eigentlich nicht unter die monstrosen Dinge zu zählen, ob die Gewächse schon seltsam und fremde werden aussehen. Und ob der Natur zwar Gewalt angeleget wird, daß sie anfänglich verkehrt ihre Zweige und Aestlein mus hervor bringen: so kommen sie doch nach und nach schon wiederum zu ihrer natürlichen Form und Gestalt. Ist also dieses nur ein Wortspiel.

§. 2.

Es wird aber nicht unrecht seyn, wann man fraget: Ob man mit allen Zweigen, sie mögen ausländisch und fremde, oder eine edle Frucht und Obstbaum, oder von wilden Bäumen seyn, seine Kurzweil und Freude anstellen kan. Darauf gebe ich zur Antwort: Daß ich keinen Zweifel habe, daß solche angehen werden; doch halte ich davor, daß es am besten mit den Obstbäumen und Weinreben angehen wird. Allein die Erfahrung wird es mit nächstem geben, so GOtt nur Leben und Gesundheit verleihen wird, und wird solches in der Versuche Sicherheit und Wahrheit einverleibet werden. Inzwischen habe ich schon allerlei Versuche auch mit den ausländischen gemacht, sowol mit Pomeranzen, als Laurus und Lorbeerstämmen, auf nachfolgende Weise. Ich habe den Stämmen alle Blätter hinweggenommen, sonderlich habe ichs in diesem Winter im Glashause probiret: alsdann habe ich die Zweiglein und Aestlein alle zusammen auf unterschiedliche Art und Weise gebogen und zusammen gebunden, und mit der edlen Mumie zwar nur den Verband verwahret, den Schnitt aber obenauf vor allen Dingen vermumisiret, alsdann verkehrt in die Erde vergraben, so, daß von dem ganzen Zweige nichts als nur der Hauptstengel zu sehen. Wie es nun anschlagen wird, solches wird der angenehme May entdeken.

§. 3.

Ferners, wer solche monstrose Bäume von allerlei Obstbäumen, als von Aepfeln, Birnen, Kirschen, Weichseln, Pfersig, Apricosen, Maulbeern, welschen Nüssen, ingleichen auch von Stauden, als von Rosen, Stachelbeeren, Johannesbeeren, ꝛc. zielen will, derselbige nehme Zweige,

Ein und dreisigste Tafel.

Ist der rare und nie erhörte Weg, durch verkehrtes Loosbeugen und derselben Verbindung und Vermumisirung monstrose Bäume zuwege zu bringen.

A. Weiset auf einen abgeschnittenen Apfelzweig, welcher viel schöne lange geschlachte Zweiglein hat. Solcher wird obenauf glatt gemacht, und alsdann zur Beugung verkehrt vor die Hand genommen.

B. B. B. B. Sind allerlei solche Zweige, so mit ihren Aestlein umgekrümmet worden, zu dem Hauptstamm, welche alsdann an selbigen mit dem Bast fest gebunden, daß ferners kleine Aestlein wiederum an die stärkern angemachet werden, wie aus solchen Figuren zu ersehen.

C. C. Stellet dem Gartenliebhaber einen solchen zusammen gebeugten Zweig vor, und wie er in die zerlassene Mumie gedunket, und der Stiel auch obenauf mit selbiger verwahret wird, ingleichen wie man nur welche Zweige mit dem Pensel in etwas weniges vermumisiren soll.

D. Will vorbilden einen Boding mit Wasser, darein man die mit Mumie überzogene Zweige, um abzukühlen, wirft.

E. Ist ein grosser kupferner Kessel, auf einem Dreifus, in welchen, nachdem die Mumie darinnen zerflossen und gebührend abgekühlet, die monstrosen Zweige hinein gelassen, damit sie allenthalben von selbigen möchten verkleidet werden.

F. Weiset den wenigen Werkzeug, den man vonnöthen hat, nämlichen einen Pensel, Scheere, Bindfaden oder Bast, und etwas Holz zum unterfeuern.

G. Stellet dem Auge schon vor, wie aus den Loosen allenthalben Wurzeln hervor kommen, nachdem selbige ihre Zeit unter der Erde ausgestanden haben.

H. Weiset einen solchen aus der Erde gehobenen monstrosen gebeugten Zweig, wie er aus allen Loosen kräftige Wurzeln geschlagen, und an allen Augen ausgetrieben, und ungemeine Aestlein an allen Orten hervor getrieben, so, daß man Hofnung haben kan, daß ein wunderseltsames Gewächse sich dadurch zeigen wird.

I. I. I. Will einen curiosen Liebhaber zum lustigen und angenehmen Bindwerk anreizen, welches man durch diese monstrose Zweiglein am besten erlangen kan.

ge, die viel und lange Nebenzweiglein haben, wie in der 31sten Tabelle A. weiset. Verkehre nun den Zweig, daß das Dike an demselben obenauf zu stehen kommt, wie aus der Figur zu sehen: alsdann nimm ein Aestlein um das andere, und beuge es dem starken Zweige zu, und binde es fest mit Bast oder Bindfaden an. Darauf wird wiederum ein Zweiglein krumm gebogen und wieder fest gemachet, so, daß sie alle gekrümmet und auf die Loose gebeuget sind, wie aus den Figuren B. B. zu ersehen. Wann nun die Loosbeugung vorbei, so nimmt man die Mumisation vor, die schon oft ist beschrieben worden. Sonderlich will es hier die Nothdurft erfordern, daß es ein weiter Kessel sey, wie vor Augen gemahlet, damit man die gebeugten Aestlein zugleich hinein dunken kan. Und wann solches geschehen, so wird es in ein Wasser, um abzukühlen gesezet, wie solches D. zeiget. Ich habe es mit der Mumie auf zweierlei Weise probiret. Welche zugerichtete Zweige habe ich nur bei dem Verband, und dort und da, wo die Loose waren, mit dem Pensel vermumisiret; etliche aber habe ich mit der Mumie gänzlich überzogen. Wann nun die Zweige mit der Mumie versehen werden, so werden sie in die Erde auf nachfolgende Weise eingesezet. Man machet eine grosse und etwas tiefe Gruben, sezet selbige verkehrt hinein, und läst nichts als nur den langen Theil des Zweiges I. K. heraus sehen: das Uebrige wird mit einer guten, fetten, lokerichten und wol durchgeschlagenen Erde bedeket. Darauf überkommen die Aestlein und Zweiglein bei ihrem Loos allenthalben kleine Wurzeln, wie G. vor Augen mahlet. Nächst demselben so treiben die Augen auch aus, und kommen funfzig, sechzig und mehr Zweige aus der Erde heraus, wie H. die lustige und monstrose Figur abbildet. Wer nun Lust hat, in seinem Lustgarten allerhand Bindwerk daraus zu machen, als Kugeln oder Pyramiden und allerlei Figuren, 2c. dem stehet es zu Belieben. Und soviel von dieser kurzweilig- und monstrosen Arbeit, welche ich hiemit beschliessen will.

Zehendes Kapitel.

Beantwortet die Frage: Wie lange der Autor Zeit haben mus, wann er dieses alles, was er offentlich versprochen, in volkommenem Stande jedermänniglich vor Augen legen will?

Ich hätte zwar gar nicht Ursache gehabt, diese Frage offentlich vorzulegen, indem es mir ja frei stünde, solches alles zu machen oder zu unterlassen, wie es mir gefällig; dann es wird andere Leute wenig helfen, was ich vor mich mache, besser, wann ein jeder selbst Hand anleget, und eine Sache probiret, und alles wol in Acht nimmt, damit, wann eines und das andere nicht alsobald angehet, man nicht Ursach nehme, dem Verfasser über das Maul zu fahren, als hätte er es nicht recht beschrieben und angezeiget. Dann bei solchen Arbeiten mus man auf die Zeit, auf die Witterung, auf die Erde, und auf die Sache selbst gute Obsicht haben. Sonderlich hat man sich wegen der Hize und Auftragung der Mumie wol zu beobachten. Und gesezt, es gehet ein oder zweimal nicht gleich an, so probiere mans das drittemal, und denke nach, wo der Fehler seyn mag, und verbessere denselben, so werden seine Sachen wol gerathen. Allein weil es mir nicht einmal, sondern öfters in das Gesichte ist gesagt worden: Kan doch der Verfasser selbst in der Menge von seinem vorgelegten und gemachten Versuch nichts aufweisen: so ist solches wahr, und ist auch nicht wahr. Wahr ist es, daß ich die Möglichkeit aller beschriebenen Handgriffe gesehen, auch unterschiedlichen guten Freunden solche gezeiget, und um mehrerer Bekräftigung willen dort und da verschiket. Wahr ist es auch, daß ich bishero nichts habe öfters weisen können, weil ich die Zeit nicht hatte mit der Hand, sondern mit dem Kopfe zu arbeiten. So hatte ich auch nicht so viele müßige Stunden, besondere Leute darinnen abzurichten: und mithin hatte ich bald etwas aufzuweisen, bald war wiederum kein Vorrath da, und hexen konte ich auch nicht. Weil ich mir aber vorgenommen habe, dieses Jahr meine Feder ruhen zu lassen, und mit vielen Experimenten mit GOtt alles zu bekräftigen, was ich vorgeschlagen: so wolte ich wünschen, daß ich eine Gelegenheit hätte, meine Gedanken in grossen und weitläuftigen Orten zu exerciren. Allein wer giebt mir einen Plaz zu einem Walde? Wo überkomme ich Wiesen und Aeker zu fruchtbaren Bäumen? Keinen Weinberg habe ich auch nicht. Wer schaffet mir Geld, daß ich Arbeitsleute mit allen Unkosten unterhalten kan? Und wovon soll ich leben? Ja wann es mir nicht überall am besten fehlete, so wolte ich gewiß in Jahr und Tag weisen, was man mit diesen vorgelegten Versuchen gutes, nüzlich- und erspricßliches ausrichten könte. In Ermangelung aber aller obangezogenen Zugehör lasse ich solches alles meinen hochgeneigten Gartenliebhabern zu versuchen und zu probieren lediglich über, mit Bitte, diese gute Gedanken bestens von mir aufzunehmen, mit Versicherung, daß ich mir es noch ferner werde angelegen seyn lassen, in der That zu erweisen, was bishero, als gute Vorschläge, die in der Natur und Vernunft gegründet seyn, theoretisch vorgetragen habe. Ich ich werde mit Wahrheitsgrunde in dem dritten Theil, welcher zu seiner Zeit ebenermassen wird vorgelegt werden, alles bekannt machen, was und wie die Natur in allem, was gemachet worden, gewürket hat. Und hiemit mache ich vor diesesmal meiner Arbeit ein erwünschtes Ende.

(o)

Voll-

Vollständiges Register über beide Theile.

a. Bedeutet den ersten, b. den andern Theil und Anm. die Anmerkungen.

A.

sind

B.

C.

D.

E.

F.

H.

Le-

M.

P. Para-

www.ingramcontent.com/pod-product-compliance
Lightning Source LLC
Chambersburg PA
CBHW021451210326
41599CB00012B/1022

9783743610392